墙体保温技术探索

北京振利节能环保科技股份有限公司
住房和城乡建设部科技发展促进中心 主编

中国建筑工业出版社

图书在版编目(CIP)数据

墙体保温技术探索/北京振利节能环保科技股份有限公司，住房和城乡建设部科技发展促进中心主编. —北京：中国建筑工业出版社，2009

ISBN 978-7-112-10692-9

Ⅰ. 墙… Ⅱ. ①北…②住… Ⅲ. 墙体材料：保温材料-研究 Ⅳ. TU522

中国版本图书馆 CIP 数据核字(2009)第 032426 号

《墙体保温技术探索》一书就是在总结以往经验的基础上，结合多年的理论研究和实践，并参考各单位的科研成果，由全国知名的墙体保温专家和直接从事外墙保温研究、生产、销售、施工的技术人员共同编写而成。

本书通过科学试验、计算机模拟、工程实践等多种形式，从理论上分析研究了热应力、水、风荷载、火、地震力等五个方面，对墙体保温系统的影响；同时，也研究了墙体保温系统粘贴面砖技术和固体废弃物的利用技术，对墙体保温的基础理论进行了研究和探索。同时，本书作者是在理论的指导下，从大量工程实践中总结出来的实用技术，这些墙体保温的关键技术，解决了墙体保温工程中的技术难题，在墙体保温的工程实践中，有着较强的实践性和可操作性。

本书对于从事建筑节能的工作人员，对墙体保温技术的研究人员、设计人员和施工技术人员有很好的参考价值，也可以供相关专业人员参考和使用。

* * *

责任编辑 曲汝铎
责任设计 赵明霞
责任校对 梁珊珊 关 健

墙体保温技术探索

北京振利节能环保科技股份有限公司
住房和城乡建设部科技发展促进中心 主编

*

中国建筑工业出版社出版、发行(北京西郊百万庄)
各地新华书店、建筑书店经销
北京天成排版公司制版
北京建筑工业印刷厂印刷

*

开本：880×1230 毫米 1/16 印张：14¼ 字数：445 千字
2009 年 3 月第一版 2009 年 3 月第一次印刷
定价：**35.00** 元

ISBN 978-7-112-10692-9
(17626)

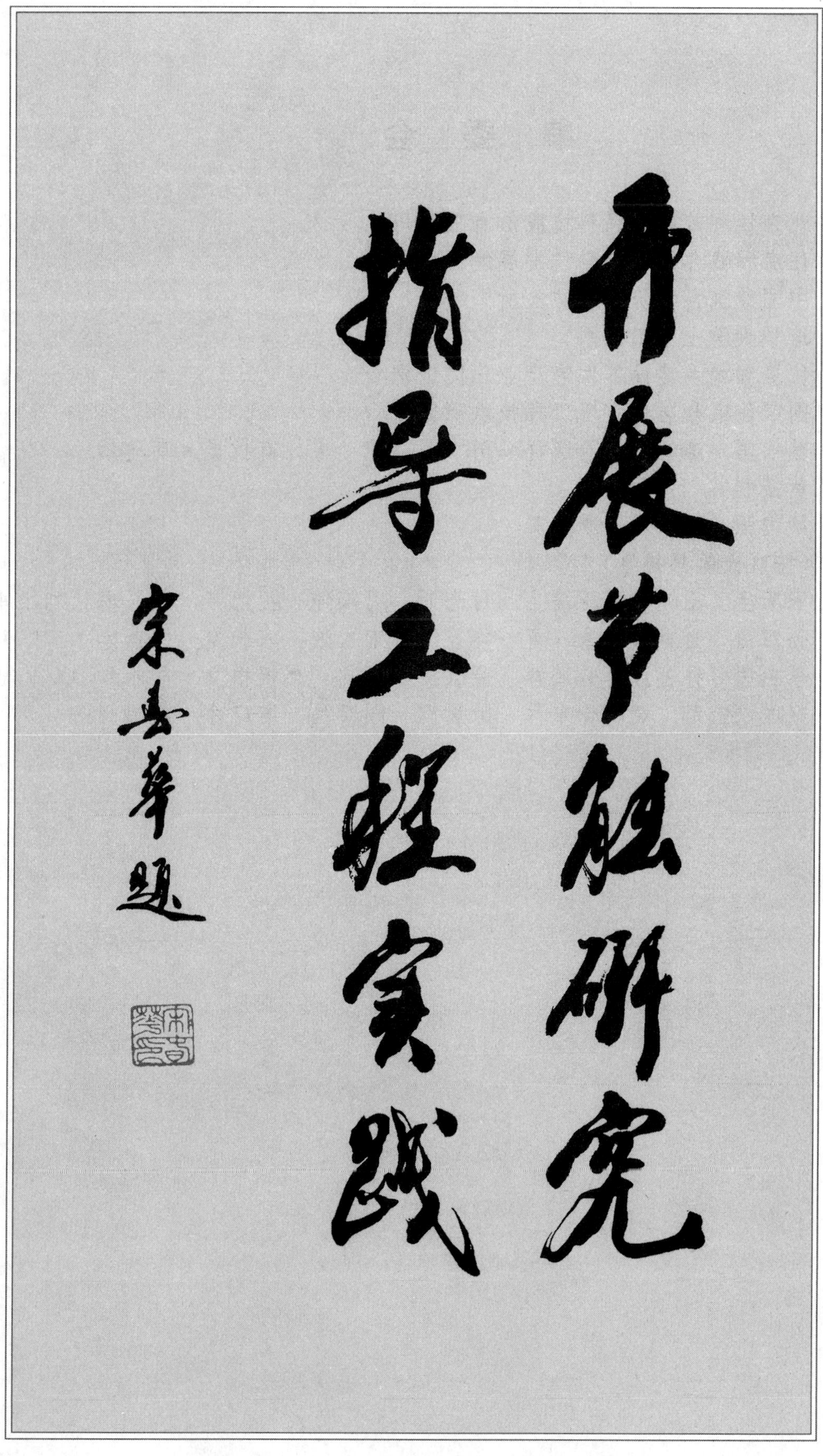

（原建设部副部长宋春华同志为本书题词）

编　委　会

主编单位： 北京振利节能环保科技股份有限公司
住房和城乡建设部科技发展促进中心

参编单位： 中国建筑科学研究院防火所
清华大学土木工程系

支持单位： 住房和城乡建设部住宅产业化促进中心
国家住宅和居住环境工程技术研究中心

顾　　问： 赖　明　陈宜明　涂逢祥　田　明　范　勇　甫拉提·乌马尔

主　　编： 黄振利

副 主 编： 梁俊强　张　君　季广其

编　　委：（按姓氏笔画排序）

王庆生　王俊清　王满生　付海明　冯葆纯　白胜芳　任　琳　刘小军
孙四海　孙克放　朱　青　佟万江　宋　波　宋长友　张燕忠　李东毅
李晓明　林燕成　金鸿祥　拜合提亚　祝根立　胡永腾　赵　旭
赵成刚　郝　斌　徐东林　徐晨辉　顾泰昌　游广才　解福州

序

建筑节能走过了二十多年的发展历程，节能减排已成为我们的基本国策，绿色环保的可持续发展已成为了人们的一种追求。

《墙体保温技术探索》一书的出版，是建筑节能发展到一定阶段的产物。墙体保温经过十几年的工程实践总结，并以大量的实验数据分析为基础，通过有限元法、有限拆分法建立温度场热应力的数学模型，总结了墙体保温技术发展至今的规律性轨迹。

该书以五种自然破坏力对保温墙体的影响为研究基础，让人们从着重关注墙体热阻，转变到当前关注墙体保温的安全隐患和整体寿命，让专业人员更加关注保温层构造位置，对建筑物整体稳定性的影响。

在五种自然破坏力中，火灾对建筑的影响和损害是巨大的。该书提出了以构造防火为主的技术路线，积累了燃烧试验过程中所采集的120万个数据，特别是对墙体保温系统衡量其抗火灾攻击能力技术标准的提出，进一步量化了控制高层火灾的技术数据值。

建筑节能技术的发展与墙体外保温的基础理论研究，需要得到社会各界人士的广泛关注，需要产、学、研共同支撑与协作，使建筑节能在自主创新的道路上有更快、更好、更大的发展。

陈宜明

住房和城乡建设部建筑节能与科学技术司

2009年3月于北京

前　言

墙体保温已成为当今建筑节能的主要实现方式之一，是建筑节能的一个主要组成部分。在国家节能降耗政策和节能标准的推动下，我国墙体保温技术取得了长足而迅速的发展，出现了诸多采用不同材料、不同构造做法的外墙保温技术。目前，我国的墙体保温技术相对来讲，还处在一个发展阶段，还存在着许多问题需要进一步改进和提高。

为使我国的墙体保温技术达到理想效果，理清墙体保温的基本思路，纠正一些错误的认识，提高从事墙体保温事业人员的技术水平，北京振利节能环保科技股份有限公司同清华大学、中国建筑科学研究院等单位合作，通过科学试验、计算机模拟、工程实践等多种形式，从理论上分析研究了热应力、水、风荷载、火、地震力等五个方面，对墙体保温系统的影响；同时，也研究了墙体保温系统粘贴面砖技术和固体废弃物的利用技术，对墙体保温的基础理论进行了研究和探索。

北京振利节能环保科技股份有限公司从2005年开始和清华大学土木工程系合作，建立了考虑太阳辐射作用、环境温度变化时的建筑墙体温度场的数值计算模型，对外墙外保温、外墙内保温、夹芯保温和框架墙填充加气混凝土自保温等各种保温墙体，在北京地区一年四季条件下的实时温度场进行了模拟，并对外墙外保温墙体各构造层的温度应力进行了计算，同时对特殊结构（如女儿墙、雨篷等），在外界环境温度变化下，进行了温度场和温度应力的模拟计算和分析。

北京振利节能环保科技股份有限公司和中国建筑科学研究院防火所从2001年就开始合作，对市场上应用比较广泛的几种外墙保温系统进行了多次防火试验研究，包括锥形量热计试验研究、燃烧竖炉试验研究、大尺寸模型防火安全性能试验研究等，通过试验提出了外保温防火分级划分和适用高度标准，以及墙体保温防火构造做法。

《墙体保温技术探索》一书就是在总结以往经验的基础上，结合多年的理论研究和实践，并参考各单位的科研成果，由全国知名的墙体保温专家和直接从事外墙保温研究、生产、销售、施工的技术人员共同编写而成。

本书共分七章，第一章、第五章由王满生博士编写；第二章、第三章由张桂宝工程师编写；第四章由宋长友工程师编写；第六章由付海明、解福州工程师编写；第七章由胡永腾工程师编写。

本书对于从事建筑节能的工作人员，对墙体保温技术的研究人员、设计人员和施工技术人员有很好的参考价值，也可以供相关专业人员参考和使用。

墙体保温技术发展迅速，存在许多尚待解决的问题，书中难免会存在一些错误，欢迎读者批评指正。

编者

2009年3月

目　录

1 保温层构造位置对外墙温度场及温度应力的影响

随着目前我国经济建设的快速发展，建筑耗能在我国能源总消费量中所占有的比例逐年上升。我国自 1997 年就已经开始强制实行建筑节能，其中一个主要措施就是对外围护结构进行保温。目前的普遍做法是在外围护结构中加入保温层，以此控制室内外热量的传递，达到建筑节能的效果。保温层的位置对围护结构的保温效果有一定的影响，同时对外围护结构本身的温度场也有明显的影响。在国内外墙保温技术，尤其是外墙外保温技术的发展较快，工程应用越来越多，但是相关理论研究还相对缺乏，明显跟不上发展的需求。目前保温墙体内部温度场的分析还停留在稳态传热分析，而建筑物在实际的使用过程中，外界环境包括太阳辐射、大气温度等都在不断地发生变化。因此，通过稳态传热分析方法得到的保温墙体内部温度场的分布结果与实际情况会存在较大差异，而随着计算机技术的发展和数值模拟理论的进步，数值模拟分析越来越多地应用于实际工程分析，在这样的条件下，对保温墙体的温度场进行实时数值计算分析是可行的，也是必要的。同时，建筑物外围护结构置于自然环境中，长期经受自然界环境条件变化和太阳辐射等温度作用的影响，由此产生的温度应力对围护结构造成的损害是严重的[1]。借助于高效的数值分析方法，对保温墙体实时温度场及温度应力进行计算，可以更加确切地了解保温墙体内各功能层的温度及其温度应力的发展情况，有利于更好地完成保温墙体设计，并进行深入的耐久性和使用寿命的研究和改进。

本次研究是北京振利节能环保科技股份有限公司和清华大学共同研究的成果，建立了考虑太阳辐射作用、环境温度变化条件下建筑外墙实时温度场的数值计算模型，对外墙外保温、外保温内保温、夹芯保温和框架墙填充加气混凝土自保温等各种保温墙体，在北京地区一年四季条件下的实时温度场进行了模拟，并对外墙外保温墙体各构造层的温度应力进行了计算，同时对特殊结构(比如：女儿墙、雨篷等)在外界环境温度变化下，进行了温度场和温度应力的模拟计算和分析。

1.1 保温墙体温度场计算原理

计算在大气变温及太阳辐射、空气对流等复杂边界条件下保温墙体内部温度场是对保温墙体进行应力及耐久性分析的基础。常用的温度场计算的数值方法包括有限差分法、有限元法[2,3]。

1.1.1 温度场微分方程

建立典型保温墙体在外界大气温度变化等条件下温度场的计算模型。模型中假设墙体为均匀连续并具有通常物理特性的多层复合结构；板材各层间紧密，并忽略层间热阻。板材中任意时刻 t，任意位置(x，y，z)处的温度 T 应满足：

$$\frac{\partial T}{\partial t}=\frac{\lambda}{c\rho}\left(\frac{\partial^2 T}{\partial x^2}+\frac{\partial^2 T}{\partial y^2}+\frac{\partial^2 T}{\partial z^2}\right) \tag{1-1}$$

其中 λ 为导热系数 [kJ/(mh·℃)]；c 为材料的比热 [kJ/(kg·℃)]；ρ 为材料的密度(kg/m^3)。对于建筑外墙(忽略门窗等部位的影响)，其内部温度在长度(y)和宽度(z)两个方向的温度变化很小，即 $\partial T/\partial y=\partial T/\partial z\approx 0$，仅在其厚度方向温度变化剧烈，所以通常条件下建筑外墙的热传导方程可简化为沿墙厚方向的一维的热传导方程，即：

$$\frac{\partial T}{\partial t}=\frac{\lambda}{c\rho}\frac{\partial^2 T}{\partial x^2} \tag{1-2}$$

墙体内部沿厚度方向温度场的求解就是在给定边界条件和时间下对方程式(1-2)的求解问题。

1.1.2 有限差分法求解保温外墙的一维热传导方程

首先将保温墙体结构按照其构成分成若干层，对应各层输入几何尺寸、材料性质等，为了对比内保温和外保温两种常见的保温模式的保温性能，在建立模型的过程中，将内保温和外保温相对应各层的材料属性取相同的数值。保温墙体沿厚度方向的节点可分为内部节点、内表面节点、外表面节点和两种不同性质材料的交汇点。内表面边界条件主要包括室内空气对流换热、外表面的边界条件包括太阳辐射、外表面辐射和室外空气对流换热等。

1.1.2.1 围护结构内外表面的对流换热边界条件

对流是指流体内部各部分发生相对位移，依靠冷热流体互相混杂和移动引起的热量传递方式。墙体表面和流体之间在对流和导热同时作用下进行的能量传递称为对流换热。对流换热热流密度与壁面和主流区(大气)温度之差成正比。对墙体内表面，设室内空气温度为 $T_{in}(t)$，室内空气与墙体内表面对流换热系数为 β_{in}，墙体内表面温度为 $T_1(t)$(第一个节点)，忽略室内和墙体内表面之间以及各层墙体材料的相互热辐射。此时，墙体内表面与室内空气的对流热交换量可表达为：

$$q_{in}=\beta_{in}[T_{in}(t)-T_1(t)] \tag{1-3}$$

在我国《民用建筑热工设计规范》中[4]，详细规定了换热系数的取值，本文取 $\beta_{in}=8.7\text{W}/(\text{m}^2\cdot℃)$。

与墙体内表面类似，对墙体外表面，设室外空气温度为 $T_{out}(t)$，室外空气与墙体外表面对流换热系数为 β_{out}，墙体外表面温度为 $T_n(t)$(第 n 个节点)，墙体外表面与室外空气的对流热交换量可表达为：

$$q_{out}=\beta_{out}[T_{out}(t)-T_n(t)] \tag{1-4}$$

β_{out}与室外建筑物表面风速有关。本文为便于比较，将春夏秋冬四个季节的 β_{out} 值分别取为 21、19、21、23W/(m^2·℃)。

1.1.2.2 太阳辐射

对于建筑物的热环境来说，太阳辐射是一项非常重要的外部影响因素。到达地面的太阳辐射由两部分组成，一部分是方向未经过改变的，叫做直射辐射；另外一部分是由于大气中气体分子、液体或固体颗粒反射，达到地面时没有特定的方向，这部分叫散射辐射[1,3]。直射辐射和散射辐射之和就是达到地面的太阳总辐射，简称太阳辐射。太阳辐射强度大小用单位面积、单位时间内接收的太阳辐射的能量来表示，分别叫做太阳直射辐射照度、太阳散射辐射照度和太阳总辐射照度。太阳辐射的问题实际上比较复杂，影响太阳辐射的因素很多。由于地球自转形成昼夜，地球公转形成四季，不同时间、不同季节的太阳入射角度、地球与太阳的距离等都有变化，直接影响太阳辐射强度；天气阴晴雨雪、大气透明度、地面情况、建筑物表面材料特性等对太阳辐射的影响也都比较大。本文的出发点是对典型条件下的保温墙体结构内部的温度场进行研究，因此在考虑各种因素时尽可能地避免特殊情况，对一些次要影响因素等作了合理的简化和处理，避免研究过程复杂化，并保证最终的结果具有普遍性。

太阳辐射强度的具体计算方法[5]：

1. 直射辐射照度

地球上某一垂直于太阳光线表面上的直射辐射照度可表达为：

$$I_{DN}=I_0P^m \tag{1-5}$$

其中 I_{DN} 为太阳直射辐射照度，I_0 为太阳常数，m 为大气光学质量，$m=1/\sin(h_s)$，h_s 为太阳高度角，P 为大气透明度。水平面上和垂直面上的太阳直射照度 I_{DH} 的 I_{DV} 可分别表达为：

$$I_{DH}=I_{DN}\sin(h_s) \tag{1-6}$$

$$I_{DV}=I_{DN}\cos(h_s)\cos\gamma \tag{1-7}$$

其中，γ 为墙面法线在水平面上的投影与太阳光线在水平面投影之间的夹角，$\gamma=A_s-A_w$，A_s 与 A_w 分别为壁面太阳方位角和墙面方位角。太阳高度角 h_s 可由式(1-8)计算：

$$\sin(h_s)=\sin\phi\cdot\sin\delta+\cos\phi\cdot\cos\delta\cdot\cos\omega \tag{1-8}$$

其中 ϕ 为地理纬度，δ 为太阳赤纬角。ω 为时角，由式(1-9)计算：

$$\omega = 15(t-12) \tag{1-9}$$

t 为地方太阳时。太阳方位角 A_s 由式(1-10)计算：

$$\cos A_s = \frac{\sin h_s \sin\phi - \sin\delta}{\cos h_s \cos\phi} \tag{1-10}$$

2. 散射辐射照度

墙体外表面从天空中所接受的散射辐射包括了三个部分：天空散射辐射、地面反射和大气长波辐射。

1) 天空散射

天空散射辐射时阳光经过大气层时，由于大气层中薄雾、尘埃的作用，使光线向各个方向反射和折射，形成一个由整个天穹所照射的散射光。对于晴天水平地面的天空散射辐射照度，一般由贝拉格公式近似计算，即：

$$I_{SH} = 0.5 I_0 \frac{1-P^m}{1-1.4\ln P}\sin h_s \tag{1-11}$$

对于各朝向的垂直墙面上所受到的散射辐射照度为：

$$I_{SV} = 0.5 I_{SH} \tag{1-12}$$

2) 地面反射

太阳光线辐射到达地面之后，其中的一部分被地面反射。垂直墙面受到的地面反射辐射为：

$$I_{RV} = 0.5\rho_s (I_{DH} + I_{SH}) \tag{1-13}$$

其中 ρ_s 为地面对太阳辐射的反射率，一般城市地面反射率可近似取 0.2，有雪条件下取 0.7。由于大气长波辐射照度比较小，比较其他部分可以忽略不计。

3. 太阳总辐射照度

太阳总辐射照度是直射辐射照度和散射辐射照度之和，水平面和垂直墙面上的太阳辐射照度分别为：

$$\begin{aligned} I_{ZH} &= I_{DH} + I_{SH} \\ I_{ZV} &= I_{DV} + I_{SV} + I_{RV} \end{aligned} \tag{1-14}$$

按上述计算过程，即可得到不同地区、不同方向上太阳辐射照度。同时，不同的表面材料对太阳辐射的吸收能力也各不相同，所以墙体外表面的太阳辐射边界条件为：

$$q_r = \alpha_s I_Z \tag{1-15}$$

其中 α_s 为墙体外表面太阳辐射吸收率。

1.1.2.3 保温墙体温度场有限差分方程

根据保温墙体的结构，可将有限差分计算节点分成四类，即内部节点(同一材料内部)、内表面节点、外表面节点和两种性质相异的材料的结合点。图 1-1 为外墙板一维温度场求解中典型四类节点示意图，下面分别导出每类节点的差分方程。

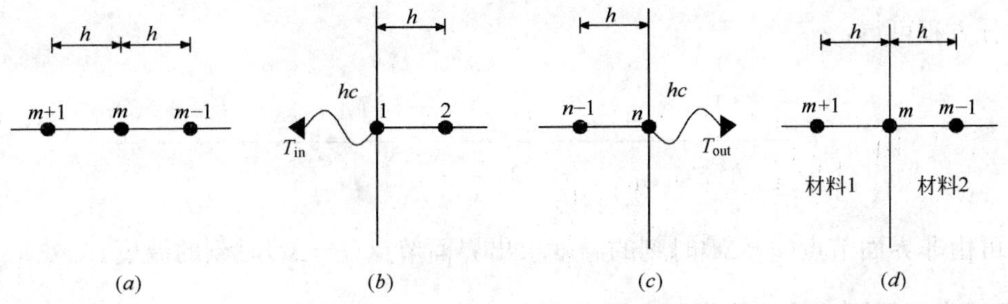

图 1-1 墙体中典型节点示意图

(a)内部节点；(b)墙体内表面节点；(c)墙体外表面节点；(d)两种材料结合节点

1. 墙体内部节点

对内部节点 m（如图 1-1a 所示），依据有限差分原理，t 时刻温度 T 对位 x 的二阶微分可近似表达为：

$$\left(\frac{\partial^2 T}{\partial x^2}\right)_{m,t} \approx \frac{1}{h^2}(T_{m+1,t}+T_{m-1,t}-2T_{m,t}) \tag{1-16}$$

节点 m 处温度 T 对时间 t 的变化率可近似为

$$\frac{\partial T}{\partial t} \approx \frac{T_{m,t+\Delta t}-T_{m,t}}{\Delta t} \tag{1-17}$$

将式(1-16)，式(1-17)代入到一维热传导方程式(1-2)中，得到节点 m 经过时间间隔(Δt)后温度计算表达式为：

$$T_{m,t+\Delta t}=(1-2r)T_{m,t}+r(T_{m+1,t}+T_{m-1,t}) \tag{1-18}$$

式中，$r=\lambda\Delta t/(c\rho h^2)$。利用式(1-18)，根据 t 时刻相邻三个节点的温度，就可以直接求出 $t+\Delta t$ 时刻 m 点的温度 $T_{m,t+\Delta t}$，而不必求解方程组，故被称为显式差分法。由式(1-18)获得稳定解的条件为 $1-2r\geqslant 0$，即 $\Delta t\leqslant c\rho h^2/(2\lambda)$。

2. 墙体内表面节点

对与空气接触的墙体内表面节点(图 1-1b)，设混凝土表面对流换热系数为 β_{in}[kJ/(m^2·℃)]，由能量平衡原理有：

$$\beta_{in}(T_{in,t}-T_{1,t})+\frac{\lambda}{h}(T_{2,t}-T_{1,t})=\rho c\,\frac{h}{2}\,\frac{T_{1,t+\Delta t}-T_{1,t}}{\Delta t} \tag{1-19}$$

整理，得到：

$$T_{1,t+\Delta t}=(1-2r-2rB_1)T_{1,t}+2r(T_{2,t}+B_1T_{in,t}) \tag{1-20}$$

式中，$r=\lambda\Delta t/(c\rho h^2)$，$B_1=\beta_{in}h/\lambda$。上式获得稳定解须满足 $\Delta t\leqslant c\rho h^2/2(\lambda+\beta_{in}h)$。

3. 墙体外表面节点

对与空气接触的墙体外表面节点(图 1-1c)，墙体表面换热需增加太阳辐射部分。设墙体外表面对流换热系数为 β_{out} [kJ/(m^2·℃)]，太阳总辐射量为 I_z(单位面积、单位时间内接收的太阳辐射能，kJ/m^2·h)，墙体表面对太阳辐射的吸收系数为 α_s，同样由能量平衡有：

$$T_{n,t+\Delta t}=(1-2r-2rB)T_{n,t}+2r(T_{n-1,t}+BT_{out,t})+\frac{2\alpha_s I_z\Delta t}{c\rho h} \tag{1-21}$$

式中，$r=\lambda\Delta t/(c\rho h^2)$，$B_1=\beta_{out}h/\lambda$。同样，上式获得稳定解须满足 $\Delta t\leqslant c\rho h^2/2(\lambda+\beta_{out}h)$。

4. 墙体内不同性能材料之间的连接点

设第 n 个节点左侧材料导热系数为 λ_1，节点间距为 h_1，右侧材料导热系数为 λ_2，节点间距为 h_2(图 1-1d)，由该类节点的边界条件，有：

$$\lambda_1\frac{\partial T_{n,t+\Delta t}}{\partial x}=\lambda_2\frac{\partial T_{n,t+\Delta t}}{\partial x} \tag{1-22}$$

由有限差分方程可得：

$$T_{n,t+\Delta t}=\frac{\frac{\lambda_1}{h_1}(4T_{n-1,t+\Delta t}-T_{n-2,t+\Delta t})+\frac{\lambda_2}{h_2}(4T_{n+1,t+\Delta t}-T_{n+2,t+\Delta t})}{3\left(\frac{\lambda_1}{h_1}+\frac{\lambda_2}{h_2}\right)} \tag{1-23}$$

由上式即可由非界面节点($t+\Delta t$)时刻的温度求出界面节点($t+\Delta t$)时刻的温度。

1.1.3　有限元法求解保温外墙的热传导方程[6,7,8]

根据方程式(1-1)可知，保温外墙的热传导方程求解可以分为两种情况：稳态热传递和瞬态热传递过程，对应的有限元求解也是不同的。

1.1.3.1 稳态温度场有限元法

考虑到三维稳定温度场，即温度场不随时间变化，在式(1-1)中，$\frac{\partial T}{\partial t}=0$，求解的问题为：

$$\frac{\lambda}{c\rho}\left(\frac{\partial^2 T}{\partial x^2}+\frac{\partial^2 T}{\partial y^2}+\frac{\partial^2 T}{\partial z^2}\right)=0 \tag{1-24}$$

根据变分原理，这个问题等价于下述泛函的极值问题。若函数 $T(x, y, z)$在边界上满足 $T=T_h$；并使下列泛函实现极值

$$I(T)=\frac{1}{2}\iiint_R\left[\left(\frac{\partial T}{\partial x}\right)^2+\left(\frac{\partial T}{\partial y}\right)^2+\left(\frac{\partial T}{\partial z}\right)^2\right]\mathrm{d}x\mathrm{d}y\mathrm{d}z \tag{1-25}$$

由欧拉方程可知，如果 $T(x, y, z)$在区域 R 内有解，满足方程(1-24)，并能够满足边界条件，则 $T(x, y, z)$就为所求解。

把解域 R 剖分为有限个单元，设单元节点为 i，j，m，……，p，节点温度为 T_i，T_j，T_m，……，T_p，单元内任一点的温度 $T^e(x, y, z)$用节点温度表示如下：

$$\begin{gathered}T^e(x, y, z)=[N]\{T\}^e\\ [N]=[N_i, N_j, N_m, \cdots N_p]\\ \{T\}^e=[T_i, T_j, T_m, \cdots T_p]\end{gathered} \tag{1-26}$$

式中 $[N]$ 为形函数矩阵，是坐标 x，y，z 的函数，可通过节点坐标求解；$\{T\}^e$ 为节点温度矩阵。把单元 e 作为求解区域R 的一个子区域 ΔR，在这个子区域上的泛函数为

$$I^e(T)=\frac{1}{2}\iiint_{\Delta R}\left[\left(\frac{\partial T}{\partial x}\right)^2+\left(\frac{\partial T}{\partial y}\right)^2+\left(\frac{\partial T}{\partial z}\right)^2\right]\mathrm{d}x\mathrm{d}y\mathrm{d}z \tag{1-27}$$

对上式求微分，得到

$$\frac{\partial I^e(T)}{\partial T_i}=\iiint_{\Delta R}\left[\frac{\partial T}{\partial x}\frac{\partial}{\partial T_i}\left(\frac{\partial T}{\partial x}\right)+\frac{\partial T}{\partial y}\frac{\partial}{\partial T_i}\left(\frac{\partial T}{\partial y}\right)+\frac{\partial T}{\partial z}\frac{\partial}{\partial T_i}\left(\frac{\partial T}{\partial z}\right)\right]\mathrm{d}x\mathrm{d}y\mathrm{d}z \tag{1-28}$$

在单元 e 内有

$$\begin{aligned}&\frac{\partial T}{\partial x}=\left[\frac{\partial N_i}{\partial x}, \frac{\partial N_j}{\partial x}, \frac{\partial N_m}{\partial x}, \cdots\frac{\partial N_p}{\partial x}\right]\{T\}^e\\ &\frac{\partial}{\partial T_i}\left(\frac{\partial T}{\partial x}\right)=\frac{\partial N_i}{\partial x}\cdots\\ &\frac{\partial T}{\partial T_i}=N_i\end{aligned} \tag{1-29}$$

把式(1-29)代入式(1-28)得到

$$\begin{Bmatrix}\dfrac{\partial I^e}{\partial T_i}\\ \dfrac{\partial I^e}{\partial T_j}\\ \dfrac{\partial I^e}{\partial T_m}\end{Bmatrix}=\frac{\partial I^e}{\partial\{T\}^e}=[h^e]\{T\}^e=0 \tag{1-30}$$

式中 $[h^e]$ 为单元热传导矩阵，可由式(1-31)计算各元素值：

$$h_{ij}^e=\iiint\left[\frac{\partial N_i}{\partial x}\frac{\partial N_j}{\partial x}+\frac{\partial N_i}{\partial y}\frac{\partial N_j}{\partial y}+\frac{\partial N_i}{\partial z}\frac{\partial N_j}{\partial z}\right]\mathrm{d}x\mathrm{d}y\mathrm{d}z \tag{1-31}$$

将各单元的$\frac{\partial I^e}{\partial\{T\}^e}$加以集合，对于求解区域的全部节点，得到式(1-32)。

$$\frac{\partial I}{\partial\{T\}}=[H]\{T\}=0 \tag{1-32}$$

式中$\{T\}=[T_1, T_2, \cdots\cdots T_n]^T$为全部节点的温度矩阵，$[H]$为热传导矩阵，其元素由与节点$I$有关的各单元的集合而成，即：$H_{ij}=\sum_e h_{ij}^e$

当边界上节点的温度为已知边界时，就可以求解式(1-32)得到全部节点的温度。

1.1.3.2 瞬态温度场有限元法

根据变分原理，瞬态热传导问题等价于下列泛函数极值问题，温度$T(x, y, z, t)$在$t=0$时，取给定的初始温度$T_0(x, y, z)$，在边界温度条件下，使泛函数取极小值：

$$I(T)=\iiint_R\left\{\frac{1}{2}\left[\left(\frac{\partial T}{\partial x}\right)^2+\left(\frac{\partial T}{\partial y}\right)^2+\left(\frac{\partial T}{\partial z}\right)^2\right]+\frac{1}{\alpha}\left(\frac{Q}{cp}-\frac{\partial T}{\partial t}\right)T\right\}\mathrm{d}x\mathrm{d}y\mathrm{d}z$$
$$+\iint_C\left(\frac{1}{2}\bar{\beta}T^2-\bar{\beta}T_\alpha T\right)\mathrm{d}s \tag{1-33}$$

上式右端第一项是在求解域R内的体积积分，第二项是在第三类边界上C的面积分。

由上式可见，瞬态温度场和稳态温度场的主要差别是瞬态温度场的场函数中，温度不仅是空间域R的函数，而且还是时间域t的函数，但时间和空间域并不耦合，因此建立有限元格式时可采用部分离散方法，首先对空间进行离散，将求解域分为有限个单元。设单元e的节点i，j，m，……p的温度$T_i(t)$，$T_j(t)$，…，$T_p(t)$，单元内任一点温度即可表示为：

$$T^e(x, y, z, t)=[N]\{T\}^e \tag{1-34}$$

式中：$[N]=[N_i, N_j, N_m, \cdots N_p]$

$\{T\}^e=[T_i, T_j, T_m, \cdots T_p]^T$

形函数$N(x, y, z)$是坐标x，y，z的函数，而节点温度是时间的函数。

把单元e作为求解域R的一个子域，在这个域内的泛函数值为：

$$I^e(T)=\iiint_{\Delta R}\left\{\frac{1}{2}\left[\left(\frac{\partial T}{\partial x}\right)^2+\left(\frac{\partial T}{\partial y}\right)^2+\left(\frac{\partial T}{\partial z}\right)^2\right]+\frac{1}{\alpha}\left(\frac{Q}{cp}-\frac{\partial T}{\partial t}\right)T\right\}\mathrm{d}x\mathrm{d}y\mathrm{d}z+$$
$$\iint_{\Delta C}\left(\frac{1}{2}\bar{\beta}T^2-\bar{\beta}T_0 T\right)\mathrm{d}s \tag{1-35}$$

$$\frac{\partial T}{\partial t}=[N_i, N_j, N_m, \cdots]\begin{Bmatrix}\frac{\partial T_i}{\partial t}\\ \frac{\partial T_j}{\partial t}\\ \frac{\partial T_m}{\partial t}\\ \vdots\end{Bmatrix}=[N]\left\{\frac{\partial T}{\partial t}\right\} \tag{1-36}$$

对式(1-35)在积分号内求微商，得到

$$\frac{\partial I^e}{\partial T_i}=h_{ii}^e T_i+h_{ij}^e T_j+h_{im}^e T_m+\cdots+f_i^e\frac{Q}{cp}+r_{ii}^e\frac{\partial T_i}{\partial t}+r_{ij}^e\frac{\partial T_j}{\partial t}+r_{im}^e\frac{\partial T_m}{\partial t}$$
$$+g_{ii}^e T_i+g_{ij}^e T_j+g_{im}^e T_m+\cdots-p_i^e T_0$$

式中：

$$h_{ij}^e=\iiint_{\Delta R}\left(\frac{\partial N_i}{\partial x}\frac{\partial N_j}{\partial x}+\frac{\partial N_i}{\partial y}\frac{\partial N_j}{\partial y}+\frac{\partial N_i}{\partial z}\frac{\partial N_j}{\partial z}\right)\mathrm{d}x\mathrm{d}y\mathrm{d}z$$

$$f_i^e=\frac{1}{\alpha}\iiint_{\Delta R}N_i\mathrm{d}x\mathrm{d}y\mathrm{d}z$$

$$r_{ij}^e=\frac{1}{\alpha}\iiint_{\Delta R}N_i N_j\mathrm{d}x\mathrm{d}y\mathrm{d}z$$

$$g_{ij}^{e}=\frac{1}{\beta}\iint_{\Delta C}N_iN_j\mathrm{d}s$$

$$p_i^{e}=\frac{1}{\beta}\iint_{\Delta C}N_i\mathrm{d}s \tag{1-37}$$

其中 g_{ij}^{e}，p_i^{e} 是在第三类边界 C 上的面积分，只有当节点 i 落在边界 C 上时才有值。

在单元足够小的条件下，可用各单元泛函数值之和代替原泛函数值。为使泛函数实现极小值，应有：

$$\frac{\partial I}{\partial T_i}=\sum_e\frac{\partial I^e}{\partial T_i}=0$$

将式(1-37)带入上式，得到

$$[H]\{T\}+[R]\left\{\frac{\partial T}{\partial t}\right\}+\{F\}=0$$

式中［H］，［R］，［F］的元素如下：

$$H_{ij}=\sum_e(h_{ij}^{e}+g_{ij}^{e}) \tag{1-38}$$

$$R_{ij}=\sum_e r_{ij}^{e}$$

$$F_i=\sum_e\left(-f_t\frac{Q}{cp}-p_i^{e}T_0\right)$$

其中 $\sum\limits_e$ 表示对与 e 节点 I 有关的单元求和。

式(1-38)对任意时间 t 都成立，显然对 t_n 及 t_{n+1} 也成立，即：

$$\begin{aligned}&[H]\{T_n\}+[R]\left\{\frac{\partial T}{\partial t}\right\}_n+\{F_n\}=0\\&[H]\{T_{n+1}\}+[R]\left\{\frac{\partial T}{\partial t}\right\}_{n+1}+\{F_{n+1}\}=0\end{aligned} \tag{1-39}$$

至此，已将时间域和空间域的偏微分方程问题在空间域内离散为 n 个节点温度 $T(t)$ 的常微分方程的初值问题，对于式(1-38)常微分方程组采用数值积分方法求解的基本概念是将时间域内也进行离散，用在离散的时间点上满足方程组的解，代替在整个时间域上处处满足方程组。对于只有一阶导数的常微分方程组如式(1-38)，时间域的离散可以采用简单的两点循环公式，即：

$$\Delta T_n=T_{n+1}-T_n=\Delta t\left[(1-s)\left(\frac{\partial T}{\partial t}\right)_n+s\left(\frac{\partial T}{\partial t}\right)_{n+1}\right] \tag{1-40}$$

根据 s 的取值，有以下几种情况：

1）取 $s=0$，得到向前差分；

2）取 $s=1$，得到向后差分；

3）取 $s=1/2$，得到为中点差分。

由式(1-39)可得到：

$$\left[\frac{\partial T}{\partial t}\right]_{n+1}=\frac{1}{s\Delta t_n}[\{T_{n+1}\}-\{T_n\}]-\frac{1-s}{s}\left[\frac{\partial T}{\partial t}\right]_n \tag{1-41}$$

将式(1-37)代入式(1-39)中，得到

$$\left([H]+\frac{1}{s\Delta t_n}[R]\right)\{T_{n+1}\}+\left(\frac{1-s}{s}[H]-\frac{1}{s\Delta t_n}[R]\right)\{T_n\}+\frac{1-s}{s}\{F_n\}+\{F_{n+1}\}=0 \tag{1-42}$$

在上式中｛T_n｝，｛F_n｝，｛F_{n+1}｝已知，而｛T_{n+1}｝是未知量，因此可通过上述线性方程组，解得 t_{n+1} 时的温度｛T_{n+1}｝，以上过程是把加权余量格式建立在一个时间单元 Δt 上，建立了｛T_n｝和｛T_{n+1}｝之间的递推关系，对于整个时间域内，可以划分成若干个时间单元，由局部递推求得时间域内各瞬时的温度场函数值。一般要得到预期无条件稳定的解答，取 $s=1$ 的效果较好。

1.1.4　温度场计算的边界条件

温度场计算的边界条件可以概括四类：

第一类边界条件：物体边界上的温度是时间的已知函数，用公式表示为：$T(t)=T_C(t)$。式中$T_C(t)$为已知边界温度。

第二类边界条件：物体边界上的热流量是时间的已知函数，即$-\lambda\dfrac{\partial T}{\partial \eta}=q(t)$。其中$q(t)$[kJ/m^2]是已知热流量，$\eta$为边界法线方向。由公式可知，凡是热量从物体向外流出者都取正号，向物体流入者取负号，如果边界是绝热的，则有$\dfrac{\partial T}{\partial \eta}=0$。

第三类边界条件：当物体和流体(例如：空气)接触时，经过物体边界表面的热流量是$q=-\lambda\dfrac{\partial T}{\partial \eta}$，第三类边界条件假定经过物体边界的热流量等于物体表面温度T和流体温度(例如气温)T_a之差成正比，即$-\lambda\dfrac{\partial T}{\partial \eta}=\beta(T-T_a)$；式中$\beta$为表面散热系数［kJ/(m^2·h·℃)］。当表面散热系数趋于无限时，$T=T_a$即转化为第一类边界条件。当表面散热系数$\beta=0$时，$\dfrac{\partial T}{\partial \eta}=0$，又转化为绝热条件。第三类边界条件表示了固体与流体(如空气)接触的传热条件。

第四类边界条件：当两种不同的固体接触时，如果接触良好，则在接触表面上温度和热流量都是连续的边界条件，即$T_1=T_2$；$\lambda_1\dfrac{\partial T_1}{\partial \eta}=\lambda_2\dfrac{\partial T_2}{\partial \eta}$。第四类边界条件是指固体与固体的接触面上的换热条件。

1.2　保温墙体温度应力计算原理

1.2.1　保温墙体温度应力计算模型

1.2.1.1　单一墙板的温度应力模型

墙体温度场(T)可以认为只是时间(t)和板厚(z)的函数，即：

$$T=f(t,\ z) \tag{1-43}$$

设一建筑墙板的平面尺寸大于板厚的10倍(平面应力问题)，高度方向y，宽度方向x，厚度方向z(见图1-2)。温度只沿厚度方向变化。设材料弹性模量为E，泊松比为μ，热变形系数为α，初始温度(弹性模量为零时)为T_0，$T_0=f(z,\ t_0)$。根据广义虎克定律，有：

$$\begin{aligned}\varepsilon_x&=\frac{1}{E}(\sigma_x-\mu\sigma_y)+\alpha(T-T_0)\\ \varepsilon_y&=\frac{1}{E}(\sigma_y-\mu\sigma_x)+\alpha(T-T_0)\end{aligned} \tag{1-44}$$

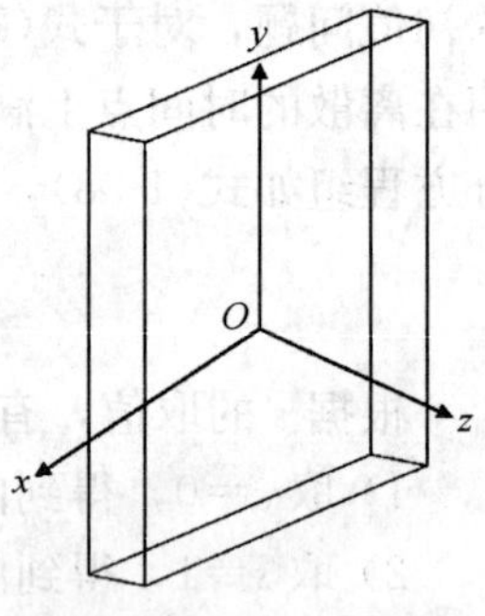

y
O
z
x

图1-2　建筑外墙板温度应力计算坐标示意图

下面根据墙板的约束情况分类计算因温度变化($T-T_0$)引发温度应力的大小。

1. 嵌固板的温度应力

嵌固板指板的四周完全被约束(x，y方向)，既不能上下、左右移动，也不能转动。在完全嵌固条件下，$\varepsilon_x=0$，$\varepsilon_y=0$。将上述条件代入式(1-44)，解此方程组，有：

$$\sigma_x=\sigma_y=-\frac{E\alpha(T-T_0)}{\mu-1} \tag{1-45}$$

温度应力正负号规定如下：温度升高，($T-T_0$)为正，σ_x或σ_y为负，为压应力；温度降低，($T-T_0$)为负，σ_x或σ_y为正，为拉应力。后续温度应力的符号规定均与此相同。

2. 自由板的温度应力

自由板是完全不受外界约束，在各个方向都可以自由变形的板，自由板内的温度应力纯粹是由于板内温度分布不均匀而产生的自生应力。板内的正应力和正应变为：

$$\sigma_x=\sigma_y=\sigma_3$$
$$\sigma_z=0 \tag{1-46}$$
$$\varepsilon_x=\varepsilon_y=\varepsilon$$

将上述条件代入式(1-44)有：

$$\sigma_x=\sigma_y=\sigma_z=\frac{E[\varepsilon-\alpha(T-T_0)]}{1-\mu} \tag{1-47}$$

墙板因温度变形后，应变沿板厚的分布应符合平截面假设，即 ε 可表达为：

$$\varepsilon=\alpha(A+Bz) \tag{1-48}$$

式中，A、B 为与坐标 Z 无关的参数，把式(1-48)代入式(1-47)，有：

$$\sigma_z=\frac{E\alpha}{1-\mu}[A+Bz-(T-T_0)] \tag{1-49}$$

在自由板内，任意时刻、任意截面上的轴向力和弯矩都应等于零(注意截面原点位于截面中心)，由此可以解得：

$$A=\frac{1}{d}\int_{-d/2}^{d/2}(T-T_0)\mathrm{d}z=T_a$$
$$B=\frac{12}{d^3}\int_{-d/2}^{d/2}(T-T_0)z\mathrm{d}z=\frac{12}{d^3}S=\frac{T_d}{d} \tag{1-50}$$

其中，$T_d=\frac{12S}{d^2}$，$S=\int_{-d/2}^{d/2}(T-T_0)z\mathrm{d}z$，$T_a$ 为截面(沿 d)平均温度变化，即参数 A 为平均温度变化，T_d 为等效线性温度变化差，S 为沿断面 d 温度变化($T-T_0$)的力矩。将式(1-50)代入式(1-49)，进行简单变换，非线性温度场下嵌固板的温度应力 σ_T 由三个应力分量构成，即：

$$\sigma_T=\left(-\frac{E\alpha}{1-\mu}A\right)+\left(-\frac{E\alpha}{1-\mu}Bz\right)+\left[-\frac{E\alpha[(T-T_0)-A-Bz]}{1-\mu}\right]$$
$$=\sigma_1+\sigma_2+\sigma_3 \tag{1-51}$$

其中，σ_1 为平均温度变化引发的应力，σ_2 为线性温度变化引发的应力，σ_3 为自由板温度应力，亦可称为非线性温度变化应力，如果温度分布为线性，则 $\sigma_3=0$。

实际墙板中温度应力的大小取决于临近结构对墙板四周的约束情况，通常可能遇到有如下四种情况：

1) 墙板既能伸缩，又能转动(自由板)，则：

$$\sigma=\sigma_3=\sigma_T-\sigma_1-\sigma_2 \tag{1-52}$$

2) 板不能伸缩，只能转动，则：

$$\sigma=\sigma_T-\sigma_2 \tag{1-53}$$

3) 板不能转动，只能伸缩，则：

$$\sigma=\sigma_T-\sigma_1 \tag{1-54}$$

4) 板既不能伸缩，又不能转动，则：

$$\sigma=\sigma_T \tag{1-55}$$

上述自由板温度应力表达式确定了无限平板中的温度应力，对于有限平板，在靠近板的四边，应力分布与上式有所不同。但根据圣维南原理，在离板的边缘的距离超过板的厚度时，上述结果即可适用。

1.2.1.2 多层复合墙板的温度应力模型

对实施内保温或外保温的外墙板，墙体材料沿板厚方向并不是单一材料，为多种功能材料复合的建筑外墙板。其主要功能层包括内外装饰层、结构层、保温层及保温功能附加层等。建立时变温度场下多层复合墙板的温度应力计算模型。

假设各层间粘接完好，每层温度分布函数为 $T_i=f(z_i,t)$，$z_i=0$ 位于每层的中间位置。根据平截面假定，设每层应变为：

$$\begin{aligned}\varepsilon_1(z)&=\alpha_1(A_1+B_1z_1)\\ \varepsilon_2(z)&=\alpha_2(A_2+B_2z_2)\\ \varepsilon_3(z)&=\alpha_3(A_3+B_3z_3)\\ &\cdots\cdots\\ \varepsilon_n(z)&=\alpha_n(A_n+B_nz_n)\end{aligned}\tag{1-56}$$

其中，每层温度分布参数 A_i、B_i 可通过每层温度场获得，即：

$$\begin{aligned}A_1&=\frac{1}{h_1}\int_{-d_1/2}^{d_1/2}[T_1(z_1)-T_{10}]\mathrm{d}z_1\\ B_1&=\frac{12}{d_1^3}\int_{-d_1/2}^{d_1/2}[T_1(z_2)-T_{10}]z_2\mathrm{d}z_2\\ &\cdots\cdots\\ A_n&=\frac{1}{h_n}d\int_{-d_n/2}^{d_n/2}[T_n(z_n)-T_{n0}]\mathrm{d}z_n\\ B_n&=\frac{12}{h_n^3}\int_{-d_n/2}^{d_n/2}[T_n(z_n)-T_{n0}]z_n\mathrm{d}z_n\end{aligned}\tag{1-57}$$

因此，第 i 层板内温度应力分量可分别表达为：

$$\sigma_{iT}=-\frac{E_i\alpha_i(T_i-T_{i0})}{1-\mu}\tag{1-58}$$

$$\sigma_{i1}=-\frac{E_i\alpha_i}{1-\mu}A_i\tag{1-59}$$

$$\sigma_{i2}=-\frac{E_i\alpha_i}{1-\mu}B_iz_i\tag{1-60}$$

其中，σ_{iT} 为第 i 层板完全约束的温度应力，σ_{i1} 为第 i 层板平均温度变化引发的应力，σ_{i2} 为第 i 层板线性温度变化引发的应力。

根据实际墙板所受约束情况，通常可能遇到有如下四种情况：

(1) 墙板既能伸缩，又能转动(自由板)，则：

$$\sigma_i=\sigma_{i3}=\sigma_{iT}-\sigma_{i1}-\sigma_{i2}\tag{1-61}$$

(2) 板不能伸缩，只能转动，则：

$$\sigma_i=\sigma_{iT}-\sigma_{i2}\tag{1-62}$$

(3) 板不能转动，只能伸缩，则：

$$\sigma_i=\sigma_{iT}-\sigma_{i1}\tag{1-63}$$

(4) 板既不能伸缩，又不能转动，则：

$$\sigma_i=\sigma_{iT}\tag{1-64}$$

1.2.2 保温墙体温度应力有限元分析

有限元的分析步骤：

1) 结构离散化。将分析的结构划分为有限个单元体，形同单元体在节点处连接成单元的集合体，以替代原有结构。单元的形状、单元的数目和划分方案等问题按照实际结构和计算要求决定。

2) 选择位移模式。对典型单元进行特性分析。首先对单元中位移分布作出一定假设，从而单元内任一点位移、应变和应力公式就可用节点位移来表示即 $\{f\}=[N]\{\delta\}^e$ 式中 $\{f\}$ 是单元内任一点位移列阵，$\{\delta\}^e$ 为单元节点位移列阵，$[N]$ 为形函数矩阵。

分析单元的力学特性，包括下面三部分内容，即

利用几何关系，导出用节点位移表示单元应变的关系式 $\{\varepsilon\}=[B]\{\delta\}^e$，式中 $\{\varepsilon\}$ 是单元内任一点应变列阵，$[B]$ 是单元应变矩阵。

利用物理关系，导出用节点位移表示单元应力的关系式

$\{\sigma\}=[D](\{\varepsilon\}-\{\varepsilon_0\})+\{\sigma_0\}=[D][B]\{\delta\}^e-[D]\{\varepsilon_0\}+\{\sigma_0\}$ 式中 $\{\sigma\}$ 是单元内任一点的应力列阵，$[D]$ 是单元材料有关的弹性矩阵，$\{\varepsilon_0\}$ 是单元初应变列阵，$\{\sigma_0\}$ 是单元初应力列阵。

3）利用虚功原理，导出单元上节点力和节点位移间的关系，即单元刚度方程 $\{R\}^e=[K]^e\{\delta\}^e$ 式中 $[K]$ 为单元刚度矩阵，它是 $[K]^e=\iiint[B]^T[D][B]\mathrm{d}x\mathrm{d}y\mathrm{d}z$

4）计算等效节点力。弹性体离散后，假定力是通过节点从一个单元传递到另一个单元。在实际的连续体中，力是从单元的公共边界传递到另一个单元的。因此，这种作用在单元边界上的表面力以及作用在单元上的体积力、集中力，还有初应变、初应力等都需要等效移植到节点上去，也就是用等效节点力来替代所有作用在单元上的力。移置原则是作用在单元上的力或初应变、初应力与等效节点力在任何虚位移上的虚功都相等。

5）集合所有单元的刚度方程建立结构平衡方程。集合过程包括两个方面的内容：一是单元刚度矩阵集合成结构刚度矩阵；二是将作用于各单元的等效节点列阵集合成总的荷载列阵。得到 $[K]\{\delta\}=\{R\}$。

6）代入边界条件求解未知节点位移并进行单元分析。当物体各部分温度发生变化时，物体将由于热变形而产生线应变 $\alpha(T-T_0)$，式中 α 是材料的线膨胀系数，T 是弹性体内任一点现时温度值，T_0 是初始温度值。如果物体各部分的热变形不受任何约束时，则物体上有变形而无应力。但当物体由于约束或各部分温度变化不均匀时，热变形不能自由伸缩，则在物体中产生应力，即热应力。当弹性体的温度场已知时，就可以求得弹性体各部分的热应力。

1.3 温度场模拟计算

计算在大气变温及太阳辐射、空气对流等复杂边界条件下保温墙体内部温度场是对保温墙体进行应力及耐久性分析的基础，建立典型保温墙体在外界大气温度变化等条件下温度场的计算模型，包括外墙内保温结构、自保温结构和外墙外保温结构等，选取了北京各个季节典型天气条件下四个朝向墙体结构作为研究对象，同时为便于比较，对没有施加保温的普通墙体、热桥部位和部分节点也建立了计算模型。

1.3.1 外界温度环境

1.3.1 室外大气温度

为了研究方便，取各个季节典型天气状态的日最高(T_{max})和最低(T_{min})温度数值，并利用下式模拟大气温度的日周期性变化(见图 1-3 北京地区四季典型日气温变化模拟)：

$$T_a=-\sin\left(\frac{2\pi(t_d+2)}{24}\right)\left(\frac{T_{max}-T_{min}}{2}\right)+\left(\frac{T_{max}+T_{min}}{2}\right) \tag{1-65}$$

其中 T_a 为室外大气温度(时间及日最高、最低温度的函数)，t_d 为 24 小时时间(时)。

1. 太阳辐射

对于建筑物的热环境来说，太阳辐射是一项非常重要的外部影响因素。图 1-4 为北京地区一年四季东西南北垂直墙面上的太阳辐射强度与时间关系图。

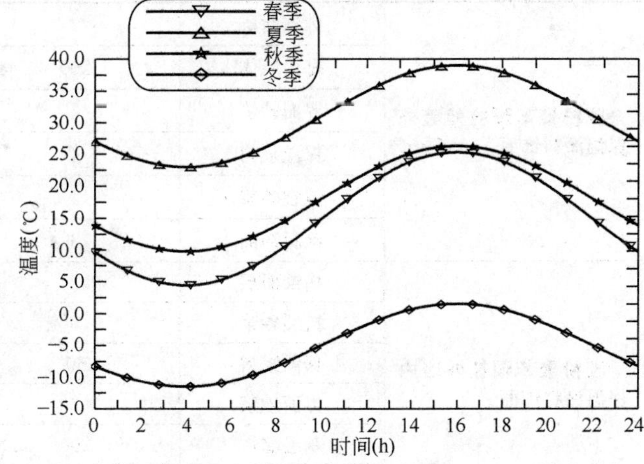

图 1-3 北京地区四季典型日气温变化模拟

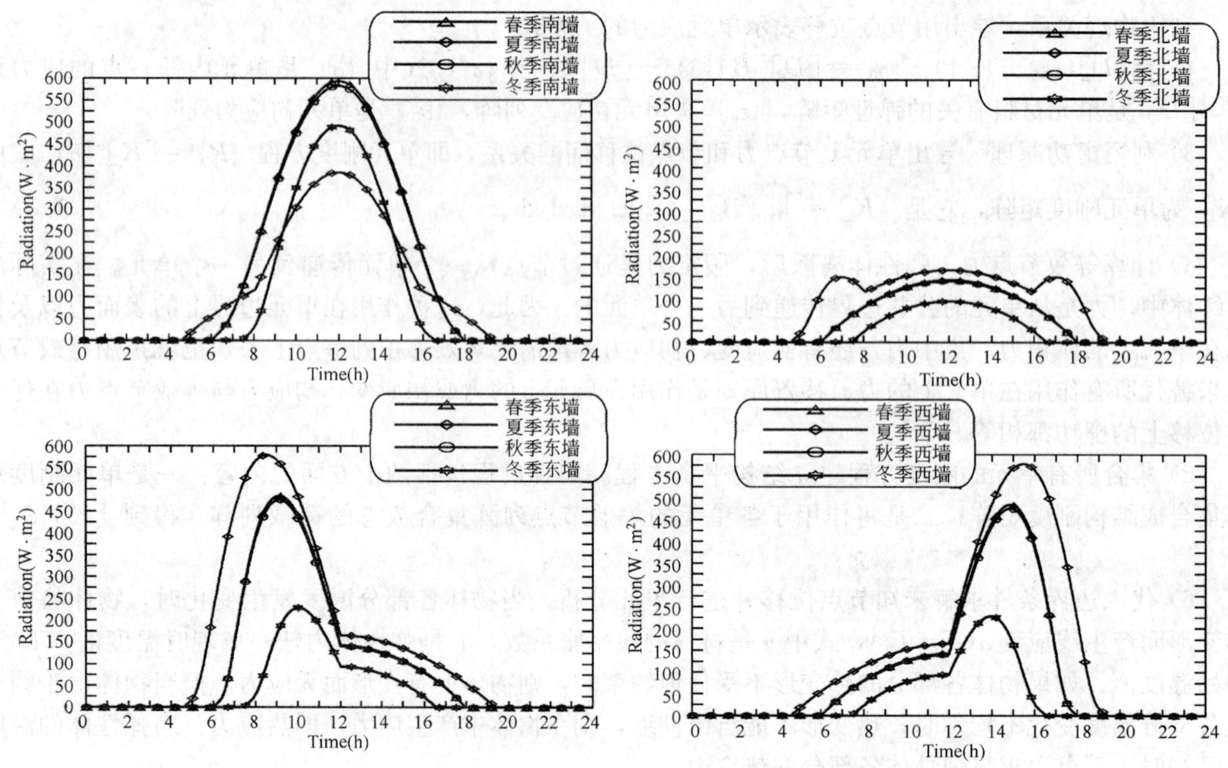

图 1-4　不同朝向、不同季节太阳辐射强度

1.3.2　温度场模拟结果和分析

以北京地区采用北京振利高新技术公司生产的胶粉聚苯颗粒保温材料及其配套施工技术的外墙外保温做法，包括胶粉聚苯颗粒涂料饰面、胶粉聚苯颗粒面砖饰面、胶粉聚苯颗粒贴砌聚苯板涂料饰面（三明治做法）、胶粉聚苯颗粒贴砌聚苯板面砖饰面（三明治做法）及相对应的墙体内保温做法（调整各功能层位置使保温层位于墙体基层内侧）、以及加气混凝土自保温墙体（以 20mm 水泥砂浆＋200mm 加气混凝土＋20mm 水泥砂浆复合墙体为例）、夹心保温墙体（以 50mm 混凝土板＋50mm 岩棉板＋50mm 混凝土板复合保温墙板为例）的一年四季、东西南北四面墙体在室外太阳辐射及气温变化下的实时温度场进行了全面计算。为了描述问题的方便，这里只显示胶粉聚苯颗粒涂料饰面冬季和夏季的结果。

材料的热物理参数之一（胶粉聚苯颗粒单一保温）　　表 1-1

结构形式	材料名称	厚度(mm)	密度(kg/m³)	比热[J/(kg·K)]	导热系数[W/(m·K)]
胶粉聚苯颗粒外墙外保温涂料饰面	内饰面层	2	1300	1050	0.60
	基层墙体	200	2300	920	1.74
	界面砂浆	2	1500	1050	0.76
	保温浆料	60	200	1070	0.05
	抗裂砂浆	5	1600	1050	0.81
	涂料饰面	3	1100	1050	0.50
胶粉聚苯颗粒外墙内保温涂料饰面	内饰面层	2	1300	1050	0.60
	抗裂砂浆	5	1600	1050	0.81
	保温浆料	60	200	1070	0.05
	界面砂浆	2	1500	1050	0.76
	基层墙体	200	2300	920	1.74
	涂料饰面	3	1100	1050	0.50

1.3.2.1 外保温和内保温系统

图 1-5、图 1-6 中给出了墙体内各层由内到外，即墙体内表面(相当于结构层内表面)、保温层内表面(相当于结构层外表面)、保温层外表面、墙体外表面及外部环境温度随时间的发展变化曲线。从图示结果首先可以看出，本研究所建模型成功模拟了室外环境温度变化对墙体温度场的影响。为了研究保温层位置对外墙保温系统温度场的影响，本研究也对胶粉聚苯颗粒涂料饰面内保温墙体(将保温及其附加层置于结构层之内)的温度场进行了计算。

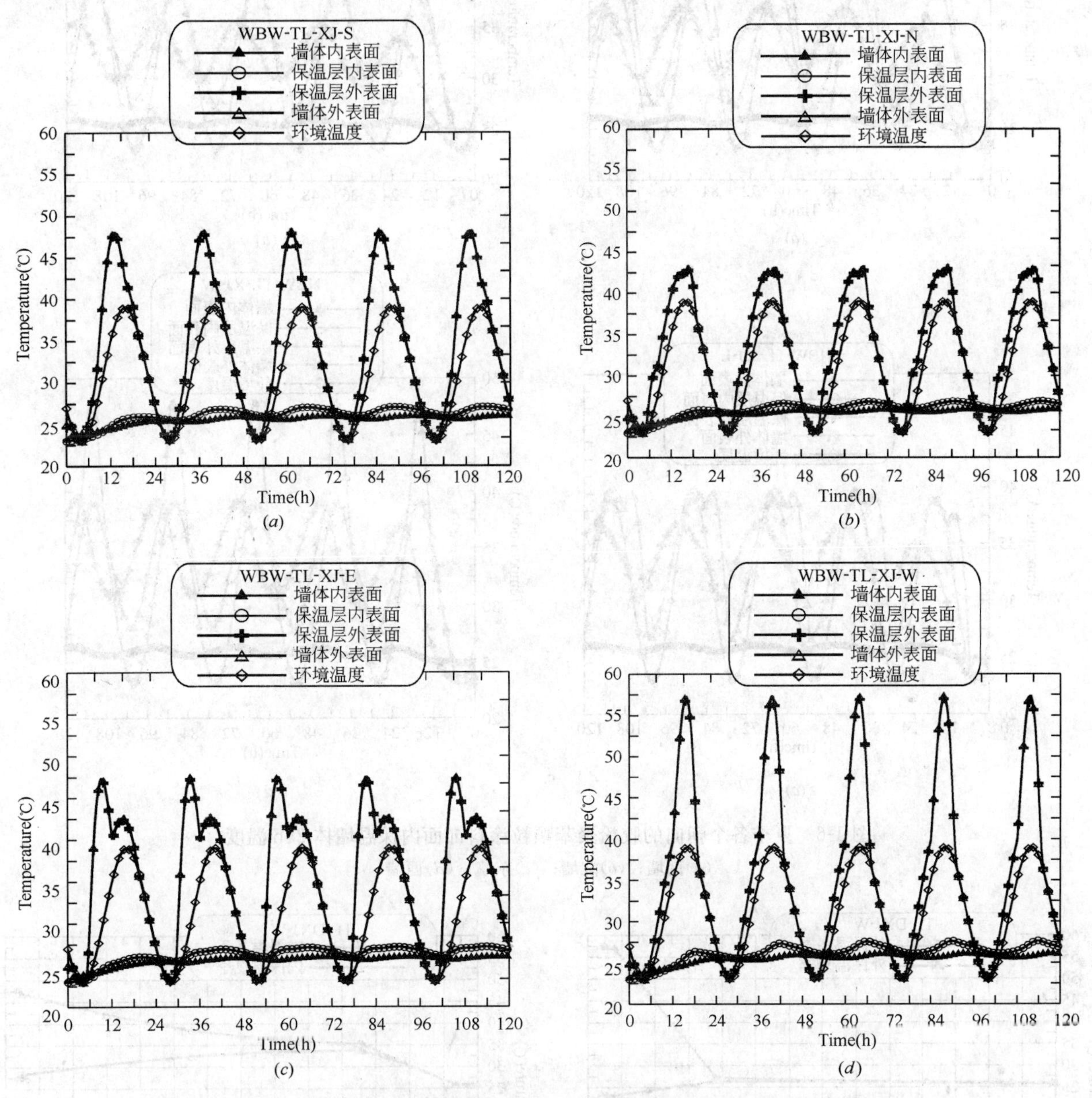

图 1-5 夏季各个朝向的胶粉聚苯颗粒涂料饰面外保温墙体 24h 温度

(*a*)南墙；(*b*)北墙；(*c*)东墙；(*d*)西墙

综合来看，不同朝向的各个墙体中，西面墙体的温度日变化幅度最大，东面次之，南面墙体的温度峰值与东面墙体的温度峰值较为接近，但是日变化比较平缓，北面墙体的温度日变化幅度最小，这一点上内外保温形式的墙体规律一样，但温度数值不同。

为了更好地比较内外保温的效果，墙体保温形式(内外)对墙体温度场的影响将更明显地体现在给定时刻温度沿墙体厚度方向的分布上。图 1-7 为胶粉聚苯颗粒涂料饰面保温墙体西墙，图 1-7(*a*)为外保温；(*b*)为内保温，冬季、夏季在温度稳定变化后墙体表面温度最高、最低时沿墙体厚度方向的温度分

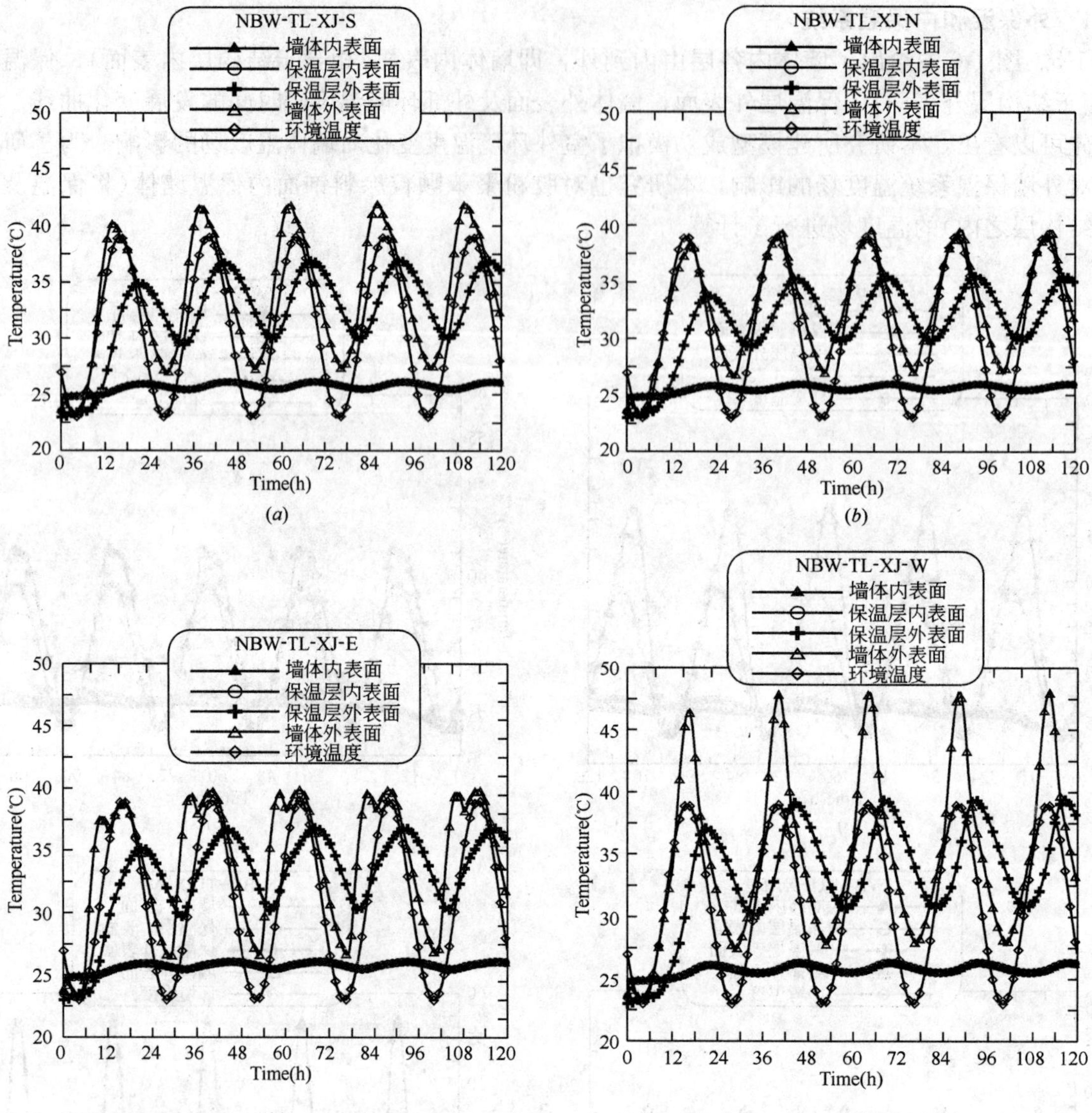

图 1-6　夏季各个朝向的胶粉聚苯颗粒涂料饰面内保温墙体 24h 温度

(*a*)南墙；(*b*)北墙；(*c*)东墙；(*d*)西墙

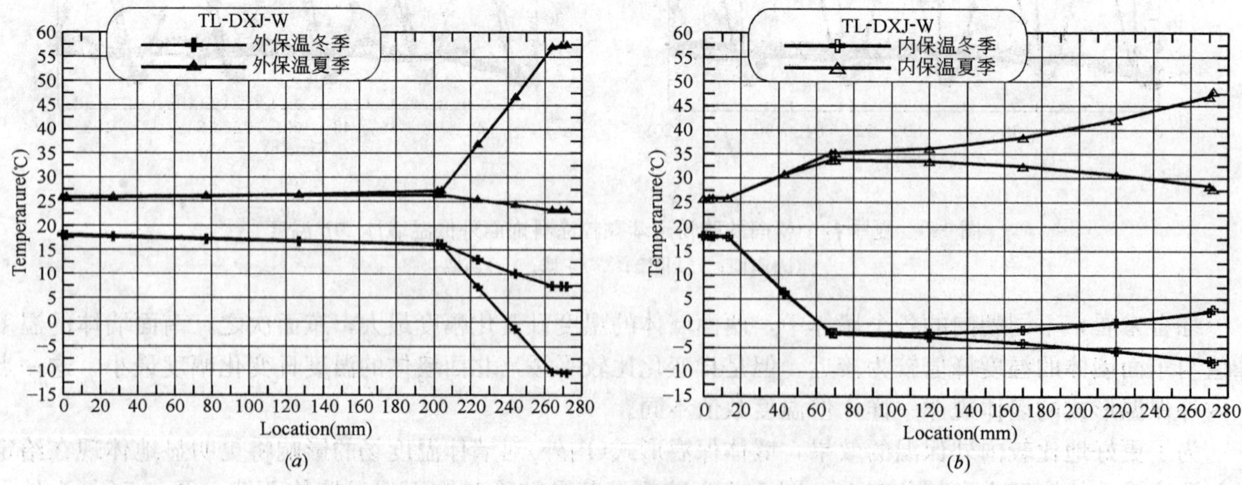

(*a*)　　　　(*b*)

图 1-7　冬季、夏季墙体表面温度最高、最低时保温墙体沿墙厚方向温度分布

(*a*)外保温；(*b*)内保温

布图，其中横坐标零点为墙体内表面(室内)。保温墙体在其他季节、任意时刻的温度沿板厚分布都将落在图中两条边缘线之内。由两条边界线计算获得的温度应力将是一年之内的极限情况(温度最高、温度最低)。

图 1-7 所示结论：

1. 无论内保温形式还是外保温形式，保温层内温度变化均是最剧烈的，但相对而言，外保温保温层温度变化幅度更大，同样夏季西墙，外保温时为 26～57℃，而内保温时为 25～35℃；冬季西墙，外保温时为－10～17℃，而内保温时为－2.5～17℃。

2. 基层墙体内温度变化幅度明显不同。采用外保温形式，结构层(基层)温度变化幅度很小(最大值 16～24℃＝8℃)，而采用内保温时，结构层(基层)温度变化幅度较大，(最大值－8～47℃＝55℃)，因此从该方面看外保温墙体将更有利于基层墙体的稳定。从后续温度应力的计算中也会发现外保温墙体相应的温度应力也会更小。

3. 外保温墙体保温及其装饰层内一年四季、白天黑夜温度变化较内保温大很多，因此对外保温墙体，其保温层、装饰层抵抗温度变形及疲劳温度应力的能力应该更强。这方面在后续温度应力计算中将作更详细讨论。其他方位的墙体的温度分布与西墙类似，但变化幅度低于西墙。

1.3.2.2 内外保温系统与无保温系统的温度场

为比较保温层对变温动态条件下墙体温度场的影响，本研究也对不加保温层的相应墙体温度场进行了计算。图 1-8 为不同保温墙体内外温度比较结果。

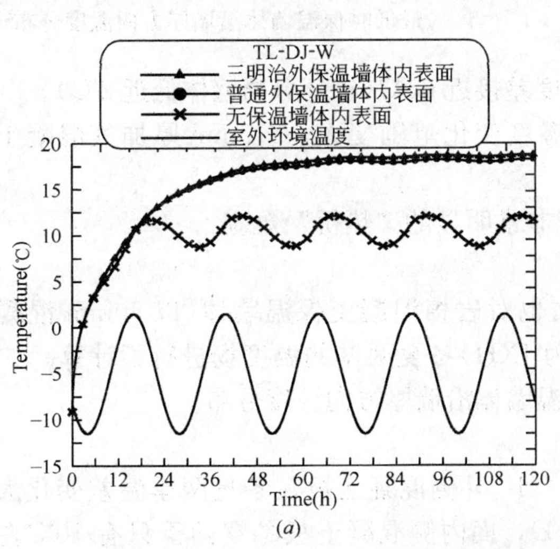

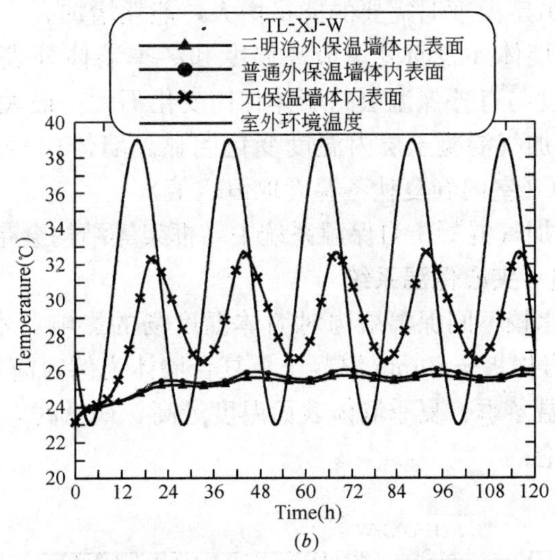

图 1-8 不同保温墙体内外温度比较

(a)冬季西墙内表面；(b)夏季西墙内表面

比较图 1-7 和图 1-9 得出：

1. 不加保温层时温度值与室内恒定温度相差最大，且温度受外部环境影响波动最强。

2. 三种墙体内表面温度变化范围分别为：胶粉聚苯颗粒贴砌聚苯板(25.38～25.66)℃，与夏季室内恒定温度 25℃相差为 0.38～0.66℃；单一胶粉聚苯颗粒(25.53～25.93)℃，与夏季室内恒定温度 25℃相差为 0.53～0.93℃；无保温层时为(26.32～31.06)℃，与夏季室内恒定温度 25℃相差为 1.32～6.06℃。在冬季，三种墙体西墙内表面温度变化范围分别为：胶粉聚苯颗粒贴砌聚苯板(18.57～18.77)℃，与冬季室内恒定温度 20℃相

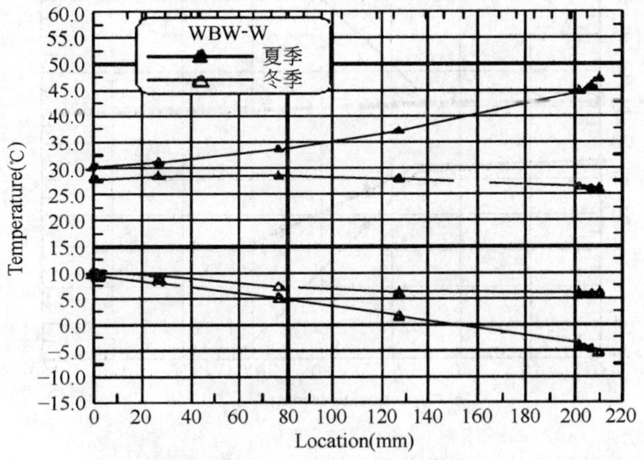

图 1-9 无保温层时冬夏季墙体表面温度最高、最低时墙体沿墙厚方向温度分布

差为 1.43～1.23℃；单一胶粉聚苯颗粒(17.93～18.27)℃，与冬季室内恒定温度 20℃相差为 2.07～1.73℃；无保温层时为 8.78～12.10℃，与冬季室内恒定温度 20℃相差为 11.22～7.90℃。

3. 外保温墙体靠近保温层之外的装饰层及附加结构层的性能要求将更高，否则按无保温层时的性能要求设计可能会引发外饰面层的过早破坏。

1.3.2.3 加气混凝土自保温体系

为比较不同保温结构对墙体温度场的影响，本研究也对自保温墙体(以 20mm 水泥砂浆＋200mm 加气混凝土＋20mm 水泥砂浆复合墙体为例，简写为 JQH)冬夏两季的温度场进行了计算。如图 1-10 自保温系统冬季、夏季墙体表面温度最高、最低时保温墙体沿墙厚方向温度分布。

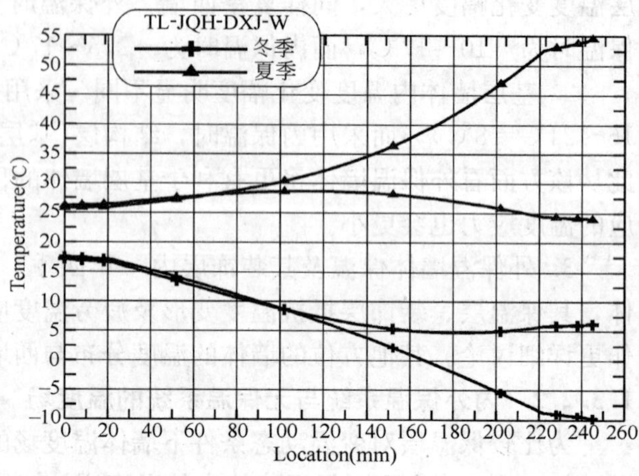

图 1-10 自保温系统冬季、夏季墙体表面温度最高、最低时保温墙体沿墙厚方向温度分布

结论：

1. 与施加内、外保温层的外墙相比，200mm 厚加气混凝土自保温墙体温度波动变化稍强。保温效果介于无保温 200mm 厚混凝土墙体与前述施加内外保温层的复合墙体之间。通过墙体传递的热量稍大，维持室内恒定温度时需要的能量增大，能耗增加。

2. 墙体外表面夏季最高温度和冬季墙体外表面最低温度与有外保温层的墙体相比变化不大，最大温度差接近 65℃(较外保温墙体低近 2℃)。

3. 加气混凝土层内温度变化明显。墙体内表面温度变化范围变大，200mm 厚加气混凝土墙体为 18～26℃(室内春夏秋冬温度取恒定值)。

4. 加气混凝土自保温系统中，框架等结构会带来非常明显的“热桥”效应。

1.3.2.4 夹心保温系统

为比较不同保温结构对墙体温度场的影响，本文也对岩棉混凝土保温墙体(以 50mm 混凝土板＋50mm 岩棉板＋50mm 混凝土板复合墙体为例，简写为 JXH)冬夏两季的温度场进行了计算。如图 1-11 夹心保温冬季、夏季墙体表面温度最高、最低时，保温墙体沿墙厚方向温度分布。

结论：

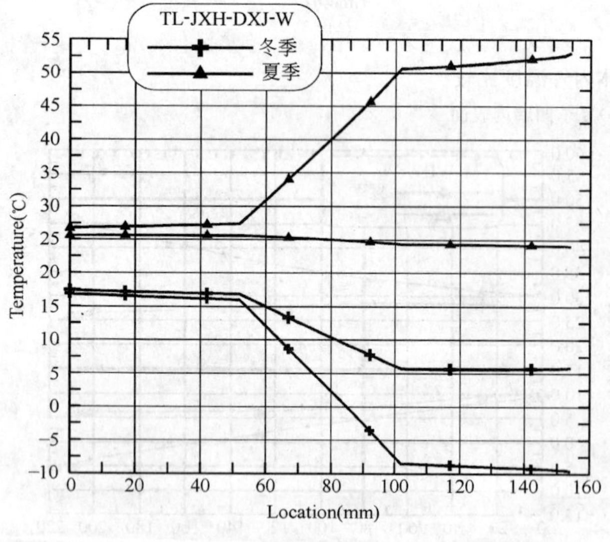

图 1-11 夹心保温冬季、夏季墙体表面温度最高、最低时，保温墙体沿墙厚方向温度分布

1. 外侧混凝土板在冬夏两季温差变化大，达到 63℃，而内侧混凝土板冬夏两季只有 10℃左右，所以内外混凝土板将产生不一致的温度应力及变形，而导致相互破坏。

2. 夹心保温墙体只要保温层厚度得当，一般可以达到预期的墙体保温效果。

1.3.2.5 悬挑结构

外保温做法时，若建筑结构挑出部位，如阳台、雨篷、靠外墙阳台栏板、空调室外机搁板、附壁柱、凸窗、装饰线、檐沟、靠外墙阳台分户隔墙、女儿墙内外侧及压顶、博士帽等部位，不做保温就会存在热工缺陷，产生不同的结构形变，引起开裂。图 1-12 以雨篷为例来阐述这个问题。

外墙做外保温而出挑结构位置(雨篷)不做保温时，出挑构造会产生很明显的“热桥”效应，而与基层墙体连接处会产生非常大的温度应力。一般有：

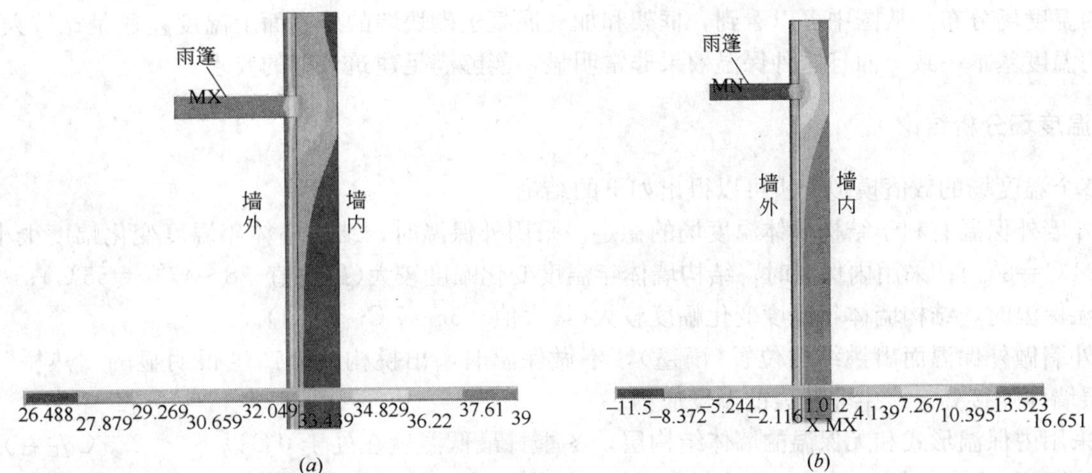

图 1-12　出挑构造(雨篷)在夏冬季外界最高和最低温度时，不做保温时的墙体温度分布图
(a)夏季(外界温度为 39℃)；(b)冬季(外界温度为−11.5℃)

1. 没有保温层的雨篷会产生明显的热桥效应，墙体传递的热能量非常大。

2. 在雨篷附近的内外墙体温差最大无论冬季还是夏季都可达到 9～10℃，而没有雨篷的带保温层的一般墙体，内外墙体温差只有 1～2℃左右。

3. 在雨篷附近的墙体传递的热能量是其他墙体的 4 倍左右。

1.3.2.6　框架加气混凝土墙

框架的跨度和净高分别是 6m 和 4m，加气混凝土墙厚 200mm。

在框架加气混凝土自保温体系结构中，由于框架柱和梁都是钢筋混凝土结构，其导热系数是加气混凝土砌块的 10 多倍，虽然加气混凝土砌块具有一定的保温作用，但是框架柱和梁会形成热流相对密集的区域，产生明显的“热桥”效应(图 1-13)。可见只采用加气混凝土的保温体系，是不能满足框架结构的保温要求。为了减少框架柱和梁的“热桥”效应，一般在框架加气混凝土砌块填充墙的外表面再做一层保温。图 1-14 和图 1-15 显示了框架结构做 5cm 厚的保温层，加气混凝土往外悬挑 3cm，外表面再做 2cm 后的保温层的内

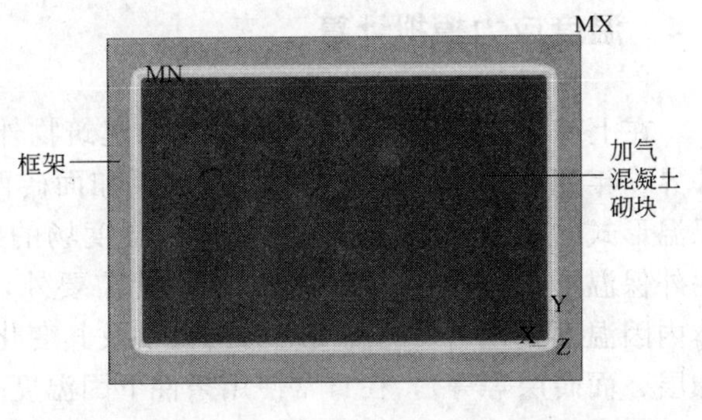

图 1-13　框架加气混凝土填充墙内表面温度分布图(外界温度为 46.1℃)

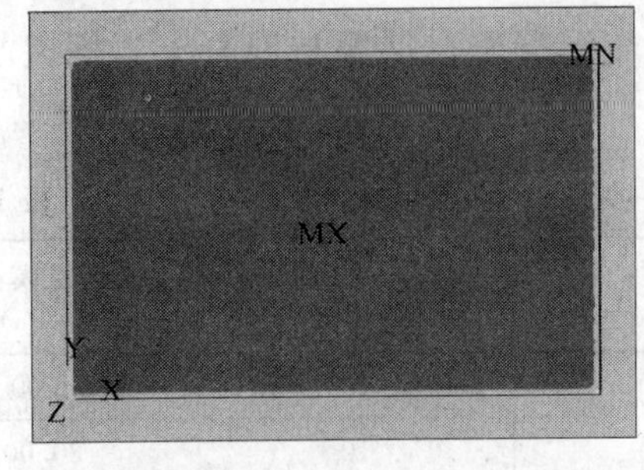

图 1-14　带外保温框架加气混凝土填充墙外表面温度分布图(外界温度为 46.1℃)

图 1-15　带外保温框架加气混凝土填充墙内表面温度分布图(外界温度为 46.1℃)

外表面的温度场分布。从图中可以看到，框架和加气混凝土砌块墙的外表面上温度差还是比较大，而内表面上的温度基本一致，而且这种保温效果非常明显，能够满足建筑节能的要求。

1.3.3 温度场分析结论

从整个温度场的数值模拟分析可以得出如下的结论：

1. 外墙外保温有利于结构墙体温度场的稳定。采用外保温时，结构墙体年温度变化幅度很小(最大值16～24℃=8℃)；采用内保温时，结构墙体年温度变化幅度较大(最大值−8～47℃=55℃)；

2. 无保温时，结构墙体年温度变化幅度较大(最大值−5～47℃=52℃)。

3. 外墙做外保温而出挑结构位置(雨篷)，不做保温时，出挑构造会产生很明显的“热桥”效应，而与基层墙体连接处会产生非常大的温度应力。

4. 采用内保温形式和无保温的墙体结构层，冬季日最低温度在处于0℃以下(−2.5℃左右)，最高温度在0℃以上(5℃左右)，在24小时内有部分墙体将经受一个正负温度循环，结构墙体材料将经受冻融循环的耐久性考验，而采用外保温的墙体结构层最低温度均在16℃，不会出现冻融循环。因此，外墙外保温更有利于结构墙体的稳定和长期耐久性问题。

5. 加气混凝土砂浆模面自保温墙体外层砂浆冬夏温度变化显著、耐久性问题突出，在冬季仍有部分加气混凝土处于负温状态，将受冻融循环的耐久性考验。

6. 混凝土夹心岩棉保温板内外混凝土构造层冬夏两季温度变化显著，内外混凝土板将产生不一致的温度应力及变形，而导致相互破坏。同时冬季完全处于负温区工作，仍有冻融循环的耐久性问题。

1.4 温度应力模拟计算

在上一节，我们对带有保温结构的建筑物外墙的温度场进行了数值模拟计算，获得了北京地区在外界一年四季变温环境作用下以及涂料和面砖两种外装饰条件下，内保温、外保温、无保温等不同保温形式的墙体的温度场变化规律。温度场的计算除了分析墙体内外温度变化、保温层保温效果、内外保温形式的差异以及保温结构设计需要外，另外一个重要的目的是研究在各类保温形式下，墙体内因温度变化引发的温度应力的大小及其变化规律，尤其研究保温层及其附加功能层(界面层、装饰层、面砖层等等)，在日常使用条件下因温度变化而引发的长期耐久性问题。因此，本章将对各种保温形式的墙体在外界变温环境下各层的温度应力进行数值模拟计算，进而分析因温度应力可能引发的墙体开裂以及饰面层的安全、耐久性问题。同温度场的分析，显示胶粉聚苯颗粒涂料饰面冬季和夏季的结果。

1.4.1 温度应力数值模拟分析

表1-2和表1-3分别是胶粉聚苯颗粒内外保温、水泥砂浆加气混凝土自保温与混凝土岩棉夹心保温墙体的力学性格参数。

材料热力学参数(胶粉聚苯颗粒单一保温) 表1-2

结构形式	材料名称	厚度(mm)	密度(kg/m^3)	热变形系数$\times10^{-6}(K^{-1})$	弹性模量(GPa)
胶粉聚苯颗粒外墙外保温涂料饰面	内饰面层	2	1300	10	2.00
	基层墙体	200	2300	10	20.00
	界面砂浆	2	1500	8.5	2.76
	保温浆料	60	200	8.5	0.0001
	抗裂砂浆	5	1600	8.5	1.50
	涂料饰面	3	1100	8.5	2.00

续表

结构形式	材料名称	厚度 (mm)	密度 (kg/m³)	热变形系数 ×10⁻⁶(K⁻¹)	弹性模量 (GPa)
胶粉聚苯颗粒外墙内保温涂料饰面	内饰面层	2	1300	10	2.00
	抗裂砂浆	5	1600	8.5	1.50
	保温浆料	60	200	8.5	0.0001
	界面砂浆	2	1500	1050	0.76
	基层墙体	200	2300	10	20.00
	涂料饰面	3	1100	8.5	2.00

材料的热物理参数(水泥砂浆加气混凝土自保温与混凝土岩棉夹心保温墙体)　**表 1-3**

结构形式	材料名称	厚度 (mm)	密度 (kg/m³)	热变形系数 ×10⁻⁶(K⁻¹)	弹性模量 (GPa)
水泥砂浆加气混凝土自保温墙体涂料饰面	内饰面层	2	1300	10	2.00
	内抹面砂浆	20	1800	10	20.00
	加气混凝土	200	700	10	2.00
	外抹面砂浆	20	1800	10	20.00
	涂料饰面	3	1100	8.5	2.00
混凝土岩棉夹心保温墙体涂料饰面	内饰面层	2	1300	10	2.00
	混凝土板	50	2300	10	20.00
	岩棉板	50	150	8.5	0.10
	混凝土板	50	2300	10	20.00
	涂料饰面	3	1100	8.5	2.00

利用温度场计算结果，采用表 1-2 和表 1-3 中所列参数作为模型输入数值，计算各类典型内外保温墙体、加气混凝土砂浆抹面自保温墙体和混凝土岩棉板夹心保温墙体的温度应力。下面详细描述典型计算结果并对其进行对比分析。计算中初始温度 T_0 取 15℃。该参数的真正物理意义为材料内温度应力为零时的温度数值。

1.4.1.1　胶粉聚苯颗粒外墙外保温

图 1-16 描述冬夏两个典型季节 24h 外保温墙体内典型功能层表面全约束温度应力与时间关系汇总，从图示结果可以清晰地了解各层温度应力随时间的发展情况并相互比较。

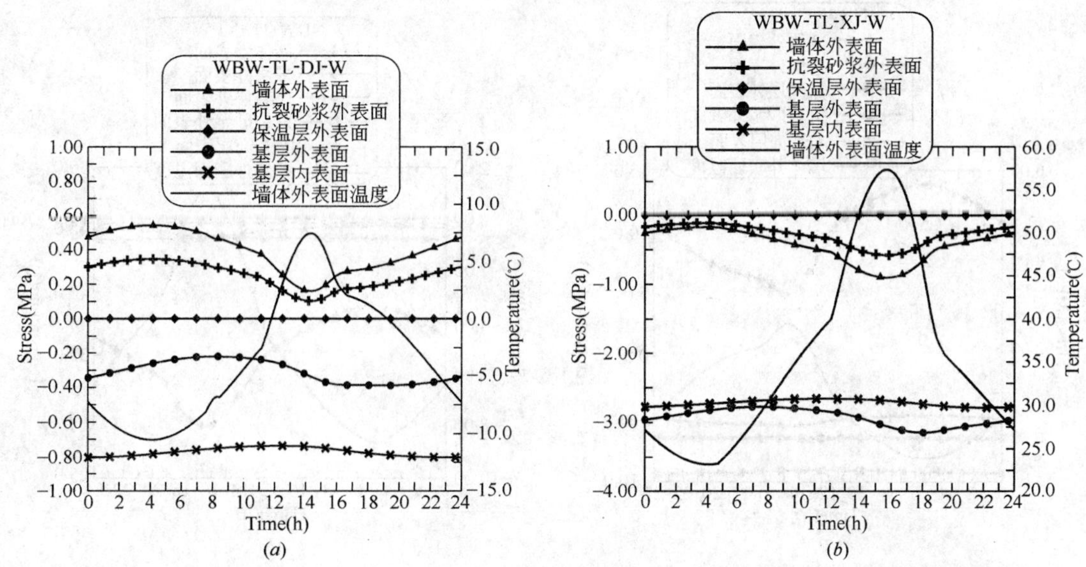

图 1-16　胶粉聚苯颗粒外保温涂料饰面墙体各典型层表面应力随时间发展的关系图

(*a*)冬季；(*b*)夏季

保温墙体温度应力沿墙体厚度方向的分布将直观地表现各层温度应力的分布规律。图 1-17 为胶粉聚苯颗粒外保温涂料饰面墙体，在冬季外表面温度最低时，夏季外表面温度最高时，全约束温度应力沿墙体断面的分布图。图中将该时刻温度沿板厚分布也列于其中。

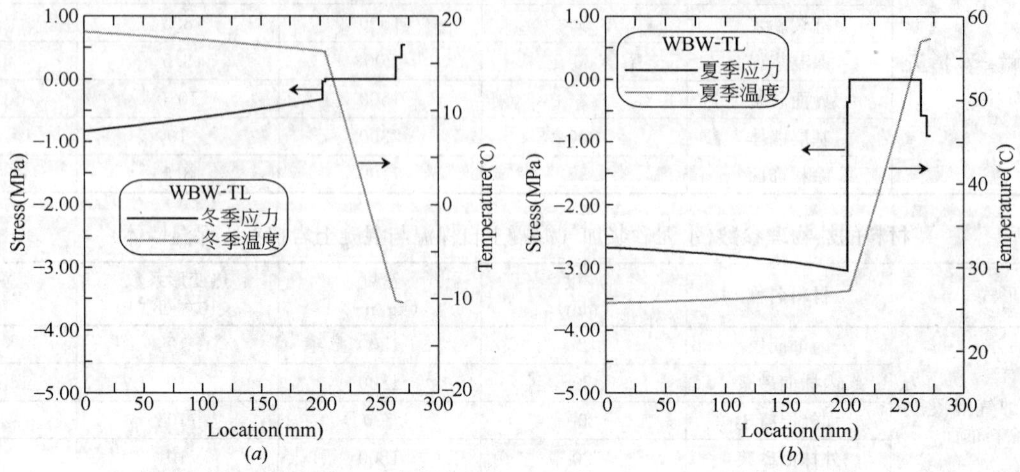

图 1-17 胶粉聚苯颗粒外保温涂料饰面墙体在冬、夏季外表面温度最低、最高时全约束温度应力沿墙体断面的分布图

(a)冬季；(b)夏季

由图 1-17 清晰可见，全约束温度应力分布呈阶梯状。冬季由室内到室外，温度应力逐渐增大，基层墙体主要受压，保温层之外的抗裂砂浆层及装饰层受拉。保温层内应力几乎为零(保温材料弹性模量仅为 0.1MPa)。外装饰层最大拉应力为 0.54MPa。夏季由于墙体温度均高于初始温度 T_0，因此墙体主要部分均受压应力。由室内到室外，基层内温度应力逐渐增大，最大压应力为 3.44MPa。保温层内应力几乎为零(保温材料弹性模量仅为 0.1MPa)，外装饰层最大压应力为 0.9MPa。

1.4.1.2 内保温体系

为了研究保温层位置对外墙保温系统温度应力的影响，本研究也对胶粉聚苯颗粒涂料饰面内保温墙体(将保温及其附加层置于结构层之内)的温度应力场进行了计算。

图 1-18 为冬夏两个典型季节内，保温墙体中典型功能层表面全约束温度应力与时间关系汇总。从图

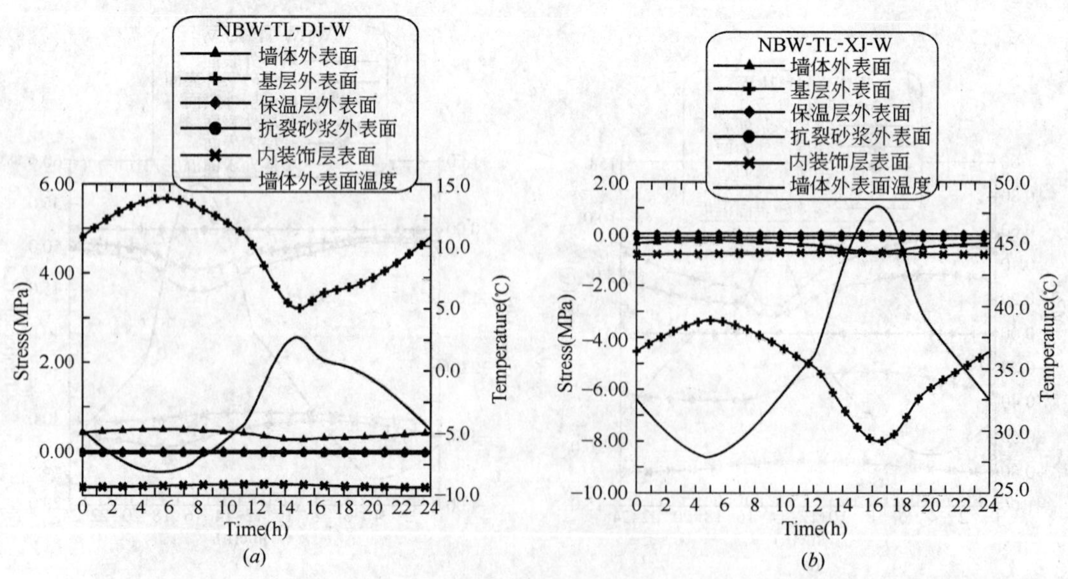

图 1-18 胶粉聚苯颗粒内外保温涂料饰面墙体各典型层表面应力随时间发展的关系图

(a)冬季；(b)夏季

示结果可以清晰地了解各层温度应力随时间的发展情况并相互比较。与相应外保温墙体相比(见图 1-16)，主要差别在于基层应力。

图 1-19 为胶粉聚苯颗粒内保温涂料饰面墙体在冬季外表面温度最低、夏季外表面温度最高时，全约束温度应力沿墙体断面的分布图。图中将该时温度沿板厚分布也列于其中。

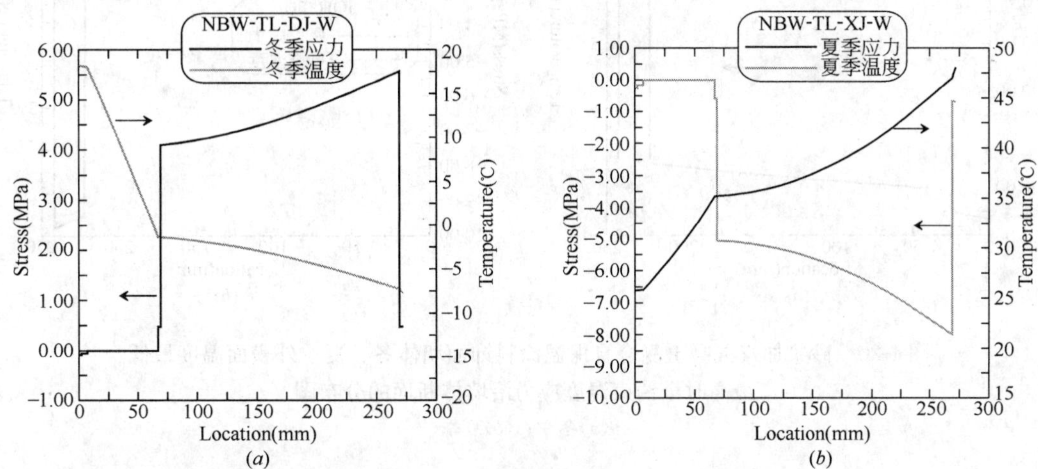

图 1-19 胶粉聚苯颗粒外保温涂料饰面墙体在冬、夏季外表面温度最低、最高时全约束温度应力沿墙体断面的分布图

(*a*)冬季；(*b*)夏季

由图 1-19 可见，与其他保温形式的墙体类似，胶粉聚苯颗粒内保温涂料饰面墙体全约束温度应力沿墙厚方向分布呈阶梯状。冬季由室内到室外，温度逐渐降低，应力分布基本上可以分为三段，即内饰面及保温层、基层和外饰面层。基层墙体全部承受拉应力(最大值达 5.68MPa)。内饰面及保温层承受应力很小；外饰面层受拉应力，但应力幅值较基层低(最大值为 0.49MPa)。夏季由于墙体温度均高于初始温度 T_0，因此墙体均受压应力。由室内到室外，温度逐渐升高，应力分布基本上可以分为三段，即内饰面即保温层、基层和外饰面层。基层墙体全部承受压应力(最大值 8.00MPa)。内饰面及保温层承受应力很小，外饰面层受压应力较基层低(最大值为 0.70MPa)。

1.4.1.3 加气混凝土自保温体系

同温度场的分析模型，加气混凝土自保温体系是 20mm 水泥砂浆＋200mm 加气混凝土＋20mm 水泥砂浆的这样一个体系。保温墙体温度应力沿墙体厚度方向的分布将更能直观地表现各层温度应力的分布规律。图 1-20 为砂浆加气混凝土复合自保温涂料饰面墙体冬、夏季外表面温度最低、最高时刻全约束温度应力沿墙体断面的分布图。图中将该时刻温度沿板厚分布也列于其中。

由图 1-20 清晰可见，全约束温度应力分布呈阶梯状。冬季由室内到室外，温度逐渐降低，温度应力逐渐增大，内砂浆层主要受压，加气混凝土层承受一定的拉应力，外砂浆层温度应力与加气混凝土及内防护砂浆层相比，温度应力骤然增大，峰值达 6.14MPa。外装饰层最大拉应力为 0.65MPa。夏季由于墙体温度均高于初始温度 T_0，因此墙体主要部分均受压应力。最大压应力出现在外砂浆层，最大压应力值为 9.8MPa。

1.4.1.4 混凝土岩棉夹心保温墙体

混凝土岩棉夹心保温墙体分别为 50mm 混凝土板＋50mm 岩棉保温板＋50mm 混凝土板复合墙板。图 1-21 为岩棉混凝土复合保温涂料饰面墙板在冬、夏季外表面温度最低、最高时，全约束温度应力沿墙体断面的分布图。图中将该时刻温度沿板厚分布也列于其中。

由图 1-21 可见，就各层温度应力分布规律而言，混凝土岩棉夹心复合保温板与加气混凝土砂浆复合自保温墙体基本相同，只是加气混凝土仍承受一定应力，而岩棉板基本不受力。全约束温度应力分布呈阶梯状。冬季由室内到室外，温度逐渐降低，温度应力逐渐增大，内混凝土板主要受压，外混凝土板

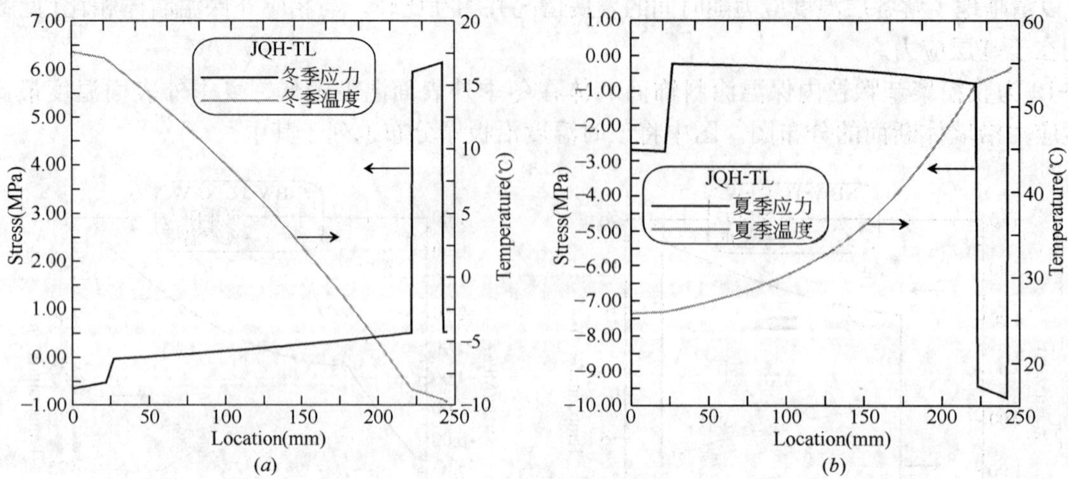

图 1-20 砂浆加气混凝土复合自保温涂料饰面墙体冬、夏季外表面温度最低、最高时全约束温度应力沿墙体断面的分布图

(*a*)冬季；(*b*)夏季

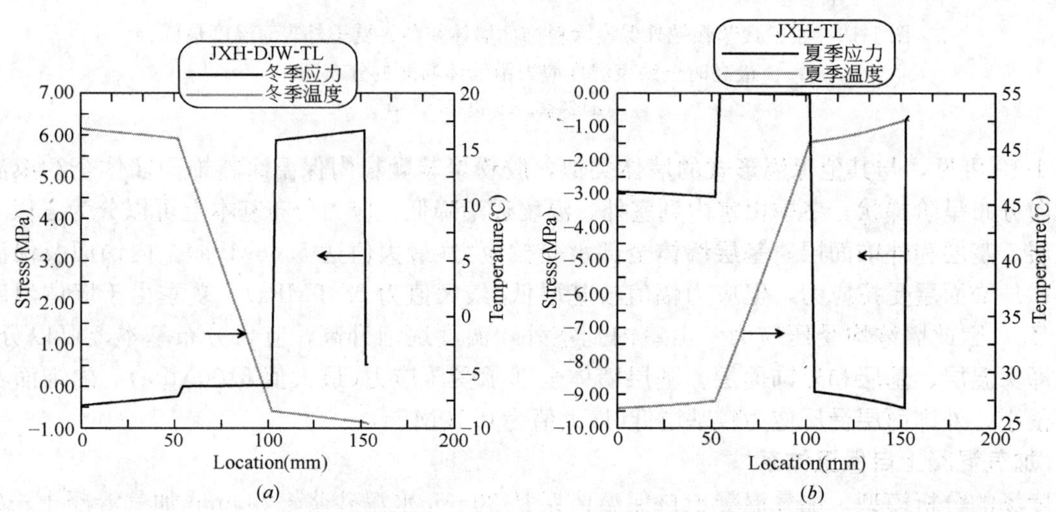

图 1-21 混凝土岩棉夹心复合保温板涂料饰面墙体冬、夏季外表面温度最低、最高时，全约束温度应力沿墙体断面的分布图

(*a*)冬季；(*b*)夏季

温度应力与内混凝土板相比，温度应力骤然增大，全约束应力峰值达 6.12MPa。夏季由于墙体温度均高于初始温度 T_0，因此墙体主要部分均受压应力。最大压应力出现在外混凝土板外表面，最大压应力值为 9.55MPa。

1.4.1.5 附属结构

以雨篷和花架梁为例来阐述附属结构问题(见计算模型图 1-22 和图 1-26)。为了叙述方便只以垂直墙体方向上的应力来分析，悬挑结构不做保温时，而其他墙体做了胶粉聚苯颗粒涂料饰面后，对整个保温体系的温度场的影响。其数值模拟结果与没有悬挑结构的相同构造的墙体的温度应力进行了比较。

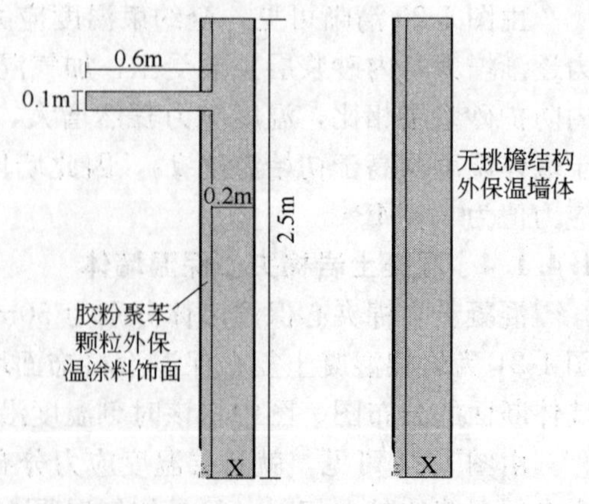

图 1-22 雨篷的基本尺寸构造

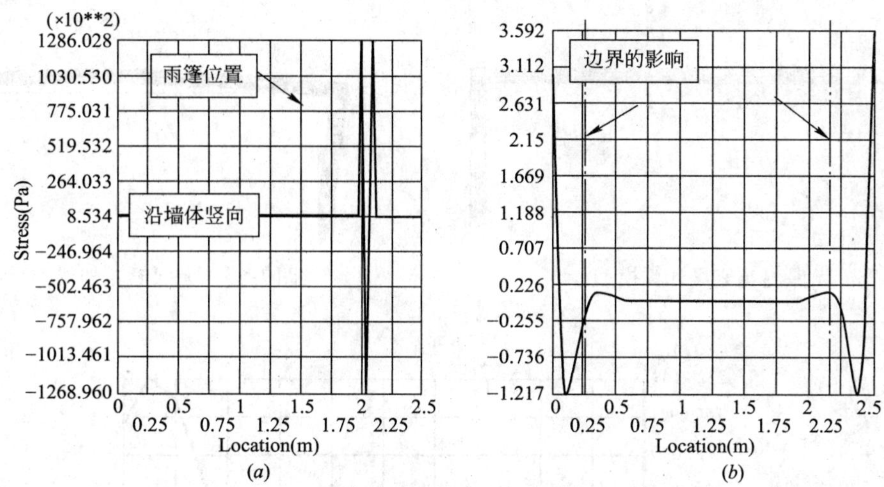

图 1-23 涂料饰面垂直墙体方向上的应力分布比较(外界温度 39℃)

(a)雨篷墙体；(b)一般墙体

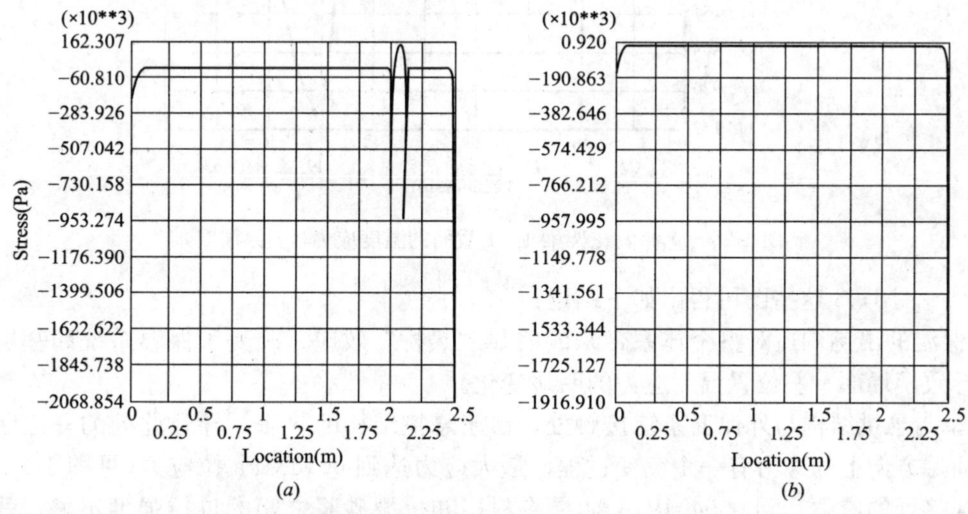

图 1-24 基层墙体外表面垂直墙体方向上的应力分布比较(外界温度 39℃)

(a)雨篷墙体；(b)一般墙体

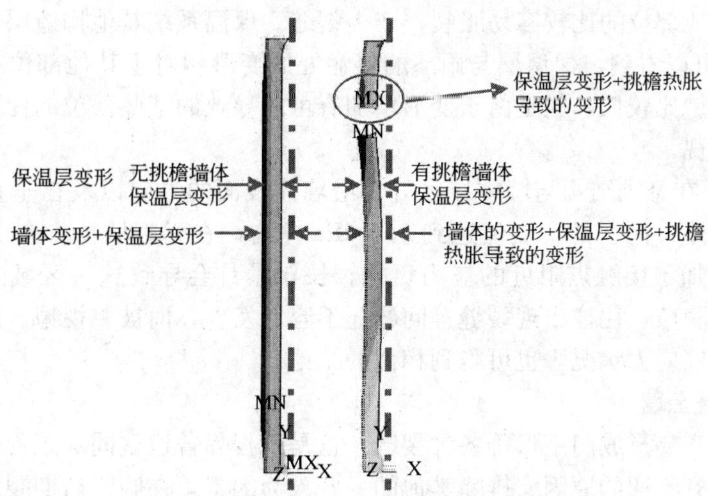

图 1-25 外保温层沿垂直墙体方向上的变形比较(夏天外界温度 39℃)

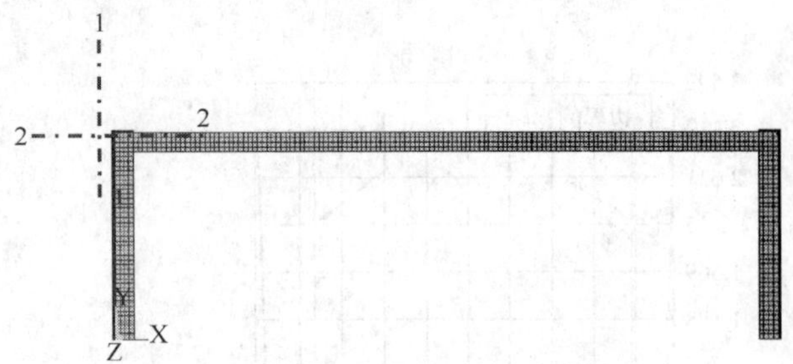

图 1-26　无保温花架梁计算模型

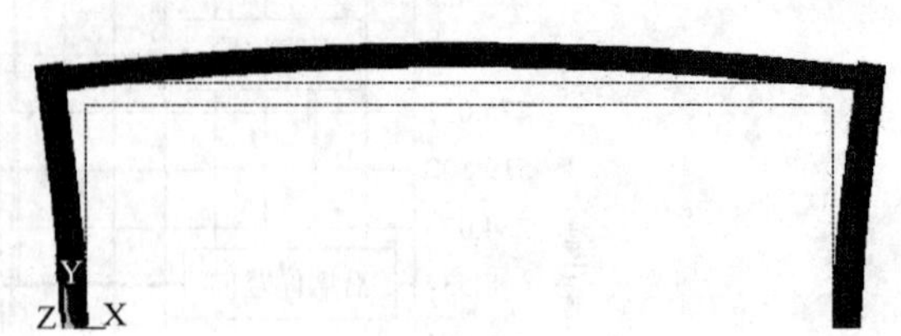

图 1-27　无保温花架梁变形(温度 70℃)

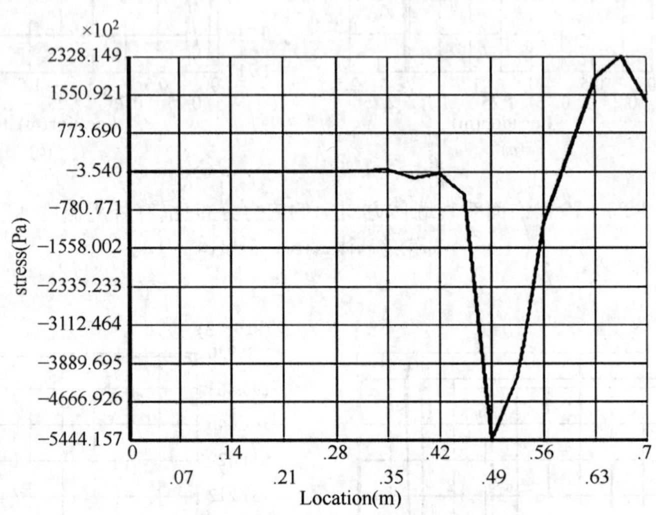

图 1-28　无保温花架梁 1—1 截面的温度应力(温度 70℃)

由图 1-21～图 1-28 这些图可得出如下结论：

1. 不做保温的出挑构造对整个体系带来的明显“热桥”效应，改变了保温系统和基层墙体的温度场分布，也导致了局部一些位置温度应力的明显变化。

2. 在夏季，悬挑结构与外保温系统接触处，由于悬挑结构的热胀，导致此处的一定区域的涂料饰面层在垂直面层方向上的应力有一个突变过程，最大应力达到 0.13MPa 拉应力(见图 1-23)。无保温花架梁与墙体连接处的应力达到 0.54MPa。如果涂料层和抗裂砂浆之间的抗拉强度不够，就容易导致涂料层脱落。

3. 同时在这个位置涂料面层的方向上应力有一个突变过程，最大应力达到 0.45MPa 压应力。所以这一区域的涂料层比其他部位的比较容易胀裂，产生裂缝。保温系统其他构造层也有同样的应力状况。

4. 从图 1-25 中还可以看到，保温层与雨篷的接触处的变形相对于其他部位也是明显增加，虽然保温层有些构造的弹性模量比较低，但是由于变形增加有可能导致的某些部位的变形破坏，所以这些部位的大变形也应该得到重视。

5. 对于基层墙体，在悬挑结构与墙体接触处，沿墙体表面的方向以及在垂直墙体的方向上都出现应力突变，而且在沿墙体方向上的突变值达到 3.6MPa 左右，在垂直墙体方向上突变值达到 0.95MPa 左右(图 1-24)。明显增加了接触点附近的应力负担。长年累月会导致这一区域的结构使用寿命大大降低。而且这些区域比较隐蔽，往往出现裂缝等问题还不容易发现，而被忽视掉。同时还分析了在冬季条件下雨篷不做保温的温度应力状况，也可得到相似的结论。

1.4.1.6　框架加气混凝土墙

框架加气混凝土墙容易形成门字形等各种裂缝，这是工程界普遍认同的工程灾害，对于这些裂缝的产生，对于不同的工程有不同的原因。排除其他的一些人为因素，在施工后期裂缝主要是由于加气混凝土的干缩和温度应力导致的。研究就是从温度应力着手，全面诠释框架加气混凝土墙结构的温度应力产

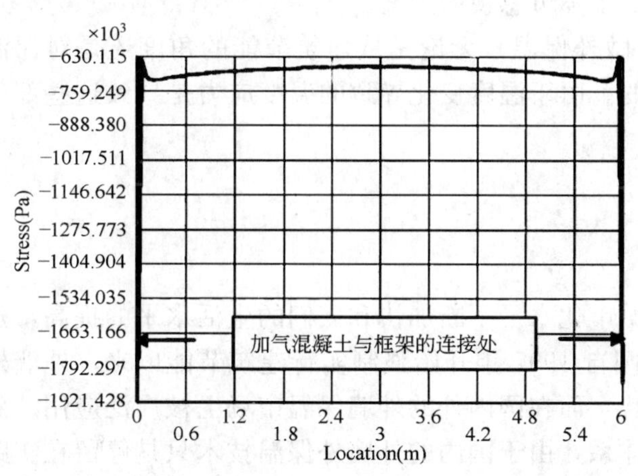

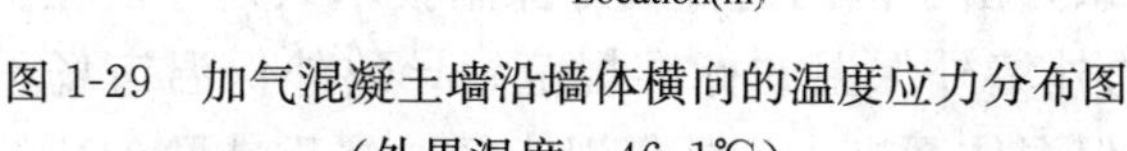

图 1-29 加气混凝土墙沿墙体横向的温度应力分布图（外界温度：46.1℃）

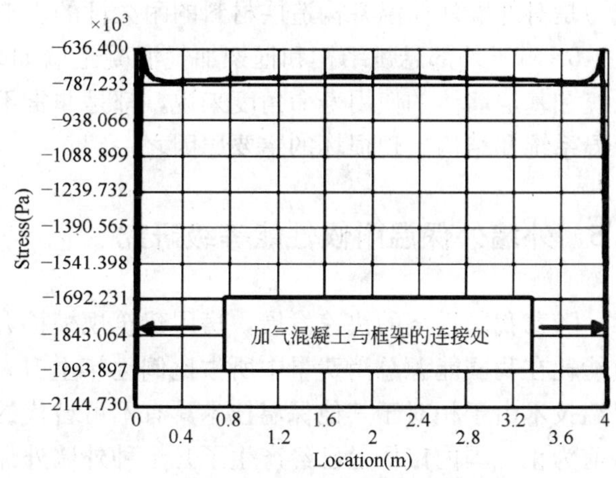

图 1-30 加气混凝土墙沿墙体纵向的温度应力分布图（外界温度：46.1℃）

生的机理和大小。为避免工程灾害的技术措施提供理论依据。

从图 1-29 和图 1-30 的温度应力计算分析可以看到：

1. 由于框架混凝土的导热系数和加气混凝土的导热系数相差 10 多倍，导致框架的温度与加气混凝土砌块的温度差异很大，在框架和加气混凝土连接处形成明显的温度差。即使使用了适量的外保温层，在框架和加气混凝土外表面还是存在比较大的温差。

2. 温度应力主要是由各自的温度场以及各自的膨胀系数来决定，由于框架填充墙体系中柱和梁的线膨胀系数要比加气混凝土砌块的大很多，所以在框架的热胀冷缩的过程中，都对与其连接处的加气混凝土砌块产生明显的影响，框架热胀时，对加气混凝土砌块挤压，使加气混凝土砌块墙周边的热压应力明显增加。

3. 从图中也可以看到加气混凝土与框架柱和梁相接触的边缘部位在纵向和横向都出现非常大的温度应力突变，应力值要比其他部位的应力增加到 3～4 倍(达到 2.1MPa)，很容易导致这些部位的破坏。冬天温度降低时，由于框架的冷缩，使得加气混凝土砌块墙周边的拉应力也明显增加(由于篇幅限制没有显示图)，导致加气混凝土周边容易形成裂缝，工程灾害中常见的门字形裂缝就是这样产生的。

1.4.2 温度应力分析结露

根据上面不同保温体系和附属结构的算例分析研究，可以总结出如下有关温度应力的初步结论，为外墙保温设计提供指导性意见。

1. 温度应力是保温墙体裂缝产生的重要因素。在外墙外保温做法中，保温层被置于外墙外侧，就太阳辐射及环境温度变化对其影响来说，置于保温层之上的抗裂防护层只有 3～20mm，且保温材料具有较大的热阻，因此在太阳辐射及环境温度变化相同的情况下，外保温抗裂防护层温度变化速度比无保温情况下主体外墙温度变化速度要提高很多。

2. 外保温墙体保温及其装饰层一年四季、白天黑夜温度变化较内保温大很多。外表面年温度变化达 67℃(－10～57℃＝67℃)，比无保温的墙体的年变化 50℃提高近 20℃。由于内外保温形式墙体温度分布上的差异，致使其温度应力分布完全不同。

3. 外保温形式可以使基层墙体的温度变化幅度降低，所受应力减小，而内保温形式由于内保温材料的热阻作用，加剧了基层墙体的温度变化(与不加保温层时比较)，因而也使基层内温度应力增大，影响结构基层墙体的使用寿命。

4. 外保温形式也加剧了外饰面层的温度变化幅度及相应的温度应力，对外饰面及其保温、附加层材料性能提出了更高的要求，其耐高温、耐疲劳等长期耐久性能是对外保温技术发展的挑战。因此有必要进一步研究能够满足耐候性和耐久性要求的外墙外保温的系统构造，以及材料性能参数指标，而温度应力是对外墙外保温各构造层材料的耐久性的影响是一个不可忽视的因素。

5. 对于外部悬挑结构和框架加气混凝土墙如果不做外保温，无论是从建筑节能的角度还是对保温系统和基层墙体的使用寿命角度来说，都是非常不利的。由于温度变化导致的温度应力是导致这些部位保温系统和结构出现损坏的主要原因之一。

1.5 外墙外保温耐候性能等级研究

随着我国经济的快速发展，房屋建筑规模扩大、城市化水平不断加快和人们的生活水平的提高，建筑能耗在我国能源总消费量中所占比例逐年上升。我国自 1997 年开始强制实行建筑节能以来，外墙外保温技术由于相对于其他保温技术具有不可替代的优势，而在国内外的外墙保温市场上被广泛应用。到目前为止，国内市场上已经产生了几十种外墙外保温体系，由于国内的外墙外保温技术只是停留在实践应用阶段，没有系统理论的研究基础，没有统一合理的外墙外保温的标准规范。导致外保温市场不规范，低价位竞争严重，大量不合格的、质量差的外墙外保温体系进入到外保温市场，严重威胁到建筑节能的健康发展。外墙外保技术经历了十多年的施工实践，有必要从理论上得到总结和提升。为了进一步推动外保温行业的健康发展，规范外墙外保温市场，制定合理的外墙外保温体系市场准入门槛，通过大型耐候性试验对外墙外保温系统进行开发试验研究，寻找与大型耐候性试验具有相关性的材料性能指标，建立简单快捷的外墙外保温系统耐候性的评价方法，也是目前迫切需要解决的问题。研究的内容主要是对目前市场上已有和即将进入市场上的外墙外保温体系进行外墙外保温体系耐候性等级划分进行研究，提出合理可行的外墙外保温体系耐候性等级划分标准，同时定量研究外墙外保温技术做法中各构造层材料的温度应力大小，通过大型耐候性试验等方法，研究影响外墙外保温体系的各种因素，开发具有良好耐久性的外墙外保温体系，提出外墙外保温合理构造和材料设计指标。

1.5.1 研究的目的和意义

现行行业标准中，关于外墙外保温体系材料的指标设定，并没有充足的理论和实验数据支撑，经过一段时间的应用，多方都反应许多指标的规定不尽合理，无法反应系统的耐久性。因此很有必要通过理论计算和大型耐候性试验，研究系统材料的各种性能指标(如弹性模量、线性膨胀系数、抗拉强度、粘接强度、导热系数、压折比等)，与大型耐候性试验的相关性，从而建立评价外墙外保温系统耐候久性更经济、更简单、更高效的方法。另外，多年外墙外保温系统的应用表明，外墙外保温的体系构造对外墙外保温的耐久性和系统安全性具有重要的影响。系统材料性能指标的逐层渐变对保温系统抗裂性的贡献，远大于单纯提高面层防护材料的抗拉强度。因此，通过理论计算，合理地设定保温系统的构造，并通过大型耐候性试验验证构造的合理性，对保温系统构造的合理设计具有重要的意义。

1.5.1.1 研究目的

1. 建立外墙外保温体系各层材料性能变化分析与材料耐久性评价方法。

2. 提出具有耐久性的外墙外保温系统构造和相应材料的性能参数及指标。

3. 提出合理的、可执行的外墙外保温系统耐候性的分级标准。

1.5.1.2 研究意义

1. 外保温系统构造和材料性能参数的合理设计标准的制定，有利于我国外墙外保温行业的健康发展。

2. 有助于规范我国外墙外保温的市场，杜绝不合理的外保温体系进入市场，减少外墙外保温的工程事故。

3. 耐久性良好的外墙外保温系统的开发以及相应标准的制定将会为社会带来巨大的经济效益，将减少外保温系统的开发成本，减少建筑垃圾的生成，降低工程后期的维修成本。

4. 提出外墙外保温系统耐久性的分级。

1.5.2 研究的方法和内容

根据研究目的，制定了合理的研究方法和技术路线。从理论计算、大型耐候性试验、材料检测和材料微观研究三个方面入手研究外墙外保温系统合理的体系构造和材料性能指标，同时研究温度应力对外墙保温系统抗裂性影响。建立外墙外保温系统温度场和温度应力的计算模型，借助于计算模型与相应耐候性试验，研究材料的弹性模量、线膨胀系数、抗拉强度、粘接强度、导热系数、压折比等性能指标与保温系统的耐候性和耐久性的相关性，解决满足耐候性要求的保温体系构造和材料指标的设定问题，提出能抵抗温度应力具有耐久性的外墙外保温体系构造和材料参数设定原则，从而为外墙外保温行业标准的编制提供依据，同时对现有的外墙外保温体系的耐候性能进行分级，提出合理可行的耐候等级划分标准，推动我国外墙外保温行业的健康发展。

1.5.2.1 研究重点

1. 外墙外保温体系构造和材料参数与耐久性的相关性研究，确立影响外墙外保温耐久性的主要因素，提出具有良好耐久性的外墙外保温体系的构造和材料参数的设计指标。

2. 甄别影响外墙外保温不同体系耐候性参数指标，提出合理可行的耐候性的分级标准。

1.5.2.2 研究难点技术和关键技术

1. 研究关键技术是在大型耐候性试验与相应温度场、温度应力分析的基础上提出满足外墙外保温体系耐久性和耐候性要求的系统结构构造和相应材料的性能参数指标。

2. 研究难点技术是提出的外墙外保温构造和相应材料的性能参数指标、体系耐候等级标准与实际外界环境的相关性研究。

1.5.2.3 研究内容

1. 不同构造和材料的外墙外保温体系的大型耐候性实验

对目前市场上主要应用的外墙外保温系统构造及通过理论计算设计的系统构造，进行大型耐候性实验验证，评价其耐久性，从而提出满足耐久性要求的合理的外墙外保温系统构造和材料参数。并在大型耐候性试验的过程中对外墙外保温各层材料的温度和应力变化进行监测，比较不同构造和材料对温度和应力的影响，提出满足要求的合理的构造和材料设计，并验证理论计算的合理性。

2. 不同构造和材料的外墙外保温系统在耐候性试验温度条件下各功能层温度场和温度应力的分析计算

采用有限差分和有限元方法，建立外墙外保温系统温度分布和温度应力数值分析模型。模拟大型耐候试验温度条件下的各功能层温度场和温度应力，与大型耐候性试验监测结果进行比较研究，验证理论计算的合理性。并以理论计算来设计体系的构造和材料参数，通过大型耐候性试验验证理论设计体系的耐候性。

3. 系统材料的性能测试和微观研究

对进行大型耐候性试验的各层材料进行抗压强度、抗折强度、拉伸粘接强度(原强度、耐水、耐温、耐冻融)、弹性模量、断裂能、线膨胀系数、导热系数等各种指标进行测试，确定与大型耐候性试验具有相关性的材料指标及设定范围，建立简便快捷的评价外墙外保温系统耐候性的方法，确立材料指标合理的设定范围，并利用微观试验观测体系大型耐候性试验后的材料的内部微观变化，解释材料性能变化的原因，指导材料的开发，提出评价系统耐候等级的评价指标。

4. 对目前市场上现有的外墙外保温体系进行耐候性等级划分研究

根据不同的试验方案，进行大型耐候性试验，根据宏观观测试验结果和相应理论数值模拟结果，并辅以系统材料的性能测试和微观试验研究，提出合理的外墙外保温体系的耐候性等级划分标准。

5. 外墙外保温系统耐候性等级划分标准与周期性环境温度条件下的相关性分析

计算保温系统在大气变温、太阳辐射、刮风等环境因素综合作用下，保温系统各功能层的温度分布和温度应力。研究体系等级划分标准在实际外界温度条件下的适用性，同时为保温材料在夏季高温下性能退化规律研究提供数据。

1.5.3 试验研究的基本内容

研究需要采用大型耐候性试验室进行耐候性试验。为了充分了解外墙外保温体系各功能层(墙体，界面层，保温层，抗裂砂浆层，外装饰层等)在大型耐候性试验中，可能产生的温度变形以及应力，以及各层之间温度的传递过程，即整个体系的温度场，需要在各功能层的交界面处贴上应变片和温度传感器，记录试验过程中的应变变化和温度变化，实时了解试验过程中，基层墙体和保温层的各功能层上的温度和温度应力的变化情况。

1.5.3.1 系统耐候性试验要求

1. 大型耐候性试验室

见图 1-31。

图 1-31　大型耐候性试验温度控制箱体

2. 试样的制作

遵循 JG 158—2004 和 JGJ 144—2004 中的试样制作要求：

1）试样由混凝土墙和被测外保温系统构成，混凝土墙用作外保温系统的基层墙体。

2）试样大小：宽度不小于 2.5m，高度不小于 2.0m，面积应不小于 6m^2，混凝土墙上角处预留一宽 0.4m、高 0.6m 的洞口，洞口距离墙体边缘 0.4m。

3）加强网格布的做法参照上面标准。

4）试样养护参照上面标准。

3. 实验过程

1）高温-淋水循环 80 次，每次 6h。

a. 升温＋恒温总时间 3h；

b. 试件表面温度升至 70℃；

c. 控制空气温度和试件表面温度的均匀性；

d. 升温阶段的湿度要求：15％；

e. 淋水时间 1h；

f. 淋水控制：淋水温度(15℃)、淋水量、淋水均匀度、淋水的频率；

g. 静置 2h。

2）状态调整至少 48h。

3）加热-冷冻循环 20 次，每次 24h。

a. 升温＋恒温总时间 8h，恒温不小于 5h；

b. 试件表面温度升至 50℃；

c. 控制空气温度和试件表面温度的均匀性；

d. 升温阶段的湿度要求：10％；

e. 降温＋恒温 16 小时，恒温不小于 12h；

f. 降温至－20℃。

4）状态调整 7 天，检验拉伸粘接强度和抗冲击强度，并记录数据。

5）每 4 次高温-淋水循环和每 1 次加热-冷冻循环后观察试样并记录。

4. 大型耐候试验过程试件表面和箱体内温度的记录图见图 1-32。

图 1-31 为大型耐候性试验温度控制箱体。

1.5.3.2 温度和温度应力监测要求

1. 应变片

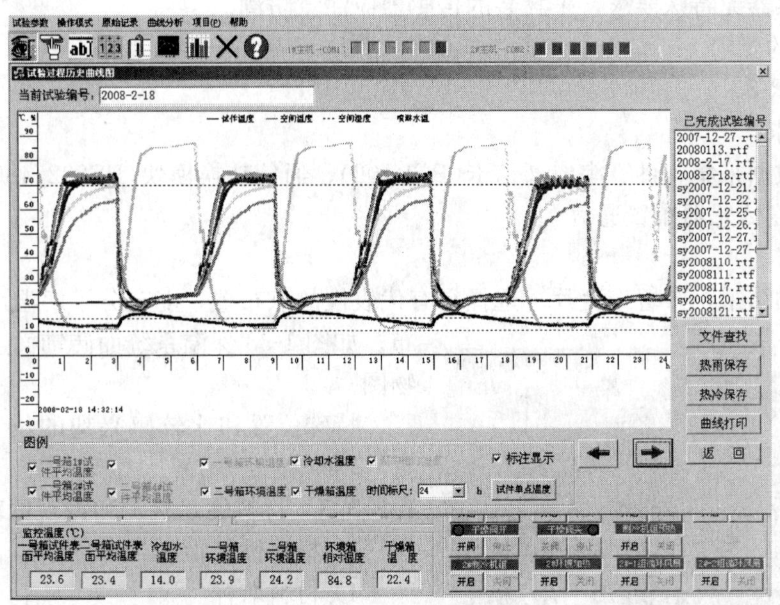

图 1-32 大型耐候性试验试件表面温度和箱体空气温度

1）应变片的选择遵循的标准或原则

选择能满足−25～75℃要求和高湿度要求的胶基应变片，能适合测试外墙外保温体系材料要求的大标距应变片，应变片的电阻选 120 欧姆。

2）应变片的粘贴标准

① 应变片的检查：外观、电阻值、灵敏系数；

② 粘贴方法。

a. 处理试件表面

平整试件表面、底部防潮处理。

b. 贴片

试件表面和应变片背面都粘上胶、盖上聚氯乙烯薄膜，按压直至基本固化、胶薄厚均匀，不能太厚。

c. 干燥

在温度>15℃和相对湿度<60%时，可进行自然干燥，此法需要时间长(约 48h)；

当室温低于 1.5℃相对湿度>60% 时，必须用人工干燥。

d. 绝缘检查

应变片与试件之间的绝缘电阻，绝缘电阻值至少大于 150MΩ。

e. 焊线

要求焊点要清洁光滑，无虚焊。

f. 防潮处理

防潮剂涂刷厚度 1～2mm，面积比应变片四周宽 5mm 左右。

3）数据采集线

两芯屏蔽电缆线，直径 0.12～0.2cm。

4）数据处理要求

Windows 系统的计算机、应变数据处理软件。

2. 温度传感器

1）温度传感器的选择，遵循的标准或原则

参照铂电阻温度传感器，型号：PT100。

2）温度传感器的粘贴标准

封装完好的传感器无特殊要求，未封装的传感器应注意防潮。

3）数据采集线的要求

屏蔽电缆线 PPR-3×0.3。

4）数据处理要求

网络通信线和数据采集软件、串口通信卡(PCI-102)、通信转换模块(RS232/485)。

3. 应变片和温度传感器布置通信

布置原则

结合数值模拟的结果，布置应变片。选择具有代表性的点布置，能充分了解温度场和温度应力的分布。如图 1-33 保温系统面砖饰面上的应变片的布置实物图。

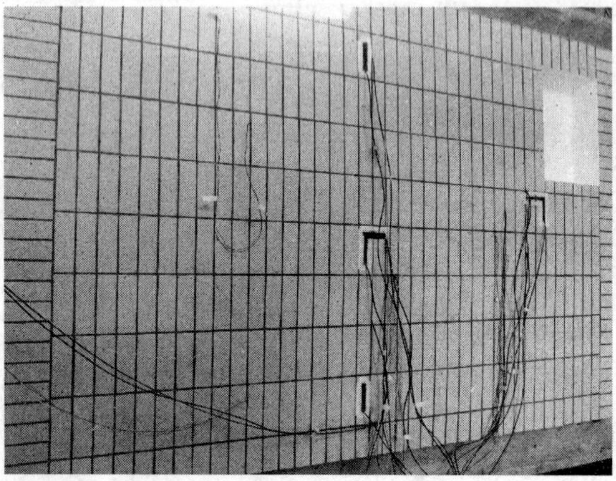

图 1-33 保温系统面砖饰面上的应变片的布置实物图

特殊位置和比较感兴趣的位置(比如应力集中位置)多布点。

1.5.3.3 材料性能检测和微观试验要求

1. 材料性能检测

1）材料取样

在保温墙体的制作过程中，进行材料的同步取样。

2）材料成形

按相关标准的方法，进行样品的成形。

3）材料养护

将成形的样品，分别采取标准、耐水、耐温、耐冻融、耐候等各种条件养护。

4）材料测试

达到养护龄期后，按标准规定的方法，进行材料性能的测试。

5）数据记录

记录制样时间、方法、养护条件、测试数据、依据标准，并注明试验人员、测试人员及审核人员。

6）结果分析

将性能测试的结果与大型耐候性试验的结果相比较，筛选与耐候性试验结果具有相关性的材料性能指标。

7）测试方法

部分测试方法的参考标准：

a. 拉伸粘结强度：(原强度、耐水、耐温、耐冻融)JC/T 547—2005《陶瓷墙地砖胶粘剂》；

b. 抗压强度：GB/T 17671—1999《水泥胶砂强度检测方法(ISO 法)》；

c. 抗折强度：GB/T 17671—1999《水泥胶砂强度检测方法(ISO 法)》；

d. 压折比：抗压强度/抗折强度；

e. 抗冲击强度：JG 158—2004《胶粉聚苯颗粒外墙外保温系统》；

f. 导热系数：GB/T 10294—1988《绝热材料稳态热阻及有关特性的测定　防护热板法》；

g. 压剪粘结强度：JC/T 547—2005《陶瓷墙地砖胶粘剂》；

h. 线性收缩率：JGJ 70—1990《建筑砂浆基本性能试验方法》；

i. 热膨胀系数：ASTM C 531—2000《耐化学腐蚀的灰浆、薄浆、整体面层和聚合物》；

j. 混凝土的热膨胀系数和线收缩性的标准试验方法 GBT 3810.8—2006《陶瓷砖试验方法　第 8 部分线性热膨胀的测定》；

k. 透水性：JG 158—2004《胶粉聚苯颗粒外墙外保温系统》。

2. 材料微观性能分析试验方案

1）材料取样

在保温墙体的制作过程中，进行材料的同步取样。

2）材料制样及养护

a. 在试验墙体的制作过程中，同步制作 400mm×400mm 的小样块，分别放在标准养护室和大型耐候性试验室进行养护，耐候性试验完毕后，对各层材料的微观性能进行研究；

b. 在试验墙体的制作过程中，按标准进行制样，分别在标准条件、耐水、耐温、耐冻融和大型耐候试验条件下养护，耐候性试验完毕后，对各材料的力学性能和微观性能进行研究。

3）材料的微观性能分析

主要立足于面层防护材料(抗裂砂浆、面砖粘接砂浆、勾缝胶粉、柔性耐水腻子、涂料)进行微观性能分析，评价其耐久性。采用的主要方法有 SEM、IR 和 XRD 等。

4）数据分析

结合耐候性试验、材料性能试验的数据，对微观分析的结果进行分析，评价材料的耐久性及其对系统耐久性的影响。

参考文献

[1] 樊小卿. 温度作用与结构设计 [J]. 建筑结构学报，1999(2)

[2] 李志磊，干钢. 考虑辐射换热的建筑结构温度场的数值模拟. 浙江大学学报，2004，38(7)

[3] 李红梅，金伟良. 建筑围护结构的温度场数值模拟. 建筑结构学报，2004，25(6)

[4]《民用建筑热工设计规范》GB 50176—93

[5] 华南理工大学. 建筑物理. 广州：华南理工大学出版社，2002

[6] 王勖成，邵敏. 有限元法基本原理和数值方法. 北京：清华大学出版社，1997

[7] 孔祥谦. 有限单元法在传热学中的应用(第三版). 北京：科学出版社，1998

[8] 王洪刚. 热弹性力学概论. 北京：清华大学出版社，1988

2 系统防水透气

水以冰、水和水蒸气三种形式存在于自然环境中。水的三相变化及水溶液在外墙外保温系统内部运动与迁徙导致产生了一系列的外墙外保温系统质量问题。

1. 当水从外墙保温系统面层裂缝或存在渗水隐患的断面进入到保温层时，导致保温材料的保温性能下降，有一些保温材料甚至完全丧失保温性能。

2. 冬季，渗入保温层内的水结成冰，产生液相向固相的转变，体积膨胀 9%（冰的密度是水的 90%），产生冻胀应力，导致或加剧了面层裂缝的发生发展，使得整个外墙外保温系统进入一个灾难性恶性循环。

3. 水渗入保温系统中对于保温系统加强网的腐蚀对于保温系统的影响是非常严重的：水泥砂浆中渗入的水溶解水泥基中钙、镁离子形成碱性溶液，降低了玻纤网格布的抗拉强度。对于面砖装饰饰面的项目，水溶解空气中有侵蚀性的气体，如 CO_2、SO_2、SO_3 等，使得局部破坏的热镀锌钢丝网锈蚀，失去骨架的作用。同时水溶液的迁徙及蒸发过程，结晶出氢氧化钙产生了装饰层表面的泛碱。大量的返碱改变内部砂浆的酸碱平衡，加剧内部钢丝网的锈蚀。

4. 水蒸气的破坏主要来自它的迁移过程，围护结构内外的水蒸气分压力差是水迁徙的原动力。外墙外保温系统各层材料透气性指标设置不合理，水蒸气在迁徙途中扩散受阻，产生冷凝或结冰。装饰层的脱落、起泡，很多时候就是由于水在外保温系统中的迁徙不畅所引起的。

水对外墙外保温系统的破坏是由一种或几种现象综合产生的。因此，要讨论外墙外保温系统，就必然涉及水引起的系统破坏分析。要达到好的保温效果，外墙外保温系统就必须做到防水、透气和防结露。

2.1 外墙外保温系统的防水性和透气性

外墙外保温系统是由保温层和防护层组成(包含装饰系统)，是附着在结构墙体表面垂直于地面的立面建筑组成系统，对于防水性而言，要求该系统能够抵御外界液态水的侵入。对于透气性而言要求室内外水蒸气分压力差导致的水蒸气迁徙能够正常进行。

如何才能够兼顾防水和透气两种材料性能呢?

2.1.1 Kuenzel 外墙保护理论

1968 年德国物理学博士金策尔(Kuenzel)博士率先提出外墙防水抹灰技术指标(Kuenzel 外墙保护理论)，后被欧洲各种建材标准广泛引用

$$W \leqslant 0.5\mathrm{kg/(m^2 \cdot h^{0.5})} \tag{2-1}$$

$$sd \leqslant 2\mathrm{m} \tag{2-2}$$

$$W \cdot sd \leqslant 0.2\mathrm{kg/(m \cdot h^{0.5})} \tag{2-3}$$

式中 W——吸水速率，$\mathrm{kg/(m^2 \cdot h^{0.5})}$，评价材料的吸水快慢的过程；

sd——等效静止空气层厚度，m，评价材料干燥能力(透气性)。

式(2-1)是对材料的吸水能力的要求。

式(2-2)是对材料透气性的要求，描述系统透气能力的指标还有水蒸气湿流密度、水蒸气渗透系数等。这些指标都可以相互的转换。

式(2-3)综合两者的指标要求，提出统一协调的指标要求(见图 2-1 材料吸水性和透气性关系图)。

2.1.2 材料吸水性能

材料的吸水性能一般以材料的吸水系数来表示，同一材料的吸水系数是恒定的。在达到饱和前，材料的吸水量和时间的平方根成正比，达饱和状态后，就是一条与时间轴线平行的直线（见图 2-2 材料吸水性与吸水时间的关系图）。导致各种材料吸水系数差异的主要原因是材料的孔隙率、孔径和表面张力不同。

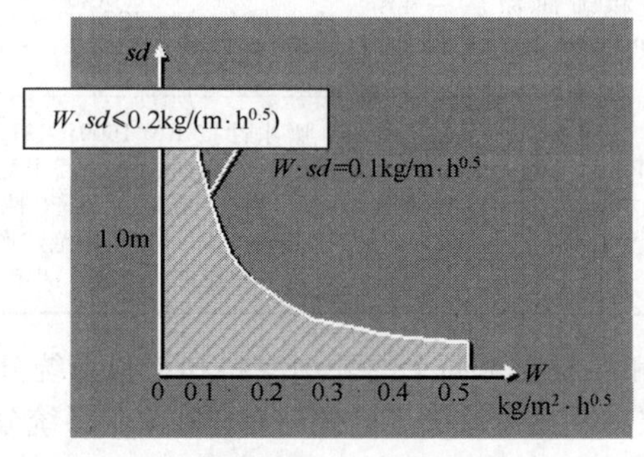

图 2-1 材料吸水性和透气性关系图

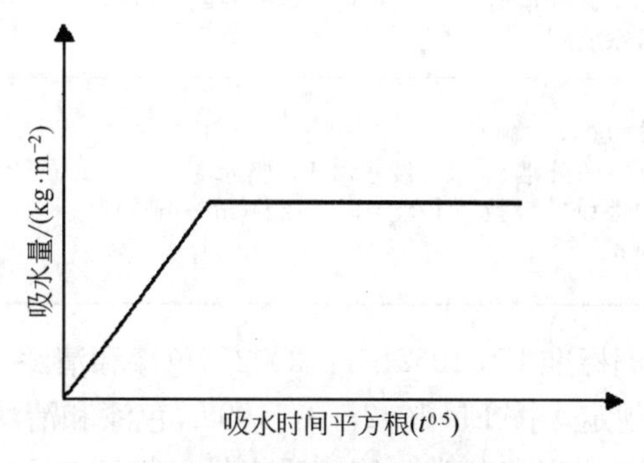

图 2-2 材料吸水性与吸水时间的关系图

$$Q=W\cdot t^{0.5} \tag{2-4}$$

式中 Q——吸水量，kg/m^2；

W——吸水系数，kg/(m^2·h$^{0.5}$)；

t——吸水时间，h。

2.1.3 材料透气性能

材料的透气性能一般以材料的等效静止空气层厚度或材料的湿流密度来描述。

$$sd=\mu\cdot s \tag{2-5}$$

式中 sd——等效静止空气层厚度，m；

μ——扩散阻力系数，空气 $\mu=1$；

s——涂膜厚度，m。

对于理论中所涉及的指标在实验过程中离散性是很大的，需要有大量的试验数据作为支撑，金策尔(Kuenzel)博士后来撰文《外墙抹灰技术》，也提到对于材料吸水性和透气性的研究工程的实际应用经验是占有很大的因素。透气性的指标以等效空气层厚度来表示的检验方法，也只有欧洲标准 EN12866，其他的标准都是以水蒸气湿流密度来检验，然后通过代换得到等效空气层厚度指标，数据绝对值的准确率并不高，但是运用同一种检验方法对比两种材料的相对值是很有意义。

2.1.4 国内外保温装饰系统标准的吸水和透气性能描述

国内外颁布的各种外墙保温材料系统标准，施工技术规程等各种标准对于材料的吸水和透气性的指标要求，摘录列表如表 2-1 材料吸水性和透气性表。

材料吸水性和透气性表 **表 2-1**

标　准	吸水性	透气性	备　注
JG 149—2003《膨胀聚苯板薄抹灰外墙外保温系统》	5mm 厚防护层，浸水 24h，吸水量≤500g/m^2［相当于 0.1kg/(m^2·h$^{0.5}$)］	防护层和饰面涂层一起水蒸气湿流密度要≥0.95g/(m^2·h)（相当于 1.2m）	吸水性按 JG 149—2003 测定；水蒸气湿流密度按 GB/T 17146—1997《建筑材料水蒸气透过性能试验方法》中的水法测定
JG 158—2004《胶粉聚苯颗粒外墙外保温系统》	浸水 1h，吸水量≤1000g/m^2［相当于 1kg/(m^2·h$^{0.5}$)］	水蒸气湿流密度≥0.85g/(m^2·h)(相当于 1.2m)	

续表

标　准	吸水性	透气性	备　注
JGJ 144—2004《外墙外保温工程技术规程》	只有抹面层或带有全部保护层，浸水 1h，吸水量≤1000g/m²。[相当于 1kg/(m²·h^0.5)]	水蒸气湿流密度要符合设计要求	吸水性按 JGJ 144—2004 测定：水蒸气湿流密度按 GB/T 17146—1997《建筑材料水蒸气透过性能试验方法》中的干燥剂法测定
EN 13499：2003《膨胀聚苯板外墙外保温复合系统》[1]	防护层：≤0.5kg/(m²·h^0.5)	防护层和饰面涂层一起：≥20.4g/(m²·d)(相当于 1m)	吸水性按 EN 1062—3：1998 测定；透气性按 EN ISO 7783—2：1999 测定
ETAG 004：2000《有抹面层的外墙外保温复合系统欧洲技术认证标准》[2]	浸水 24h，吸水量≤0.5kg/m² [相当于 0.1kg/(m²·h^0.5)]	防护层和饰面涂层一起：泡沫塑料类保温材料≤2m；矿棉保温材料≤1m	吸水性按 EN 1609：1977《建筑用绝热产品通过部分浸水测定短期吸水性》测定：透气性按 EN 12086：1997《建筑用绝热产品水蒸气透过性能试验方法》测定

欧洲标准 EN 1062—1：2002《色漆和清漆　抹灰层和混凝土基面上的外用涂料和涂料系统分类—1.分类》规定，按 EN 1062—3：1998《色漆和清漆　抹灰层和混凝土基面上的外用涂料和涂料系统分类—3.吸水性的测定和分类》测定吸水性，按表 2-2 将涂料分类，以便于用户选用。

按吸水性分类　　**表 2-2**

分　类	W_0	W_1	W_2	W_3
吸水性	—	高	中	低
要求/kg/(m²·h^-0.5)	无要求	>0.5	$0.5 \geq W_2 > 0.1$	≤0.1

欧洲标准 EN 1062—1：2002《色漆和清漆　抹灰层和混凝土基面上的外用涂料和涂料系统分类—1.分类》，按 EN ISO 7783—2：1999《色漆和清漆　抹灰层和混凝土基面上的外用涂料和涂料系统分类—2.透水汽性的测定和分类》测定透气性，按表 2-3 分类，作为用户选用的依据。

按透气性分类　　**表 2-3**

分　类		V_0	V_1	V_2	V_3
透水汽性		—	高	中	低
要求	g/(m²·d)	无要求	>150	$15 \leq V^2 \leq 150$	<15
	m(阻力-相当于静止空气层厚度)		<0.14	$0.14 \leq V^2 < 1.4$	≥1.4

2.1.5　外墙系统吸水性和透气性能分析

图 2-3 外墙外保温系统示意图所示外墙外保温系统从内向外依次为：结构层—保温层(或粘结空腔加保温材料层)——保温防护层——装饰层等。

较理想的系统构造设置在各种材料的透气性指标上，从内至外，材料的透气性要求越来越好，水蒸气就能够有一个顺畅的迁徙路线，不至于在墙体及保温装饰层内部形成冷凝水，同时从干燥过程来分析，也是有利于水蒸发后排出的。

吸水率的指标上来分析，主要是阻止液态水的进入系统内部，面层材料相比内部材料而言，吸水率就要求比较低。

保温系统解决水蒸气冷凝问题要求整个系统的每一种材料的透气性指标能够相互匹配，越靠近外侧透气性能越好；对于防止液态水进入方面则更严格地要求面层装饰材料的防水性能。

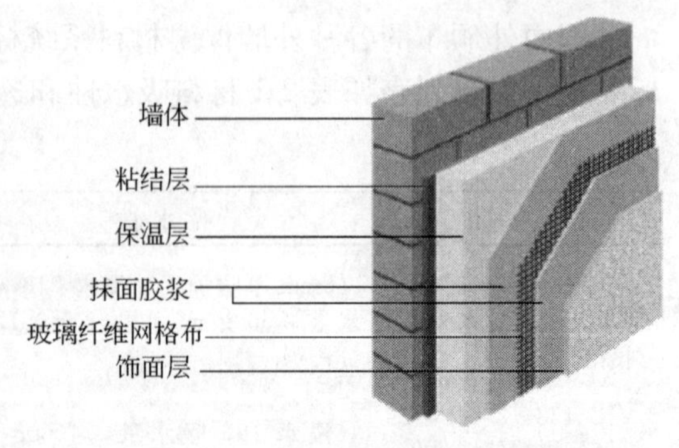

图 2-3　外墙外保温系统示意图

2.1.6 气迁徙的影响因素分析

2.1.6.1 导致材料吸水和透气性能差异的缘由

导致各种材料水蒸气渗透能力差异的主要原因是材料的孔隙率、孔径；导致材料吸水性能差异的主要原因是材料的孔隙率、孔径和表面张力不同。

1. 材料表面张力

材料按其是否易被水润湿分为亲水性材料和憎水性材料两类。两类材料与水接触时，界面上有着不同。

当$\theta<90°$，则液体能润湿固体，也就是说，液体与固体接触界面上的张力小于固体与气体接触界面上的张力(即固体表面张力)时，液体能润湿固体。亲水性材料能通过毛细管作用，将水分吸入材料内部。

当$\theta>90°$，则液体不能润湿固体，即液体与固体接触界面上的界面张力大于固体界面张力时，则液体不能润湿固体。憎水性材料一般能阻止水分渗入毛细管中，故能降低材料的吸水作用。

2. 材料孔径

材料的孔径较大，在触水时，吸水速率较快，但吸水的高度不够，很快即可达到饱和，材料的毛细孔较多时，在触水时，吸水速率较慢，但由于毛细管的作用，吸水高度较高，却较难达到饱和。离水后，水沿毛细孔仍然在升高，材料的孔径大小对于透气性能的影响较小。

2.1.6.2 保温系统的吸水性和透气性设计原则

1. 对水和水蒸气迁徙的影响因素分析，不难得出结论，外墙外保温系统不能采用完全闭孔或孔隙率非常低的结构的材料。

2. 表面与水直接接触的装饰层或防护层材料，应选用毛细孔率较高的憎水材料，水接触墙面形成水珠滑落，以达到界面防水的作用。

2.2 渗透冷凝分析

冬季室内外水蒸气存在分压力差，导致了水蒸气从室内向室外的运动，本节内容是通过对于各种厚度聚苯板外墙外保温系统和各种厚度结构墙体的组合，静态计算冷凝点位置，从而总结一些规律性的东西。水蒸气的渗透冷凝分析是通过一组对比的表格来完成的。

2.2.1 参数选择

地点：北京市

冬季最低温度：－14℃　　冬季平均温度：－1.6℃

冬季室内含湿量：60％　　冬季室外含湿量：50％

材料渗透、导热和蓄热系数　　表 2-4

材料名称	渗透系数	导热系数［W/(m²·K)］	蓄热系数［W/(m²·K)］
钢筋混凝土	0.0000158	1.74	17.2
加气混凝土砌块	0.000199	0.19	2.76
陶粒砌块	0.000105	0.57	7.78
黏土空心砖砌块	0.000158	0.58	7.52
水泥砂浆	0.00009	0.93	11.26
膨胀聚苯板(EPS)	1.62E-05	0.05	0.36
挤塑聚苯板(XPS)	7.1E-06	0.036	0.36
聚氨酯(PU)	2.34E-05	0.028	0.36
胶粉聚苯颗粒浆料	7.34E-05	0.072	0.96
面砖	按照混凝土的各项系数计算		
涂料	厚度太薄，热阻和水蒸气渗透阻忽略		

2.2.2　基层聚苯板保温层厚度的改变对系统冷凝的影响

构造：如图 2-4。加气混凝土 180mm 厚——水泥砂浆找平 20mm——EPS 板(30～120mm)——抹面层 5mm——涂料装饰层

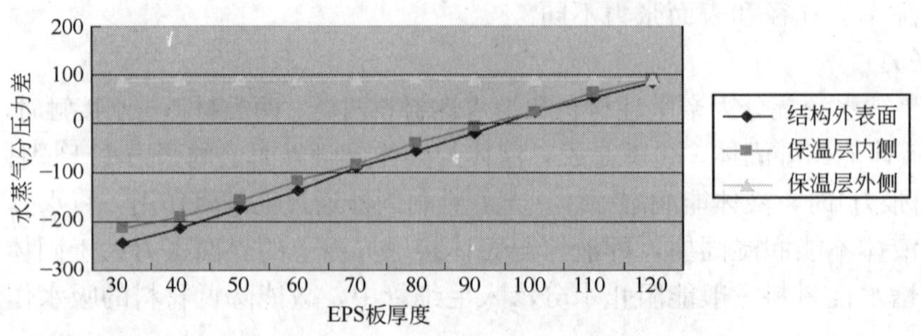

图 2-4　外保温冷凝部位图

构造：如图 2-5。加气混凝土 180mm 厚——水泥砂浆找平 20mm——EPS 板(30～120mm)——抹面层 10mm——面砖装饰层 20mm

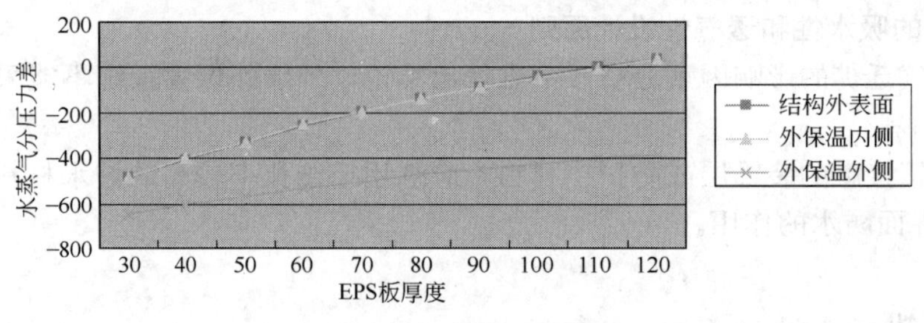

图 2-5　外保温冷凝部位图

数据分析：

1. 图 2-4、图 2-5 随着聚苯板厚度的增加

1）保温层内侧温度逐渐提高；

2）结构外侧、聚苯板内侧水蒸气分压力差减小，冷凝的现象逐步在减落；

3）保温层外侧的温度逐步的降低接近大气的环境温度，在面层采用涂料饰面时，假设涂料是透气性涂料，保温层外侧不存在冷凝现象；

4）装饰层采用面砖后，对系统的保温性能没有太大的贡献，但是大大地提高了系统的水蒸气渗透阻，水蒸气不容易排出面砖装饰层，使得水蒸气在保温层外侧出现了大量的冷凝，按照北京市的最低温度计算冷凝水将处于零下的温度段，冬季有冻胀质量问题发生。

2. 图 2-6、图 2-7 随着加气混凝土的厚度增加

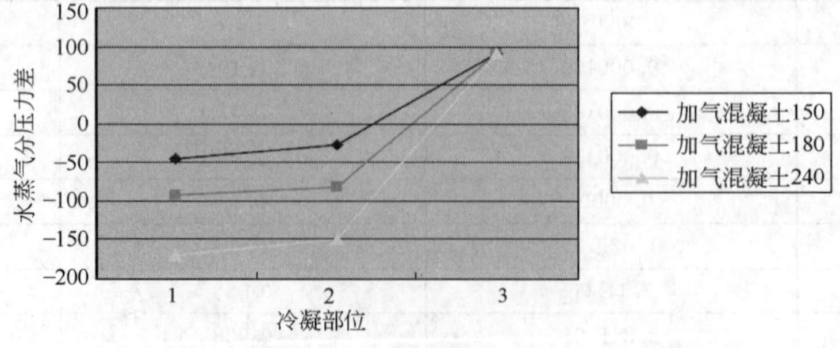

图 2-6　加气混凝土厚度改变对冷凝点的影响

1—结构外侧位置；2—保温层内侧位置；3—保温层外侧位置

1）对墙体保温的贡献比较大，结构外侧、保温内侧空间内的温度降低。

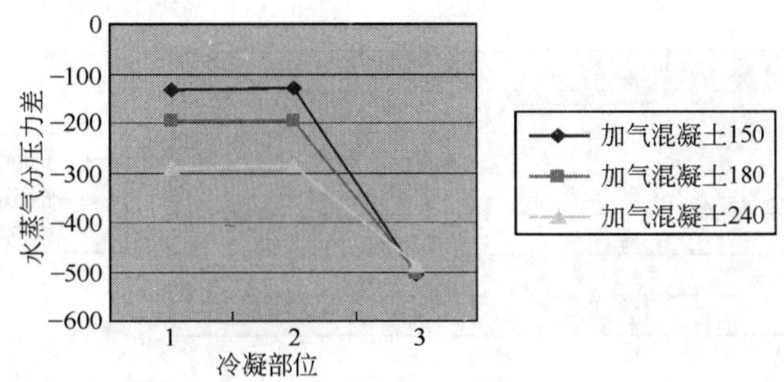

图 2-7 加气混凝土厚度的改变对冷凝点的影响(面砖)

1—结构外侧位置；2—保温层内侧位置；3—保温层外侧位置

2）对于水蒸气的渗透阻影响甚微，结构外侧、保温层内侧空腔内的水蒸气分压力差增大，冷凝量的增加。

2.2.3 钢筋混凝土基层聚苯板保温层厚度的改变对系统冷凝的影响

构造如图 2-8：钢筋混凝土 180mm 厚——水泥砂浆找平 20mm——EPS 板(30～120mm)——抹面层 5mm——涂料装饰层

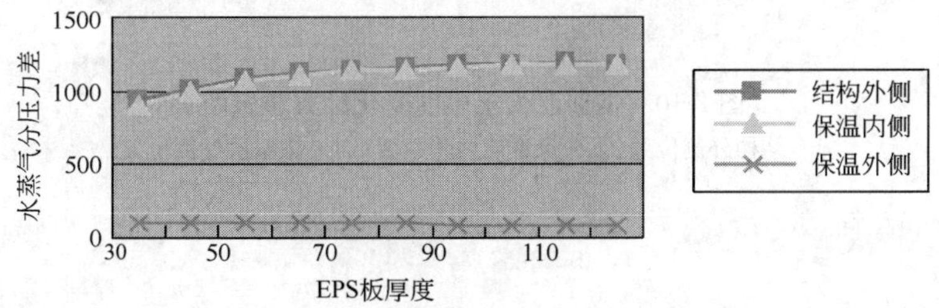

图 2-8 钢筋混凝土各部位冷凝点图

构造如图 2-9：钢筋混凝土 180mm 厚——水泥砂浆找平 20mm——EPS 板(30～120mm)——抹面层 10mm——面砖装饰层 20mm

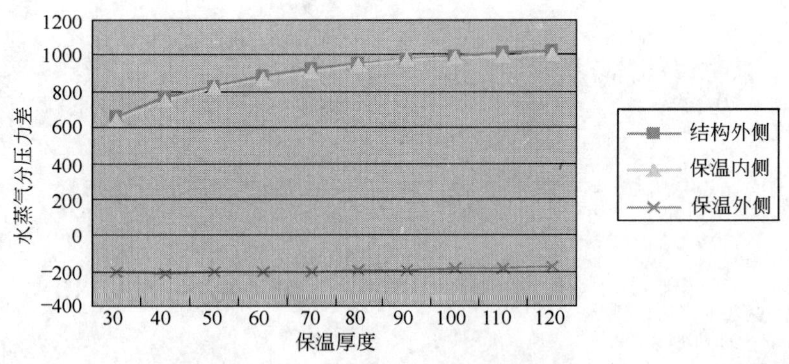

图 2-9 钢筋混凝土冷凝部位图

数据分析：

1. 图 2-8、图 2-9 由于钢筋混凝土结构热阻低，水蒸气渗透阻高，保温层以内的温度比较接近，并随着保温厚度的增加，温度升高，使得保温层以内的部位不易引起冷凝质量问题，但是保温层外侧的温度随着保温厚度的增加，温度降低。在保温层外侧，如遇到水蒸气渗透阻太大的材料，如面砖饰面，在饰面层内侧出现冷凝质量问题。

2. 图 2-10(*a*、*b*)是结构材料厚度改变时，冷凝部位的图示，钢筋混凝土材料的导热系数高，水蒸气渗透阻高，钢筋混凝土厚度的改变，对于各个构造层温度改变非常的小，但是对于水蒸气渗透，阻碍现象非常的明显，有利于保温系统内部控制水蒸气的冷凝。

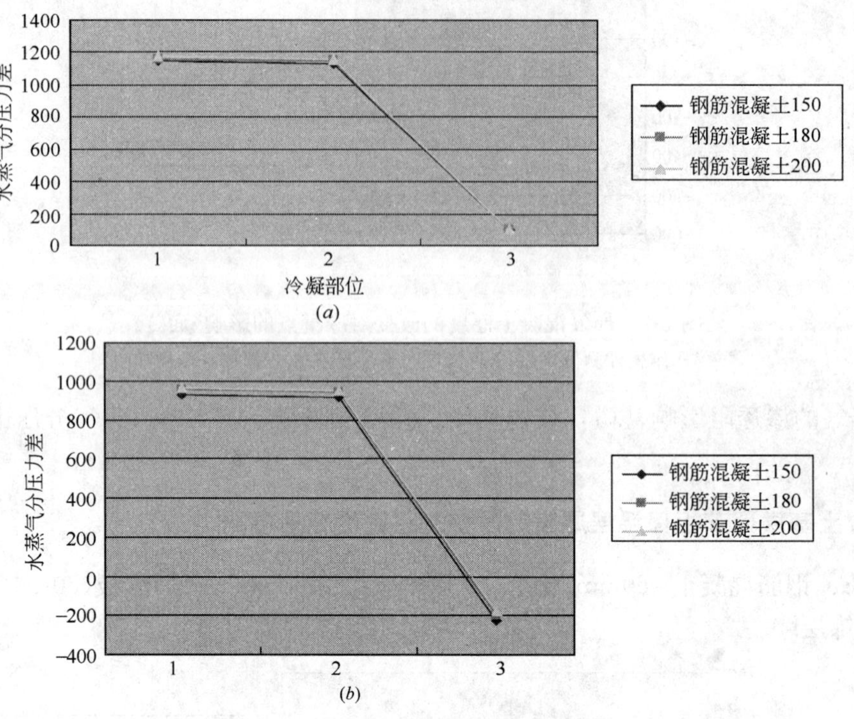

图 2-10 钢筋混凝土厚度变化冷凝位置图

1—结构外侧位置；2—保温层内侧位置；3—保温层外侧位置

2.2.4 结论

综上所述，结构材料的水蒸气渗透系数较小，如：钢筋混凝土，有利于减少保温系统内部冷凝现象的发生。面砖装饰饰面的保温系统结露现象明显，特别是松散的结构材料，如：加气混凝土外侧，由于材料的水蒸气渗透系数较大，面砖明显产生冻融损坏，不适宜在其上做面砖饰面。

3 风对外墙外保温系统的影响

图 3-1 极端的保温破坏现象

太多的风荷载问题一直在影响着外墙外保温的构造设计，关于风对保温系统的影响，也是在逐渐地实践过程中被认知。很多极端的保温破坏现象(图 3-1)，引起了保温方面的研究者对于风破坏的重视，开始进行了一些风压的模型试验，本章主要是围绕着常见的外墙外保温系统构造的承受风荷载能力分析，一些关于风荷载引起的保温系统破坏的案例讨论，以及在上述讨论结果上提出针对于目前的外墙外保温系统的解决方案。

3.1 风荷载计算

3.1.1 保温构造模型

在国内的外墙外保温市场，保温材料以膨胀聚苯板主要材料，而点框粘聚苯板薄抹灰外墙外保温系统又是聚苯板保温系统的主要施工工艺方式，聚苯板受风荷载作用的示意图如图 3-2 所示。

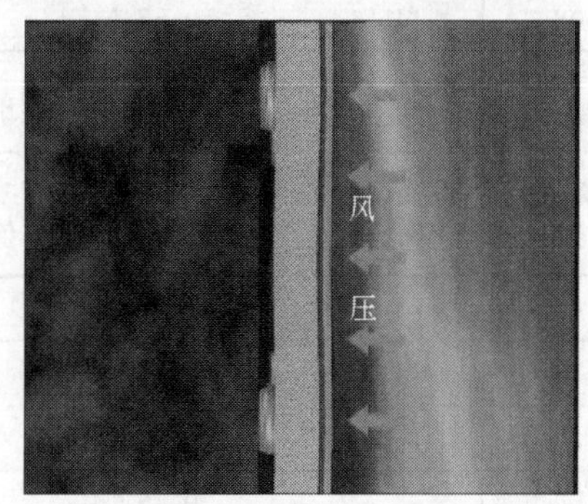

图 3-2 风压示意图

3.1.2 风荷载计算

国内较典型的几个城市(北京、上海、深圳)的风荷载计算如下：

墙面与墙角负风压可按下式计算。

$$W_k = 1.5\beta_{gz}\mu_s\mu_z W_0 \tag{3-1}$$

式中 1.5——为考虑高楼林立所产生的风压增大系数(穿堂风)；

β_{gz}——高度 Z 处的阵风系数；

μ_s——风荷载体形系数：墙面为－1.0；墙角(阳角)为－1.8；

μ_z——风压高度变化系数。

全国各地区主要城市的基本风压、风压高度变化系数、高度 Z 处的阵风系数可查《建筑结构荷载规范》(GB 50009—2001)取得。

注：重要高耸建筑调整系数取 1.2，如北京 $W_0=0.65\times1.2=0.78$kPa(地面粗糙度按 C 类计)。

计算结果如表 3-1、表 3-2、表 3-3。

北京（C类）风荷载单位：kN　　表 3-1

建筑物高度（m）	风压高度变化系数 μ_z	高度 Z 处的阵风系数 β_{gz}	基本风压值 50 年	基本风压值 100 年	墙风荷载标准值		角风荷载标准值	
					50 年	100 年	50 年	100 年
20	0.84	1.92	0.45	0.50	1.31	1.45	2.35	2.61
40	1.13	1.77	0.45	0.50	1.62	1.80	2.92	3.24
60	1.35	1.69	0.45	0.50	1.85	2.05	3.33	3.70
80	1.54	1.64	0.45	0.50	2.05	2.27	3.68	4.09
100	1.70	1.60	0.45	0.50	2.20	2.45	3.97	4.41
150	2.03	1.54	0.45	0.50	2.53	2.81	4.56	5.06

上海（C类）　　表 3-2

建筑物高度（m）	风压高度变化系数 μ_z	高度 Z 处的阵风系数 β_{gz}	基本风压值 50 年	基本风压值 100 年	墙风荷载标准值		角风荷载标准值	
					50 年	100 年	50 年	100 年
20	0.84	1.92	0.55	0.60	1.60	1.74	2.87	3.14
40	1.13	1.77	0.55	0.60	1.98	2.16	3.56	3.89
60	1.35	1.69	0.55	0.60	2.26	2.46	4.07	4.44
80	1.54	1.64	0.55	0.60	2.50	2.73	4.50	4.91
100	1.70	1.60	0.55	0.60	2.69	2.94	4.85	5.29
150	2.03	1.54	0.55	0.60	3.09	3.38	5.57	6.08

深圳（C类）　　表 3-3

建筑物高度（m）	风压高度变化系数 μ_z	高度 Z 处的阵风系数 β_{gz}	基本风压值 50 年	基本风压值 100 年	墙风荷载标准值		角风荷载标准值	
					50 年	100 年	50 年	100 年
20	0.84	1.92	0.75	0.90	2.18	2.61	3.92	4.70
40	1.13	1.77	0.75	0.90	2.70	3.24	4.86	5.83
60	1.35	1.69	0.75	0.90	3.08	3.70	5.54	6.65
80	1.54	1.64	0.75	0.90	3.41	4.09	6.14	7.36
100	1.70	1.60	0.75	0.90	3.67	4.41	6.61	7.93
150	2.03	1.54	0.75	0.90	4.22	5.06	7.60	9.12

3.1.3　聚苯板受力分析

根据 JGJ 144—2004 的规定，聚苯板粘贴面的涂浆面积不少于 40%，即聚苯板的粘结强度破坏值为 100kPa×40%＝40kPa。

标准聚苯板长×宽＝900mm×600mm

板面积 S＝0.54m^2

极限破坏应力：0.54m^2×40kPa＝21.6kN

按照三倍安全系数计算 150m 高度 100 年一遇的最不利边角处的破坏强度北京、上海、深圳分别为 15.18kPa、18.24kPa、27.36kPa。

聚苯板所受到的风荷载应力：

北京：15.18kPa×60%×0.54m^2＝4.92kN

上海：18.24kPa×60%×0.54m^2＝5.91kN

深圳：27.36kPa×60%×0.54m^2＝8.86kN

平均小于聚苯板的极限破坏应力 21.6kN。

通过计算结果可知，按照规范要求进行施工，风在建筑物最不利处所产生的负风压荷载在上述所示的条件下是不可能产生聚苯板的脱落破坏的。

3.1.4　聚苯板粘接率和所受荷载的关系

各地区聚苯板粘结率和所受风荷载的变化如图 3-3、图 3-4、图 3-5 所示。

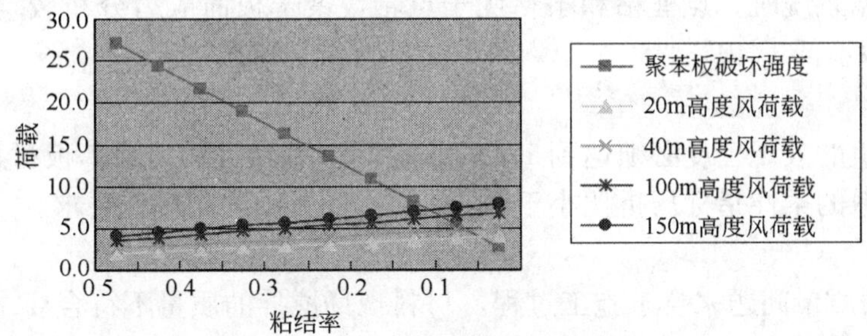

图 3-3　北京风荷载、粘结率对应关系图

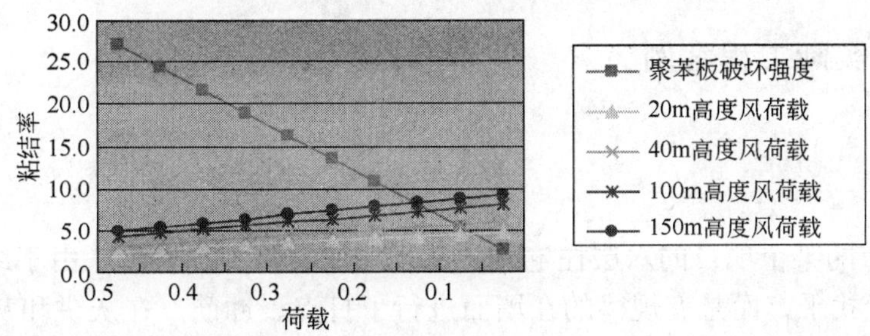

图 3-4　上海风荷载、粘结率对应关系图

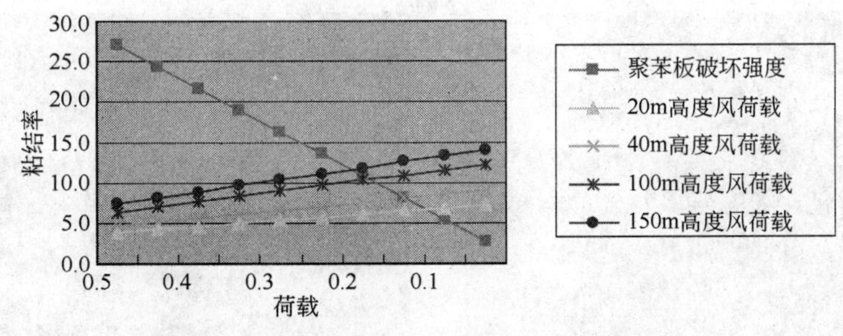

图 3-5　深圳风荷载、粘结率对应关系图

图形计算数值分析来看，在北京地区聚苯板的粘结率低于 15%，上海地区低于 20%，深圳地区低于 25%，聚苯板就有可能从基层脱落下来。

3.1.5　保温系统风荷载应力分析

聚苯板按照规范要求施工，风荷载不会直接的导致聚苯板产生脱落破坏，但是建筑保温墙体所受到的风荷载，和温度应力、地震力、冻胀应力等垂直于墙面的荷载进行组合后，产生的危害还是非常大的。进一步加剧了聚苯板边缘和锚固点周边的应力集中，导致聚苯板裂缝的进一步发展。

同时，上述计算都是按照静态计算，实际的情况中聚苯板外墙保温系统所受到的风荷载是随时变化的，风力的大小在动态改变，风的方向也在动态改变。那么聚苯板与粘结砂浆之间应该还存在着粘接点边缘处疲劳破坏的情况发生。随着保温板所受到正负风压频次的增加，粘结点部位聚苯板和粘结砂浆之间的粘结率会逐渐地降低。

3.1.6 结论

3.1.6.1 系统选择

1. 优先采用无空腔的外墙外保温系统，特别是高层住宅。

2. 当采用无空腔的外墙保温系统时，保温层内部无空腔，自然不会由于正负风压硬起保温系统破坏。极端情况，当操作人员操作不是特别标准时，粘结率也能够达到80%以上。

3. 当采用空腔保温系统时，点框粘和条粘优于点粘，聚苯板面应力分布较均匀，避免了应力的集中，同时要求粘结面积不低于40%。

3.1.6.2 材料控制

1. 聚苯板：聚苯板的表观密度必须达到18～22kg/m^3，熔结性满足聚苯板材料标准要求；

2. 粘结砂浆：材料的柔性指标压折比小于3，粘结强度必须满足规程要求。

3.1.6.3 施工控制

大部分风压引起的质量问题来自于施工过程，材料现场搅拌的质量不符合要求；配比不恰当；基层墙面不找平，聚苯板虚粘；偷工减料，粘接砂浆的上浆率不够等，都能够导致保温系统破坏。只有提高工程现场的质量管理水平，才能够从根本上解决上述质量问题。

3.2 聚苯板脱落的实际工程案例

3.2.1 案例一

1. 图3-6是北京市的某个项目的六层住宅楼。从现场的实际情况来看，由于结构基层偏差较大，施工时未对结构基层进行找平，而是有规律的在墙面进行了打点、冲筋。在灰饼和灰筋上抹粘接砂浆，聚苯板就粘贴在灰饼和灰筋上。局部采用了胀栓加固，聚苯板的表观密度不够18kg/m^3，破坏部位在该楼的西山墙部位，楼体破坏部位模拟图如图3-7。

图3-6 聚苯板脱落照片图

2. 原因分析：聚苯板粘结面积太小。

通过计算可知，粘接面积不到聚苯板板面面积的30.2%，聚苯板由于表观密度太低，抗拉强度远低于0.1MPa（负风压能够将聚苯板从胀栓部位脱离，聚苯板的抗拉强度低于当时的即时风荷载），由于发生质量事故的部位正好在楼体的山墙部位，两楼相邻，正好是风道部位，瞬时风速大，风产生的负风压应力将墙上部分聚苯板脱落下来。

图3-7 楼体破坏部位图

3.2.2 案例二

1. 图3-8采用的是挤塑聚苯板薄抹灰做法，还不到一年的时间就发生了问题。从图中可知，聚苯板在很多的地方采用的点粘，挤塑板的粘结面积太小，聚苯板的界面光滑，未作界面处理。

图 3-8　聚苯板脱落照片图

2. 原因分析：挤塑板表面未作任何的界面处理，表面光滑，挤塑聚苯板与砂浆的粘接强度不到 0.1MPa(试验数据)，聚苯板的粘结面积不能够满足要求，从图中看出，局部的粘结面积占板面的 5%，产生了墙面聚苯板脱落的质量事故。

3.2.3　案例三

图 3-9 是援引了网络对国外飙风后的报道，图中房屋的破坏受到的负风压值远大于设计值，导致墙体保温层破坏。

图 3-9　聚苯板脱落照片图

4 系 统 防 火

4.1 概述

4.1.1 外保温防火技术现状

4.1.1.1 国外外保温防火试验方法简介

在欧美等外保温技术应用较早的国家，外保温防火安全性的要求一直是该技术应用的首选条件。外保温系统和保温材料均有防火测试方法和分级评价标准，同时限定对不同防火等级的外保温系统在建筑中的使用范围。此现状全部基于他们对保温材料和系统大量试验研究并生成众多的试验方法基础之上，其中保温材料燃烧特性常用的防火试验方法如表 4-1，保温材料燃烧特性相关防火试验标准。

保温材料燃烧特性相关防火试验标准 **表 4-1**

标准号	标 准 名 称
ASTM E119	《建筑结构和材料的火试验方法》(《Standard Test Meods for Fire Tests of Building Construction and Materials》)
ASTM E136 和 ISO 1182	《在 750℃垂直管式炉内测试材料燃烧特性的标准试验方法》(《Standard Test Meod for Behavior of Materials in a Vertical Tube Furnace at 750℃》)
ASTM E1354 和 ISO 5660	《采用耗氧量热计测定材料及产品的热及可见烟雾释放率的试验方法》(《Test Meod for Heat and Visible Smoke Release Rates for Materials and Products Using an Oxygen Consumption Calorimeter》)
ISO 45 (ASTM D2863)	《塑料：采用氧指数确定燃烧性》(《Plastics-Determination of burning behaviour by oxygen index》)

火焰传播性常用试验方法如表 4-2 火焰传播性试验标准。

火焰传播性试验标准 **表 4-2**

标 准 号	标 准 名 称
ASTM E 3806	《小尺寸评价防火涂料的标准试验方法(2 英尺隧道法)》Standard Test Meod of Small-Scale Evaluation of Fire-Retardant Paints (2-Foot Tunnel Meod)
ASTM E 84	《建筑材料表面燃烧特性试验方法》(《Test Meod for Surface Burning Characteristics of Building Materials》)
BS 476-6	《建筑材料和构件的燃烧试验-第 6 部分：制品火势蔓延的试验方法》(《Fire tests on building materials and structures-Method of test for fire propagation for products》)
BS 476-7	《建筑材料和构件的燃烧试验-第 7 部分：测定制品火焰表面蔓延分类的试验方法》(《Fire tests on building materials and structures-Method of test to determine the classification of the surface spread of flame of products》)

保温系统燃烧特性常用的防火试验方法如表 4-3，保温系统燃烧特性相关防火试验标准。

保温系统燃烧特性相关防火试验标准 **表 4-3**

标 准 号	标 准 名 称
prEN 13823	《建筑产品的对火反应试验．非铺地建筑产品的单体燃烧试验》(《Reaction to fire tests for building products-Building products excluding floorings exposed to e ernal attack by a single burning item》)
BS8414-1	《应用在建筑表面的非承重外覆层系统的防火性能测试方法》(《Fire performance of external cladding systems. Test meads for non-loadbearing external cladding systems applied to e face of a building》)

续表

标准号	标准名称
UL1040	《建筑隔热墙体火灾测试》(《Fire Test of Insulated Wall Construction》)
ANSI FM 4880	《内外装修系统的火灾试验》(《Fire Test Standard for Class 1: A) Insulated Wall or Walls and Ceilings or Roofs; B) Plastic Interior Finish Materials; C) Plastic Exterior Building Panels; D) Wall and Wall and Ceiling Coating Systems; E) Interior or Exterior Finish》)
NFPA 285	《评价包含易燃成分的非承重外墙火灾蔓延特性的标准试验方法》(《Standard Meod of Test for e Evaluation of Fire Propagation Characteristics of Exterior Non-Load Bearing Wall Assemblies Containing Combustible Components》)
NFPA 268	《使用辐射热能源测量外墙组件的可燃性的标准试验方法》(《Standard Test Meod for Determining Ignitiability terior Wall Assemblies Using a Radiant Heat Energy Source》)

4.1.1.2 国外外保温与防火相关规范简介

国外同行业专家的观点认为：作为外保温系统来讲，最重要的是系统的质量和安全。因此，考虑建筑保温的防火安全性是非常必要的，尤其体现在大城市的高层建筑中。在世界范围内，对不同防火等级的保温系统的建筑应用范围进行规定，也因各国政府的政策和法规差异而有所不同。例如：德国将外保温防火问题分为三个层面：

(1) 在德国的法律法规中明确规定超过22m高的建筑严禁使用可燃保温材料。因此，聚苯板外保温系统只能用于不超过22m高的建筑类型中，高于22m的建筑大部分使用岩棉外保温系统。

(2) 在欧洲标准ETAG 004《有抹面层的外保温复合系统欧洲技术标准认证》(《GUIDELINE FOR EUROPEAN TECHNICAL APPROVAL of EXTERNAL ERMAL INSULATION COMPOSITE SYSTEMS WI RENDERING》)中规定，对外保温系统和保温材料应按照EN 13501—1《建筑产品或组件的燃烧性能分级　第1部分—使用火反应试验数据分级》(《Fire classification of construction products and building elements—Part 1: Classification using data from fire resistance tests, excluding ventilation services》)进行燃烧性能等级A1-E的评定。特别是第5.2.2条规定，要标明火焰在ETICS的保温材料中传播的可能性。为了阻止火焰的传播，一些成员国要求采用“防火屏障(防火隔断)”，可对满足要求的产品列表，认证申请者应推荐具有阻止火焰传播能力的“防火屏障(防火隔断)”，用保温构造产品作为系统的组成部分，其阻火能力可参照列表产品性能或根据大尺寸模型火试验的结果而定。同时，对外保温的防火要求将依据法律、法规和适用于建筑物最终使用的管理条例而定，见图4-1。在德国将防火等级分为A-B3级(GB 8624—1997非等效采用)，对应EN 13501—1的关系如表4-4，按照德国标准，聚苯板材料和保温系统的防火等级应达到B1级，按照EN 13501—1，聚苯板材料和保温系统均要达到B/C级要求。

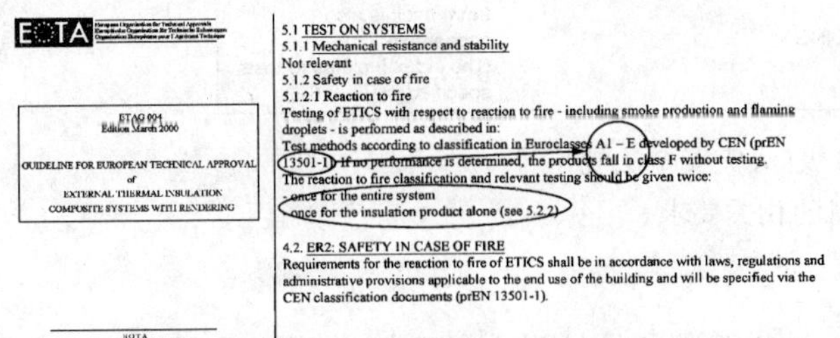

EOTA

ETAG 004
Edition March 2000

GUIDELINE FOR EUROPEAN TECHNICAL APPROVAL
of
EXTERNAL THERMAL INSULATION
COMPOSITE SYSTEMS WITH RENDERING

EOTA
Kunstlaan 40 Avenue des Arts
B - 1040 BRUSSELS

5.1 TEST ON SYSTEMS
5.1.1 Mechanical resistance and stability
Not relevant
5.1.2 Safety in case of fire
5.1.2.1 Reaction to fire
Testing of ETICS with respect to reaction to fire - including smoke production and flaming droplets - is performed as described in:
Test methods according to classification in Euroclasses A1 – E developed by CEN (prEN 13501-1). If no performance is determined, the products fall in class F without testing.
The reaction to fire classification and relevant testing should be given twice:
- once for the entire system
- once for the insulation product alone (see 5.2.2)

4.2. ER2: SAFETY IN CASE OF FIRE
Requirements for the reaction to fire of ETICS shall be in accordance with laws, regulations and administrative provisions applicable to the end use of the building and will be specified via the CEN classification documents (prEN 13501-1).

5.2.2 Safety in case of fire
The indication of the reaction to fire for the insulation product alone is necessary as some Member States have detailed reaction to fire requirements for the insulation product alone. The test should be performed according to the principles of prEN13501-1.
It gives in particular an indication of the flame spread possibility in the insulation product of the ETICS. In order to limit this flame spread, some Member States require the use of “fire” barriers, possibly listed as deemed to satisfy products.
Should an ETA applicant propose the insulation product barrier to prevent fire spread as part of the kit, its capability, can either be evaluated by referring to this prescribed product list or to the results of a large scale test.

图4-1　ETAG 004《有抹面层的外保温复合系统欧洲技术标准认证》与防火相关内容

德国和欧洲防火等级分类方法　　**表4-4**

	DIN 4102	EN 13501—1		DIN 4102	EN 13501—1
不　燃	A1/A2	A1/A2	可　燃	B2	D/E
难　燃	B1	B/C	易　燃	B3	F

(3) 聚苯板外保温系统中的聚苯板厚度大于 10mm 时，需在满足(1)的条件下再进行防火构造以满足建筑防火安全规定。构造做法必须如图 4-2 所示。在每一个窗楣和门楣上口加入不燃高强矿棉防火隔离带，厚度同聚苯板，向上宽度≥200mm；长度方向应比窗口两侧延伸≥300mm，用满粘的方式铺帖。主要防止室内发生火灾时，火焰从窗口窜出导致的外保温火灾。

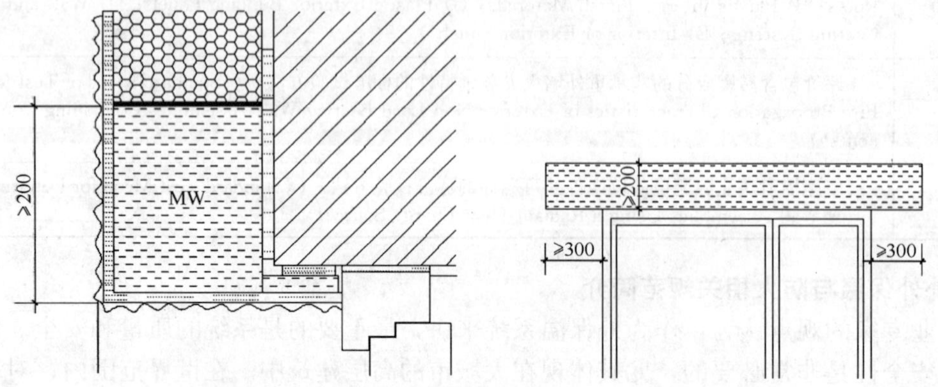

图 4-2 低于 22m 的建筑外保温材料的相关要求

在英国 18m 以上建筑必须采用按英国标准 0 级或欧洲标准 B 级以上的材料，即必须采用不燃或难燃性材料，见图 4-3；在美国纽约州建筑指令(《BUILDING CODE of NEW YORK》)中明确规定耐火极限低于 2h 的聚苯板薄抹灰外保温系统不允许用在高于 22.86m 的住宅建筑中，见图 4-4。而由岩棉等不燃材料组成的外保温系统则可广泛应用在各种类型的建筑中，现已成为目前世界上应用范围最广的外墙保温做法之一。

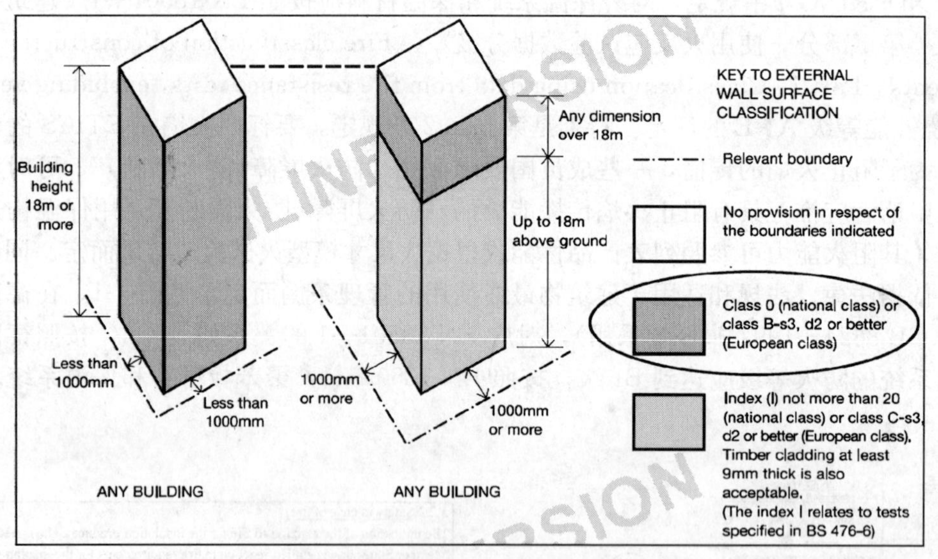

图 4-3 欧洲标准 B 级(火灾安全法规)
中对保温材料的相关要求

4.1.1.3 我国外保温防火技术现状

国内对外保温系统防火技术的研究和重视，已经由发展初期的缺失，转到目前行业内的普遍重视阶段，但多数标准和产品说明书中所提及的内容都是关于保温材料的燃烧性能指标要求，如氧指数和通过可燃性试验确定 B2 级等，对保温系统的防火性能均未要求。

虽然正在修编的《高层民用建筑设计防火规范》和《建筑设计防火规范》中，试图加入外保温防火的原则性要求，但目前实施的标准中均无对外保温的防火设计要求，缺少对不同防火性能外保温系统的等级划分和适用建筑高度的规定。

某些外保温系统存在如下火灾隐患：

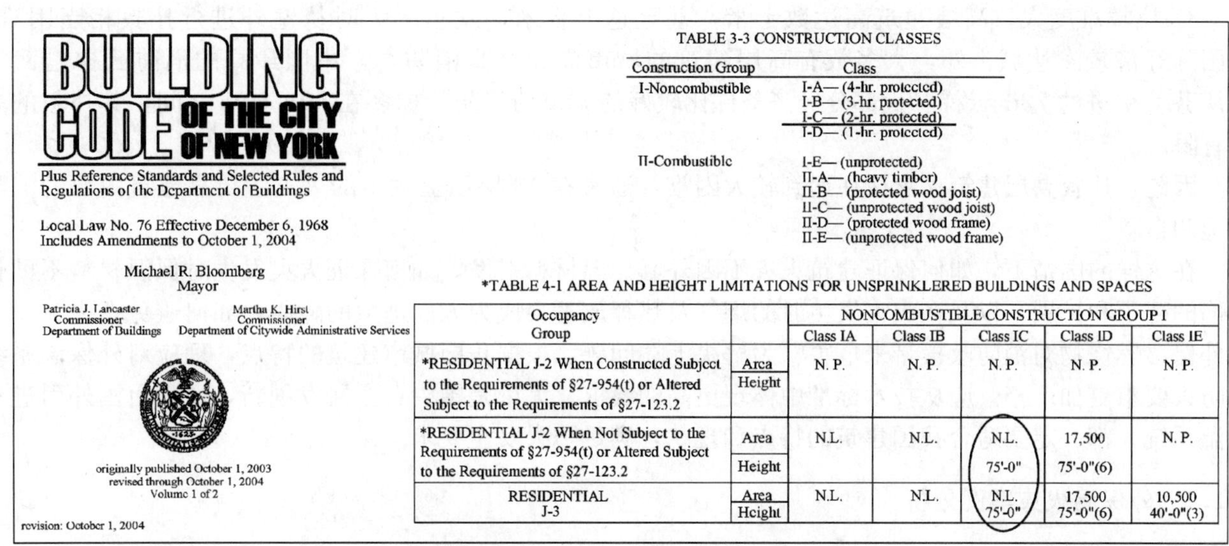

BUILDING CODE OF THE CITY OF NEW YORK

Plus Reference Standards and Selected Rules and Regulations of the Department of Buildings

Local Law No. 76 Effective December 6, 1968
Includes Amendments to October 1, 2004

Michael R. Bloomberg
Mayor

Patricia J. Lancaster
Commissioner
Department of Buildings

Martha K. Hirst
Commissioner
Department of Citywide Administrative Services

originally published October 1, 2003
revised through October 1, 2004
Volume 1 of 2

revision: October 1, 2004

TABLE 3-3 CONSTRUCTION CLASSES

Construction Group	Class
I-Noncombustible	I-A— (4-hr. protected)
	I-B— (3-hr. protected)
	I-C— (2-hr. protected)
	I-D— (1-hr. protected)
II-Combustible	I-E— (unprotected)
	II-A— (heavy timber)
	II-B— (protected wood joist)
	II-C— (unprotected wood joist)
	II-D— (protected wood frame)
	II-E— (unprotected wood frame)

*TABLE 4-1 AREA AND HEIGHT LIMITATIONS FOR UNSPRINKLERED BUILDINGS AND SPACES

Occupancy Group		NONCOMBUSTIBLE CONSTRUCTION GROUP I				
		Class IA	Class IB	Class IC	Class ID	Class IE
*RESIDENTIAL J-2 When Constructed Subject to the Requirements of §27-954(t) or Altered Subject to the Requirements of §27-123.2	Area	N. P.	N. P.	N. P.	N. P.	N. P.
	Height					
*RESIDENTIAL J-2 When Not Subject to the Requirements of §27-954(t) or Altered Subject to the Requirements of §27-123.2	Area	N.L.	N.L.	N.L.	17,500	N. P.
	Height			75'-0"	75'-0"(6)	
RESIDENTIAL J-3	Area	N.L.	N.L.	N.L.	17,500	10,500
	Height			75'-0"	75'-0"(6)	40'-0"(3)

图 4-4 美国纽约州建筑指令与建筑应用范围相关的内容

(1) 有机保温板薄抹灰系统在某些国家因防火性能要求对其使用范围有严格的限制，但在国内没有标准对此作出规定。在一些高层甚至 170m 的超高层上依然采用这类无防火构造的外保温系统，这种火灾风险应引起国内相关部门的高度重视。

(2) 国内高层建筑用有机保温板薄抹灰网格布粘贴面砖的做法相当普遍，这种做法的危险性在于：由于粘贴面砖后保护层厚度增大，一旦火灾发生，前期面砖系统的防火性能优于涂料饰面系统，但是如果火灾持续，不仅有机保温板燃烧产生的有毒气体和火焰给逃生者带来巨大危险，同时因有机保温板受热产生的热熔缩变形，以及网格布过热折断而导致的面砖坠落，为逃生人员和救助人员带来的潜在危险也是致命的。

(3) 目前的公共建筑中，粘贴或填塞有机保温材料并且没有防火隔离措施的情况普遍存在。通常这类外保温做法中有机保温材料在幕墙内侧裸露存在，有机保温板与幕墙之间存在的大空腔及保温板与墙体之间存在的小空腔，加大了火灾风险。当火灾发生时，由于烟囱效应火势蔓延极快，火灾现状也较为惨烈。

4.1.1.4 外保温防火的中国国情

1. 外保温系统的防火安全是事关民生安全的重要且紧急课题

因外墙保温材料引起的火灾或加剧火灾蔓延的案例给予我们足够的警示。从国外对该问题的研究和国内已经发生的火灾事故可以看出，当前国内的一些外保温系统存在防火安全隐患已是不争的事实。同时，在我国大力推广建筑节能的大背景下，所有建筑都需达到相应的节能标准，而目前所采用的外保温材料中，约 80% 为有机可燃材料；外保温系统又以防火性能较差的有机保温材料薄抹灰系统为主，从现有外保温防火技术现状和发生的火灾频率来看，如何进行外保温防火安全性试验研究，提高国内各类建筑的外保温防火安全性，是摆在我们面前事关民生安全的重大课题。

2. 中国对外保温系统防火性能的要求应高于国外——中国的国情

我国的城市住宅不同于以低、多层建筑为主的欧美国家，中高层、高层甚至超高层偏多，影响因素和力度要比国外建筑大得多。尤其是经济比较发达的东部地区，城市人口和建筑群密集，楼间距小。

高层建筑发生火灾具有如下特点：

1) 火势蔓延快。高层建筑的楼梯间、电梯井、管道井、风道等竖向井道多，外饰面内空腔构造多，形成高耸的烟囱，成为火势迅速蔓延的途径，一旦起火，燃烧猛烈，蔓延迅速。

2) 疏散困难。高层建筑容纳的人数多，垂直距离大，加之火灾环境下人们的恐慌心理和火灾烟气的毒害作用，安全疏散较难解决。层数越高、人员越多，逃生时间也越长。

3）扑救难度大。高层建筑高达数十米，甚至达上百米，发生火灾时从室外进行扑救相当困难。我国除经济较发达城市外，大多数有高层建筑的城市尚无登高消防车，中国最高的消防云梯是武汉市从芬兰引进的72m云梯，大部分经济条件比较好的城市的消防云梯多在50～60m之间，其扑救的高度有限。

因此，扑救高层建筑火灾往往遇到较大困难，通常在18层以上发生的火灾主要靠建筑内部的消防设施和自救。

在这样的国情下，如何保证建筑火灾不因外墙保温材料引发，如何保证火灾发生时保温材料不助长火焰的蔓延和扩展，以及在火灾发生时的烟气及热释放不会成为人们逃生的障碍，如何避免在火灾发生时外保温燃烧物对消防救援带来危害？为解决上述问题，根据我国城市建筑的特点，理应对外保温系统的防火要求更加严格，应从技术标准中体现更高的要求。无论是国内自主研发创新，还是由国外引进外保温系统，都一定要适合我国建筑的特点和现状，满足防火安全要求。

4.1.2 外保温火灾案例分析

建筑火灾安全在现代生活中越来越重要，而广泛应用于现代建筑的有机保温材料，已成为引发城市建筑火灾的主要着火源之一，即使不是着火源，遇火时也是使火灾迅速蔓延的主导者之一，而且蔓延非常迅速，发生火灾时释放出的烟、毒气和热量是对人的主要伤害源。有机保温材料的不合理应用，已经给我们带来了生命和财产的重大损失。因外保温中有机保温材料发生火灾或加速火灾蔓延的案例频繁发生。火灾的发生分为三个时段：保温材料进入施工现场码放时段；保温材料施工上墙时段；外保温系统投入使用时段。

本部分内容是对近期典型的火灾案例，按照上述三个时段进行分类选编，所有案例均涉及外保温所用的有机保温材料。目的在于更集中地让读者从火灾案例中认识到，外保温系统中不合理使用可燃有机保温材料给我们带来的危害，以及现有建筑已经存在的巨大火灾安全隐患。通过对三个时段发生火灾特点的认识可以更好的指导我们在外保温防火方面的工作方向，将有利于政府、企业、用户都能充分重视外保温防火安全性问题。通过针对性的提出预防或解决措施，来减少因外保温系统或材料引起的建筑火灾和火灾蔓延，给人们的逃生和火灾救援赢得宝贵时间，提高我们建筑外保温的防火安全性。

选编的案例引用互联网发布的部分内容。

4.1.2.1 保温材料进入施工现场码放时段发生的火灾案例

1. 上海汤臣一品建筑工地发生火灾(图4-5)

图4-5 从外景拍摄火灾引发的浓烟场景

上海汤臣一品大厦由两幢四十层和两幢四十四层的超高层楼组成，总建筑面积超过14万m^2。2005年12月22日中午，该工地位置突然冒出滚滚浓烟。火灾发生后黑烟很快达到金茂大厦一半的高度，弥漫了整个陆家嘴地区。

经消防人员初步调查，火灾是该工地绿化工程施工时，违章切割产生的火花引燃粉红色挤塑聚苯板

图 4-6 聚苯板码放现场烧损后情况

而引发的。火灾燃烧带狭长，绵延将近 100m，搭建在绿化带旁钢化玻璃棚被烧得变形、碎裂，地上的 PVC 排水管也被完全烧毁。

2. 青岛某建筑工地电焊引燃露天存放的聚苯板（图 4-6）

2007 年 6 月 29 日下午 4 时许，青岛香港中路湛山宾馆附近的工地里突然冒起浓浓黑烟，并带有刺鼻的气味。该起事故是因为施工人员电焊作业时火花溅到了保温材料上，引发了火灾。

3. 北京当代万国城火灾（图 4-7）

图 4-7 施工现场着火图示

北京当代万国城一期 7 号楼一共 26 层，高 80 多米，在进入内部装修阶段前一星期发生火灾，现场施工的施工人员均及时撤离现场，未发生人员伤亡事件。

2003 年 9 月 1 日下午，万国城 7 号楼内部起火，大火从顶层 26 层燃起，一直蔓延到楼下，燃烧了近一个小时，火起烟柱冒起上百米。

据了解，消防部门共有 5 个单位参与了此次灭火行动。火灾原因初步推测是楼体装饰材料中的易燃物引发了此次火灾，火灾发生后火势迅速蔓延到各个楼层。

4. 哈尔滨爱建路火灾（图 4-8）

图 4-8 哈尔滨爱建路火灾烧损状态和火灾外景

2006 年 8 月 15 日早上，哈尔滨市道里区爱建路 9 号一工地发生火灾，大火将工地院内存放的部分苯板以及一栋正在施工中的楼体外部防护网烧毁。火灾没有造成人员伤亡。消防部门初步认定火灾为工人在进行电焊操作时，撒落的火花将楼下堆放的苯板和木料引燃导致。

4.1.2.2 保温材料施工上墙时段发生的火灾案例

1. 乌鲁木齐供水高层综合楼火灾(图 4-9)

2006 年 7 月 6 日 20 时，乌鲁木齐供水高层综合楼工地发生大火。该大楼高 70m，共 20 层。外保温采用的是挤塑聚苯板薄抹灰外保温系统，着火点为大楼北侧楼体的大约 10～12 层的位置，火灾发生时先是往外不停地冒烟，紧接着，大火迅急开始燃烧，在短短十余分钟内，火势就烧到楼顶，火灾也在向下蔓延。火灾控制后，该大楼的北侧外墙体一片漆黑，楼体原有的保温材料全部被烧的一干二净。一名建筑工人因浓烟窒息昏迷(图 4-10)。

图 4-9 大火将外墙从下至上烧的一干二净

图 4-10 一名伤者获救后被送往医院急救

2. 北京上地 MOMA 半年内两次火灾(图 4-11～图 4-14)

图 4-11 起火点浓烟密布

图 4-12 聚苯板轰燃阶段

图 4-13 聚苯板持续蔓延燃烧阶段

图 4-14 火灾后场景

2007 年 4 月 7 日中午，北京海淀上地 MOMA 工地发生火灾，火沿外墙从地下一层蔓延至顶层。火灾过后，几乎一面墙全部烧光。该楼是在做防水工程时从地下一层开始发生火灾的。目击者称，火从该楼东南侧的外墙烧起，迅速蔓延，不一会儿外立面即被黑烟笼罩，顶层上方升腾起像蘑菇云似的黑色雾团，但不见明火。

该楼为住宅楼，地上 10 楼层，未竣工，外立面还裸露着保温层。据所查资料，外墙采用的是在加厚混凝土外墙上做了 120mm 厚的聚苯板外保温层。

3. 济南鲁能领秀城 7 号公馆火灾(图 4-15、图 4-16)

图 4-15　火灾发生现场

图 4-16　火灾过后现场

鲁能领秀城 7 号公馆层高 29 层，外墙采用挤塑聚苯板外保温系统。

2007 年 4 月 29 日上午 12 时 40 分左右，位于济南市的江北第一大盘“鲁能领秀城”7 号公馆工地发生大火。大火燃烧外墙保温材料时，发出滚滚黑色浓烟，瞬即笼罩了施工现场。经查，事故起因为室内施工人员拉电线引起电线短路起火，引燃外墙保温材料。

4. 济宁第一写字楼大火(图 4-17)

2006 年 10 月 4 日，一场无情的大火烧焦了号称“鲁西南商务写字第一楼”的济宁兴唐·金茂大厦，该大楼主体 23 层，高度 97.7m。当地媒体报道，一人当场坠楼死亡，35 人受伤。2006 年 10 月 28 日，有一位在大火中受伤的妇女因伤重难治，她是这场灾难中死亡的第九人，而死亡人数仍在不断上升，之后没有得到死亡人数的具体报道。图 4-18 为伤者救援现场。

图 4-17　火灾发生现场

图 4-18　伤者救援现场

事故原因已查清，承担大厦外墙装修任务的某幕墙公司工人在 22 层焊接避雷针时，电焊熔珠掉落到八楼，引燃楼内架板、竹笆、密目网、外墙聚氨酯保温材料等可燃物，造成惨剧。

5. 北京西直门长河湾工地大火(图 4-19)

图 4-19　燃烧现场及燃烧后状态

2007 年 5 月 2 日 10 时许，位于西直门长河湾一在建楼房起火，百余米高的浓烟冲向天空。据一名工人称，是三层四层首先起火，火苗落到楼下，将易燃的保温板烧着，火势才大起来。从图中点框痕迹可以判定该外保温采用的是聚苯板薄抹灰外保温系统。

据现场消防员称，因为楼内的保温板被引燃，才导致火势蔓延很快，并产生大量浓烟。几名在现场的工人则猜测，可能是有人扔烟头导致起火。

图 4-20　火灾过后聚苯板及铝塑板全部烧毁

6. 新疆乌鲁木齐金华城火灾(图 4-20)

2007 年 6 月 29 日，位于乌鲁木齐的金华城(19 层，80 多米)突发大火，周边百米的商铺、银行被迫暂时停业，一些居民被掉落的火苗烧伤，而就在去年 8 月 22 日，该工地还曾发生过一起大火。

乌市高新区公安消防科调查后认定：起火点位于 13 层。事发时，该工地建筑工人在 13 楼实施电焊，电焊所产生的火花飞溅到下方的塑料和纸张上，继而火势蔓延到整个大楼北侧楼体，将楼体装饰的聚苯板和铝塑板材料烧毁，过火面积 1200m^2。

7. 江苏无锡华仁大厦火灾(图 4-21)

图 4-21　无锡华仁大厦建筑工地火灾现场

2006 年 5 月 31 日 14 时许，无锡市华仁大厦工地外墙装饰材料起火，当地消防官兵调集 5 个消防中队，出动 25 辆消防车，近 150 余名官兵直到扑救，于 15 时 20 分许将火灾扑灭，火灾没有造成人员伤亡。该建筑共 20 层，高 87m，建筑面积 $32790m^2$。起火部位为建筑外墙面两层以上的一条宽约 8m 的铝塑板装饰带，火灾过火面积约 $600m^2$，火灾烧毁外墙面聚苯板保温材料及装饰用铝塑板。火灾原因为电焊引起。

8. 北京师范大学科技园孵化大厦火灾

2008 年 6 月 2 日下午 4 时，北京师范大学科技园孵化大厦发生大火，明火高过 13 层楼，约 1 小时后火被扑灭。大厦共 13 层，现正为楼体安装外装饰板，该大厦西面墙体熏黑，1～13 层铝塑板烧坏，地面上到处是碎片。一名工人说，该大楼西侧 5 层突然着火，“像火箭发射一样!”燃到 13 层楼顶，被烧着的铝塑板从墙体上脱落乱飞，并燃着下面 1～4 层的铝塑板。很快消防和警察赶到，大火灭后曾复燃，约 1h 才扑灭。

经调查，在施工现场，施工单位未落实消防安全操作规程，幕墙施工电焊时未对焊渣进行有效防护，以致引燃下方外墙保温材料。火灾过火面积达 $300m^2$，火灾造成该大楼西面墙体 1～13 层外装饰和保温材料全部烧坏，无人员伤亡。

9. 南京青少年科技活动中心重大火灾(图 4-22)

图 4-22　活动中心燃烧现场

2005 年 1 月 20 日 11 时左右，面积 2.93 万 m^2 的江苏南京青少年科技活动中心(在建)发生火灾，到下午 2 时 05 分被熄灭，大火整整烧了 3h，过火面积约 $6000m^2$。

据火灾发生之后的调查发现，着火的材料主要为防水保温材料，火灾系工人操作电焊不慎引起，火灾直接财产损失约 70 万元，幸好无人员伤亡。

10. 北京大学乒乓球馆火灾(图 4-23)

图 4-23　北京大学乒乓球馆东南角火灾燃烧现场和火灾过后的状态

2008年7月2日上午8时14分，北京大学奥运乒乓球馆起火。北京大学体育馆是2008年奥运会乒乓球比赛的专用馆，建筑面积达26900m²。北大校方称，此次火灾烧掉的主要是体育馆外表的保温材料，对体育馆钢梁和主体结构等未造成影响。消防部门接到火警后迅速出警处置，上午9时大火基本被扑灭，火灾未造成人员伤亡。

起火原因是工人使用汽油喷灯烘烤SBS改性沥青防水卷材，因温度过高引燃可燃防水卷材和外墙上的聚氨酯保温材料所致。

11. 哈尔滨经纬360大厦火灾(图4-24、图4-25)

图4-24　哈尔滨闹市大厦发生火灾

图4-25　火灾后状况

2008年10月9日，经纬360大厦发生火灾，该楼外部工程已施工完毕，内部正在装修。这两栋楼都是28层，楼高99.8m。着火时，尚在楼内的人基本上都是施工人员。火灾造成该建筑外墙的部分装修材料被烧毁，过火面积约2000m²。消防部门共救出61名被困施工人员，有6名伤者被送到该医院后，立即进入高压氧舱接受救治，未发现人员死亡。火灾原因为电焊点燃聚氨酯保温材料所致。

12. 中央电视台新址火灾(图4-26)

图4-26　中央电视台新址火灾案例

据媒体报道，2009年元宵夜央视大楼配楼发生火灾，持续燃烧6h，西、南、东侧外墙装修材料几乎全部烧尽，过火面积达10万m²，7人受伤，一名消防员牺牲。据悉，该楼外立面装修材料南北侧为玻璃幕墙，东西立面为钛锌板，外墙保温材料为挤塑板等，北外立面为透明玻璃幕墙，无保温层，从外部观察受损较小。初步查明火灾系违规燃放烟花爆竹所致。

4.1.2.3 外保温系统投入使用时段发生的火灾案例

1. 空地内莫名火起，“楼棉袄”被焚吓坏一楼人

2007 年 5 月 9 日上午 10 时 25 分，沈阳铁西区红盛小区 22 号楼发生火灾。最开始着火的是堆放在楼东山墙下的一堆废弃物。废弃物燃烧之后将该楼的东墙外保温系统点燃，从图中所示烧损后状态来看，该楼采用的是聚苯板薄抹灰外保温系统。整面山墙保温层全部烧毁(图 4-27)。

2. 商亭起火引燃居民楼外墙聚苯板保温层

2007 年 2 月 24 日凌晨发生在沈阳市皇姑区步云山路的一场火灾，险些给这里的居民带来一场灾祸。由于华山新区 26 号居民楼楼下一住户临时搭建的铁亭子突然起火，瞬间燎着居民墙体，险些将整栋居民楼点着。

该楼外墙都是用聚苯板作为保温材料，所以火势蔓延极快，短短的瞬间，火焰就波及到四楼。最严重的一二楼基本上是面目全非，屋内的物品也有部分损坏。据知情人介绍，火灾发生在当天凌晨 3 点多钟，当人们发现的时候，大火已经波及居民楼四楼的住户，幸亏是消防队员及时赶到，才迅速控制了火势的蔓延。对于事故原因，据附近居民介绍，这个亭子内部有临时拉设的照明电路，很可能是电路故障引发火灾。

3. 西安“e 时代”网吧突发大火(图 4-28)

图 4-27 整面山墙保温层全部烧毁

图 4-28 西安“e 时代”网吧灭火现场

2007 年 2 月 28 日 16 时左右，西安西影路观音庙村口一个位于四层楼顶面积达 1300m^2，拥有 500 台电脑的“e 时代”网吧突发大火被全部烧毁，经过 27 辆消防车上 150 多名武警消防官兵近两个小时的扑救，大火没有再度蔓延殃及周围建筑物和造成人员伤亡。

火灾是由于该网吧简易结构屋顶遭遇大风袭击后部分开裂，工作人员严重违反安全生产操作规程在屋顶焊接操作时，火星落入焊接层下面的塑料泡沫内所致。事故未造成人员伤亡。

4. 乌鲁木齐城市大酒店突发大火(图 4-29)

图 4-29 火灾发生的情景图和被烧毁的酒店外墙

2006年3月27日下午，乌鲁木齐市的城市大酒店发生火灾，因酒店建筑高度达到90.6m，火势一时难以控制，消防部门出动29辆消防车、150余名消防官兵参与火灾扑救，火灾造成直接经济损失27.4余万元。该中心是15时36分接到报警，火势由该酒店二楼呈立体式燃烧到顶楼24楼。火灾发生时，城市大酒店内300多人全部被安全疏散，没有人员伤亡。火灾发生时，大火夹杂着浓烟，几公里以外都可以看见，大火在当天17时50分被扑灭。

火灾原因是酒店后堂一位员工做饭时擅自离开灶台，加热中的油锅失控起火，火灾引燃上方排烟道中的油污后将外墙铝塑板烧毁，随后向上蔓延至24层。

5. 美国拉斯维加斯蒙特卡罗酒店火灾(图4-30)

图4-30 美国拉斯维加斯蒙特卡罗酒店火灾

美国赌城拉斯维加斯蒙特卡罗酒店2008年1月25日上午发生大火。

位于赌城最繁华地段的蒙特卡罗酒店，由三幢32层高楼组成。上午11时左右，连接南楼和西楼的顶层部位突然起火，火焰很快向两翼蔓延，冲天黑烟在一英里以外都可看见。火灾发生后，酒店住客和雇员迅速安全撤离，消防员和救护人员在现场展开灭火及救援。大约2h后，西楼火势已经控制，南楼仍然浓烟不止。

4.1.2.4 小结

这些火灾的发生，大部分是由于施工阶段立体交叉作业，遇到明火或电焊渣引燃保温材料发生的火灾；少部分是由于建筑物投入使用后，由外因引发的火灾，火焰通过相邻建筑物火灾造成的热辐射，靠近外墙的易燃物燃烧或建筑物内部发生火灾火焰，从窗口溢出并向上蔓延，使可燃保温材料被引燃，进一步助长火势的蔓延，增大火灾造成的损失。烟气散发到室外，对建筑物内人员逃生和消防人员施救工作也带来很大的附加危害。无论起火原因如何，建筑保温有机材料系统均充当了使火势蔓延的帮凶。

触目惊心的火灾案例给我们以足够的警示，因此，建筑尤其是高层建筑的外保温防火安全性问题必须提上日程。

4.1.3 外保温系统的防火安全性分析

4.1.3.1 外保温系统防火安全性问题的起因

外保温系统是建筑外墙外侧具有保温隔热功能并具有一定装饰效果的系统，其核心功能材料是保温材料，通常占系统体积的80%以上；配套材料通常为不燃材料，如砂浆类、瓷砖等及包含有少量可燃成分的材料，如涂塑玻璃纤维网格布、腻子和涂料等。

用于建筑外墙的保温材料主要包括三大类，一类是以矿物棉和玻璃棉为主的无机保温材料，通常认定为不燃性材料；二类是以胶粉聚苯颗粒保温浆料为主的有机无机复合保温材料，通常认定为难燃性材料；三类是以聚苯板(热塑性)和聚氨酯(热固性)和酚醛为主的有机保温材料，通常认定为可燃性材料。

当外保温系统的保温材料采用不燃性材料或不具有传播火焰的难燃性材料时，外保温系统几乎不存在防火安全性问题。但是，在我国目前的技术条件下，聚苯乙烯泡沫和硬泡聚氨酯等可燃材料在建筑外保温系统中的使用最为广泛，这是产生外保温系统防火安全性问题的起因，而随着节能标准的逐步提高，这个问题将更加凸显。因此，随着此类可燃有机保温材料的大面积应用和使用厚度的不断增加，建筑外墙火灾或火灾的蔓延问题应引起我们足够的重视。

4.1.3.2 外保温火灾的危害因素

有机保温材料燃烧过程分析表明，在空气中或氧环境中都会燃烧，而燃烧能造成直接的人员伤亡和财物损失。易燃性正是有机保温材料的主要缺陷。因此，认识火灾中有机保温材料燃烧的危害因素对进行有效火灾防护极为重要。有机保温材料对人和物形成的直接的危害可以归结为以下几个主要方面。

1. 燃烧火焰

直接接触火焰而导致人体皮肤烧伤是火灾中常见的人员伤亡之一。试验表明，聚苯乙烯燃烧火焰温度可达 1000 多度，当外保温发生火灾后通过窗口攻击室内时，高温火焰及其热辐射则可在极短时间内置人于死地。此外，聚苯乙烯保温材料燃烧时熔融滴落，与熔体的接触也会造成烧伤，通常会给消防救援带来难度和危害。火焰还是火灾蔓延的直接原因，它使燃烧从一个物体扩散到另一个物体，从一个空间扩散到另一个空间，导致更大的火灾，造成更大的伤亡和损失。

2. 热

火灾中产生的热气体及热辐射是引起烧伤、热窒息、脱水等伤亡的重要原因。热气体和热辐射对火灾现场的建筑物、其他物体的损坏也是显而易见的。尤为重要是热气体和热辐射能促进聚合物的分解，为火灾发展提供燃料，造成更大的火灾。一般在封闭的空间内，如室内火灾中，上层热气体温度达到 600℃，或者地面辐射强度达到 $20kW/m^2$ 就可以引发“轰然”，在火灾工程学中，该临界点表示此时室内所有可燃材料都将着火燃烧，这是建筑火灾发展过程中的一个重要判断依据。而外保温发生火灾时，如果是点框粘聚苯板可将抹面层内侧至墙体基层之间看成一个封闭的空间。当局部聚苯板燃烧并通过空腔传递热气体时，比较容易达到轰然的临界点，进而保温层内侧聚苯板全部燃烧，带来巨大火灾危害。多次大型火灾模拟试验过程可以清楚印证该临界点的存在。

3. 氧窒息

有机保温材料属于易燃材料，燃烧时会大量消耗空气中的氧，特别是在封闭空间中会造成不同程度的缺氧，对人的生命构成极大的危害。通常外保温火灾在通过窗口，对室内攻击时会消耗室内的氧造成氧窒息现象。

4. 烟

有机保温材料燃烧会产生较多的烟，这同材料本身的结构和成分以及火灾燃烧一般为不完全燃烧反应有关。统计分析表明，火灾中死亡人数的 80%是由于烟的原因而造成的。因此，烟在火灾中危害极大，它通过吸入的悬浮燃烧产物影响人的反应能力，降低人的逃生能力，也会导致人体功能严重损坏，吸入过量烟尘还会导致死亡。烟的主要危害还在于它在火灾中遮挡人的视线，影响受灾人员寻找逃生路线，也妨碍救灾人员辨明火情，有效救人救灾，加大火灾损失。

5. 毒性气体和物质

一般火灾中产生的毒性气体主要是指 CO。统计分析表明，火灾中导致人中毒致死的元凶是 CO。此外，有机保温材料燃烧时分解产物也可形成相应毒性气体。例如，在聚苯板燃烧过程中发现的分解产物有苯、甲苯、甲醛等，而聚氨酯燃烧过程会产生氰化氢、光气、HCl 及异氰酸酯等有害化合物。当血液中氰化物达到 3mg/ml 以上时导致人员死亡，而产生的 CO 是火灾中致人于死亡的主要原因，CO 通过肺泡被血液吸收，从而使血液中的含氧量不足，导致供氧不足而窒息死亡。

4.1.3.3 建筑外保温系统的防火性能要求

建筑外保温系统是否具有防火安全性，应考虑以下两个方面的问题：

（1）点火性

在有火源或火种的条件下，材料或系统是否能够被点燃或引起燃烧的产生，系统自身的燃烧性能要求。

（2）传播性

当有燃烧或火灾时，材料或系统是否具有传播火焰的能力，系统对外部火源攻击的抵抗能力或防火性能要求。

那么，聚苯乙烯和聚氨酯硬质泡沫材料的阻燃性能达到何等程度，才能保证整个系统的防火安全；是否需要在现有的技术条件下，过多地提高聚苯乙烯和聚氨酯硬质泡沫的阻燃性指标？过高地要求其阻燃性能是否现实合理？从目前的科学研究和工程实践来看，材料的燃烧性能通常是指材料在规定的试验条件(试验室规模，即小尺寸样品试验)下，材料的对火反应行为。由于规定的试验条件与真实火灾的环境条件相差甚远。因此，材料的燃烧特性与其火灾特性也大相径庭。如普通 PVC 材料在通常条件下燃烧时，具有自熄性、氧指数较高、属难燃材料，但相同的材料，在真实的建筑火灾中，受高温、高热辐射的作用时，仍然能够剧烈燃烧，放出大量的热和有毒气体，从而增大火灾强度和火灾危害，这已被大量火灾案例所证实。

我们认为，在目前的技术条件下，不能过高地要求聚苯乙烯和聚氨酯硬质泡沫的现有阻燃性指标，但其燃烧性能必须达到现有相关标准要求，通过其他措施满足施工过程中的防火安全性要求。作为墙体的保温隔热材料，未进行阻燃处理的普通聚苯乙烯泡沫和硬泡聚氨酯材料被划定为易燃材料，阻燃的聚苯乙烯泡沫和硬泡聚氨酯材料可达到可燃或难燃的等级。国家标准中(GB/T 10801.1—2002 和 GB/T 10801.2—2002)规定：膨胀聚苯乙烯泡沫塑料(简称 EPS 板)和挤塑型聚苯乙烯泡沫塑料(简称 XPS 板)燃烧性能等级应达到 B2 级，同时 EPS 板的氧指数应不小于 30%。JG 149—2003《膨胀聚苯板薄抹灰外保温系统》和 JG 144—2005《外保温技术规程》中对 EPS 板也有同样的规定，并在 JG 149 标准中被列为强制性条款。在试验中我们发现通过对有机保温材料进入施工现场前，涂刷界面砂浆的方式能提高可燃材料在存放和施工期间的防火性能，点火性和火焰传播性要比未涂界面砂浆的聚苯板低，防火能力得到一定的提高。涂刷界面砂浆的聚苯板在上墙之后采取防火分仓的构造措施，则效果更好，如图 4-31 所示。因为界面砂浆可以将小火源与有机保温材料隔离，起到一定的保护作用，上述措施对预防可燃保温材料在存放和施工过程中的火灾有一定效果，但不能满足火源较大且持续作用的情况下对保温系统和材料防火性能的要求。

图 4-31　喷灯作用于上墙后涂刷界面砂浆的聚苯板

在有机保温材料达到上述相关标准要求或增加一定辅助措施后，应强调系统的整体防火安全性。因为，过于追求有机保温材料的阻燃性能不仅大大增加了材料的成本，同时某些阻燃剂在阻止燃烧过程往往会增加材料的发烟量和烟气毒性，可能带来更大的危害。保温材料防火等级的评价不能代表系统的整体防火安全性能或火灾发生时的真实状况，即使某些难燃级的材料在条件具备时也能剧烈燃烧，所以我们应该抓住外保温防火问题的重点。只有外保温系统整体的对火反应性能良好，系统的构造方式合理，才能保证建筑外保温系统的防火安全性能满足要求，对工程应用才具有广泛的实际意义。

显然，提高保温系统的防火能力是我们的最终目的。因此，摆在我们面前的重要工作是如何采取有效的防火构造措施，提高外保温系统的整体防火能力，以及对不同构造的外保温系统如何予以测试和评价。

4.1.3.4　影响外保温系统防火安全性能的关键要素

外保温系统的防火安全性能是以可燃材料的存在为前提的。影响外保温系统防火安全性能的要素，包括外保温系统的构成材料及构造方式，系统中具有足够燃烧能力的材料主要是保温层材料，保温层材料的燃烧性能是影响系统防火安全性能的基本条件，而外保温系统整体的防火性能才是关键。

当外保温系统的保温层为可燃材料时，系统的构造方式就是决定整个系统防火安全性能的关键要素。影响外保温系统防火性能的构造包括：保护层或面层的厚度、粘结或固定方式(有无空腔)、防火隔断(分仓或防火隔离带)的构造等。

1. 空腔构造：空腔构造的存在，可能为系统中保温材料的燃烧及火焰的蔓延提供充足的氧和烟囱通道，加速火灾蔓延，图 4-32 无空腔系统做法举例。

2. 防火隔断：系统的防火隔断构造可采用分仓或设置防火隔离带的形式。防火隔断能够有效地阻止火焰的蔓延。图 4-33 为防火分仓举例。

3. 保护层：防护面层的厚度和质量稳定性，决定系统层面受到热量或火焰侵袭时，对内侧有机保温材料的保护能力，如图 4-34 防火隔离面层举例。

图 4-32 无空腔系统做法举例

图 4-33 防火分仓举例

图 4-34 防火保护面层举例

4.1.3.5 小结

经上所论述，外保温防火问题的重点是外保温系统构造防火要求。只有外保温系统整体的对火反应性能良好，系统的构造方式合理，才能保证建筑外保温系统的防火安全性能满足要求，对工程应用才具有广泛的实际意义。一味地提高有机保温材料的阻燃性能，在当前技术和成本因素的影响下，实现起来有一定难度。因此，如何采取有效的防火构造措施，提高外保温系统的整体防火能力，以及对不同构造的外保温系统如何予以测试和评价，是当前需要我们重点突破的课题。

4.1.4 外保温防火存在的几个误区

鉴于外保温火灾的频发，无论是建设部还是公安部，无论是领导层还是普通群众，无论是设计、开发商、施工方，还是材料供应商都认为外墙保温的防火是十分重要的。那些在外保温技术应用初期，认为外保温防火根本没必要的观点，已经不存在了。但对标准中规范防火内容有几个不同误区，以下就主要观点加以介绍并加以分析解释。

4.1.4.1 误区一：严格按照欧美标准进行分级和规范

欧美相关标准规范的思路：对保温材料和系统燃烧性进行分级，不同的系统对应应用在不同防火等级的建筑物上。对可燃材料保温系统严格而明确地规定了其应用高度，基本上都是规定在22m以上只允许使用不燃保温材料外保温系统。22m以下可使用可燃材料外保温系统，即使在22m以下使用时，当聚苯板厚度较厚(如德国超过100mm)时，或对防火提出更高要求时，要采取一定的构造防火措施，如用不燃材料在门窗洞口做防火构造，并设置防火隔离带等。

如能严格采用欧美分级标准及相关规定是比较理想的，但中国目前实际情况不允许。

欧美等发达国家对外墙保温的研究已经近半个世纪。在基础理论研究、试验研究、试验室测试指标与实际工程应用对照等方面做了大量的工作，打下了较好的基础，而且从他们的出发点看，重点强调了以人为本，安全第一的指导思想，是我们应该认真学习和借鉴的。因此，如能直接采用比较理想，但中国的现状也必须加以考虑。中国目前墙体保温大量采用有机可燃保温材料(EPS、XPS、PU等)，十分缺乏质量过关的不燃保温材料，如矿(岩)棉板。由于中国大部分建筑是中高层，如果完全按照欧美国家标准规范执行，将有机保温材料系统限制在22m以下，则有机保温材料将严重过剩，而不燃保温材料又供给不足，会严重影响国内建筑节能的开展。

4.1.4.2 误区二：解决外保温施工现场发生的火灾即已解决外保温防火问题

该观点认为：现有外保温建筑工程发生火灾大部分为施工现场火灾导致，而使用中外保温建筑工程火灾案例很少，解决施工阶段的火灾隐患，即可保证外保温的防火安全性。

但是，从重要性和长期性而言，解决建筑物使用过程中火灾隐患是防火安全的核心。

在国内现有外保温工程火灾中，大部分发生在施工过程中，外保温建筑物使用过程中的火灾案例相对较少。原因在于施工过程中有机保温板裸放，无任何保护层，施工过程常遇动火交叉作业，易发生火灾；很少人意识到，使用中的建筑发生火灾时，防火性差的外保温系统对火灾的促进作用，导致这类案例报道较少。

施工现场火灾是必须要高度重视并予以解决的，但解决建筑物使用过程中，火灾隐患是防火安全的核心。主要基于如下两个因素：

1. 施工过程中发生火灾时涉及人员少，建筑物内易燃易爆物品少，逃生渠道多，救援难度小。而建筑物使用过程中发生的火灾恰恰相反，一旦发生火灾，人员和财产安全及消防的救援能力将面临重大考验，建筑火灾人员死亡案例也多为建筑物使用阶段。

2. 外保温施工周期短，一般不超过三个月，而建筑物的使用寿命通常在50年以上。因此，就人员与财产安全的重要性和建筑物使用的长期性而言，减少建筑物使用过程中火灾的伤害，也显得尤为重要。

4.1.4.3 误区三：只规定简单防火构造，不进行防火分级

该观点认为，只对有机保温材料系统在24m以上使用时，每两层增加一道防火隔离带，不对外保温系统进行防火分级。

该观点不够系统科学。首先，如果仅仅针对聚苯板薄抹灰系统，比欧美国家标准要求大大放松，但最起码是“有，比没有强”，在操作上也是可以执行的。但如果写入具有权威性的标准中，这样的做法太不系统，也不科学。因为，没有分级标准、没有试验方法、没有判定指标，就不可能对各类保温系统的防火性能进行系统评价。这样，不仅不能将规程中已经包含各类外保温系统的防火性能进行有效的和系统的评价，更不能给未来新研发的外保温系统提供研究方向，并进行合理、有效和系统评价。显然这样的做法不符合国际惯例，也不符合行业标准的编制原则、应承担的责任和应达到的水平。

仅有防火隔离带不能解决外保温防火的全部问题。首先火灾发生的三个时段中，发生最频繁的时段是施工阶段，该阶段发生火灾时，通常在面层施工之前，所以火焰有可能通过防火隔离带直接袭击有机保温材料表面，一样可以造成火势蔓延。其次，防火隔离带与有机保温材料之间材质差异导致面层裂缝的几率加大，带来新的隐患，完全成熟的防火隔离带技术，需要通过大量的试验研究确认。

4.1.5 解决外保温防火安全的技术途径

综上所述，应该同时进行三个方面的技术研究来解决外保温防火问题。

1. 通过对国外先进技术的借鉴和针对国情的自主创新标准，开发出具有独立知识产权的，能彻底解决大部分现有系统防火性差的外保温系统。为防火分级后的外保温技术应用提供了更多的选择，这也是外保温行业未来的发展方向。

2. 更为迫切的是通过对各种外保温系统和材料的防火性能进行试验研究，建立适合中国国情的外保温防火试验方法；通过这些试验和其他国家相关标准的借鉴，对不同外保温系统进行防火安全性能分级评价和应用范围限定，形成具有强制力的标准；在高层和超高层建筑的外墙上规定使用防火安全性更高的外保温系统，进一步规范外保温市场，减少火灾安全隐患，降低火灾发生时外保温系统对火灾的促进作用，逐步达到国际上外保温防火技术的先进水平。

3. 虽然从长期性和重要性而言，外保温建筑投入使用后的危险性不容忽视。但目前火灾发生的现状是：近70%以上的与外保温相关的火灾案例发生在施工现场时段，主要是因为外墙保温的施工处在一个多工种、立体交叉作业的建筑施工工地，施工过程中，裸露的保温材料存在较大的火灾隐患，无法避免火花溅落或在建筑物使用中发生火灾的情况，以及被点燃后的火焰蔓延。因而，此时施工管理也显得非常重要，加强施工管理来减少该时段的火灾隐患，也是解决当前火灾问题的一个有效途径。

4.2 外保温标准解析及防火试验与评价方法

4.2.1 解析《建筑材料及制品燃烧性能分级》

《建筑材料及制品燃烧性能分级》(GB 8624—2006)已于2007年3月1日起正式实施，尽管相关的设计、施工、验收等规范没有同步修订，给该标准的应用带来了一定的难度。作为我国分级体系中的基础标准，将对建筑材料及其制品在建筑中的应用产生深远影响。

如下阐述如何运用该标准评定建筑外保温系统的燃烧性能等级，认真学习领会标准的内涵，并尝试对外保温系统燃烧性能等级的评定，进行分析和探讨。

4.2.1.1 外保温系统的组件

根据标准的第1条，对建筑材料或制品的燃烧性能进行分级的基本原则是考虑建筑制品的最终应用形态，将其按类别划分。外保温系统属于非铺地材料建筑制品，应按非铺地材料的相关条文进行燃烧性能等级评定。

根据标准中的分级基本原则，对于同一外保温系统，当某种材料的尺寸不同时，如保温层材料的厚度不同时，系统的燃烧性能等级可能不同，即应对具有不同尺寸的相同产品进行检验和燃烧性能等级的评定。

运用标准对建筑外保温系统的燃烧性能等级进行评定。要理解标准中的第3条术语和定义与外保温系统组件的对应关系。从广义上讲，外保温系统是由粘结层、保温层、抹面层和饰面层构成，按照术语和定义，整体上属于非匀质制品，且成分大多属于主要组分，只有界面剂和饰面涂层可能属于次要组分。

(1) 当外保温系统中的界面剂尺寸或用量满足单层面密度小于1.0kg/m^3，且单层厚度小于1.0mm时，才可视作次要组分。

(2) 当外保温系统的饰面涂层尺寸或用量满足单层面密度小于1.0kg/m^3，且单层厚度小于1.0mm时，才可视作外部次要组分。

(3) 外保温系统组件中，主要组分和次要组分，内部组分和外部组分的界定，对于正确评定其燃烧性能等级是非常重要的。

4.2.1.2 外保温系统的燃烧性能试验与分级

从燃烧的角度看外保温系统整体及其组成材料，根据标准的分级规定，涉及以下的试验方法和标准：《建筑材料不燃性试验方法》（GB/T 5464）、《建筑材料可燃性试验方法》（GB/T 8626）、《建筑材料燃烧热值试验方法》（GB/T 14402）、《建筑材料或制品的单体燃烧试验》（GB/T 20284）、《材料产烟毒性危险分级》（GB/T 20285）。

在标准中，对建筑材料及制品的燃烧性能等级划分在引用欧洲标准 EN 13501—1：2002 的基础上增加了产烟毒性附加分级，在试验方法上，也相应引入了 SBI(single burning item)试验(欧标 EN 13823/国标 GB/T 20284)并制订了产烟毒性试验方法《材料产烟毒性危险分级》(GB/T 20285)。

表 4-5 为标准对非铺地建筑材料及制品的分级评定判据，表 4-6 为其对非铺地建筑材料及制品的分级。

对建筑材料及制品(铺地材料除外)燃烧性能分级判据 **表 4-5**

等级	试验标准	分级判据	附加分级
A1	GB/T 5464—1999 a 且	$\Delta T\leqslant 30$℃，且 $\Delta m\leqslant 50\%$，且 $tf=0$(无持续燃烧)	
	GB/T 14402—1993	PCS≤2.0MJ/kg a 且 PCS≤2.0MJ/kg b 且 PCS≤1.4MJ/m^2 c 且 PCS≤2.0MJ/kg d	
A2	GB/T 5464—1999 a 或	且 $\Delta T\leqslant 50$℃，且 $\Delta m\leqslant 50\%$，且 $tf\leqslant 20$s	
	GB/T 14402—1993	PCS≤3.0MJ/kg a 且 PCS≤4.0MJ/m^2 b 且 PCS≤4.0MJ/m^2 c 且 PCS≤3.0MJ/kg d	
	GB/T 20284—2006 且	FIGRA≤120W/s 且 LFS<试样边缘 且 R600 s≤7.5MJ	产烟量 e 且燃烧滴落物/微粒 f
	GB/T 20285—2006		产烟毒性 i
B	GB/T 20284—2006 且	FIGRA≤120W/s 且 LFS<试样边缘 且 R600 s≤7.5MJ	产烟量 e 且燃烧滴落物/微粒 f
	GB/T 8626—1988 h 点火时间=30s 且	60s 内 $Fs\leqslant 150$mm	
	GB/T 20285—2006		产烟毒性 i
C	GB/T 20284—2006 且	FIGRA≤250W/s 且 LFS<试样边缘 且 R600 s≤15MJ	产烟量 e 且燃烧滴落物/微粒 f
	GB/T 8626—1988 h 点火时间=30s 且	60s 内 $Fs\leqslant 150$mm	
	GB/T 20285—2006		产烟毒性 i
D	GB/T 20284—2006 且	FIGRA≤750W/s	产烟量 e 和燃烧滴落物/微粒 f
	GB/T 8626—1988 h 点火时间=30s	60s 内 $Fs\leqslant 150$mm	
E	GB/T 8626—1988 h 点火时间=15s	20s 内 $Fs\leqslant 150$mm	燃烧滴落物/微粒 g
F	无性能要求		

对建筑材料及制品(铺地材料除外)燃烧性能分级表 **表 4-6**

级 别	等级划分		
A 级 (除铺地材料)	A1		
	A2-s1，d0，t0 A2-s2，d0，t0 A2-s3，d0，t0	A2-s1，d1，t0 A2-s2，d1，t0 A2-s3，d1，t0	A2-s1，d2，t0 A2-s2，d2，t0 A2-s3，d2，t0
	A2-s1，d0，t1 A2-s2，d0，t1 A2-s3，d0，t1	A2-s1，d1，t1 A2-s2，d1，t1 A2-s3，d1，t1	A2-s1，d2，t1 A2-s2，d2，t1 A2-s3，d2，t1
	A2-s1，d0，t2 A2-s2，d0，t2 A2-s3，d0，t2	A2-s1，d1，t2 A2-s2，d1，t2 A2-s3，d1，t2	A2-s1，d2，t2 A2-s2，d2，t2 A2-s3，d2，t2

续表

级　别	等级划分		
B 级 （除铺地材料）	B-s1，d0，t0 B-s2，d0，t0 B-s3，d0，t0	B-s1，d1，t0 B-s2，d1，t0 B-s3，d1，t0	B-s1，d2，t0 B-s2，d2，t0 B-s3，d2，t0
	B-s1，d0，t1 B-s2，d0，t1 B-s3，d0，t1	B-s1，d1，t1 B-s2，d1，t1 B-s3，d1，t1	B-s1，d2，t1 B-s2，d2，t1 B-s3，d2，t1
	B-s1，d0，t2 B-s2，d0，t2 B-s3，d0，t2	B-s1，d1，t2 B-s2，d1，t2 B-s3，d1，t2	B-s1，d2，t2 B-s2，d2，t2 B-s3，d2，t2
C 级 （除铺地材料）	C-s1，d0，t0 C-s2，d0，t0 C-s3，d0，t0	C-s1，d1，t0 C-s2，d1，t0 C-s3，d1，t0	C-s1，d2，t0 C-s2，d2，t0 C-s3，d2，t0
	C-s1，d0，t1 C-s2，d0，t1 C-s3，d0，t1	C-s1，d1，t1 C-s2，d1，t1 C-s3，d1，t1	C-s1，d2，t1 C-s2，d2，t1 C-s3，d2，t1
	C-s1，d0，t2 C-s2，d0，t2 C-s3，d0，t2	C-s1，d1，t2 C-s2，d1，t2 C-s3，d1，t2	C-s1，d2，t2 C-s2，d2，t2 C-s3，d2，t2
D 级 （除铺地材料）	D-s1，d0 D-s2，d0 D-s3，d0	D-s1，d1 D-s2，d1 D-s3，d1	D-s1，d2 D-s2，d2 D-s3，d2
E 级 （除铺地材料）	E E-d2		
F 级 （除铺地材料）	F		
分级数	94 个		

表 4-6 中字母具体含义如下，a 为匀质制品和非匀质制品的主要组分；b 一方面为非匀质制品的外部次要组分，另一个可选择的判据是：对 PCS≤2.0MJ/m^2 的外部次要组分，则要求满足 FIGRA≤20W/s、LFS<试样边缘、R600s≤4.0MJ、s1 和 d0；c 为非匀质制品的任一内部次要组分；d 为整体制品；e 为在试验程序的最后阶段，需对烟气测量系统进行调整，烟气测量系统的影响需进一步研究，由此导致评价产烟量的参数或极限值的调整。s1＝SMOGRA≤30m^2/s2 且 TSP600s≤50m^2，s2＝SMOGRA≤180m^2/s2 且 TSP600s≤200m^2，s3＝未达到 s1 或 s2；f 为 d0 按(GB/T 20284—2006)规定，600s 内无燃烧滴落物/微粒，d1 按(GB/T 20284—2006)规定，600s 内燃烧滴落物/微粒持续时间不超过 10s，d2 未达到 d0 或 d1，按照(GB/T 8626—1988)规定，过滤纸被引燃，则该制品为 d2 级；g 中“通过”是过滤纸未被引燃，“未通过”是过滤纸被引燃(d2 级)；h 为火焰轰击制品的表面和(如果适合该制品的最终实际应用)边缘；i 为 t0 按(GB/T 20285—2006)规定的试验方法，达到 ZA1 级，t1 按(GB/T 20285—2006)规定的试验方法，达到 ZA3 级，t2 是未达到 t0 或 t1。

4.2.1.3　关于外保温系统的燃烧性能等级评定

不燃、难燃、可燃、易燃的概念是《建筑材料燃烧性能分级方法》(GB 8624—1997)中给出的，而新《标准》中燃烧性能等级划分与其不同，2 个版本的分级之间不存在必然的对应关系。但由于《建筑材料燃烧性能分级方法》(GB 8624—1997)在我国已使用多年，相关的设计、施工及验收规范都采用其规定的分级，不燃、难燃、可燃、易燃等概念已深入人们的技术理念中。因此，为便于理解和叙述，仍沿用不燃、难燃、可燃、易燃等概念。

1. 保温材料的燃烧性能等级

对于外保温系统中所采用的保温材料，一般都认定为匀质制品，即由单一材料组成的制品或整个制品内部具有均匀的密度和组分。如以矿物棉和玻璃棉为主的无机保温材料，以聚苯板(热塑性)和聚氨酯(热固性)为主的有机保温材料等。

对于胶粉聚苯颗粒保温浆料，虽然由胶粉浆料和聚苯乙烯颗粒 2 种不同类型的材料混合而成，但从宏观上看，当其密度保持一定时，内部是相对均匀的，仍可看作是匀质制品。

1）不燃类保温材料

对于膨胀玻化微珠保温浆料，一般可按 A1 级进行检验。虽然保温浆料中可能含有少量的有机物质，但有机物质是均匀地混入无机材料中的，按照《建筑材料不燃性试验方法》(GB/T 5464—1999)进行试验时，试样的平均持续燃烧时间为 0s(不同标准对这个最小时段的规定不尽相同，ISO 1182：2002 中规定的持续燃烧时间可以理解为 5s，但一般规定为 10s)，按照《建筑材料燃烧热值试验方法》(GB/T 14402)进行检验时，保温浆料的整体总燃烧热值不会大于 2.0MJ/kg。

对于矿物棉或玻璃棉类保温材料，一般可按 A1 级或 A2 级进行检验。由于在这类产品的生产和加工过程中加入了少量的有机物，会影响其相关的试验结果，大致可分 4 种情况：

① 制品的燃烧性能等级为 A1：按照(GB/T 5464)进行试验时，试样的平均持续燃烧时间为 0s，(和)按照(GB/T 14402)进行检验时，保温浆料的整体总燃烧热值不大于 2.0MJ/kg。

② 制品的燃烧性能等级为 A2：按照(GB/T 5464)进行试验时，试样的平均持续燃烧时间不大于 20s，采用《建筑材料或制品的单体燃烧试验》(GB/T 20284)进行 SBI 试验，要求 FIGRA≤120W/s。

③ 制品的燃烧性能等级为 A2：按照(GB/T 5464)进行试验时，试样的平均持续燃烧时间大于 20s，此时应按照(GB/T 14402)进行检验，保温材料的整体总燃烧热值不大于 2.0MJ/kg，且按照《建筑材料或制品的单体燃烧试验》(GB/T 20284)进行 SBI 试验，要求 FIGRA≤120W/s。

④ 制品的燃烧性能等级不能达到 A2：按照(GB/T 14402)进行检验时，保温材料的整体总燃烧热值大于 2.0MJ/kg。此时只能采用(GB/T 20284)进行 SBI 试验，判定其燃烧性能为 B 级。在这种情况下，虽然制品的燃烧性能等级不能符合 A2 级的要求，但如果制品中的有机物含量不太高，可以作为 A2 级材料使用，这需要在相关的其他标准中进行规定。

对于胶粉聚苯颗粒保温浆料，当其相对密度较高时，可按 A2 级进行检验。一般应按照(GB/T 14402)和(GB/T 20284)进行试验。影响其燃烧性能等级评定的是保温浆料中聚苯乙烯颗粒的掺入量。当聚苯乙烯颗粒的掺入量较高时，制品的整体总燃烧热值会大于 3.0MJ/kg。

2）可燃或难燃类保温材料

对于聚苯乙烯泡沫塑料和聚氨酯硬泡，根据《标准》来进行燃烧性能等级评定，强调产品的最终使用状态，进行可燃性试验以及 SBI 试验。这里就试验中的几个问题进行讨论。

① 关于可燃性试验：对于聚苯乙烯泡沫塑料，主要看是否产生滴落，滴落物是否引燃滤纸。对于外保温系统使用的聚苯乙烯泡沫塑料，滴落物不引燃滤纸是最基本的要求。试验前试件的状态调节时间非常关键，当试验时产生滴落物并引燃滤纸时，应考虑延长试件的存放期。

对于聚氨酯硬泡，主要看试验时点火开始后的火焰高度。如果制备试件时切除了聚氨酯硬泡的表皮，试验时的火焰高度可能会超过标线。

② 关于 SBI 试验：对于聚苯乙烯泡沫塑料，产品的厚度和密度将影响其试验结果。当产品的厚度和密度相对较大时，试验产生的热量相对较高，其 FIGRA 值相对较大，按照《标准》评定的燃烧性能等级就较低。例如，当 2cm 的模塑聚苯乙烯泡沫板通过试验被评定为 B 级时，在密度相同的条件下，同样的板材为 10cm 厚时，其燃烧性能可能为 C 级或 D 级。因此，应对每个厚度的板材分别进行试验并对燃烧性能等级进行评定。此外，由于 SBI 试验的火源功率稳定在 30kW，故《标准》中 B 级和 C 级的边界条件对于热塑性的聚苯乙烯泡沫产品也是一个考验。

对于聚氨酯硬泡，试验时试件的状态将是影响其试验结果的主要因素。如果试验前制备试件时切除了聚氨酯硬泡的表皮，根据 FIGRA 的计算公式，将导致试验时试件被点燃时刻的提前或产生最大热量的时刻提前，其结果是 FIGRA 值偏大，被评定的燃烧性能等级会降低。

2. 外保温系统的燃烧性能等级

目前建筑外保温系统中广泛采用的聚苯乙烯泡沫塑料和聚氨酯硬泡占据我国外保温市场的大部分份额，也是影响外保温系统防火安全性能的关键材料，按照标准中的规定，在一定程度上决定着外保温系统整体的燃烧性能等级评定。

1）采用不燃类保温材料的系统

对于采用不燃类保温材料的系统，如果系统中其他材料以无机材料为主，则应考虑进行 A1 级或 A2 级检验。一般来讲，应主要考虑按(GB/T 14402—1993)进行的燃烧总热值的试验结果，特别是外保温系统中所采用的外饰面涂层(外部次要组分)的 PCS≤2.0MJ/kg 或 PCS≤2.0MJ/m^2，以及界面剂(内部次要组分)的 PCS≤1.4MJ/m^2。

2）采用可燃或难燃类保温材料的系统

由于外保温系统中采用的聚苯乙烯泡沫塑料和聚氨酯硬泡作为系统的主要组分，其总燃烧热值较大，因此按照标准的规定，系统整体的燃烧性能等级不可能为 A1 级或 A2 级，只能被评定为 B、C、D 甚至 E 级。一般应按照 B 级进行检验，在进行 SBI 试验时应注意以下两个问题：

① 抹面砂浆的厚度：当系统抹面砂浆的厚度很薄时，可能会引起保温材料的燃烧，导致 FIGRA 值大于 B 级的界定值。

② 金属饰面的采用：当系统采用金属饰面时，金属板良好的传热作用可能会引起内部保温材料的燃烧，影响 FIGRA 值的计算结果甚至边界条件。

3）关于产烟毒性试验

标准中的 A2、B、C 级的评定中，作为附加分级，要求按照(GB/T 20285)进行系统产烟毒性的试验。由于该标准规定的产烟毒性试验设备中，放置试件的石英管的公秤通经只有 36mm。而建筑外保温系统的整体厚度或保温层的厚度一般都大于 36mm。因此，进行外保温系统产烟毒性试验试件的制作成为一个需要认真对待的问题，而如何从外保温系统中切割符合试验条件的试件，需要与相关的检验机构进行充分的沟通。

4.2.2 解析《高层民用建筑设计防火规范》和《建筑设计防火规范》

目前《高层民用建筑设计规范》总则中规定，该规范适用于十层及十层以上的居住建筑和建筑高度超过 24m 的公共建筑。规范中对高层建筑进行了分类和耐火等级的规定。高层建筑应根据其使用性质、火灾危险性、疏散和扑救难度等进行分类。高层建筑的耐火等级应分为一、二两级，其建筑构件的燃烧性能和耐火极限不应低于相应指标。如居住建筑十层至十八层的住宅应满足二类的要求，即承重墙应采用耐火极限不低于 2 小时的不燃烧体。

《建筑设计防火规范》总则中规定，该规范适用于 9 层及 9 层以下的居住建筑和建筑高度小于等于 24m 的公共建筑。该规范将民用建筑耐火等级分为一、二、三、四级。

GB 50386《住宅建筑规范》的规定中，也将住宅建筑的耐火等级分为四级，耐火等级标准是依据房屋主要构件的燃烧性能和耐火极限确定。同时规定，四级耐火等级的住宅建筑最多允许建造层数为 3 层，三级耐火等级的住宅建筑最多允许建造层数为 9 层，二级耐火等级的住宅建筑最多允许建造层数为 18 层。同时明确当建筑中有一层或若干层的层高超过 3m 时，应对这些层按其高度总和除以 3m 进行层数折算，余数不足 1.5m 时，多出部分不计入建筑层数；余数大于或等于 1.5m 时，多出部分按 1 层计算。

EPS、XPS、PU，这三种泡沫塑料均属有机保温材料，未经阻燃加工处理时，均属易燃体。经阻燃加工处理后，最多能达到“难燃体”，无法达到“不燃体”。因而采用上述三种泡沫塑料所组成的“薄抹灰外保温系统”与基层墙体构成了“复合型墙体”。EPS 板、XPS 板、PU 板如果和建筑墙体一同视为墙体构件，按《建筑设计防火规范》和《高层民用建筑设计防火规范》，要求三级以上耐火等级建筑构件的墙体燃烧性能应是“不燃性”。我国居民住宅建筑恰好大多属于4层及4层以上的多层和高层建筑，要求耐火等级均在三级以上。

因此，考虑将外保温系统与基层墙体复合后，作为一个整体墙体构件来考察其耐火极限是否还能达到规范要求是不适合的，应主要考虑外保温的火灾危害主要因素是火焰传播。

4.2.3 外保温材料及系统常用试验方法

对建筑物进行防火安全性能评价是以试验为基础的，试验方法所采用的试验模型应能够表征建筑物在实际火灾中的状态。因此，选择正确的试验方法，是客观、科学地评价建筑物防火安全性能的关键。

当前与有机保温材料有关的燃烧试验方法及分析技术种类繁多，从试验尺度和分析内容大致可以看成是从微观分析逐步到宏观测试。

传统的热分析方法不能提供火灾燃烧的真实条件，研究结果不能直接用于材料火灾特性的分析，只可作为材料燃烧与阻燃研究的一种辅助试验方法。而在标准中绝大部分是关于保温材料的燃烧特性，标准中的规定试验条件与实际火灾环境相去甚远，测试结果只能作为单项指标的对比标准，几乎不能反映材料的火灾性能。

随着火灾科学的发展，人们对火灾实验方法和技术的发展方向已逐步形成共识，即最好的、最有用的实验方法应该是同真实火灾有较好的相关性，而且其结果可以用于实际火灾模拟计算，以及可用于火灾安全工程设计的方法，这就是性能化对火反应实验方法。

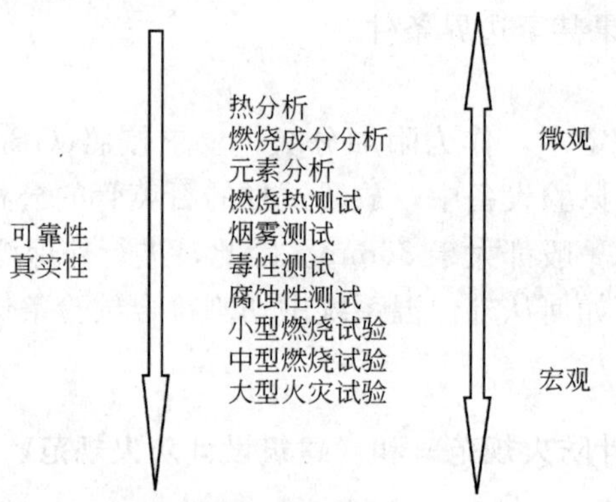

对于外保温系统的防火安全性试验方法，归纳为以下三类(表4-7)：

外保温系统的防火安全性试验方法表 表4-7

不同比例模型火试验	试验方法	试验核心
小比例的模型火试验	锥型量热计试验 ISO 5660	针对局部构造或单一材料
	可燃性试验 GB/T 8626	针对单一材料
	氧指数试验 GB/T 2406	针对单一材料
	泡沫垂直燃烧 GB/T 8333	针对单一材料
中比例的模型火试验	SBI 试验 EN13823	针对局部构造或单一材料
	燃烧竖炉试验 GB/T 8625	针对局部构造或单一材料
大比例的模型火试验	墙角火试验 UL1040	针对整个构造系统
	窗口火试验 BS 8414—1	针对整个构造系统

外保温系统的防火安全性能评价，可以依据小比例试验与大比例试验的结果，甚至可以通过实际火灾的结果分析或进行完整的火灾模拟试验结果。

当小比例试验结果与大比例试验结果相矛盾时，应以大比例试验结果、完整的火灾模拟试验结果或实际火灾的分析结果为依据。

如下四种试验方法是依据现有技术条件和分析对比之后，选择出常用的外保温系统防火试验方法。

4.2.3.1 锥形量热计试验

材料的燃烧性能指材料对火反应的能力，从本质上讲，是材料对火反应过程中释放出的热量及放热速度。现代火灾科学研究表明，在火灾燃烧过程中，可燃物燃烧放出的热是最重要的火灾灾害因素。它不仅对火灾的发展起决定性的作用，而且还经常控制着其他许多火灾灾害因素的发生和发展。长期以来，火灾科学研究者一直在寻找一种能够比较准确，且简便可行的测试方法来评估火灾中释放的热能，特别是热释放速率。

小比例的锥形量热计试验是根据量热学耗氧原理，模拟材料的实际火灾状态，同时测定材料的点火性能、热释放、烟及毒性气体等，整个试验是一个连续过程。锥形量热计以其锥型加热器而得名，是火灾试验技术史上首次依靠严密的科学基础设计，且使用简便的小型火灾燃烧性能试验仪器，是火灾科学与消防工程领域、研究领域一个非常重要的技术进步。试验过程中将材料燃烧的所有产物收集起来并经过一个排气管道，气体经过充分混合后，测出其质量流量和组分。测量时，至少要将 O_2 的体积分数测出来，要得到更精确的结果，则还要测出 CO、CO_2 的体积分数。通过计算可得到燃烧过程中消耗的氧气质量，并运用耗氧量原理，得到材料燃烧过程中的热释放速率。

对于材料而言，锥形量热计试验测定的是点火时间、热释放、烟及毒性气体的产生。试验材料或产品在锥形量热计试验中受到锥型炉稳定的热辐射作用后，其性能即发生物理或化学变化，这取决于材料或产品自身对火反应能力。作为一个参照点，黑色的不燃性材料在750℃时所受到的辐射能量为 62kW/m²，而实际火灾中材料所受到的热辐射一般为 20～150kW/m²。

锥形量热计所提供的辐射能量为 0～100kW/m²，国际上通常采用 50kW/m²，这与材料在实际火灾中的情况基本一致。

从理论上讲，锥形量热计试验是在屋角试验的基础上设计的，其基本原理也是采用耗氧量热计原理，但却是一种小比例的科学合理的火灾模拟试验，从实用和普及的角度来看，可作为建筑外保温系统防火性能的常规试验方法。锥形量热计试验的模型参见图 4-35。

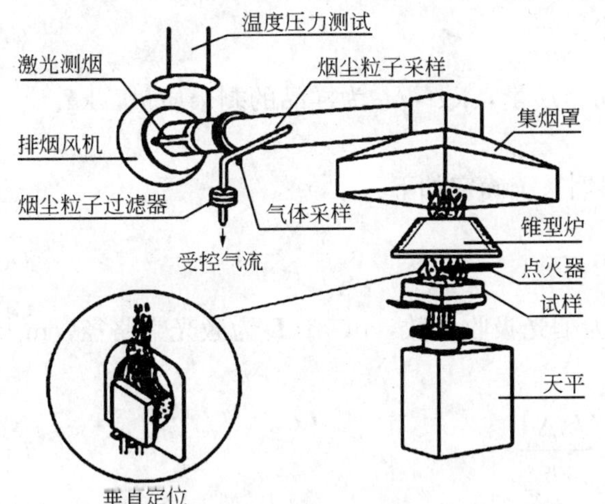

图 4-35 锥形量热计试验原理模型和实物示意图

耗氧原理即材料燃烧时消耗氧的质量与所放出热量之间的比例关系。

通常材料的净燃烧热与燃烧所需要的氧是成比例的，这种关系可表示为每消耗 1kg 的氧，大约释放 13.1×10^3kJ 的热量。对大多数可燃物来说，这个数量的变化大约在±5%的范围内。根据这个原理，试验时，试样处于空气环境中燃烧，并处于事先设定的外部辐射条件之下，测量燃烧产物中的氧浓度和排气流量，以此为依据确定材料燃烧过程中的放热量或放热速度。

目前，国际上普遍认同的试验方法为小比例锥形量热计试验及大比例屋角试验，其试验计算过程如下。

1. 耗氧分析的标定常数 C：

$$C=\frac{10.0}{(12.54\times10^3)\times1.10}\sqrt{\frac{T_d}{\Delta P}\frac{1.105-1.5Xo_2}{X_{O_2}^0-Xo_2}} \tag{4-1}$$

式中，C 为耗氧分析的标定常数，$m^{1/2}kg^{1/2}K^{1/2}$；T_d 为孔板流量计处气体的绝对温度，K；ΔP 为孔板流量计的压差，Pa；Xo_2 为氧浓度；$X_{O_2}^0$ 为初始氧浓度。

其中数值 10.0 为所提供的相当于 10kW 的甲烷，12.54×10^3 是甲烷的 $\Delta h_c/r_0$ 的值（Δh_c 为甲烷的净燃烧热，kJ/kg；r_0 为氧与燃料质量的化学当量比），数值 1.10 为氧与空气的分子量之比。

2. 热释放速度 $q(t)$

首先，应对氧浓度进行时间滞后修正：

$$Xo_2(t)=Xo_2(t+t_d) \tag{4-2}$$

式中，$Xo_2(t)$ 为延迟时间修正后的氧浓度；Xo_2 为延迟时间修正前的氧浓度；t 为时间，s；t_d 为氧分析仪的延迟时间，s。

热释放速度 $q(t)$ 由式(3)计算：

$$q(t)=\left(\frac{\Delta h_c}{r_0}\right)\times1.10\times C\sqrt{\frac{\Delta p}{T_d}}\frac{X_{O_2}^0-Xo_2}{1.105-1.5Xo_2} \tag{4-3}$$

式中，$q(t)$ 为热释放速度，kW；Δh_c 为材料的净燃烧热，kJ/kg；r_0 为氧与材料质量的化学当量比。

其中 $\Delta h_c/r_0$ 的值，对于一般样品可按 13.10×10^3 来取，如知道该材料的 Δh_c 值，则按确切值计算。

单位面积的热释放速度 $q''(t)$ 可由式(4-4)计算：

$$q''(t)=q(t)/As \tag{4-4}$$

式中，$q''(t)$ 为单位面积的热释放速度，kW/m^2；As 为试样暴露表面面积，m^2。

3. 平均有效燃烧热 $\Delta h_{c,eff}$

$$\Delta h_{c,eff}=\frac{\sum q(t)\Delta t}{m_i-m_f} \tag{4-5}$$

式中，$\Delta h_{c,eff}$ 为平均有效燃烧热，kJ/kg；m_i 为样品的初始质量，kg；m_f 为样品的剩余质量，kg。

4. 烟光吸收参数 k

在锥型量热计试验中，烟光吸光参数 k 通过激光测烟系统确定如下：

$$k=\left(\frac{1}{L}\right)\ln\frac{I_0}{I} \tag{4-6}$$

式中，I 为激光束强度；I_0 为无烟时的激光束强度；k 为烟光吸收参数，m^{-1}；L 为激光束路径，m。

5. 比吸光面积 $\sigma_{f(avg)}$

$$\sigma_{f(avg)}=\frac{\sum_i \dot{V}_i k_i \Delta t_i}{m_i-m_f} \tag{4-7}$$

式中，$\sigma_{f(avg)}$ 为比吸光面积；$\dot{V}$ 为排气管道体积流率，m^3/s。

对于锥型量热计试验，所采用的标准如下：ASTM E 1354：Standard Test mead for Heat and Visible Smoke Release Rates for Materials and Products Using an Oxygen Consumption Calorimeter（《采用耗氧量热计测定材料及制品的热与可见烟雾释放速度标准试验方法》）；ISO 5660—1：Reaction-to-fire Tests-Heat Release, Smoke Production and Mass Loss Rate—Part 1：Heat Release Rate (Cone Calorimeter mead)[《对火反应试验—热释放、烟雾的产生和质量损失速度—第 1 部分：热释放速度（锥形量热计法）》]；《建筑材料热释放速率试验方法》（GB/T 16172），等同采用 ISO 5660—1。

4.2.3.2 燃烧竖炉试验

燃烧竖炉试验属于中比例的模型火试验，适用于建筑材料的测试，是《建筑材料难燃性试验方法》

(GB/T 8625)标准中用于确定某种材料是否具有难燃性的仪器设备，试验装置包括燃烧竖炉和控制仪器等。在外保温系统中使用竖炉试验的目的，在于检验外保温系统的保护层厚度对火焰传播性的影响程度，以及在受火条件下外保温系统中可燃保温材料的状态变化。

燃烧竖炉试验是德国标准中对建筑材料进行燃烧性能等级判定所采用的试验方法，属于中比例的模型火试验，我国也非等同地采用了该试验方法。相应的标准为：DIN 4102—1《建筑材料及组件的燃烧特性　第1部分：建筑材料分级的要求和试验》；DIN 4102—15《建筑材料及组件的燃烧特性　第15部分：竖炉试验》；DIN 4102—16《建筑材料及组件的燃烧特性　第16部分：竖炉试验的进行》；《建筑材料难燃性试验方法》(GB/T 8625)。

在竖炉试验中，试件尺寸为190mm×1000mm，每次试验以4个试件为1组，试件垂直固定在试件支架上，组成垂直的方形等效烟道，等效烟道的内径尺寸为250mm×250mm，即4个试件中每2个相互平行的试件之间的净距离为250mm。

在竖炉试验中，矩形燃烧器水平位于试件下端等效烟道的中心位置，试件的受火部位自试件下端约4cm处向上。试验时采用纯度大于95%的甲烷气体，燃烧功率稳定在约21kW，火焰温度约为900℃。标准试验时间为10min。

根据《建筑材料难燃性试验方法》(GB/T 8625)第7.1条，竖炉试验的合格判定条件有2个：

(1) 试件燃烧的剩余长度平均值应不小于150mm，其中没有1个试件的燃烧剩余长度为零；

(2) 每组试验由5支热电偶所测得的平均烟气温度不超过200℃。

根据《建筑材料难燃性试验方法》(GB/T 8625)第7.2条，凡是燃烧竖炉试验合格，并能符合《建筑材料燃烧性能分级方法》(GB 8624—1997)、《建筑材料可燃性试验方法》(GB/T 8626)、《建筑材料燃烧或分解的烟密度试验方法》(GB/T 8627)规定中要求的材料可认定为难燃性建筑材料。

竖炉试验测定的参数为试件的燃烧剩余长度和排烟管道的烟气温度，检验的是材料的阻燃程度，可以认为是建筑材料或组件的火焰传播性及热释放量。对于建筑外保温系统而言，竖炉试验可以对系统的层面构造对火反应性能进行检验，但由于试件的尺寸只有100cm，不能检验外保温系统整体构造的抗火能力。

在燃烧竖炉试验中，沿试件高度中心线每隔200mm，设置1个接触保护层的保温层温度测点，如图4-36、图4-37所示。试验过程中，施加的火焰功率恒定，热电偶5、6的区域为试件的受火区域。

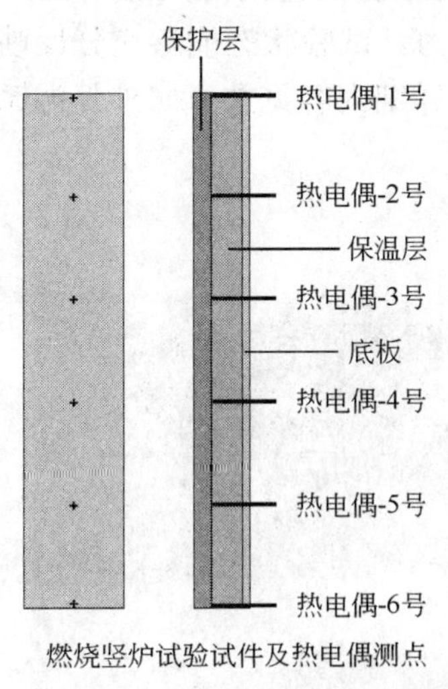

图4-36　竖炉试验热电偶布置图

图4-37　竖炉试验设备

4.2.3.3 SBI试验

SBI试验燃烧室的内空间尺寸为2.4m×3.0m×3.0m，试验设备包括小推车、框架、燃烧器、集烟罩、收集器、排烟系统和常规测量装置。试件安装在小推车的固定位置，试件为直角型，由尺寸为1000mm×1500mm的长翼和尺寸为495mm×1500mm的短翼组成。

试验时，将安装好试件的小推车推入燃烧室内的固定位置，采用丙烷气体作为燃料，通过位于直角型试件底部的砂盒燃烧器产生(30.7±2.0)kW的火焰对试件进行作用。

试件的燃烧性能通过20min的试验过程来进行评估。性能参数包括：热释放、产烟量、火焰横向传播和燃烧滴落物及颗粒物。一些参数测量可自动进行，另一些则可通过目测法得出。排烟管道配有用以测量温度、光衰减、O_2 和 CO_2 的摩尔分数以及管道压差的传感器。这些数值自动记录并用以计算体积流率、热释放速率(*HRR*)和产烟率(*SPR*)。对火焰的横向传播和燃烧滴落物及颗粒物可采用目测法进行测量。

试验后，应对一系列参数进行计算以评估制品的性能，包括：数据的同步；设备响应时间的计算；受火时间的计算；$HRR(t)$的计算；按时间平均的 $HRR(t)$的计算：$HRR_{30s}(t)$；$R(t)$和 R_{600s}的计算；$FIGRA_{0.2MJ}$和 $FIGRA_{0.4MJ}$的计算；$SPR(t)$的计算；按时间平均的 $SPR(t)$的计算：$SPR_{60s}(t)$；$TSP(t)$和 TSP_{600s}的计算；*SMOGRA* 的计算。

其中，FIGRA 为燃烧增长率指数，W/s，$FIGRA=1000\times\max\left[\frac{HRR_{AV}(t)}{t-300}\right]$；*SMOGRA* 为烟气生成速率指数，$m^2/s^2$，$SMOGRA=10000\times\max\left[\frac{SPR_{AV}(t)}{t-300}\right]$。

4.2.3.4　外保温系统防火构造全尺寸模型火试验方法

小型试验方法一般只能影响燃烧过程的某个特定的方面，而不能全面反映燃烧过程。相对来说，大型试验方法更接近于真实火灾的条件，具有一定程度的相关性。不过，由于实际燃烧过程的因素难以在试验室条件下全面模拟和重现，所以任何试验都无法提供全面准确的火灾试验结果，只能作为火灾中材料行为特性的参考。本文介绍的大尺寸模型火试验是通过对国外现有与外保温系统相关试验的调研，并针对目前我国防火技术条件，筛选出的具有代表性的墙角火试验和窗口火试验。

1. UL 1040 墙角火试验与结果判定

UL 1040Fire Test of Insulated Wall Construction(《建筑隔热墙体火灾测试》)为美国保险商试验室标准。试验模拟外部火灾对建筑物的攻击，用于检验建筑外保温系统的防火性能。根据 UL 1040，模型高9.14m，2面成直角的墙体外侧宽度为6.10m，顶面采用不燃的无机板材遮盖。模型结构构造的2个试验墙面考虑了较大空间建筑的特征。其优点在于模型尺寸能够涵盖包括防火隔断在内的外保温系统构造，可以观测试验火焰沿外保温系统的水平或垂直传播的能力，试验状态能够充分反映外保温系统在实际火灾中的整体防火能力。试验模型见图4-38。标准测试的详细内容见文章《外保温系统防火构造全尺寸模型火试验方法》。

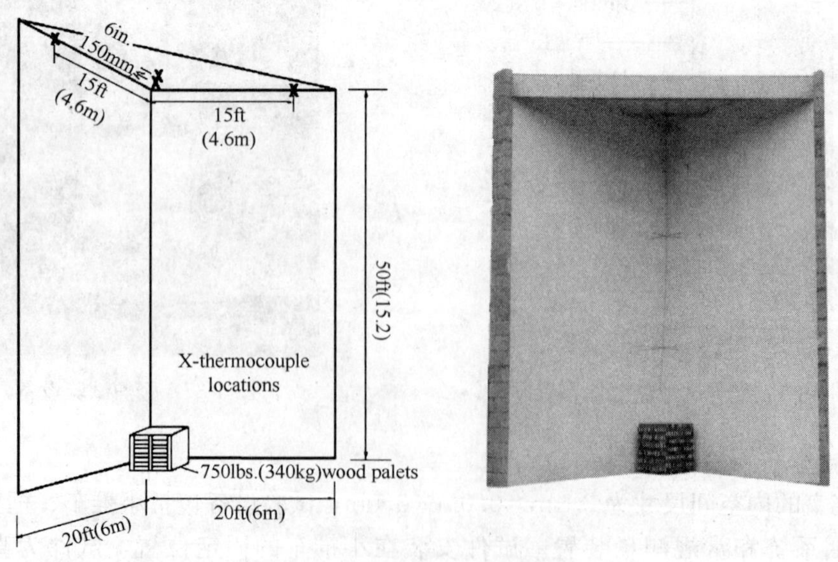

图4-38　UL 1040 试验模型

UL 1040 墙角火试验模型由 2 面成直角的墙体构成，顶面采用不燃的无机板材遮盖，墙体表面为外保温系统，墙角处堆积木材。试验时，在堆积木材上方及外保温系统的墙体表面均布温度测点和大气环境的温度测点，并从不同角度对试验过程进行摄像记录。

为了对比 2 种外保温系统的试验结果，在 2 面墙交汇处可选择采用岩棉保温，以减少测试时 2 面墙体间火焰和热量的传递。当两面墙体采用同种保温系统时，交汇处不作岩棉隔离处理。

UL 1040 试验的符合性判定条件如下：

1) During e test, surface burning shall not extend beyond 18 feet (5.49m) from e intersection of e two walls.（试验过程中，表面燃烧范围不应超过两个墙体交叉线的 5.49m）。

2) Post-test observations shall show at e combustive damage of e test materials win e assembly diminishes at increasing distance from e immediate fire exposure area.（试验后的观测应表明，组合系统内试验材料的燃烧损坏程度，应随至火焰暴露面距离的增加而减少）。

2. BS 8414-1 窗口火试验与结果判定

英国 BS 8414-1Fire performance of external cladding systems—Part 1：Test mead for non-loadbearing external cladding systems applied to e face of e building(《外部包覆系统的防火性能—第 1 部分：建筑外部的非承载包覆系统试验方法》)。

BS 8414-1 窗口火试验描述了应用于建筑表面并在控制条件下，暴露于外部火焰的非承载外部包覆系统、包覆系统之上的遮雨屏，以及外保温系统的防火性能评价方法。火焰的暴露方式表征外部火源或室内完全扩展(轰燃后)火焰，从窗口处溢出对包覆体形成外部火焰的影响。

BS 8414-1 窗口火试验，模拟内部火灾对建筑物的攻击，用于检验建筑外保温系统的火焰传播性。其优点与墙角火试验相同，从实际火灾对建筑物的攻击概率来看，更具有普遍意义。如图 4-39 所示，说明了室内火灾从建筑物的窗口沿外保温系统向外扩散的原理。当外保温系统具有阻止火焰传播的能力时，火灾不会扩散。图 4-40 为窗口火试验模型，根据 BS 8414-1，模型高 8.4m，主试验墙宽 3.5m，与主试验墙成 90°角的回转墙（副墙）宽 2.5m，燃烧室位于主垂直试验墙的底部，窗口尺寸为 2.0m×2.0m，火焰能够从垂直的主试验墙底部的开口喷出。

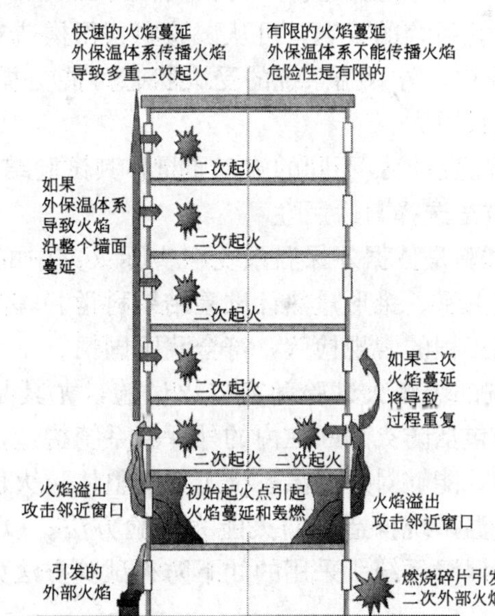

图 4-39 火焰从建筑物窗口沿外保温系统传播示意图

以 BS 8414-1 测试方法为基础提出的性能标准和分类方法，主要考虑的是远离火源部位的火势蔓延和发生的几率，系统性能将根据以下 3 个准则来评估：外部火势蔓延、内部火势蔓延、机械性能。

1) 外部火势传播

在起始时间 15min 内，如果设置在水平 2 的外部热电偶的温度超过 600℃，且持续时间至少 30s，

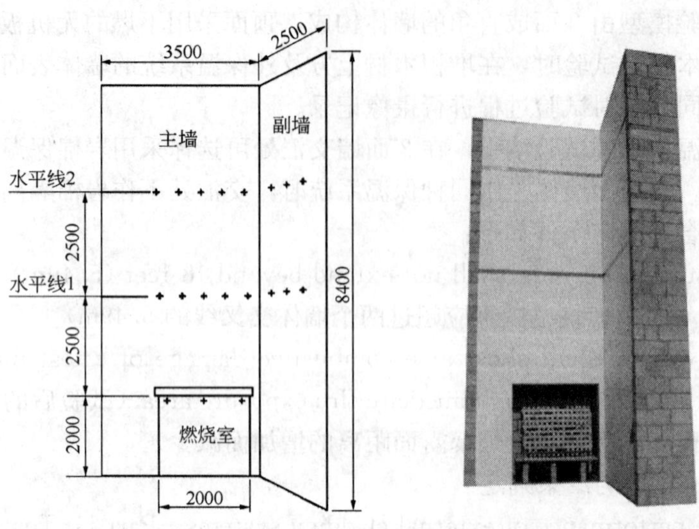

图 4-40　窗口火试验模型

外部火势蔓延就会发生。

2）内部火势传播

在起始时间 15min 内，如果设置在水平 2 的内部热电偶的温度超过 600℃，且持续时间至少 30s，内部火势蔓延就会发生。

3）机械性能

机械性能没有设定失败标准。相反，一些细节，诸如任何系统损坏，碎片，分层或火焰碎片都将包括在该次测试报告中。机械性能失败的性质将作为全面危险评估的一部分。

4.2.3.5　小结

1. 关于试验结果

1）锥形量热计试验、燃烧竖炉试验、墙角火试验、窗口火试验的结果，只反映包括施工质量在内的试验条件下所检验系统的状态，可从试验中获得构造对外保温系统防火性能影响的基础数据。

2）在实际火灾中，外保温系统的受火状态可能更加严酷，因为试验中只采用单一火源，火灾现场环境更复杂，危害性更大。

3）相同的外保温系统，不同的施工质量，其试验结果可能存在差异，但不是关键因素。

2. 关于试验方法选择与适用性

1）小模型火试验是依据外保温系统在实际火灾中的受火状态设计的，与大比例的墙角火或窗口火试验有一定的对应关系。锥形量热计试验结果科学、客观地表征了外保温系统的对火反应特性，实用性强，可用于外保温工程的常规检验，符合我国国情。

2）外保温系统的墙角火试验和窗口火试验，尤其是窗口火试验，模拟实际火灾对建筑物的攻击，模型尺寸能够涵盖包括防火隔断在内的外保温系统构造，试验状态能够充分反映外保温系统在实际火灾中的整体防火能力，能够对外保温系统工程的整体防火性能进行检验。

本文就建筑保温系统构造的防火能力试验方法，以及相应的评价标准，进行了试验研究与验证工作，主要归纳了外保温系统所采用的如下防火试验方法如表 4-8。

试验方法列表　　　　**表 4-8**

外保温系统	保温材料	热塑性泡沫：如聚苯乙烯	小、中比例试验	GB/T 10801.1 GB/T 10801.2	工程试验
		热固性泡沫：如聚氨酯	小、中比例试验	—	工程试验
	系统构造	防火保护面层	小、中比例试验	GB/T 16172	工程试验
		空腔构造(贯通或封闭)	大比例试验	BS 8414，UL 1040	验证试验
		防火隔断	大比例试验	BS 8414，UL 1040	验证试验

4.3 外保温材料及系统防火试验研究

4.3.1 保温及复合材料的燃烧性能研究

4.3.1.1 单一保温材料的燃烧性能试验研究

当前外保温中常用外保温材料及技术指标如表 4-9：

各种保温材料的防火等级及保温性能表 表 4-9

材料名称 技术性能	胶粉聚苯颗粒	EPS	XPS	PU	岩 棉	矿 棉	泡沫玻璃
导热系数 (W/m·K)	0.060	0.041	0.030	0.025	0.036～0.041	0.053	0.066
燃烧等级	难燃 B1	可燃 B2	可燃 B2	可燃 B2	不燃 A	不燃 A	不燃 A

1. 岩棉矿棉类不燃材料的燃烧特性

岩棉、矿渣棉在常温条件下(25℃左右)，其导热系数通常在 0.03～0.047W/(m·K)之间，本身属无机质硅酸盐纤维，不可燃。但在加工成制品的过程中，有时要加入有机胶粘剂或添加物，这些对制品的燃烧性能会产生一定的影响。因此，岩棉、矿渣棉制品的燃烧性能取决于其中可燃性胶粘剂的多少。

对岩棉进行锥形量热计试验：

1）试件构成：10mm 水泥砂浆基底＋50mm 岩棉板＋5mm 聚合物抹面砂浆(复合耐碱玻纤网格布)。

2）试件分为开放式和封闭式。开放式是试件四周自然开放不封闭，以此作为观察样。试验过程中未被点燃，试验结束后观察，发现岩棉板靠热辐射面颜色略有变深，变色厚度约为 3mm，岩棉板的厚度略有增加(既岩棉板受热后有膨胀现象)。试验过程中和结束后，无其他明显变化。封闭式是用聚合物抹面砂浆将试件四周封闭，以此作为测试样。试验过程中未被点燃，试件未裂，无明显变化；试验结束后，将试件外壳敲掉后，也未发现岩棉有明显变化。

2. 胶粉聚苯颗粒的热分解与燃烧特性

胶粉聚苯颗粒保温浆料是一种有机无机复合的保温隔热材料，聚苯颗粒的体积大约在 80%左右，导热系数 0.06W/(m·K)。燃烧等级为 B1 级，属于难燃材料。胶粉聚苯颗粒在受热时，通常包含的聚苯颗粒会软化和熔化，但不会发生燃烧。由于聚苯颗粒被无机料包裹，聚苯颗粒熔融后将形成封闭的空腔，此时该保温材料的导热系数会更低，传热更慢。受热全过程材料体积变化率为零。

1）试件构成：10mm 水泥砂浆基底＋50mm 胶粉聚苯颗粒保温材料＋5mm 聚合物抹面砂浆(复合耐碱玻纤网格布)。

2）试件分为开放式和封闭式。开放式是试件四周自然开放不封闭，以此作为观察样。试验过程中未被点燃，试验结束后观察，发现保温层靠热辐射面颜色略有变深，变色厚度约为 3～5mm，未发现保温层厚度有明显变化，也未发现其他明显变化。封闭式是用聚合物抹面砂浆将试件四周封闭，以此作为测试样。试验过程中未被点燃，试件未裂，无明显变化；试验结束后，将试件外壳敲掉后发现保温层靠热辐射面颜色略有变深，变色厚度约为 3～5mm，未发现其他明显变化。

试验数据如表 4-10。

3. 聚苯乙烯的热分解与燃烧特性

聚苯乙烯泡沫材料是热塑性高分子保温隔热材料，导热系数 0.041W/(m·K)(EPS)或 0.028 W/(m·K)(XPS)。当受热时，通常发生软化和熔化。聚苯板的热变形温度仅为 70～98℃，差异取决于选用配方和后处理方法，玻璃化温度为 100℃。聚苯乙烯全部由炭氢元素组成，本质上极易燃烧，未经阻燃处理，氧指数仅为 18%；燃烧的热释放量较大，同时生烟量也较大，受火后收缩、熔化，导致外保温系统内产生空腔，轰燃状态下燃烧剧烈，燃烧的滴落物具有引燃性。

火反应试验结论 表 4-10

试件	点火时间(s)	热释放速度(kW/m²)		有效燃烧热(MJ/kg)		总放热量(kJ)	CO			CO_2		
		峰 值	平均值	峰 值	平均值		峰值(g/g)	平均值(g/g)	总量(g)	峰值(g/g)	平均值(g/g)	总量(g)
1	64	108.6	6.0	16.4	3.2	49.9	0.0525	0.0067	0.083	0.0848	0.111	1.38
2	未点燃	0.9	0.0	0.2	0.0	0.2	0.0021	0.0013	0.027	0.032	0.022	0.46
3	未点燃	0.5	0.0	0.2	0.0	0.2	0.0080	0.0029	0.027	0.099	0.049	0.46

注：1. 聚苯板外保温；2. 胶粉聚苯颗粒外保温；3. 岩棉外保温。

对聚苯板进行锥形量热计试验：

1）试件构成：10mm 水泥砂浆基底＋50mm 聚苯板＋5mm 聚合物抹面砂浆(复合耐碱玻纤网格布)。

2）试件分为开放式和封闭式。开放式是试件四周自然开放不封闭，以此作为观察样。试验开始 2s 聚苯板开始熔化收缩，105s 时聚合物抹面砂浆(复合耐碱玻纤网格布)层已和水泥砂浆基底相贴，中间的聚苯板保温层已不复存在，只可见少许黑色烧结物。封闭式是用聚合物抹面砂浆将试件四周封闭，以此作为测试样。试件边角产生裂缝，试验开始 52s 时，从试件裂缝处冒出的烟气被点燃，燃烧持续约 70s。试验结束后，将试件外壳敲掉，发现里面已空，只可见少许烧结残留物。如图 4-41 不同保温材料火反应后的试块情况。

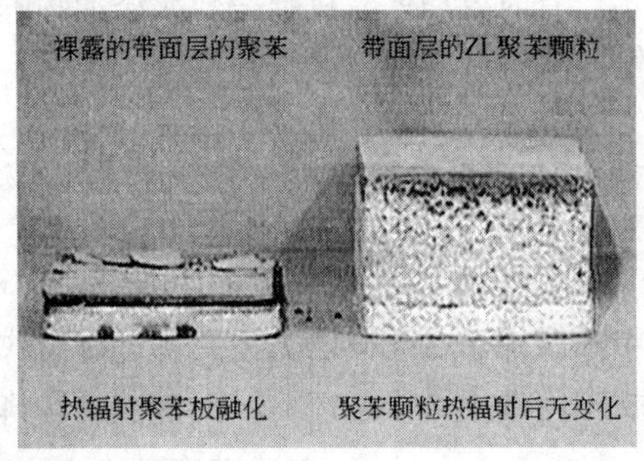

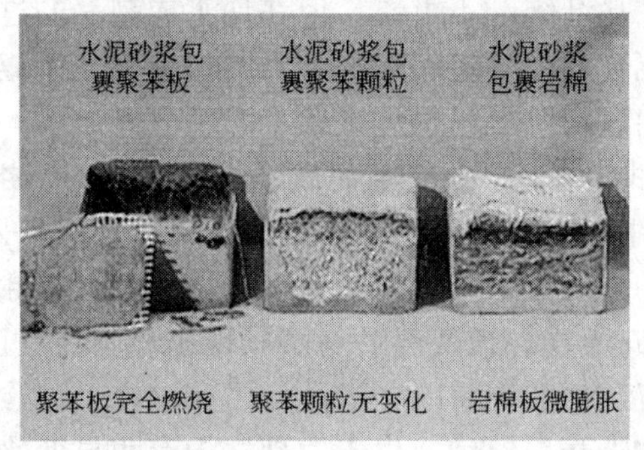

图 4-41 不同保温材料火反应后的试块情况

试验数据见表 4-10。

4. 聚氨酯的热分解与燃烧特性

硬质泡沫聚氨酯是一种高分子热固性保温隔热材料，导热系数 0.024W/(m·K)，在所有外墙用有机保温材料中是最优的。聚氨酯一般在 202℃以下不会分解。热固性材料在受热时通常分解出易燃气体，受火后形成炭化层。聚氨酯泡沫本质上属于高度易燃材料，未做阻燃处理时氧指数仅为 16.5%。用 ASTM D1929 测定聚氨酯泡沫的点燃温度为强制点燃温度 310℃，自燃温度 415℃。热分解和燃烧的产物主要有氰化氢、一氧化碳、异氰酸酯等。因此，对聚氨酯燃烧的毒性研究比较多，国内外也有很多此类重大火灾事故造成了惨痛教训。

5. 酚醛树脂的热分解与燃烧特性

酚醛树脂泡沫材料是高效保温材料之一，导热系数 0.025W/(m·K)。该材料遇火焰火源时不易燃烧，在 400℃以上时它们只灼烧或阴燃，无火焰。除去火源后可能会阴燃一段时间，发烟量很小，几乎全部成炭。但关于其燃烧毒性的研究较少，报道的数据也不完全，是目前高效果有机保温中阻燃性能最优的一种材料。

故此，外保温系统的防火安全性的起因：由于系统中的有机保温材料具备了引发火灾和加速火灾蔓延的危险性。

4.3.1.2 无机有机复合保温材料的燃烧性能试验研究

1. 试验目的

为了检验外保温系统构造中保护层厚度对火焰传播性的影响程度，以及在受火条件下外保温系统保护层构造内可燃保温材料的状态变化，进行了燃烧竖炉试验。

2. 试验依据

试验参照《建筑材料难燃性试验方法》(GB/T 8625—2005)。

3. 试验设备

试验设备为难燃性试验炉及温度测量系统，如图 4-42。

4. 试件的制作

在燃烧竖炉试验中，试件尺寸为 190mm×1000mm，沿试件高度中心线每隔 200mm 设置 1 个接触保护层的保温层温度测点，如图 4-43 所示。试验过程中，施加的火焰功率恒定，热电偶 5 和热电偶 6 的区域为试件的受火区域。

图 4-42 燃烧竖炉试验设备

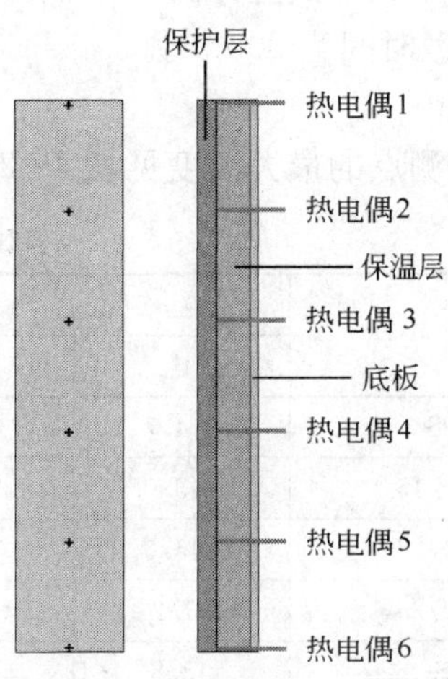

图 4-43 燃烧竖炉试验试件及热电偶测点

在燃烧竖炉试验中，分别采用模塑聚苯板、挤塑聚苯板、聚氨酯作为保温材料，试件的保护层采用胶粉聚苯颗粒或水泥砂浆，保护层厚度介于 5～45mm 的范围内。试件的编号及层面构造见表 4-11。

燃烧竖炉试验试件编号及层面构造 **表 4-11**

试件编号	保温层材料	保护层材料	保护层厚度(mm)	抗裂层+饰面层厚度(mm)	保温层厚度(mm)	底板厚度(mm)
EPS-5	EPS	胶粉聚苯颗粒	0	5	30	20
EPS-15			10	5	30	20
EPS-25			20	5	30	20
EPS-35			30	5	30	20
EPS-45			40	5	30	20
XPS-5	XPS	胶粉聚苯颗粒	0	5	30	20
XPS-15			10	5	30	20
XPS-25			20	5	30	20
XPS-35			30	5	30	20
XPS-45			40	5	30	20
PU-5	PU	胶粉聚苯颗粒	0	5	30	20
PU-15			10	5	30	20
PU-25			20	5	30	20
PU-35			30	5	30	20
PU-45			40	5	30	20

续表

试件编号	保温层材料	保护层材料	保护层厚度(mm)	抗裂层＋饰面层厚度(mm)	保温层厚度(mm)	底板厚度(mm)
EPS-20/30-1	EPS	胶粉聚苯颗粒	20/30	5	30/40	20
EPS-20/30-2			20/30	5	30/40	20
EPS-10/20-3		水泥砂浆	10/20	5	30/40	20
EPS-10/20-4			10/20	5	30/40	20

5. 试验条件

根据《建筑材料难燃性试验方法》(GB/T 8625—2005)，甲烷气的燃烧功率约为 21kW，火焰温度约为 900℃。火焰加载时间为 20min。

6. 试验结果分析

不同试件各温度测点的最大温度见表 4-12。

各试件测点最大温度　　表 4-12

分　类	编　号	测点位置(mm)					
		0	200	400	600	800	1000
EPS 平板	EPS-5	314.7	438.4	323.9	246.5	177.8	127.7
	EPS-15	143.0	280.0	202.1	95.9	96.8	95.6
	EPS-25	145.0	194.2	99.0	100.4	97.2	40.6
	EPS-35	97.2	99.0	98.6	99.5	84.3	41.6
	EPS-45	48.8	56.5	31.5	28.4	26.8	26.3
EPS 槽型	EPS-20/30-1	150.7	168.9	114.1	91.5	95.2	91.5
	EPS-20/30-2	119.5	222.1	159.5	100.6	98.6	78.3
	EPS-10/20-3	164.0	257.8	221.4	137.6	98.8	68.8
	EPS-10/20-4	187.7	165.5	143.5	130.1	107.2	91.3
XPS 平板	XPS-5	258.3	439.3	264.1	185.3	199.7	170.1
	XPS-15	155.0	225.7	206.6	96.1	84.7	48.3
	XPS-25	53.0	86.1	51.3	50.2	42.3	22.8
	XPS-35	48.1	49.5	54.1	39.7	34.1	32.9
	XPS-45	44.4	32.4	40.9	31.5	27.5	28.2
PU 平板	PU-5	453.0	566.9	428.8	216.4	121.8	81.3
	PU-15	92.2	386.5	330.1	95.4	91.3	74.4
	PU-25	102.5	192.2	91.1	94.7	94.0	71.8
	PU-35	96.3	95.0	45.1	95.9	34.5	31.2
	PU-35	60.0	64.6	56.0	52.7	75.1	46.0
	PU-45	59.3	67.9	73.2	41.3	30.8	28.4

不同试件各温度测点的最大温度对比见图 4-44～图 4-47。

不同试件各温度测点曲线图见图 4-48，各试件剖析图见图 4-49。

7. 结论

1）不同试件各测点温度随保护层厚度的增加而减少。

2）保温层的烧损高度随保护层厚度的减少而增加，无专设防火保护层的聚苯板薄抹灰的保温层全部烧损，聚氨酯薄抹灰的保护层烧损 65%。当胶粉聚苯颗粒保护层厚度在 30mm 以上时(抗裂层和饰面层厚度 5mm)，在试验条件下(火焰温度 900℃，作用于试件下部面层 20min)，有机保温材料未受到任何破坏。

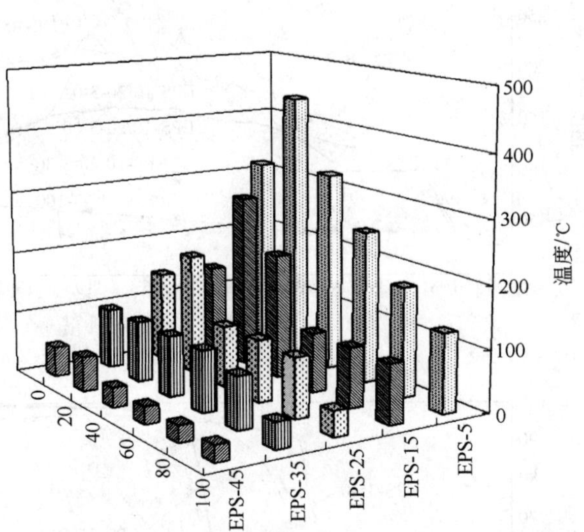

图 4-44 EPS 平板试件最大温度比对图

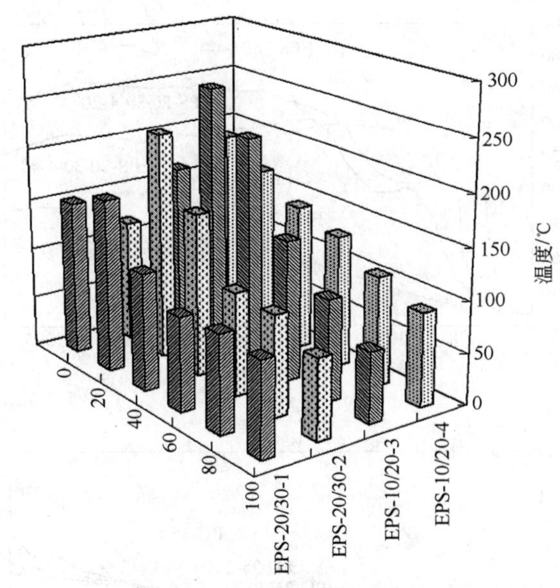

图 4-45 EPS 槽型试件最大温度比对图

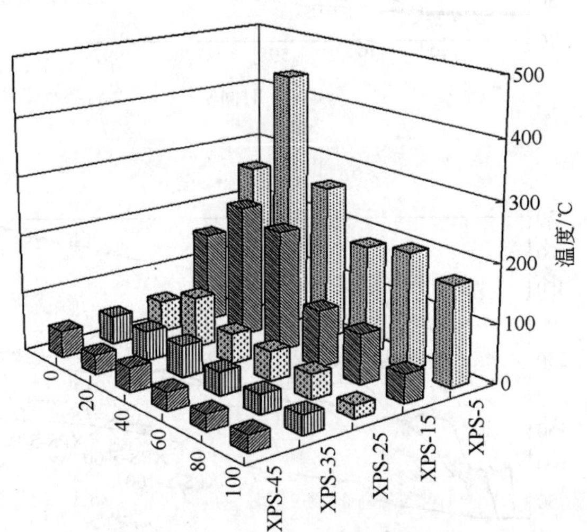

图 4-46 XPS 平板试件最大温度比对图

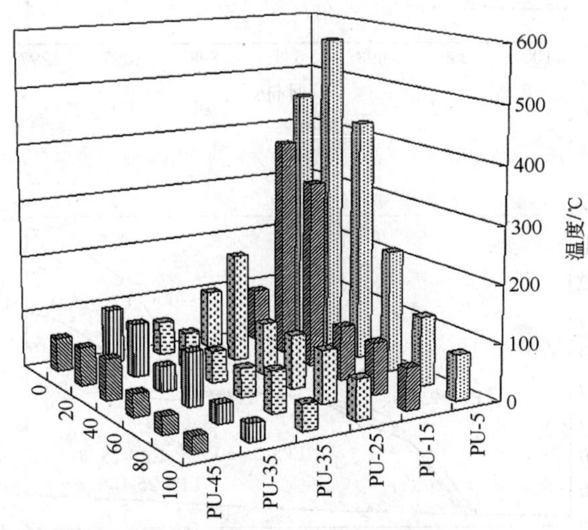

图 4-47 PU 平板试件最大温度比对图

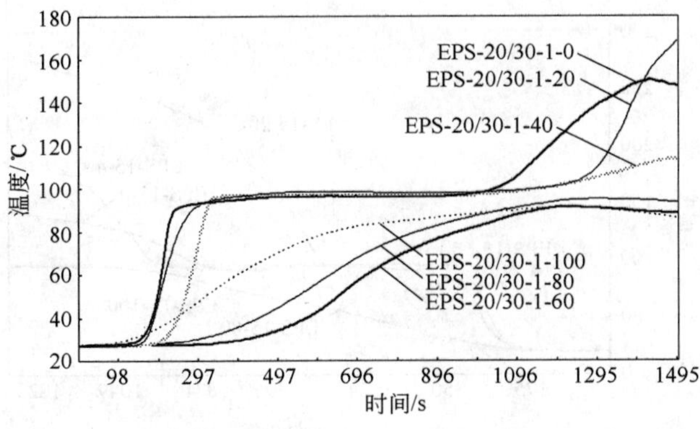

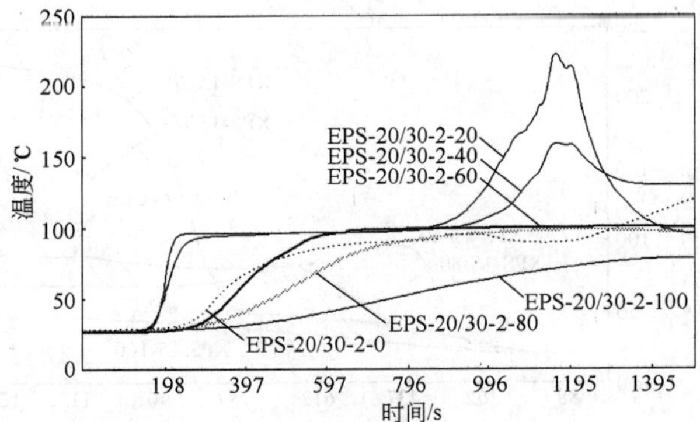

图 4-48 不同试件各温度测点曲线图(一)

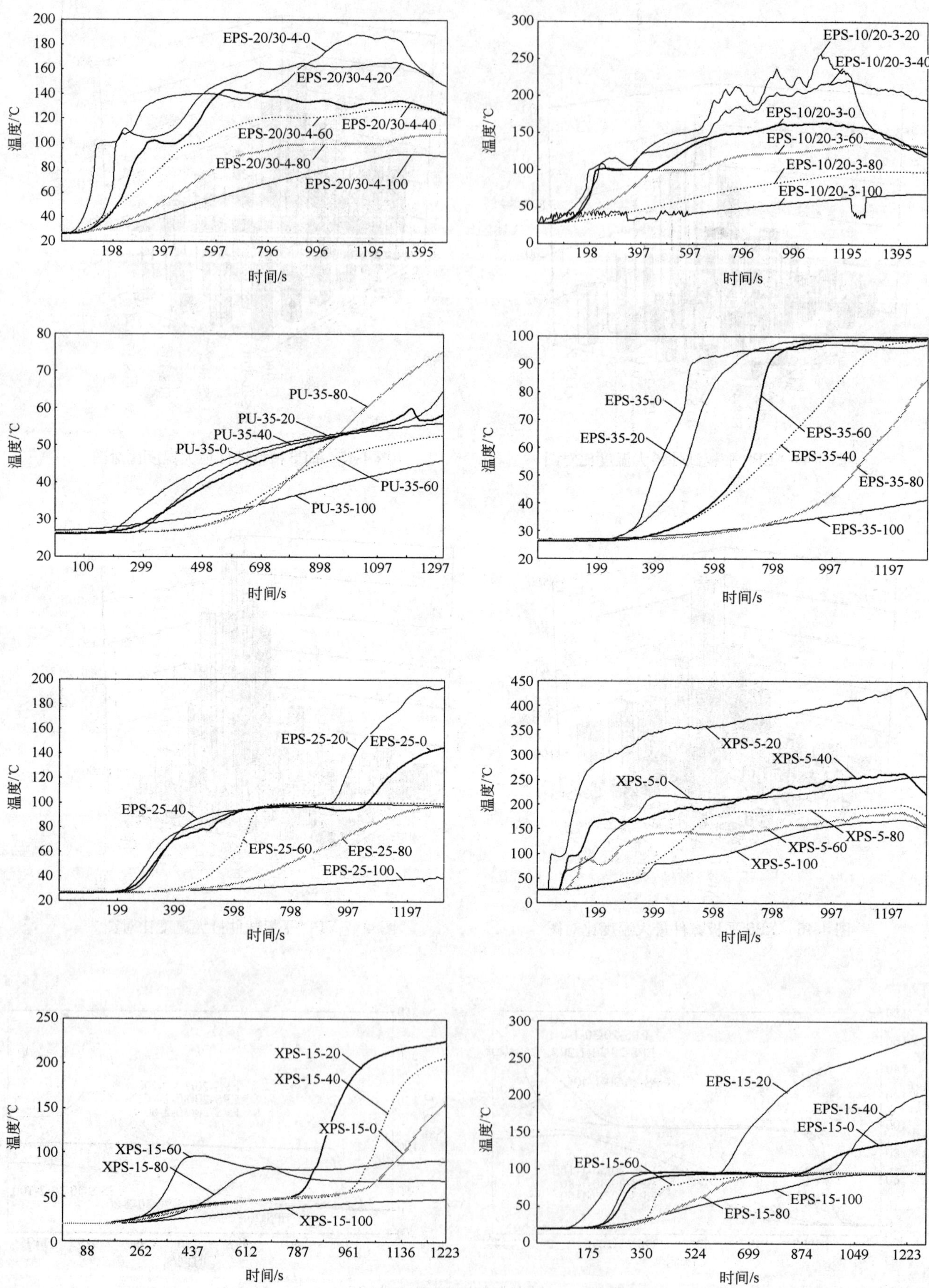

图 4-48 不同试件各温度测点曲线图(二)

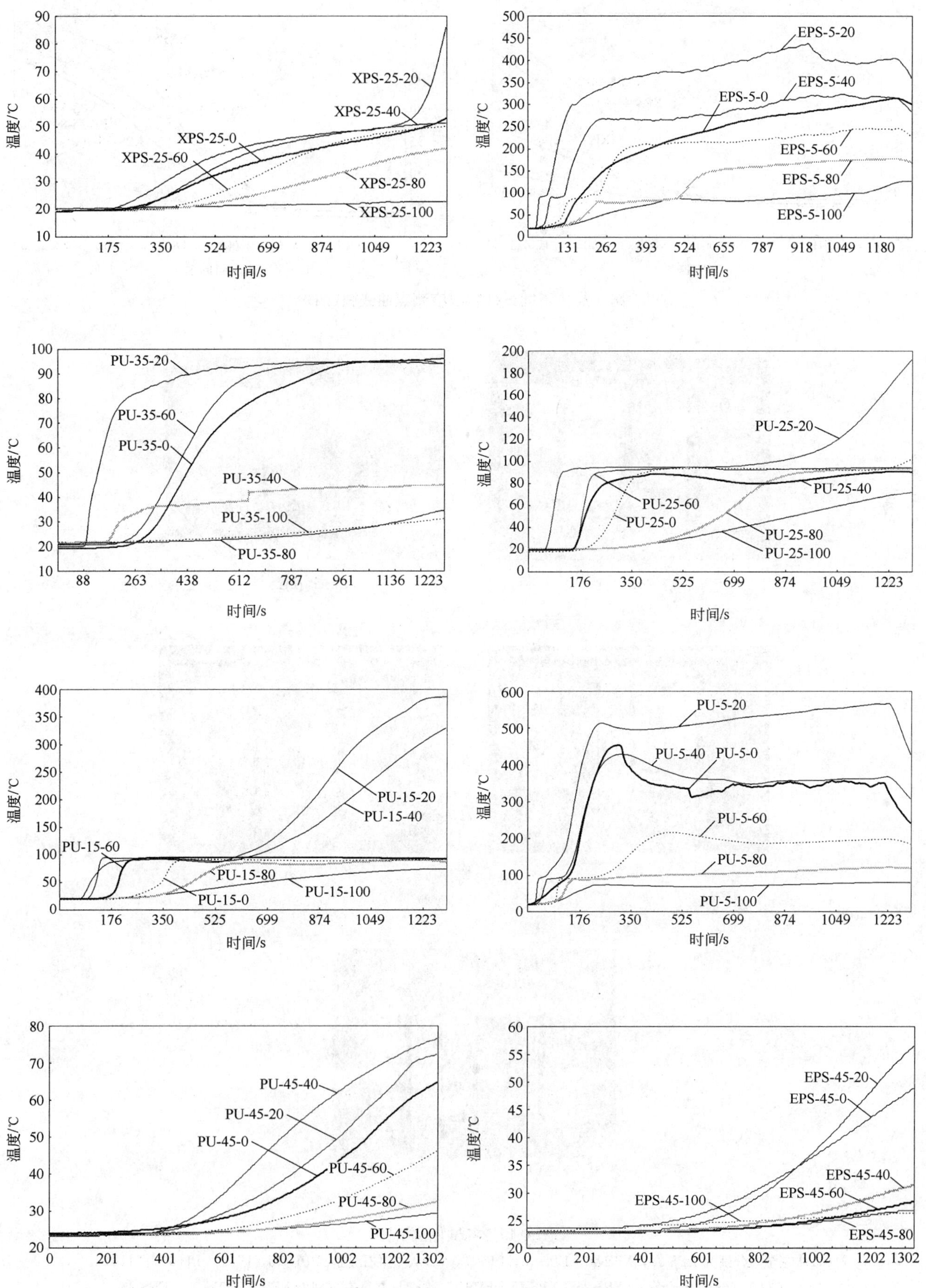

图 4-48 不同试件各温度测点曲线图(三)

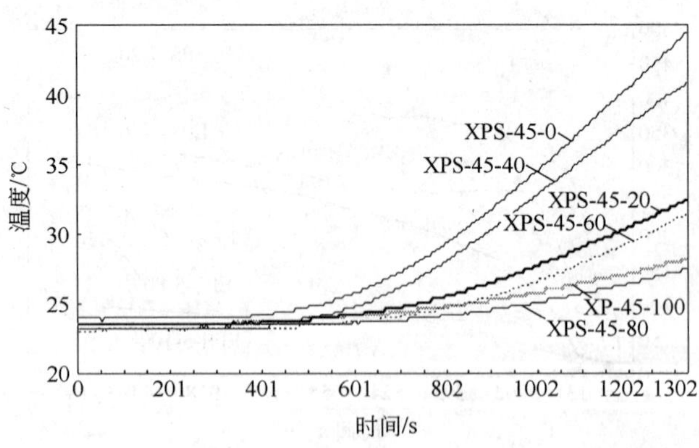

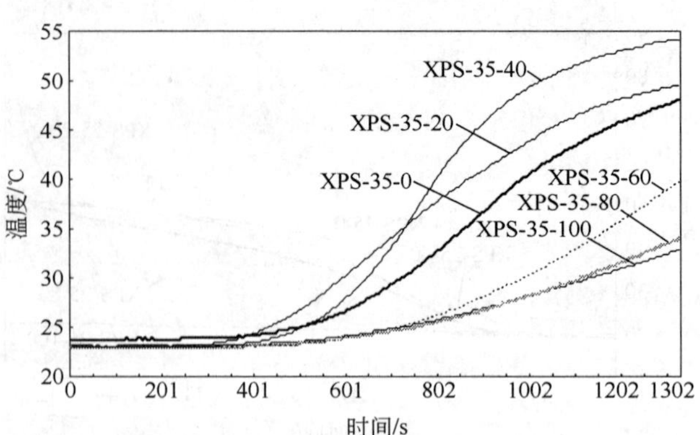

图 4-48　不同试件各温度测点曲线图(四)

(*a*)

(*b*)

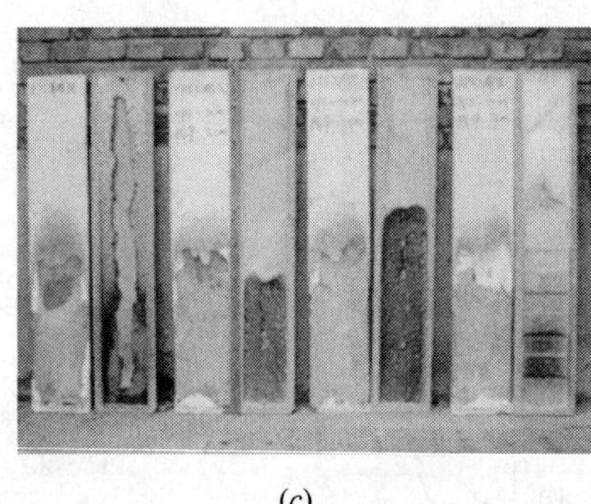

(*c*)

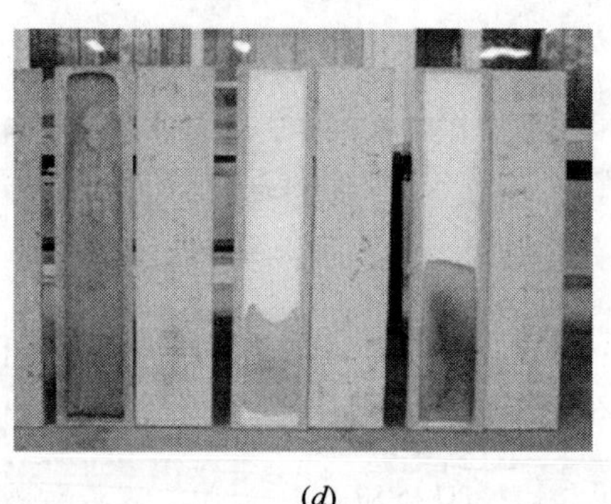

(*d*)

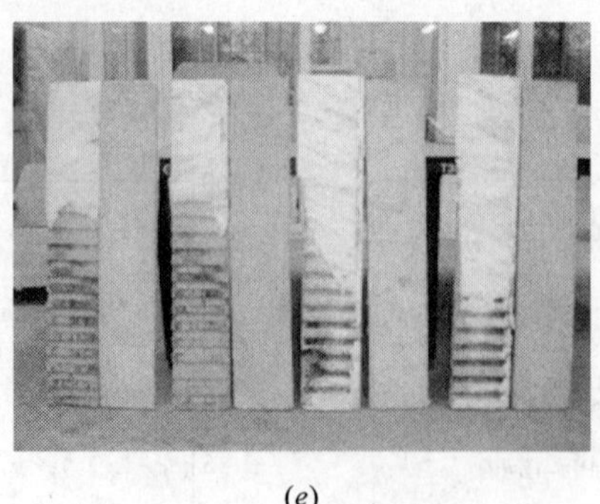

(*e*)

图 4-49　各试件剖析图

(*a*)从左至右分别为 XPS-35，XPS-45，EPS-45，PU-45；(*b*)从左至右分别为 PU-35，PU-5，PU-15，PU-25；
(*c*)从左至右分别为 EPS-5，XPS-25，XPS-15，EPS-15；(*d*)从左至右分别为 XPS-5，EPS-35，EPS-25；
(*e*)从左至右分别为 EPS-20/30-1、EPS-20/30-2、EPS-10/20-3、EPS-10/20-4

3）试件的构造本身也可以看成是外保温系统分仓构造的一个独立的分仓，所以当分仓缝具有一定宽度且分仓材料具备良好的防火性能时，即当保护层具有一定的厚度时，分仓构造能够阻止的火焰蔓延，其表现形式为试件的保温层留有完好的剩余。薄抹灰体系试件由于试验后其保温层被全部烧损，试件本身的这种分仓构造是否具有阻止火焰蔓延的能力，还需要进行大尺寸的模型试验加以验证。

4）同等厚度的胶粉聚苯颗粒对有机保温材料的防火保护要强于水泥砂浆。一方面，胶粉聚苯颗粒属于保温材料，是热的不良导体，而砂浆属于热的良导体。前者外部热量向内传递过程要比后者缓慢，其内侧有机保温材料达到熔缩温度的时间长。在聚苯颗粒熔化后，形成了封闭空腔使得胶粉聚苯颗粒的导热系数更低，热量传递更为缓慢。另一方面，砂浆遇热后开裂使热量更快进入内部，加速有机保温材料达到熔缩温度。

4.3.1.3 可燃保温材料涂敷保护层的技术研究

针对可燃保温材料的燃烧特性，选择合适的阻燃剂、胶粘剂和填料，配制成既有粘结，又有防火功能的界面剂，涂覆在模塑聚苯板的两侧后，可以大幅度提高施工现场电焊火花类火源对可燃保温材料的攻击。防火界面剂产品的基本要求是施工性好，粘结力强，防火等级高。经过大量的试验，目前已开发出防火等级高，粘结能力强的模塑聚苯板和挤塑聚苯板防火界面剂。

1. 试验研究的基本思路：

1）在保温板表面覆盖难穿透的保护层，使电焊火花难以嵌入保温板；

2）界面剂中含有保温物质炭化的活性材料，使保温材料难以融化滴落；

3）界面剂中含有游离基捕捉剂，使氧的游离基无法与可燃蒸气结合，不构成燃烧条件；

4）界面剂材料中含有大量受热分解吸热物质，使材料难以达到起燃点。

5）由于防火界面剂的隔火能力较强，本研究尝试采用氧指数对保温材料涂敷界面剂后的阻燃性的变化进行数据比对。

2. 模塑聚苯板防火界面剂的试验研究

1）阻燃剂对模塑聚苯板防火界面剂性能的影响

阻燃剂对防火界面剂防火性能影响很大，它遇火分解出 CO_2、NH_3 等不燃气体，使泡沫膨胀，形成海绵状结构，隔绝空气，延缓聚苯板起火时间或火焰蔓延；其中所含的游离基捕捉剂，可使氧的游离基无法与可燃蒸气结合。对多种阻燃剂进行对比试验，试验结果见表 4-13，优选阻燃剂 1 掺量为 5%，阻燃剂 2 掺量为 10%，阻燃 3 掺量为 3%。

阻燃剂种类及掺量模塑聚苯板防火界面剂试验结果 表 4-13

阻燃剂 1	0%	1%	2%	3%	4%	5%
拉伸粘结强度（MPa）	≥0.1 且模塑板破坏	≥0.1 且模塑板破坏	≥0.1 且模塑板破坏	≥0.1 且模塑板破坏	≥0.1 且模塑板破坏	≥0.1 且模塑板破坏
电焊试验	火势很旺，不自熄	火势很旺，不自熄	火势较小，不自熄	火势较小，1min 内自熄	火势较小，1min 内自熄	火势较小，30s 内自熄
氧指数	≤28	≤30	≤32	32～33	32～33	33～34
阻燃剂 2	0%	2%	4%	6%	8%	10%
拉伸粘结强度（MPa）	≥0.1 且模塑板破坏	≥0.1 且模塑板破坏	≥0.1 且模塑板破坏	≥0.1 且模塑板破坏	≥0.1 且模塑板破坏	≥0.1 且模塑板破坏
电焊试验	火势很旺，不自熄	火势很旺，不自熄	火势很旺，不自熄	火势较小，不自熄	火势较小，1min 内自熄	火势较小，30s 内自熄
氧指数	≤28	≤28	≤28	≤28	30～31	32～33
阻燃剂 3（阻燃剂 1 掺量 5%）	0	1%	2%	3%	4%	5%
拉伸粘结强度（MPa）	≥0.1 且模塑板破坏	≥0.1 且模塑板破坏	≥0.1 且模塑板破坏	≥0.1 且模塑板破坏	≥0.1 且模塑板破坏	≥0.1 且模塑板破坏
电焊试验	火势较小，30s 内自熄	火势较小，30s 内自熄	无明显火焰，30min 内自熄	无明显火焰，30min 内自熄	无明显火焰，30s 内自熄	无明显火焰，30s 内自熄
氧指数	33～34	33～34	34～35	35～36	35～36	34～35

2）催化剂对模塑聚苯板防火界面剂性能的影响

防火界面剂中催化剂的功能是促进和改变喷涂层热分解进程，促进喷涂层有机物脱水，构成难燃的三维空间高温碳质层，减少热分解产生的可燃性焦油、醛、酮的量，阻止放热量大的炭氧化反应发生。加入催化剂，能大大提高防火界面剂的防火性能。几种催化剂的性能比较见表 4-14。

几种催化剂的性能比较 **表 4-14**

名　称	耐水性	加工性能	发泡效果
磷酸二氢铵	较差	较差	好
磷酸氢二铵	较差	较差	好
聚磷酸铵	一般	较好	较好
改性聚磷酸铵	较好	较好	较好
磷酸三聚氰胺	较好	较好	较好

聚磷酸铵具有催化性能好，来源丰富，价格便宜，无毒，无二次污染等特点，是一种绿色环保催化剂。试验结果见表 4-15，优选聚磷酸铵掺量 0.2%。

不同聚磷酸铵掺量模塑聚苯板防火界面剂试验结果 **表 4-15**

掺　量	0%	0.1%	0.2%	0.5%	1%	5%
拉伸粘结强度（MPa）	≥0.1 且模塑板破坏	≥0.1 且模塑板破坏	≥0.1 且模塑板破坏	≥0.1 且模塑板破坏	≥0.1 且模塑板破坏	≥0.1 且模塑板破坏
电焊试验	有小火焰，1min 内自熄	基本无火焰，30min 内自熄	基本无火焰，10s 内自熄	基本无火焰，30min 内自熄	基本无火焰，30min 内自熄	基本无火焰，30min 内自熄
氧指数	32～33	35～36	≥36	≥36	≥36	35～36

3）发泡剂对模塑聚苯板防火界面剂性能的影响

防火界面剂加入发泡剂之后，喷涂层遇高温后形成海绵状结构，提高界面剂的防火性能。发泡剂一般为含氮的化合物，这类物质在一定温度下分解产生 N_2、NH_3 等气体。试验结果见表 4-16，优选掺量为 0.5%。

不同发泡剂掺量模塑聚苯板防火界面剂试验结果 **表 4-16**

掺　量	0%	0.2%	0.5%	0.8%	1%	2%
拉伸粘结强度（MPa）	≥0.1 且模塑板破坏	≥0.1 且模塑板破坏	≥0.1 且模塑板破坏	≥0.1 且模塑板破坏	≥0.1 且模塑板破坏	≥0.1 且模塑板破坏
电焊试验	有小火焰，1min 内自熄	有小火焰，30min 内自熄	基本无火焰，10s 内自熄	基本无火焰，10s 内自熄	基本无火焰，10s 内自熄	基本无火焰，10s 内自熄
氧指数	33～34	34～35	≥36	≥36	≥36	≥36

4）成碳剂对模塑聚苯板防火界面剂性能的影响

成碳剂是发泡炭化层的物质基础，对发泡炭化层起着骨架作用，属于多羟基化合物，可选糖、淀粉、季戊四醇、二季戊四醇、三季戊四醇等。综合性能与造价因素，本试验选用季戊四醇。试验结果见表 4-17，优选掺量为 1%。

聚磷酸铵掺量模塑聚苯板防火界面剂试验结果 **表 4-17**

掺　量	0%	0.2%	0.5%	1%	2%	5%
拉伸粘结强度（MPa）	≥0.1 且模塑板破坏	≥0.1 且模塑板破坏	≥0.1 且模塑板破坏	≥0.1 且模塑板破坏	≥0.1 且模塑板破坏	≥0.1 且模塑板破坏
电焊试验	有小火焰，1min 内自熄	有小火焰，30min 内自熄	基本无火焰，30s 内自熄	基本无火焰，10s 内自熄	基本无火焰，10s 内自熄	基本无火焰，10s 内自熄
氧指数	33～34	34～35	34～35	≥36	≥36	≥36

在优化配方下对模塑聚苯板防火界面剂各项指标进行了测试，产品的性能指标要求和优化配方产品试验测试指标见表 4-18。

模塑聚苯板防火界面剂产品性能指标 **表 4-18**

项　　目	单位	指　　标		测试结果
低温贮存稳定性	—	3 次试验后，经低速搅拌无结块、凝聚及组成物的变化		合格
与水泥砂浆块拉伸粘结强度	MPa	标准状态 7d	≥0.30	>0.30
		标准状态 14d	≥0.50	>0.30
		浸水后	≥0.30	>0.30
与模塑聚苯板试块拉伸粘结强度	MPa	标准状态	≥0.10MPa 或模塑板破坏	模塑聚苯板破坏
		浸水后	≥0.10MPa 或模塑板破坏	模塑聚苯板破坏
与胶粉聚苯颗粒试块拉伸粘结强度	MPa	≥0.10MPa 或胶粉聚苯颗粒浆料试块破坏		胶粉聚苯颗粒浆料试块破坏
氧指数	—	≥36		>36
水平阻燃性能试验	S	≥15		通过

5）电焊试验见图 4-50 和图 4-51。

① 模塑聚苯板裸板电焊试验

② 涂覆防火界面剂模塑聚苯板电焊试验

电焊作业开始前　　电焊作业过程中

电焊作业结束0s后

电焊作业结束5s后

图 4-50　模塑聚苯板裸板电焊试验(一)

电焊作业结束10s后

电焊作业结束15s后

图 4-50 模塑聚苯板裸板电焊试验(二)

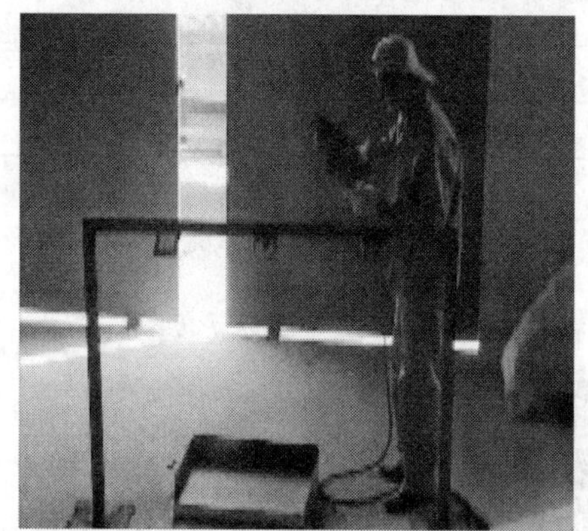

电焊作业前

电焊作业过程中

电焊作业结束0s后

电焊作业结束10s后

电焊作业结束20s后

电焊作业结束30s后

图 4-51 涂覆防火界面剂模塑聚苯板电焊试验

经电焊试验证明，涂覆防火界面剂模塑聚苯板防火能力大幅度提高。

3. 挤塑聚苯板防火界面剂的试验研究

1）阻燃剂对挤塑聚苯板防火界面剂性能的影响

试验结果见表4-19。由表4-19的试验结果，优选阻燃剂1掺量为5%，阻燃剂2掺量为10%，阻燃3掺量为3%。

阻燃剂种类及掺量挤塑聚苯板防火界面剂试验结果 表4-19

阻燃剂1	0%	1%	2%	3%	4%	5%
拉伸粘结强度(MPa)	≥0.15且挤塑板破坏	≥0.15且挤塑板破坏	≥0.15且挤塑板破坏	≥0.15且挤塑板破坏	≥0.15且挤塑板破坏	≥0.15且挤塑板破坏
电焊试验	火势很旺，不自熄	火势很旺，不自熄	火势较小，不自熄	火势较小，1min内自熄	火势较小，1min内自熄	火势较小，1min内自熄
氧指数	≤28	≤28	≤30	≤30	≤30	30～31
阻燃剂2	0%	2%	4%	6%	8%	10%
拉伸粘结强度(MPa)	≥0.15且挤塑板破坏	≥0.15且挤塑板破坏	≥0.15且挤塑板破坏	≥0.15且挤塑板破坏	≥0.15且挤塑板破坏	≥0.15且挤塑板破坏
电焊试验	火势很旺，不自熄	火势很旺，不自熄	火势很旺，不自熄	火势较小，不自熄	火势较小，1min内自熄	火势较小，1min内自熄
氧指数	≤28	≤28	≤28	≤28	28～29	29～30
阻燃剂3(阻燃剂1掺量5%)	0	1%	2%	3%	4%	5%
拉伸粘结强度(MPa)	≥0.15且挤塑板破坏	≥0.15且挤塑板破坏	≥0.15且挤塑板破坏	≥0.15且挤塑板破坏	≥0.15且挤塑板破坏	≥0.15且挤塑板破坏
电焊试验	火势较小，30s内自熄	火势较小，30s内自熄	无明显火焰，30min内自熄	无明显火焰，30min内自熄	无明显火焰，30s内自熄	无明显火焰，30s内自熄
氧指数	30～31	30～31	31～32	32～33	32～33	32～33

2）催化剂对挤塑聚苯板防火界面剂性能的影响

同模塑聚苯板防火界面剂。试验结果见表4-20，优选聚磷酸铵掺量0.2%。

聚磷酸铵掺量挤塑聚苯板防火界面剂试验结果 表4-20

掺　量	0%	0.1%	0.2%	0.5%	1%	5%
拉伸粘结强度(MPa)	≥0.15且挤塑板破坏	≥0.15且挤塑板破坏	≥0.15且挤塑板破坏	≥0.15且挤塑板破坏	≥0.15且挤塑板破坏	≥0.15且挤塑板破坏
电焊试验	有小火焰，1min内自熄	有小火焰，30min内自熄	基本无火焰，30s内自熄	基本无火焰，30min内自熄	基本无火焰，30min内自熄	基本无火焰，30min内自熄
氧指数	29～30	30～31	32～33	32～33	32～33	32～33

3）发泡剂对挤塑聚苯板防火界面剂性能的影响

同模塑聚苯板防火界面剂。试验结果见表4-21，优选掺量为0.8%。

尿素掺量挤塑聚苯板防火界面剂试验结果 表4-21

掺　量	0%	0.2%	0.5%	0.8%	1%	2%
拉伸粘结强度(MPa)	≥0.15且挤塑板破坏	≥0.15且挤塑板破坏	≥0.15且挤塑板破坏	≥0.15且挤塑板破坏	≥0.15且挤塑板破坏	≥0.15且挤塑板破坏

续表

掺　量	0%	0.2%	0.5%	0.8%	1%	2%
电焊试验	有小火焰，1min内不自熄	有小火焰，1min内不自熄	有小火焰，1min内自熄	基本无火焰，30min内自熄	基本无火焰，30min内自熄	基本无火焰，30min内自熄
氧指数	29～30	29～30	30～31	32～33	32～33	32～33

4）成碳剂对挤塑聚苯板防火界面剂性能的影响

同模塑聚苯板防火界面剂。试验结果见表4-22，优选掺量为1%。

季戊四醇掺量模塑聚苯板防火界面剂试验结果　　表4-22

掺　量	0	0.2%	0.5%	1%	2%	5%
拉伸粘结强度（MPa）	≥0.1且聚苯板破坏	≥0.1且聚苯板破坏	≥0.1且聚苯板破坏	≥0.1且聚苯板破坏	≥0.1且聚苯板破坏	≥0.1且聚苯板破坏
电焊试验	有小火焰，1min内不自熄	有小火焰，1min内不自熄	基本无火焰，1min内自熄	基本无火焰，30s内自熄	基本无火焰，30s内自熄	基本无火焰，30s内自熄
氧指数	28～29	29～30	31～32	32～33	32～33	32～33

在优化配方下对挤塑聚苯板防火界面剂各项指标进行了测试，产品的性能指标要求和优化配方产品试验测试指标见表4-23。

挤塑聚苯板防火界面剂产品性能指标　　表4-23

项　目	单位	指　标		测试结果
低温贮存稳定性	—	3次试验后，经低速搅拌无结块、凝聚及组成物的变化		合格
与水泥砂浆块拉伸粘结强度	MPa	标准状态7d	≥0.30	>0.30
		标准状态14d	≥0.50	>0.30
		浸水后	≥0.30	>0.30
与模塑聚苯板试块拉伸粘结强度	MPa	标准状态	≥0.15MPa或挤塑板破坏	挤塑聚苯板破坏
		浸水后	≥0.15MPa或挤塑板破坏	挤塑聚苯板破坏
与胶粉聚苯颗粒试块拉伸粘结强度	MPa	≥0.10MPa或胶粉聚苯颗粒浆料试块破坏		胶粉聚苯颗粒浆料试块破坏
氧指数	—	≥33		>33
水平阻燃性能试验	S	≥15		通过

5）电焊作业图像见图4-52和图4-53所示：

① 挤塑聚苯板裸板电焊试验图

电焊作业前

电焊作业过程中

图4-52　挤塑聚苯板裸板电焊试验（一）

电焊作业结束0s后

电焊作业结束10s后

电焊作业结束30s后

电焊作业结束1min后

图 4-52 挤塑聚苯板裸板电焊试验(二)

② 涂覆防火界面剂挤塑板电焊试验

电焊作业前

电焊作业过程中

电焊作业结束0s后

电焊作业结束5s后

图 4-53 涂覆防火界面剂挤塑聚苯板电焊试验(一)

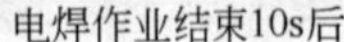
电焊作业结束10s后

电焊作业结束30s后

图 4-53　涂覆防火界面剂挤塑聚苯板电焊试验(二)

经电焊试验证明，涂覆防火界面剂挤塑板防火性能大幅提高。

4. 防火性能综合评定

1) 采用有机/无机复合路线，优选胶粘剂和防火填料，对各种阻燃材料进行不同的阻燃性能试验。在保证有机保温材料界面剂基本性能的前提下，提高材料的防火性能，满足有机保温材料在施工和使用过程中的防火要求。当涂覆防火界面剂后，现场模拟电焊试验火焰不扩散，在短时间内自熄，经过防火界面剂处理后的有机保温材料能防止或减少其在施工和使用过程中的火灾危险性。

2) 根据国家发展循环经济，建设节约型社会的要求，对各种固体废弃物进行了系统的防火试验研究，开发出大量利用固体废弃物的外保温有机保温材料防火界面剂产品体系。不仅有效解决了我国建筑节能外保温行业快速发展带来的原材料紧缺的问题，处理了大量的固体废弃物，净化了环境，实现了废弃物的变废为宝，高效综合利用；而且能最大限度地防止和减少有机保温材料，在施工或使用过程中由电焊作业或其他因素引起的火灾事故。

4.3.2　外保温构造防火的试验研究

从防火安全性的角度来看，外保温系统大致分为两类：一类是采用不燃保温材料的外保温系统，系统自身构造具有良好的防火安全性能；另一类是采用可燃有机高分子保温材料的外保温系统，系统自身构造不能完全满足防火安全性要求，或具有较大的火灾危险性，应采取有效的防火构造措施。

无论哪一类的系统，都可以采用模型火试验验证系统的防火性能，利用测试数据来对防火性能进行评定。

4.3.2.1　UL1040 墙角火试验举例 1

1. 试验模型及保温系统的构造

模型两面墙体的外保温系统分别为胶粉聚苯颗粒贴砌聚苯板系统和聚苯板薄抹灰系统。每个保温系统的外饰面，均分别为涂料饰面和面砖饰面，两种饰面的分界线为墙体的垂直中心线，如图 4-54。

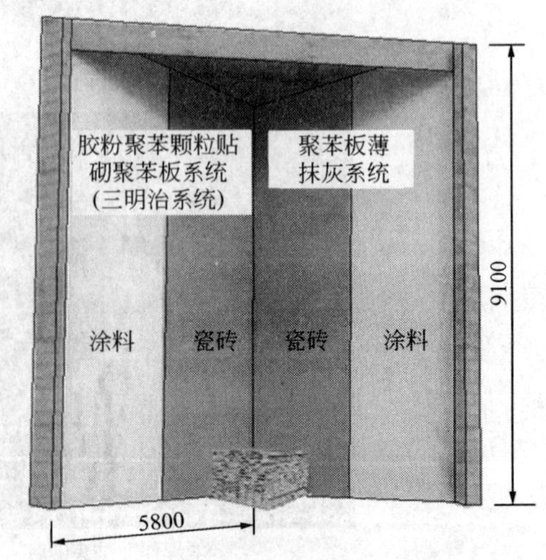

图 4-54　第 1 次模型火 UL 1040 试验模型

1) 胶粉聚苯颗粒贴砌聚苯板系统(简称贴砌聚板系统)按照《外保温施工技术规程(复合胶粉聚苯颗粒外保温系统)》(DBJ/T 01—50—2005)中的要求制作，其构造如图 4-55 所示。

① 基本构造为：用 15mm 粘结找平浆料涂抹于墙体表面，再贴砌已开好横向槽，并涂刷界面剂的 55mm 厚聚苯板，其尺寸为 600mm×450mm，预留 10mm 板缝，砌筑碰头灰挤出刮平。表面再用 10mm 厚粘结找平浆料找平，并作为防火保

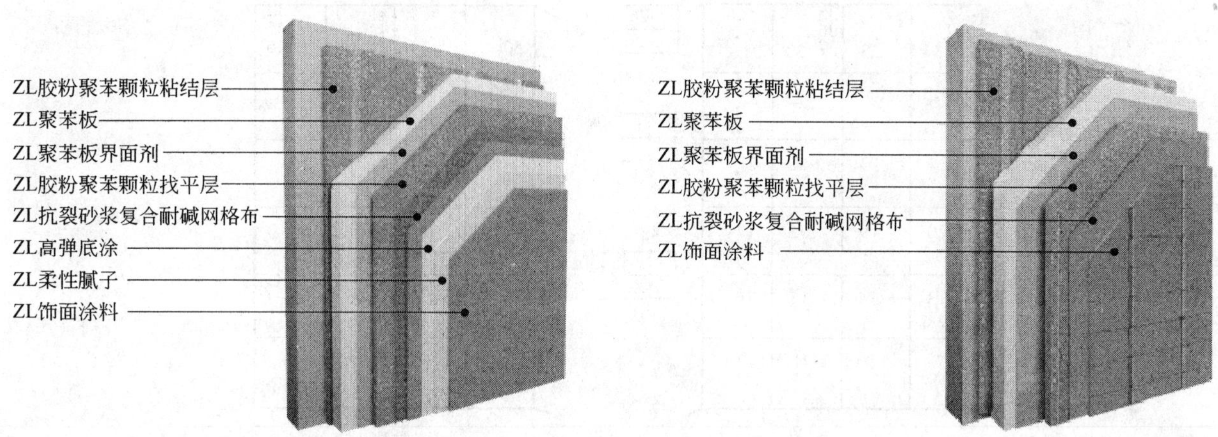

图 4-55 贴砌聚苯板系统构造示意图

护层；涂料饰面：抗裂防护层采用抗裂砂浆(3～5mm)复合涂塑耐碱玻纤网格布，表面刮涂抗裂柔性耐水腻子、涂刷饰面涂料。

② 面砖饰面：抗裂防护层采用抗裂砂浆复合热镀锌钢丝网并用尼龙胀栓锚固(8～10mm)，表面用面砖粘结砂浆(3～5mm)粘贴面砖(5mm)后勾缝构成饰面层。

2) 聚苯板薄抹灰外保温系统的涂料饰面系统。按照《膨胀聚苯板薄抹灰外保温系统》(JG 149—2003)中的要求制作，简称薄抹灰系统，其构造如图 4-56 所示。使用聚苯板粘结砂浆将 80 mm 厚的聚苯板粘结在基层墙体上(40%粘结面积)。

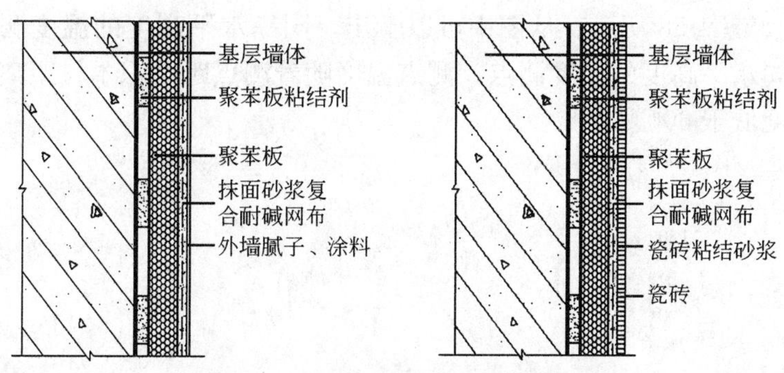

图 4-56 薄抹灰系统构造示意图

① 涂料饰面：表面批抹抹面胶浆(3～5mm)后压入耐碱涂塑网格布，再刮柔性耐水腻子、刷饰面涂料；

② 面砖饰面：表面批抹抹面胶浆(8～10mm)后压入耐碱涂塑网格布，采用面砖粘结砂浆(3～5mm)粘贴面砖(5mm)后勾缝。

2. 试验条件

1) 环境条件：根据 UL 1040，试验模型应位于通风良好的大型试验室内，试验过程中的环境温度不得低于 15.6℃。由于条件所限，实际模型建在了室外，试验当天的环境温度低于 15.6℃，且试验过程中存在空气扰动因素。

2) 试验火源：试验用火源为 347kg 的方木板，搭积成 1.22m×1.22m×1.07m 的立方体木堆，堆积木材距墙面各 0.30m，采用 2 个经酒精浸泡的布条束在堆积木材的底部点火。

3) 温度测点：试验过程中，按 UL 1040 的要求设 72 个温度测点，堆积木材上方设置了 11 个温度测点，墙体表面设置了 60 个温度测点，大气环境设置了 1 个温度测点，如图 4-57 所示。

4) 试验监测：试验过程中，除温度测点外，还从 3 个不同的方位对火源和墙体的受火面进行了摄像。

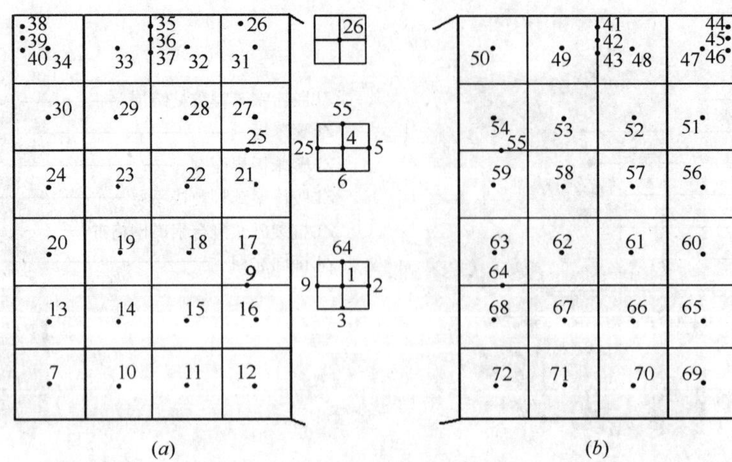

图 4-57　温度测点布位示意图

(a)从东看西墙；(b)从南看北墙

3. 试验结果

1）试验进程与观察现象

点火开始后，数据采集与观测约 50min。期间，首先发现贴砌聚苯板系统的木材堆积部位的瓷砖脱落，但墙体表面未见燃烧；其后，薄抹灰系统的木材堆积部位墙体表面出现持续燃烧的火焰，并且接近火源部位的饰面层明显向外鼓出。墙体的其他部位未见火焰。

2）温度曲线

① 火焰温度曲线：如图 4-58 所示。从图中可以看出，同一水平高度的温度测点，远离试验墙体的测点温度相对较低；不同水平高度的温度测点，测点温度随着测点距堆积木材距离的增加而降低。火焰温度测点测得的最高温度低于 600℃。

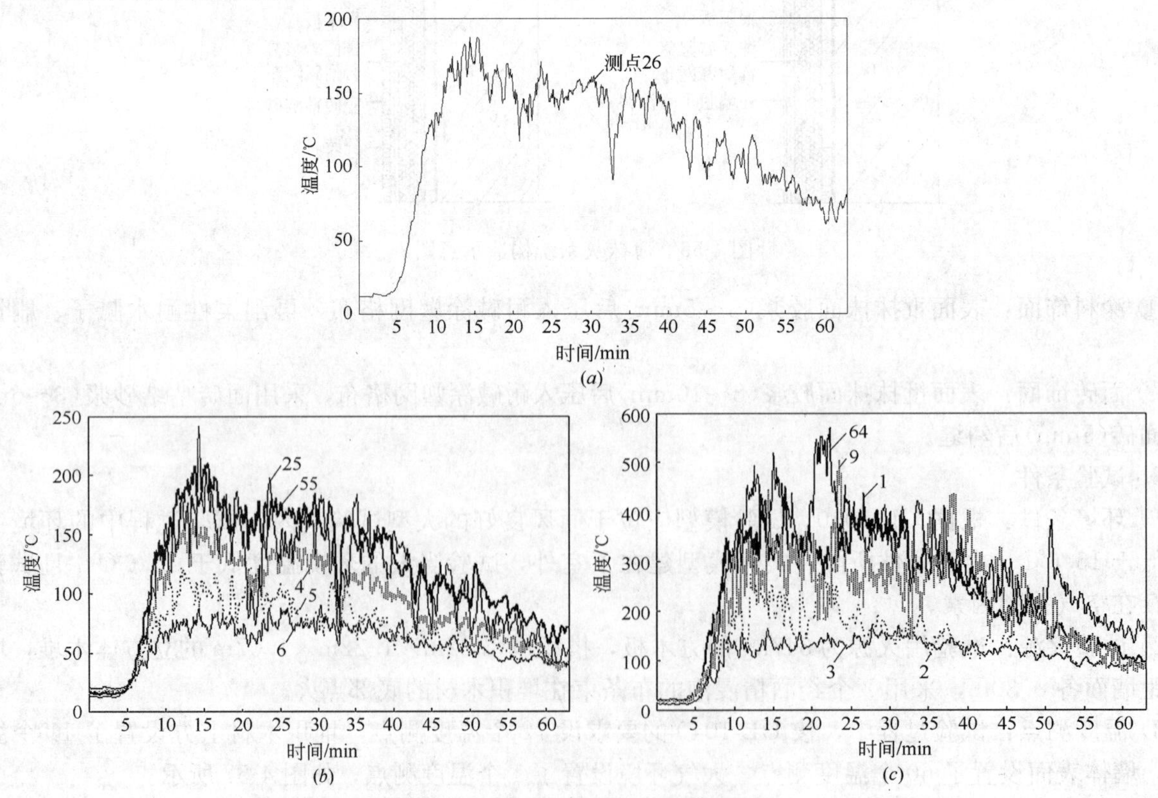

图 4-58　不同高度火焰温度曲线

(a)高度为 8.84m；(b)高度为 6.10m；(c)高度为 3.05m

② 贴砌聚苯板系统的近火源纵向温度过程曲线，如图 4-59 所示。

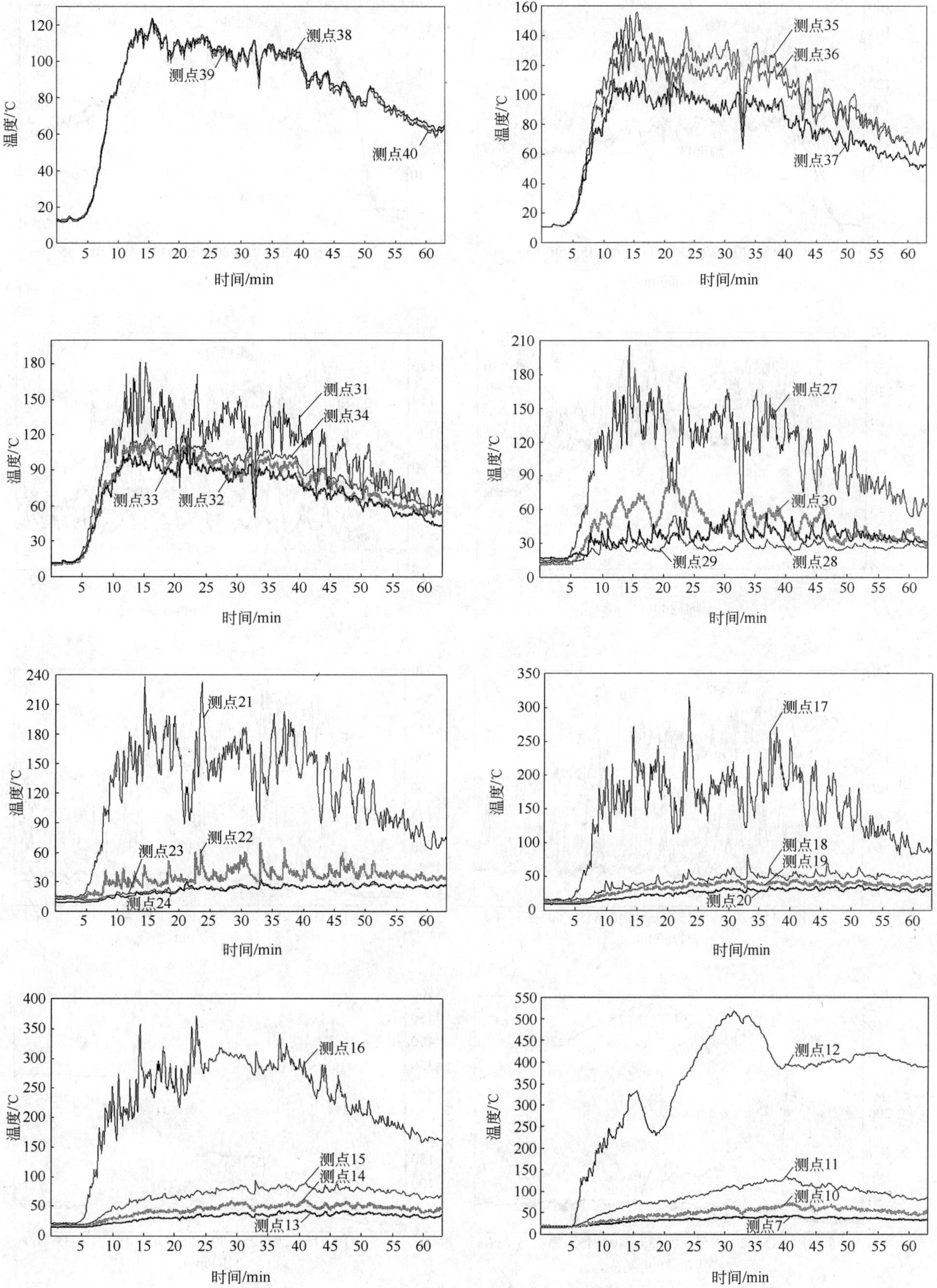

图 4-59　贴砌聚苯板系统近火源纵向温度过程曲线

③ 薄抹灰系统近火源纵向温度过程曲线：如图 4-60 所示。

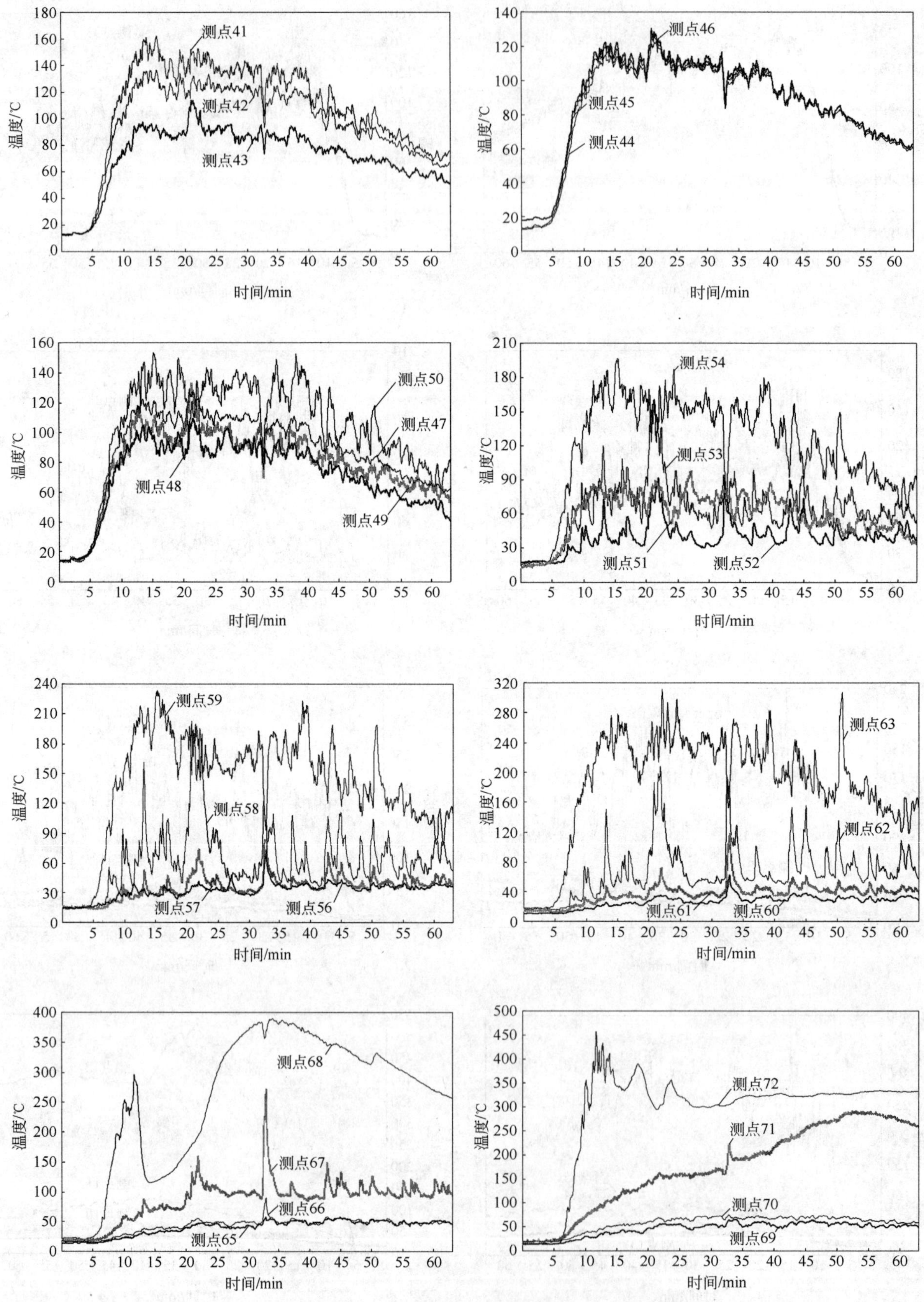

图 4-60 薄抹灰系统近火源纵向温度过程曲线

④ 贴砌聚苯板系统竖向分布对应测点的温度曲线，见图 4-61。

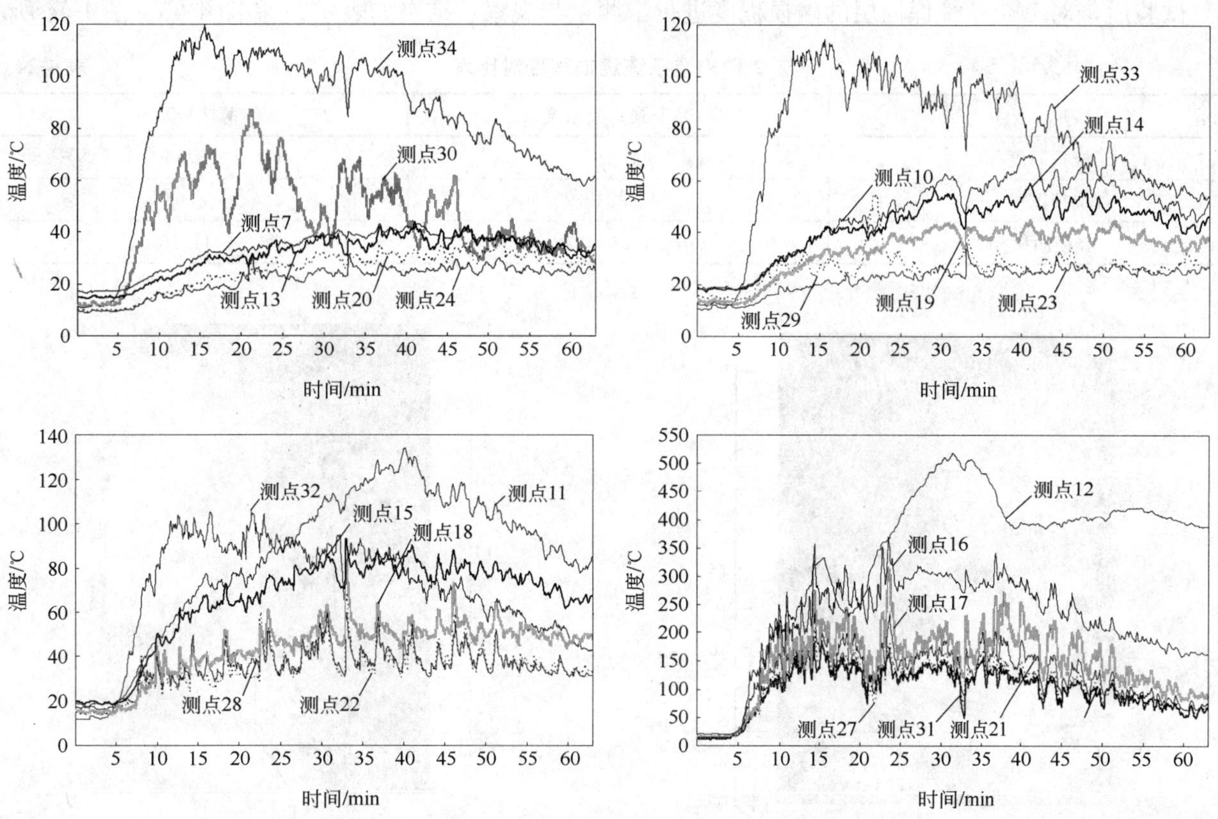

图 4-61　贴砌聚苯板系统竖向分布对应测点的温度曲线

⑤ 薄抹灰系统竖向分布对应测点的温度曲线，如图 4-62 所示。

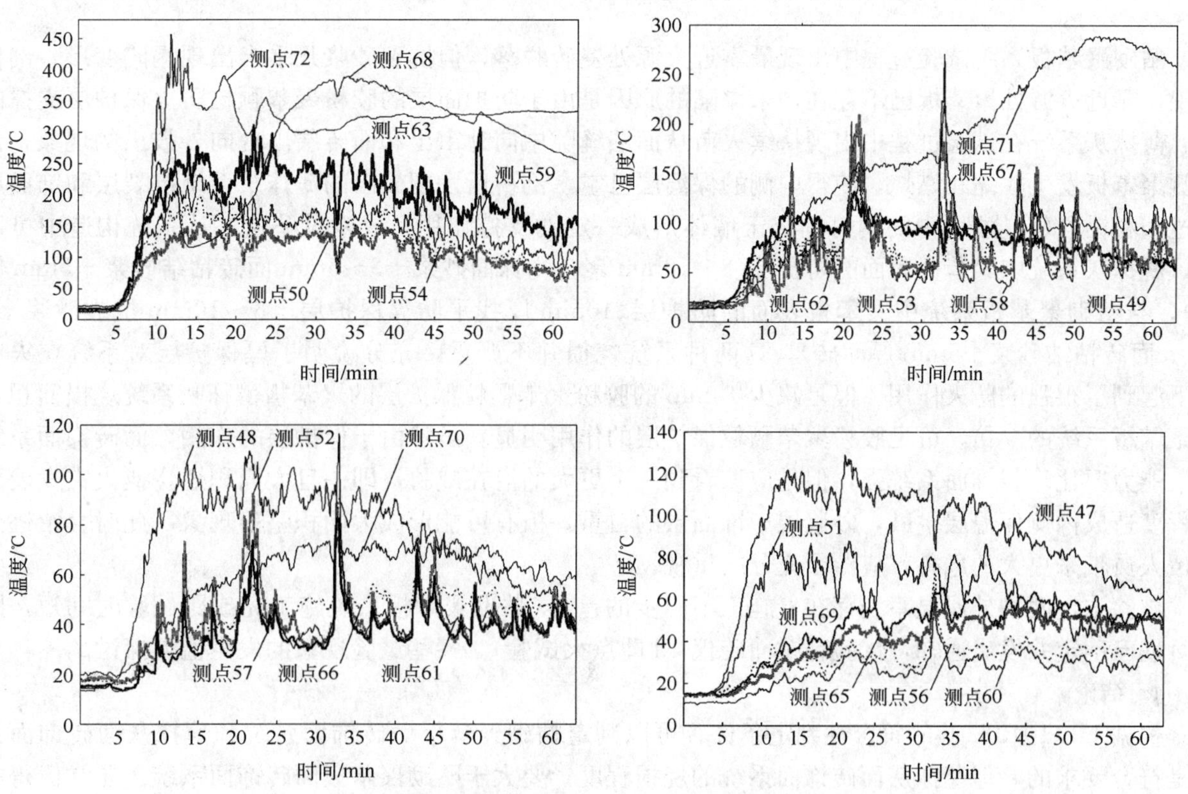

图 4-62　薄抹灰系统竖向分布对应测点的温度曲线

3）试验后的测量与观察

试验后，对2个系统保温层的破损程度进行了测量与观察，结果如表4-24和图4-63、图4-64所示。

2种构造系统烧损程度对比表　　**表4-24**

项　目	贴砌聚苯板系统	薄抹灰系统
烧损高度/m	1.83	5.33
烧损宽度/m	1.83	3.05
烧损面积/m²	3.07	11.15

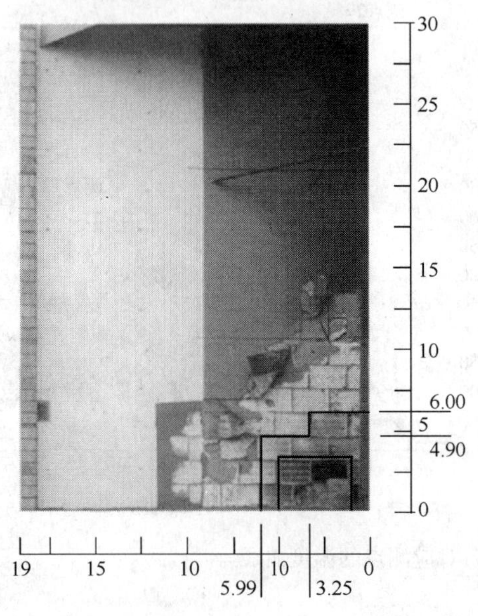

图4-63　试验后贴砌聚苯板系统的损坏状态

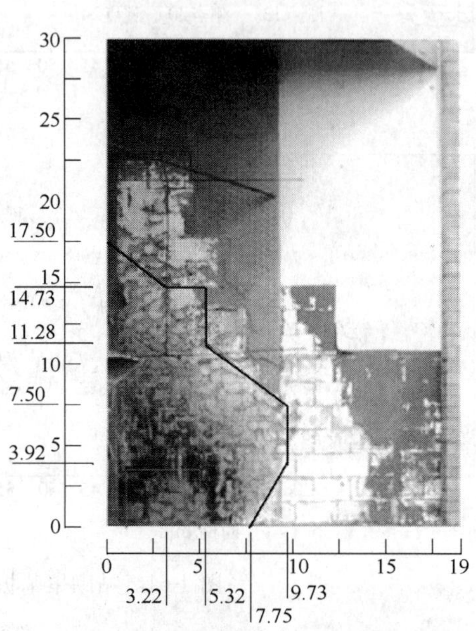

图4-64　试验后薄抹灰系统的损坏状态

贴砌聚苯板系统试验过程中出现最靠近火源处瓷砖脱落，但抗裂砂浆几乎未出现塌陷变形，剖析后发现，靠近火源处聚苯板已不存在，未塌陷的原因是由于防护面层的胶粉聚苯颗粒防火保护层支撑的结果。薄抹灰系统在试验过程中出现持续火苗从面层缝隙中向外窜出和面砖层出现向外鼓出的现象，说明内侧聚苯板发生收缩和燃烧，使得内侧的保温层已空，剖析后发现鼓出的薄抹灰系统抗裂层和饰面层是通过塑料锚栓（已烧毁）中的钢钉固定于墙体形成一定的支撑作用，故未见坠落。从系统构造中可以看出，薄抹灰系统中聚苯板表面的防护层（8～10mm聚合物抹面砂浆＋3～5mm面砖粘结砂浆＋5mm厚面砖），与贴砌聚苯板系统中聚苯板表面的防护层（10mm厚找平防火保护层＋8～10mm抗裂砂浆＋3～5mm面砖粘结砂浆＋5mm厚面砖），这两种系统烧损并不严重，充分说明了厚保护层对系统在火灾条件下起到了很强的防火作用。但是缺少10mm的胶粉聚苯颗粒保护层的聚苯板薄抹灰系统烧损面积是贴砌聚苯板系统的3倍，可见胶粉聚苯颗粒保护层的作用明显。虽然由于保护层的作用，面砖饰面系统的防火能力要比涂料饰面系统强，但是应该看到一个更大的潜在威胁，即一旦大面积燃烧或火灾发展到一定程度造成内侧保温层空鼓，砂浆层＋饰面层的自重，极有可能形成大面积坠落现象，此时会给逃生和救援人员带来更大的危害，应给予充分的重视。

试验中，两种外保温系统存在着施工不同步的差异（贴砌聚苯板系统施工完成距试验时间短，因试验日期已确定并发出通知，试验粘贴面砖仅4d即点火试验）。某些试验现象的发生值得探讨。

4. 结论

根据UL 1040试验的符合性判定条件，可以判定贴砌聚苯板面砖饰面系统和薄抹灰面砖饰面系统都是符合要求的，但薄抹灰面砖饰面系统的烧损程度，要大于贴砌聚苯板面砖饰面系统。非常值得关注的问题是，在此次试验中，不论是贴砌聚苯板系统还是薄抹灰系统，接近堆积木材火焰的受火部位都是贴有瓷砖的面层，聚苯板薄抹灰系统苯板外侧的厚度大于 16mm，而贴砌聚苯板系统苯板外侧多了 1 层 10mm 的防火隔离层，总厚度大于 26mm。因此，有机保温层外侧防火保护层的厚度对系统的防火性能起到至关重要的作用。

4.3.2.2 UL 1040 墙角火试验举例 2

1. 保温系统的构造

模型两面墙体的外保温系统，分别为胶粉聚苯颗粒贴砌聚苯板外保温系统和聚苯板薄抹灰外保温系统。每个保温系统的外饰面不再粘贴瓷砖饰面，只有涂料饰面。

胶粉聚苯颗粒贴砌聚苯板外保温系统和聚苯板薄抹灰外保温系统同 4.3.2.1。

2. 试验条件

1）环境条件：根据 UL 1040，试验模型应位于通风良好的大型试验室内，试验过程中的环境温度不得低于 15.6℃。试验当天环境温度约为 25℃，且试验过程中存在空气扰动因素。

2）试验火源：同 4.3.2.1。

3）温度测点：同 4.3.2.1。

4）试验监测：同 4.3.2.1。

3. 试验进程与观察现象

点火开始后，数据采集与观测约 60min。试验开始后 10min 时，薄抹灰系统顶部 2 面墙的交叉角部位保护层首先脱开，聚苯板被点燃，随后保护层脱开面积逐渐扩展，燃烧面积也随之扩展，至 9min 时，薄抹灰系统整个墙面全部开始燃烧，并在 13min 时墙面的聚苯乙烯全部燃烧完毕，见图 4-65。试验进行至约 50min 时，贴砌聚苯板系统火焰上方约 6m 处开始出现火焰，但未见火焰扩展，见图 4-66、图 4-67。

(a) (b) (c) (d)

图 4-65 贴砌聚苯板系统墙面燃烧过程中的状态(一)

(a)时间：0min；(b)时间：7min；(c)时间：9min；(d)时间：11min

(e)

(f)

图 4-65　贴砌聚苯板系统墙面燃烧过程中的状态(二)

(e)时间：12min；(f)时间：13min

图 4-66　50min 时燃烧状态

图 4-67　贴砌聚苯板系统墙面局部燃烧状态

破坏位置最先发生在顶部，是由于木材燃烧的烟气和热量在运动到顶部时，被无机不燃板挡住得以聚集，也是温度最高的地方。顶角部的聚苯板最先达到熔缩或燃烧的温度，而顶角部用于将薄抹灰系统和岩棉系统搭接的玻璃纤维网格布表面的乳液涂层也被烧毁，在高温下玻纤的抗拉强度大大损失，两种系统顶部搭接的部位最先烧断。由于砂浆的自重也使抗裂层和饰面层下坠，部分裸露出聚苯板，如图 4-66 所示。在第 9～10min 时出现轰燃，12min 时聚集在墙体底部和两侧下部的聚苯板熔滴在继续燃烧，13min 后，全部燃烧完毕，墙面只剩下聚苯板粘结砂浆。轰燃是火灾开始发展阶段的标志，在现实建筑火灾中一旦出现轰燃，将形成立体燃烧，火灾将很难处理，危险性大大增加。因此，从消防安全角度来讲，一定要将火灾控制在轰燃前的阶段，否则损失惨重。

1）温度曲线

① 火焰温度曲线，如图 4-68 所示。从图中可以看出，同一水平高度的温度测点，远离试验墙体的测点温度相对较低；不同水平高度的温度测点，测点温度随着测点距堆积木材距离的增加而降低。火焰温度测点测得的最高温度低于 1000℃。

② 贴砌聚苯板系统的温度曲线，如图 4-69 所示。

③ 薄抹灰系统的温度曲线，如图 4-70 所示。

④ 竖向分布对应测点的温度曲线，如图 4-71 所示。

2）试验过程描述、试验后的测量与观察

试验后，对两个系统的保温层的损坏程度进行了测量与观察，如表 4-25 和图 4-72、图 4-73 所示。

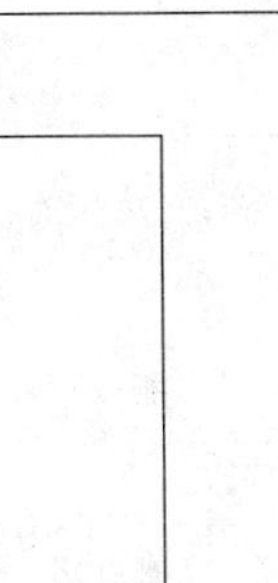

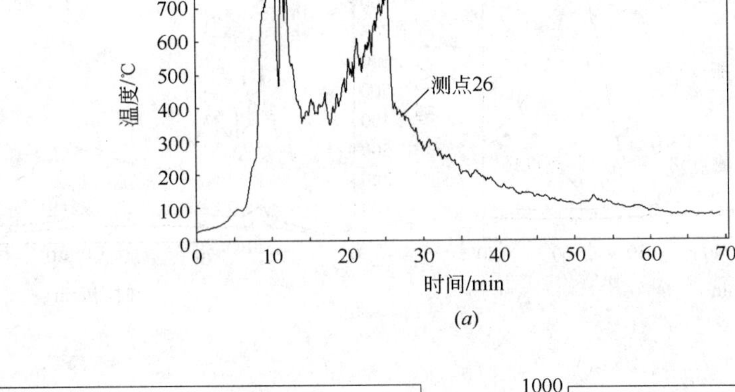

(a)

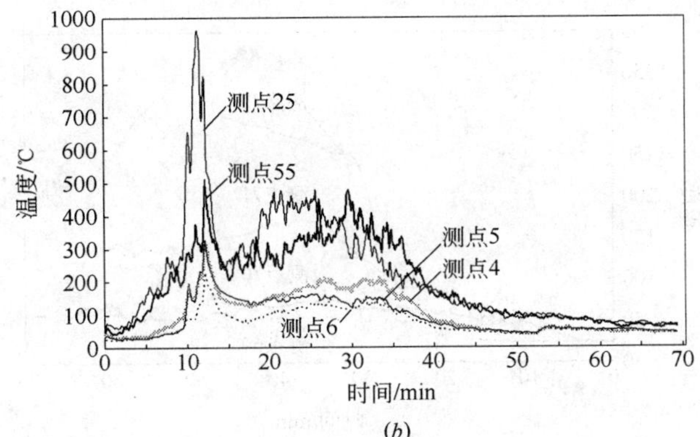

(b)

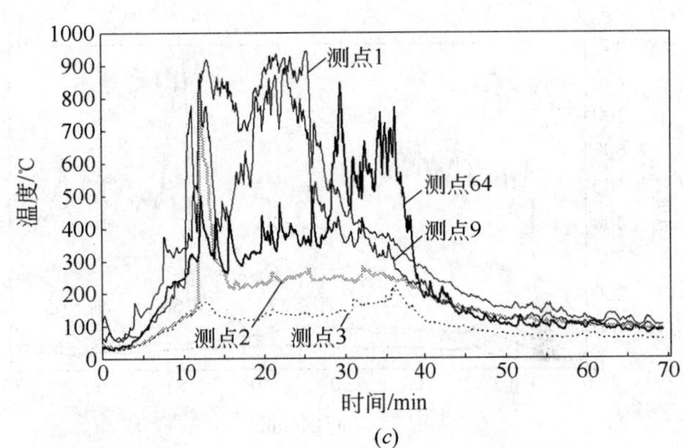

(c)

图 4-68 不同高度火焰温度曲线

(a)高度为 8.84m；(b)高度为 6.10m；(c)高度为 3.05m

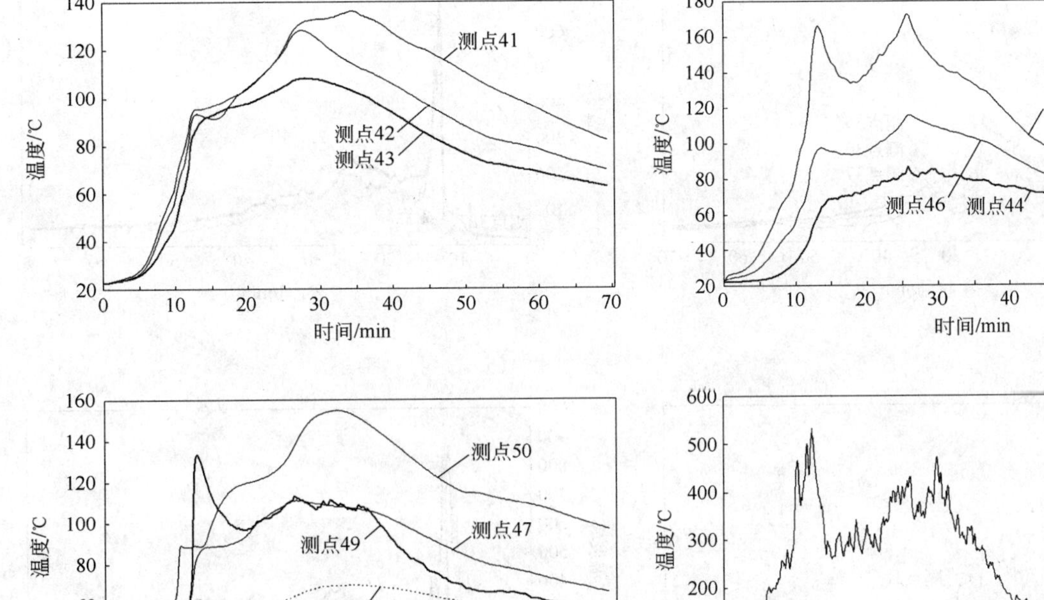

图 4-69 贴砌聚苯板系统的温度曲线(一)

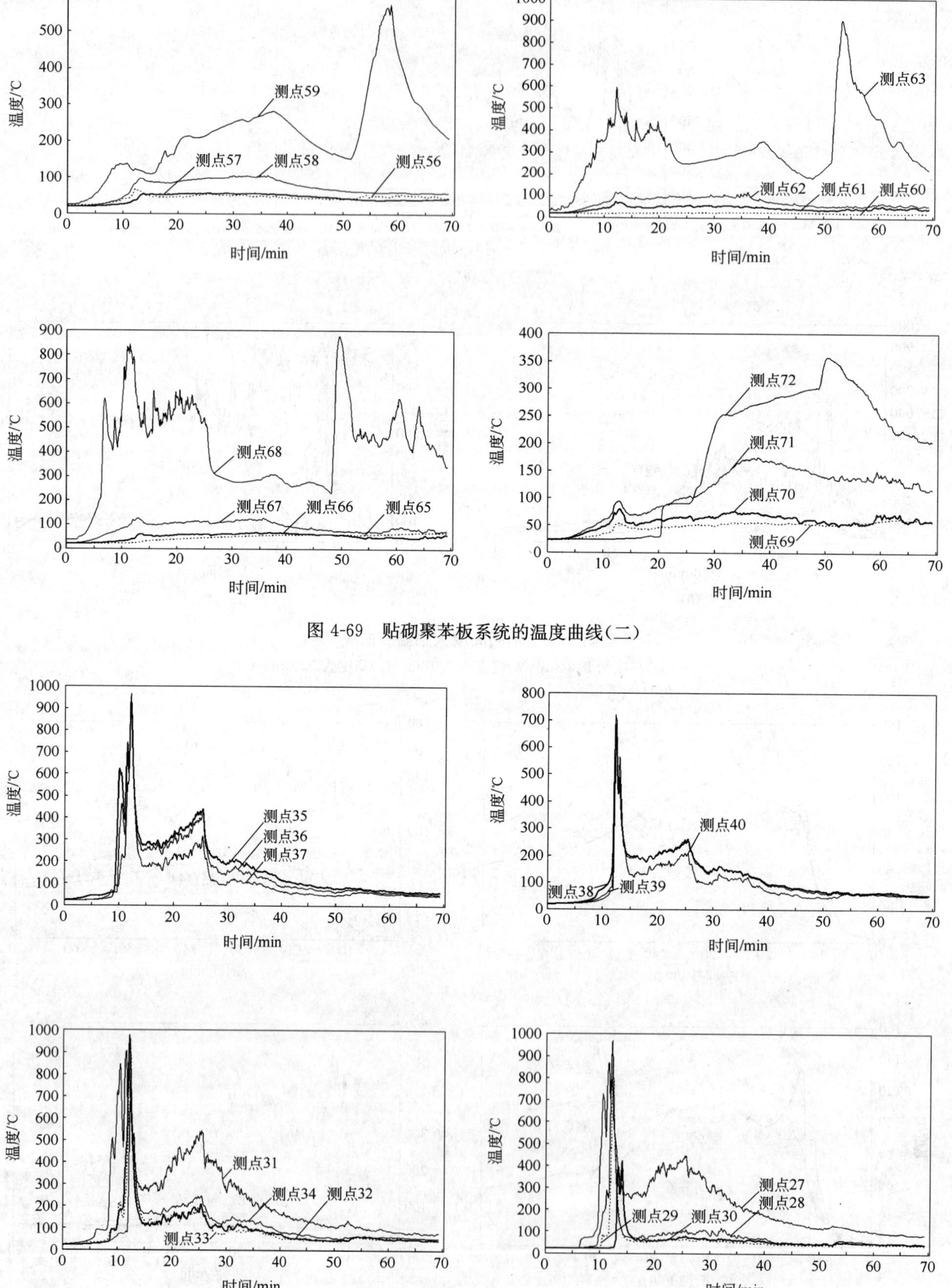

图 4-69　贴砌聚苯板系统的温度曲线(二)

图 4-70　薄抹灰系统的温度曲线(一)

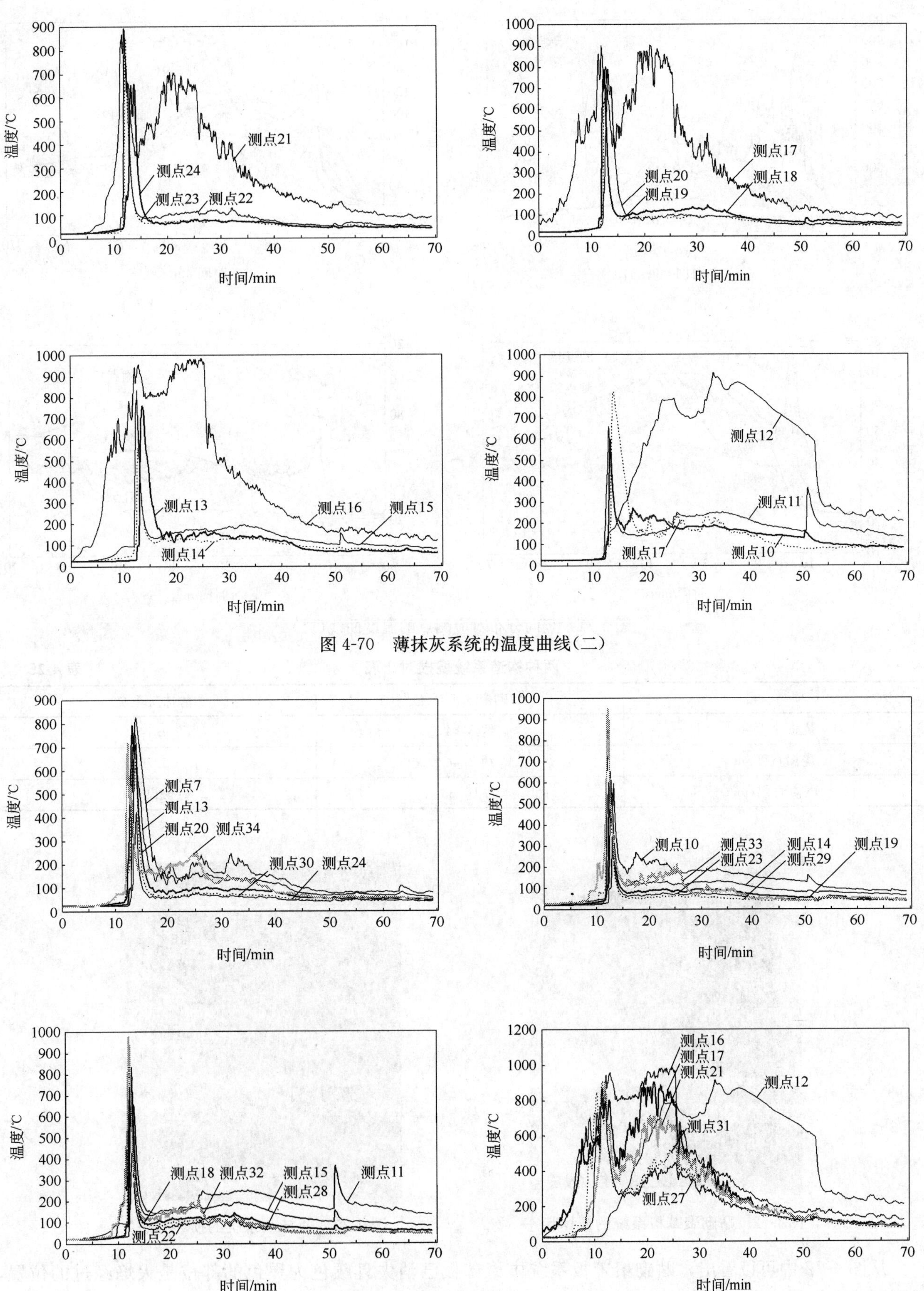

图 4-70 薄抹灰系统的温度曲线(二)

图 4-71 竖向分布对应测点的温度曲线(一)

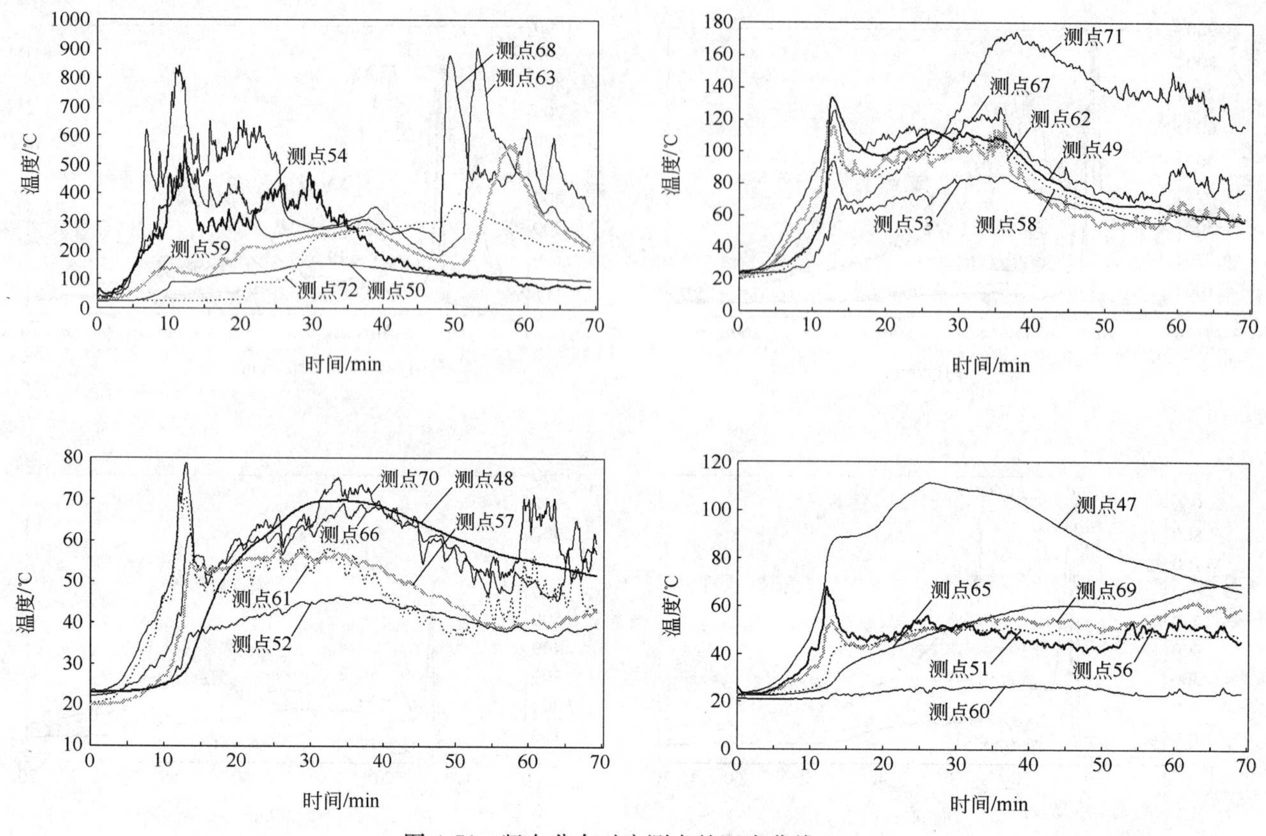

图 4-71　竖向分布对应测点的温度曲线(二)

两种构造系统烧损对比表　　**表 4-25**

项　目	贴砌聚苯板系统	薄抹灰系统
烧损高度/m	约 8.84	9.14
烧损宽度/m	约 2.44	5.79
烧损面积/m^2	约 16.35	52.95

图 4-72　贴砌聚苯板系统的损坏状态

图 4-73　薄抹灰系统的损坏状态

从图 4-72 中可以看出，贴砌聚苯板系统中聚苯板已消失且颜色为黑色的部位是火焰经过的位置，说明可能有燃烧迹象；靠近火焰经过位置的周边少量聚苯板出现熔缩现象，颜色为白色，说明聚苯板受热后已达到软化熔缩的温度，但还不足以使其燃烧。在试验过程中未发现火灾蔓延和大量浓烟出现的现象。这是由于该技术体系中的聚苯板六面均被难燃级的胶粉聚苯颗粒包裹，聚苯板之间相互独立，互相几乎不受影响，可有效阻止火灾蔓延。即使在系统的抗裂层和饰面层被烧毁的情况下，由于20mm厚的胶粉聚苯颗粒防火面层的存在，热量通过防火保护层，缓慢进入内部，使温度逐渐升高。而在封闭的内部，因为无空腔构造使得系统中几乎没有聚苯板燃烧需要的氧气，即使单块聚苯板发生熔缩后燃烧，由于防火隔离的存在，也不会使火焰蔓延至相邻的聚苯板，而只作用在六面胶粉聚苯颗粒上，试验现象也证明了这一点。而聚苯板薄抹灰外保温系统恰好没有这三种构造措施，墙面全部被烧毁裸露出基层和粘结砂浆层，如图4-73所示。因此，在强火灾存在的条件下，是否存在空腔、防火隔离和防火面层这三个构造，是外保温系统在受到火灾侵袭时，能否导致火灾蔓延的关键。

4. 结论

根据UL 1040模型火试验中的判定原则，贴砌聚苯板系统符合要求，而薄抹灰系统不符合要求。

4.3.2.3 UL 1040墙角火试验举例3

1. 保温系统的构造

模型两面外保温墙体均为喷涂硬泡聚氨酯外保温系统。其中一面保温墙按协会标准《胶粉聚苯颗粒复合型外保温系统》(CAS 126—2005)中喷涂硬泡聚氨酯(有胶粉聚苯颗粒防火保护面层，以下简称有防火面层)涂料饰面系统的要求制作，基本构造见表4-26和图4-74。另一面保温墙与第1种不同的是没有胶粉聚苯颗粒粘结找平层，基本构造见表4-27和图4-75。

喷涂硬泡聚氨酯外保温系统(有防火面层)涂料饰面基本构造 表4-26

基层墙体①	系统的基本构造				
	界面层②	保温层③	找平层④	抗裂防护层⑤	饰面层⑥
240mm混凝土砌块	聚氨酯防潮底漆	喷涂35mm厚的硬泡聚氨酯＋聚氨酯界面砂浆	2cm胶粉聚苯颗粒粘结找平浆料	3～5mm抗裂砂浆复合耐碱网格布	1.5mm柔性耐水腻子＋弹性涂料

喷涂硬泡聚氨酯外保温系统(无防火面层)涂料饰面基本构造 表4-27

基层墙体①	系统的基本构造		
	保温层②	抗裂防护层③	饰面层④
240mm混凝土砌块	喷涂40mm厚的硬泡聚氨酯	3～5mm抗裂砂浆复合耐碱网格布	1.5mm柔性耐水腻子＋弹性涂料

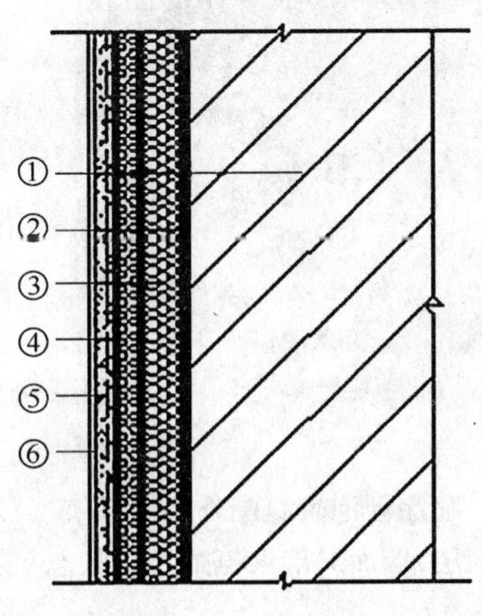

图4-74 喷涂硬泡聚氨酯外保温系统(有防火面层)构造示意图

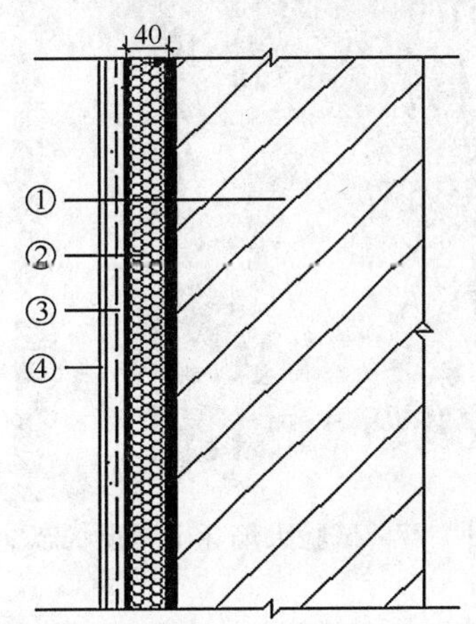

图4-75 喷涂硬泡聚氨酯外保温系统(无防火面层)涂料饰面基本构造示意图

2. 试验条件

1) 环境条件：根据UL 1040，试验模型应位于通风良好的大型试验室内，试验过程中的环境温度不得低于 15.6℃。而试验时环境温度低于 15.6℃，且试验过程中存在空气扰动因素。

2）试验火源：同 4.3.2.1。

3）温度测点：试验过程中，对 UL 1040 要求的温度测点部位进行了调整，堆积木材上方设置了 13 个温度测点，墙体表面设置了 66 个温度测点，大气环境设置了 1 个温度测点，温度测点总数为 80 个。如图 4-76 所示。

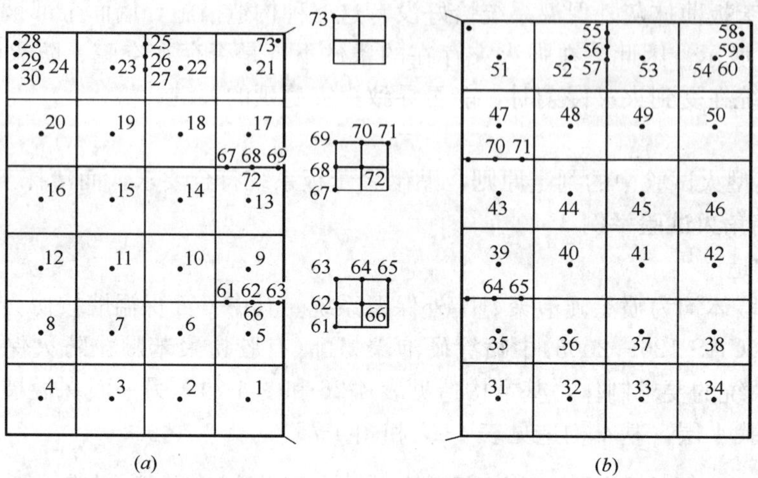

图 4-76　温度测点布位示意图

(a)从东看西墙；(b)从南看北墙

4）试验监测：同 4.3.2.1

3. 试验结果

1）试验进程与现象观察

点火开始后，数据采集与观测约 35min。试验过程中，火焰到达模型顶部，并将顶部受火部位的无机板烧穿，火焰穿出屋顶，见图 4-77。

试验开始后 18min 时，无胶粉聚苯颗粒防火面层的硬泡聚氨酯系统顶部两面墙的交叉角部位保护层首先脱开，聚氨酯被点燃，随后顶部保护层脱开面积稍有扩展，但未造成火焰水平方向传播，见图 4-78。

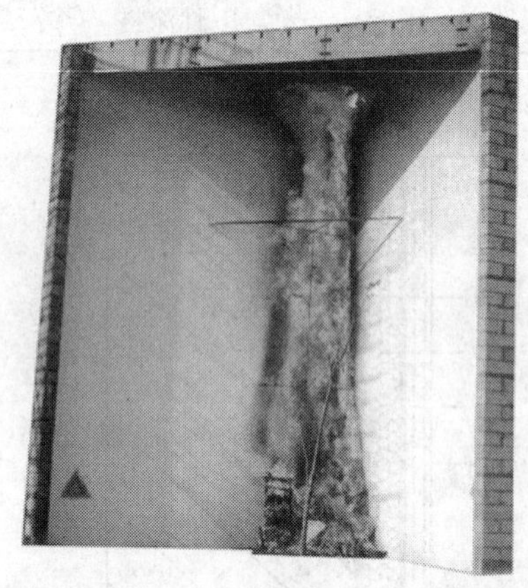

图 4-77　试验火焰穿出屋顶状态

图 4-78　喷涂硬泡聚氨酯外保温系统（无防火面层）墙面局部聚氨酯燃烧状态

试验结束时，无胶粉聚苯颗粒防火面层的硬泡聚氨酯系统，沿墙角区域的受火部位保护层均脱落，内部聚氨酯燃烧炭化。墙体的其他部位未见火焰。

2）温度曲线

① 火焰温度曲线，如图 4-79 所示。从图中可以看出，同一水平高度的温度测点，远离试验墙体的

测点温度相对较低；不同水平高度的温度测点，测点温度随测点距堆积木材距离的增加而降低。火焰温度测点测得的最高温度低于1000℃。

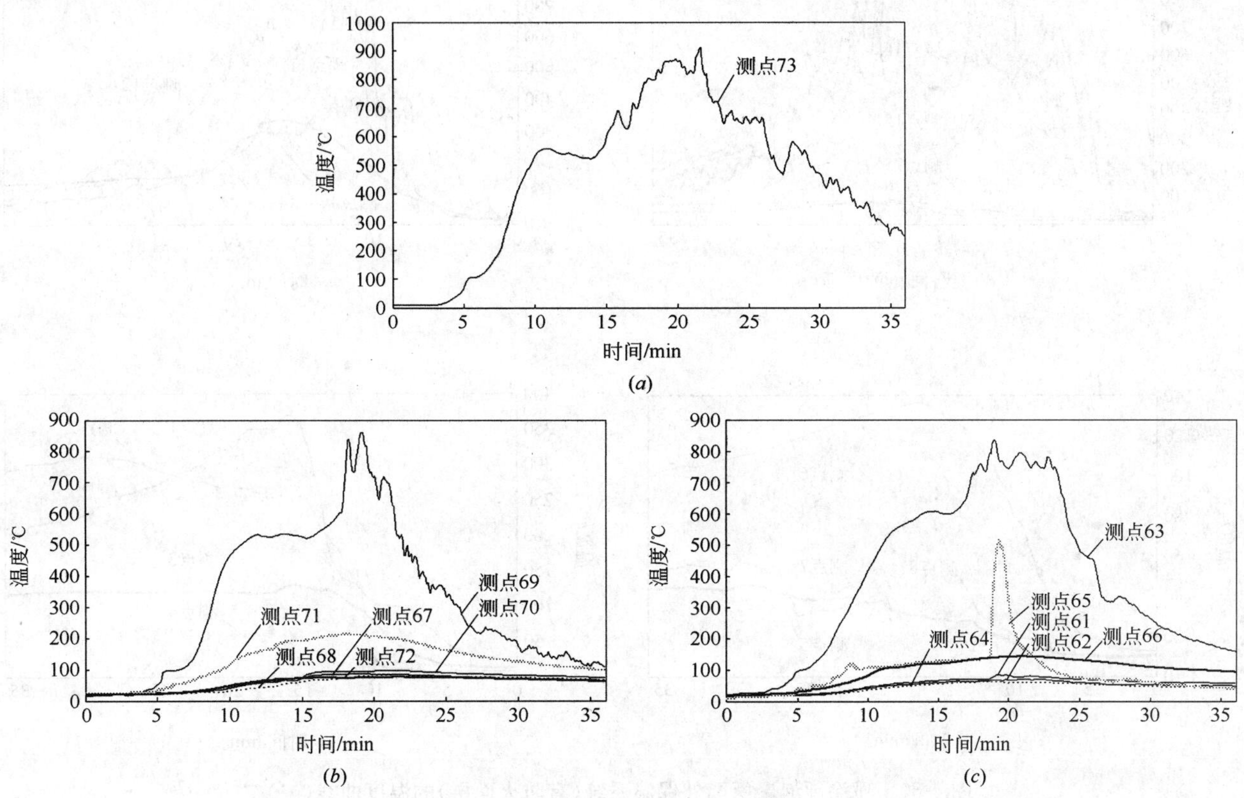

图 4-79 不同高度火焰温度曲线

(a)高度为8.84m；(b)高度为6.10m；(c)高度为3.05m

② 喷涂硬泡聚氨酯外保温系统(有防火面层)的温度曲线，如图4-80所示。

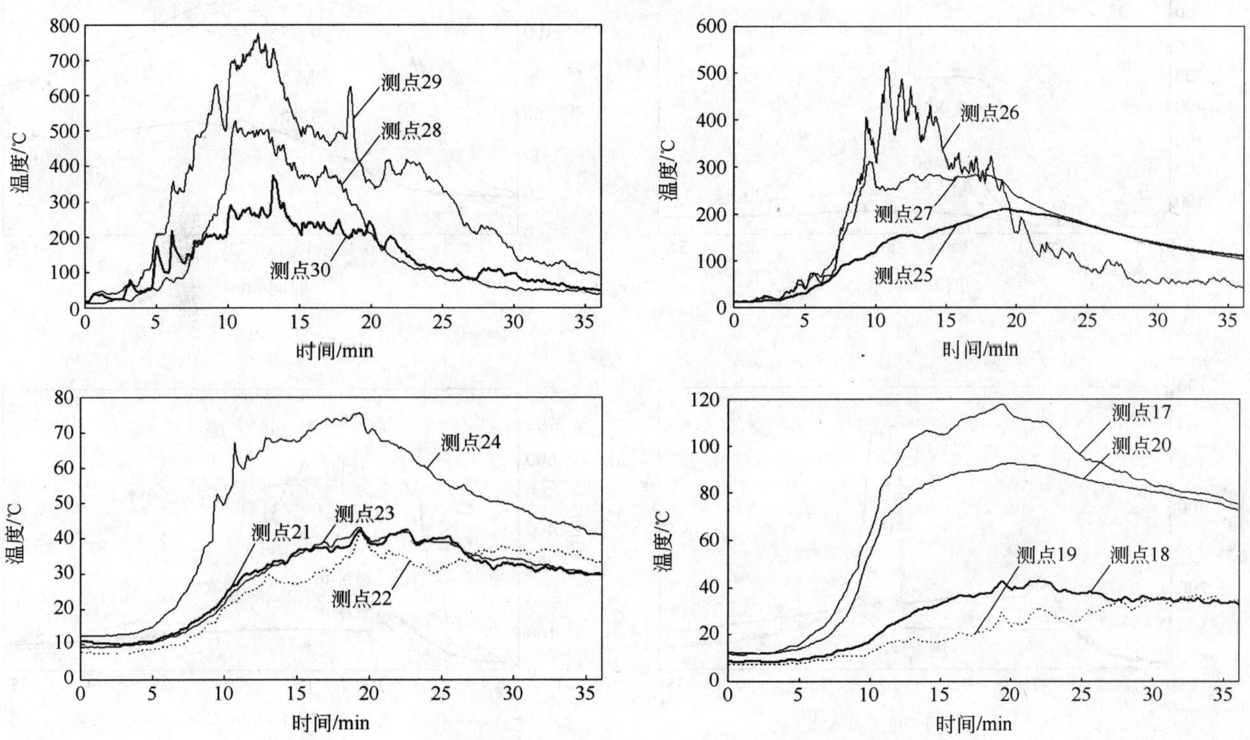

图 4-80 喷涂硬泡聚氨酯外保温系统(有防火面层)的温度曲线(一)

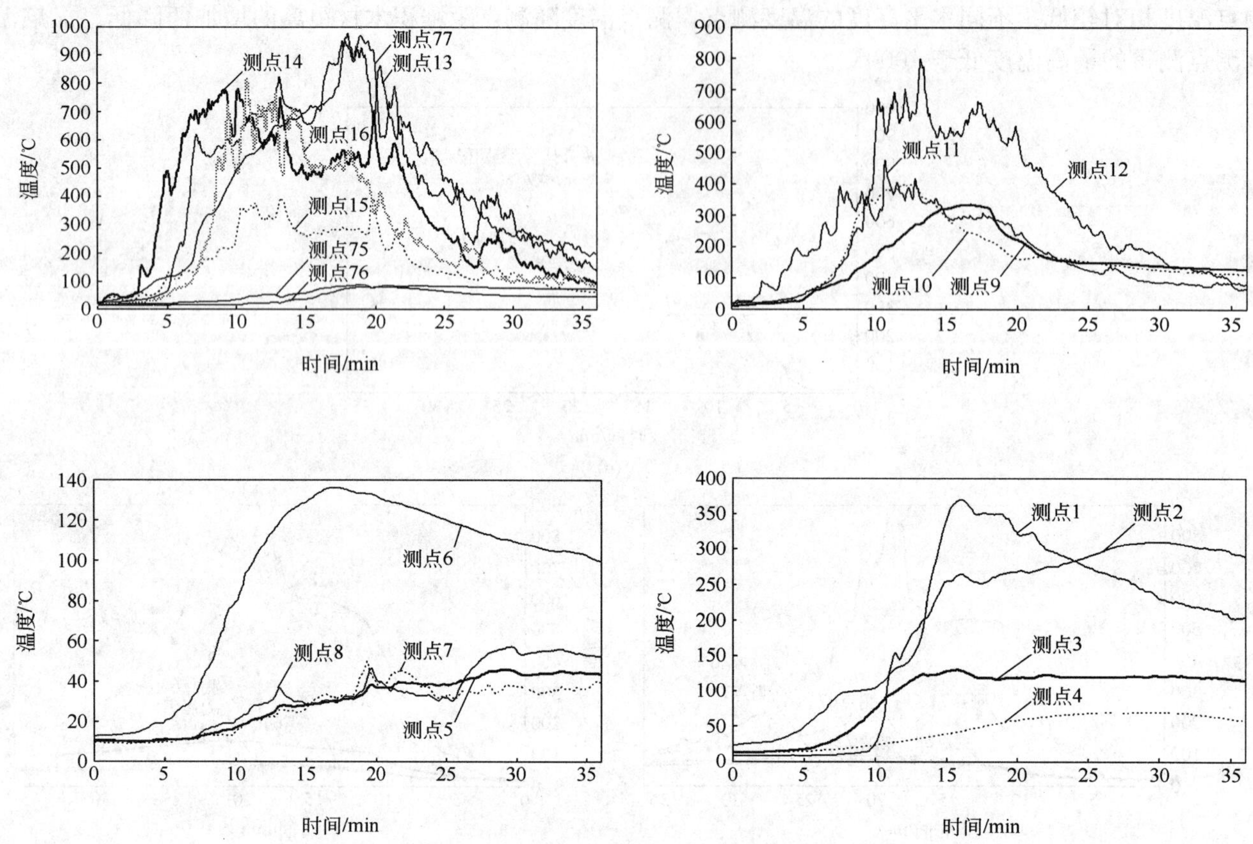

图 4-80 喷涂硬泡聚氨酯外保温系统（有防火面层）的温度曲线（二）

③ 喷涂硬泡聚氨酯外保温系统（无防火面层）的温度曲线，如图 4-81 所示。

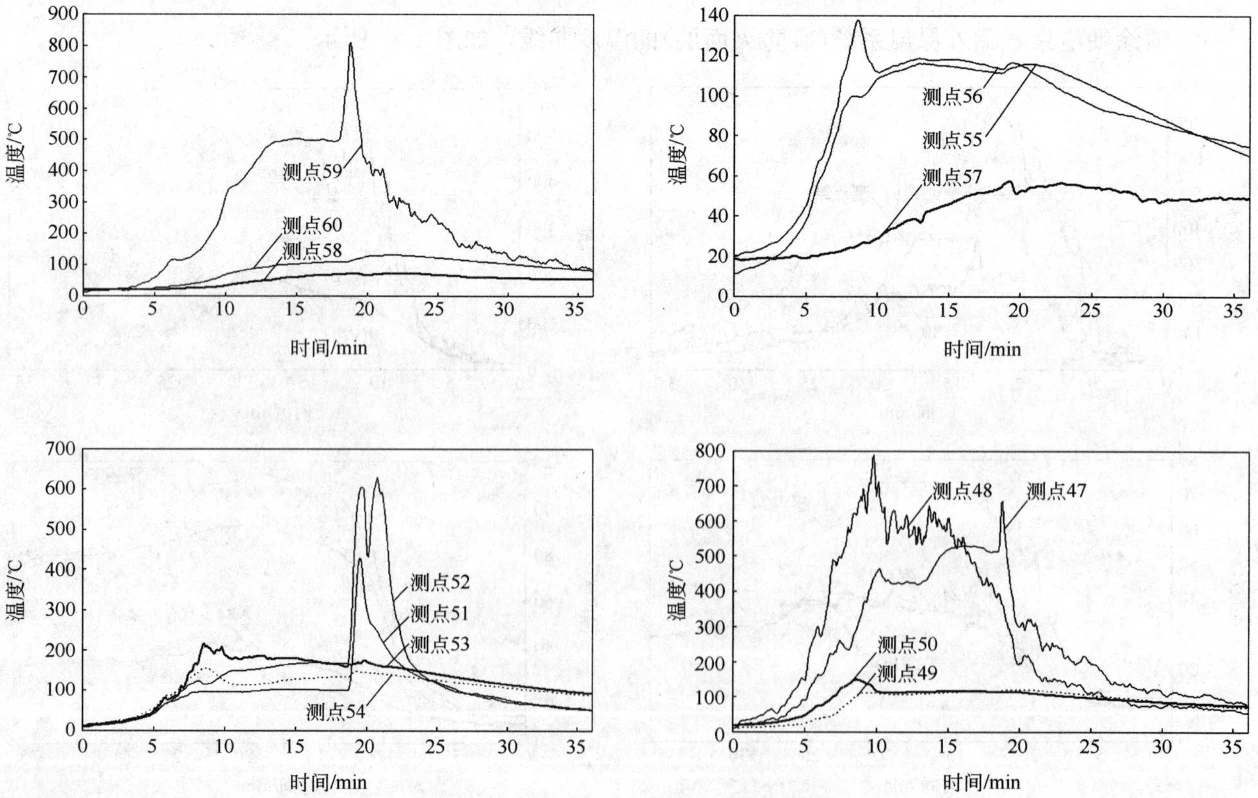

图 4-81 喷涂硬泡聚氨酯外保温系统（无防火面层）的温度曲线（一）

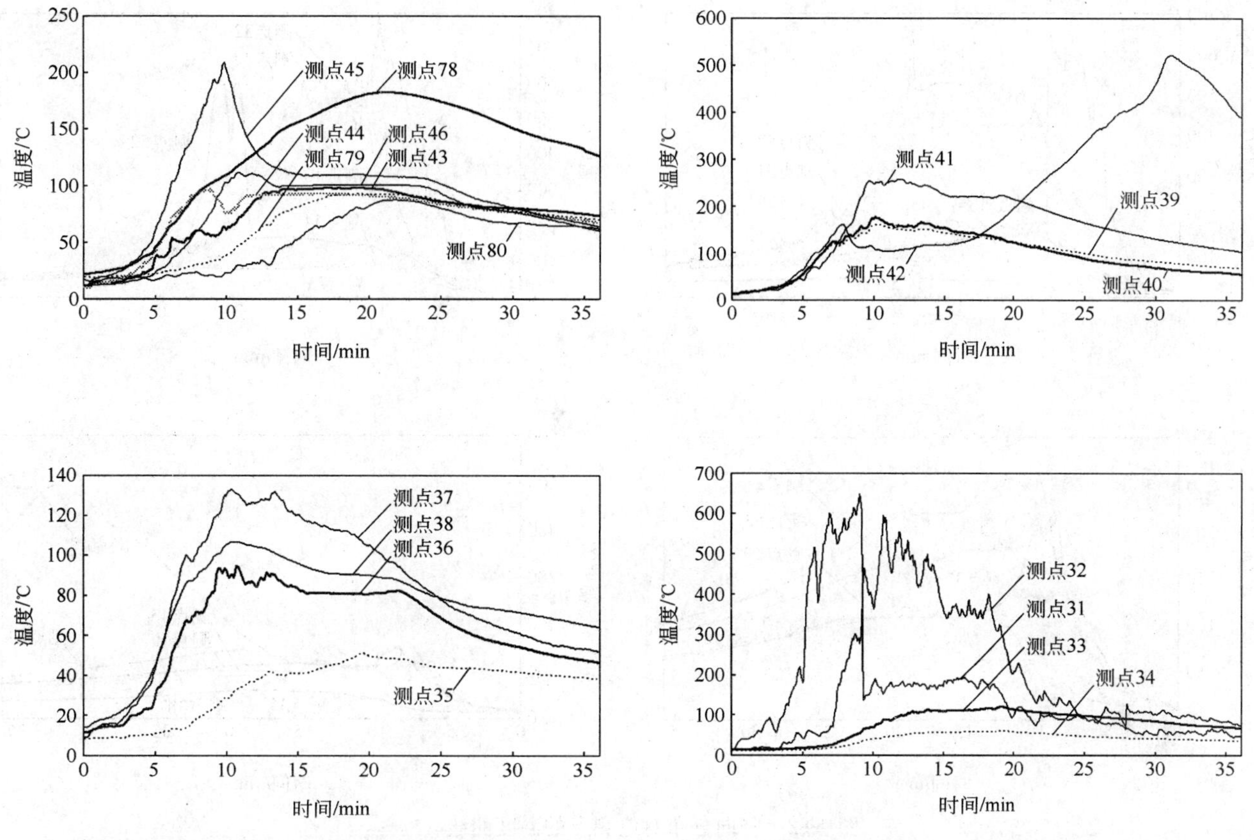

图 4-81 喷涂硬泡聚氨酯外保温系统（无防火面层）的温度曲线（二）

④ 竖向分布对应测点的温度曲线，如图 4-82 所示。

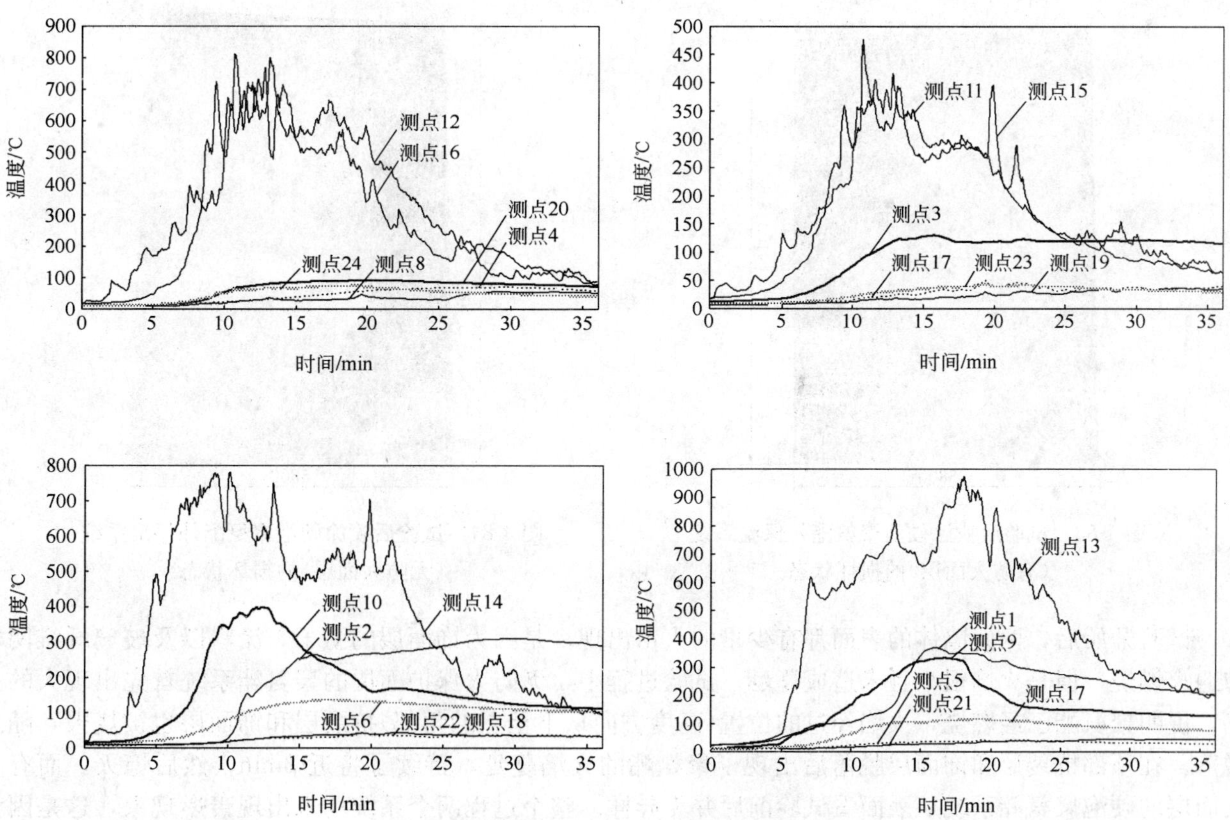

图 4-82 竖向分布对应测点的温度曲线（一）

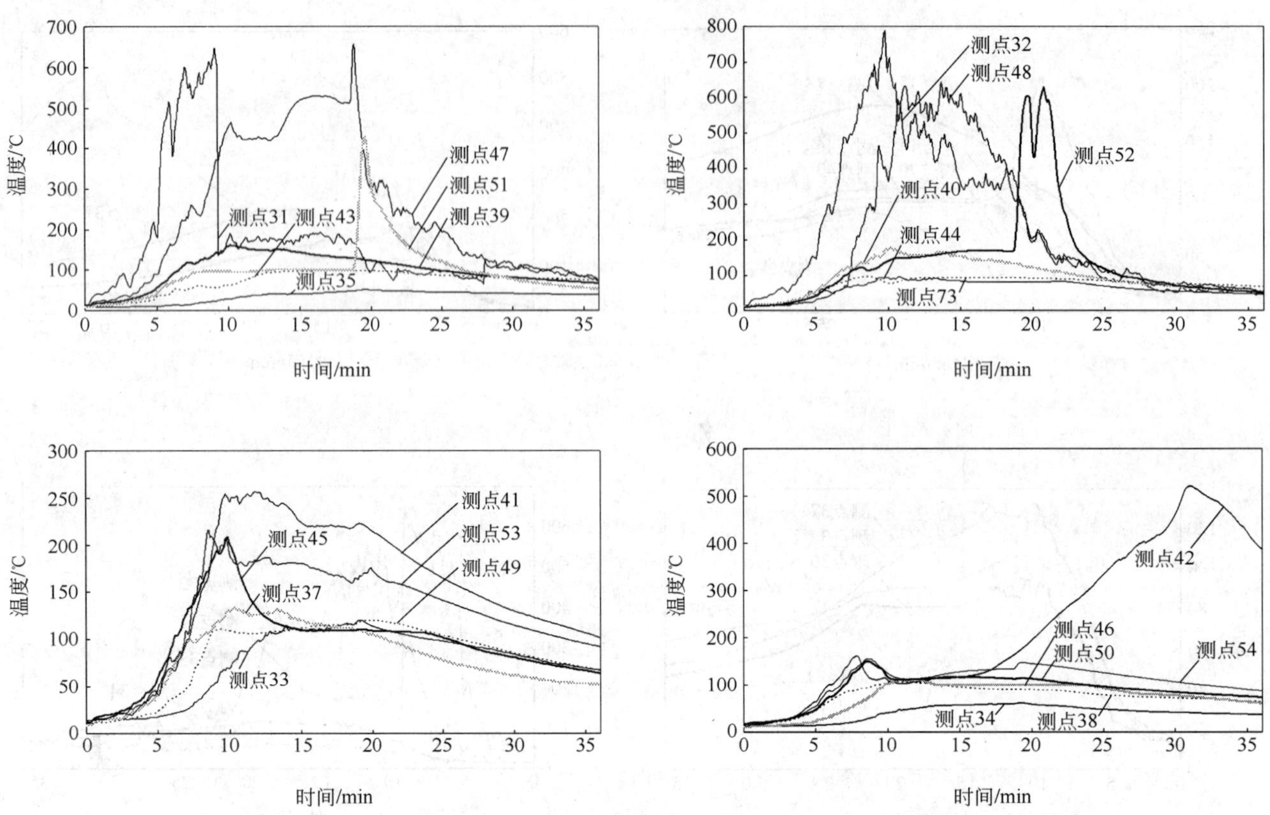

图 4-82　竖向分布对应测点的温度曲线(二)

3）试验后的测量与观察

试验后，对 2 个系统的保温层损坏程度进行了测量与观察，结果如图 4-83、图 4-84 所示。

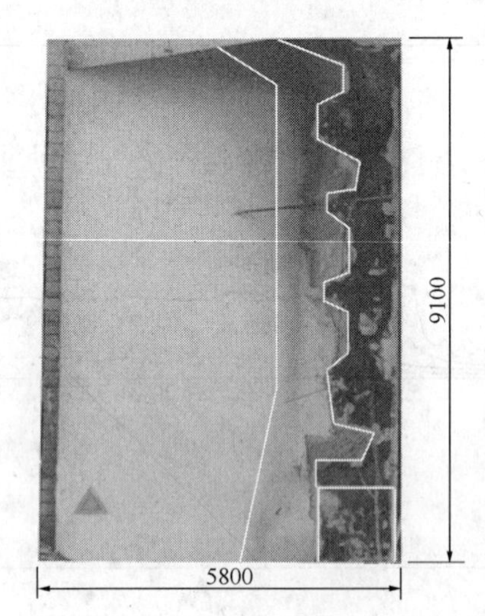

图 4-83　试验后喷涂硬泡聚氨酯外保温系统（有防火面层）的损坏状态

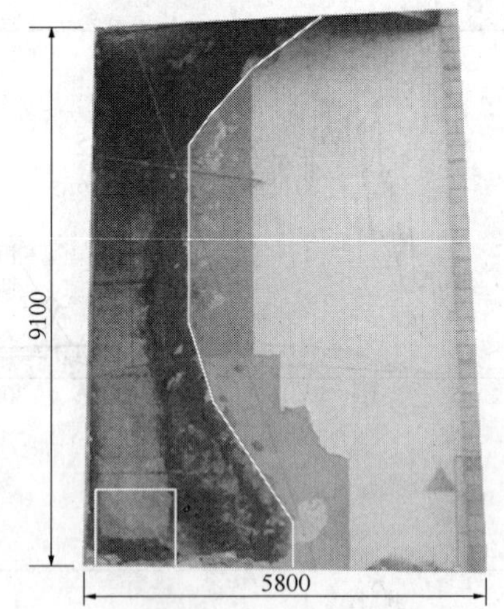

图 4-84　试验后喷涂硬泡聚氨酯外保温系统（无防火面层）的损坏状态

试验开始后，两面墙体的表面都有少量的火苗出现，是因为饰面层的腻子、涂料以及玻璃纤维网格布遇火燃烧，但是火焰很小且未造成蔓延。试验过程中，无防火保护面层的聚氨酯系统首先出现大的火焰，说明聚氨酯已经燃烧，火焰经过的位置(高度方向从下至上的角部)抗裂层和饰面层也被烧毁，随之脱落。在顶部抗裂层和饰面层脱落后出现了聚氨酯的火焰蔓延，持续了将近 2min，然后熄灭。而有防火面层的硬泡聚氨酯系统从表面看试验前后并无异样。整个过程两个系统均未出现轰燃现象，这是因为虽然无防火保护层的聚氨酯外保温系统是薄抹灰，但由于该系统无空腔，并且聚氨酯是一种热固性材料，燃烧时会出现表面炭化，与第 2 次火灾试验相比，都可能成为未发生大面积燃烧的原因。试验后剖析结果如图 4-83、4-84 所示。有防火面层的硬泡聚氨酯系统试验后破损状态不规则，这是因为喷涂聚氨酯施工完毕后，表面凸凹不平，导致胶粉聚苯颗粒的找平厚度出现差异，根据竖炉试验的结果，防火性能也随着保护层厚度增加而增强，因此会出现聚氨酯受火破坏的程度，因找平厚度不同而出现差异的结果。

4. 结论

根据 UL 1040 模型火试验中的判定原则，有防火面层的硬泡聚氨酯系统和无防火面层的硬泡聚氨酯系统都符合要求。但是，在此试验中不能对火灾状态下释放的烟、毒性气体等进行评价，而聚氨酯在燃烧过程中释放有毒有害气体，也是对人体造成危害的重要因素。

4.3.2.4 UL 1040 墙角火试验举例 4

1. 系统构造

硬泡聚氨酯复合板外保温系统的层面构造参见图 4-85。构造特点如下：

1）系统的保温层为 1200mm×600mm×20mm 的硬泡聚氨酯复合板，与基层墙体的粘贴参照 GB 50404《硬泡聚氨酯保温防水工程技术规范》及《硬泡聚氨酯外保温工程技术导则》的要求进行，参见图 4-86，采用点框法粘贴，粘贴面积大于 40%，保温板与基层墙体的粘贴(保温板之间相互贴实)有空腔构造，在非火灾条件下，空腔是不贯通的，系统无分仓构造。

2）保护层总厚度约 6～8mm，其中抹面砂浆(抹面胶浆)层的厚度约 3～6mm。

3）试验模型墙体的边角部位玻璃纤维网格布翻包加强。

4）系统内部未设置防火隔离带。

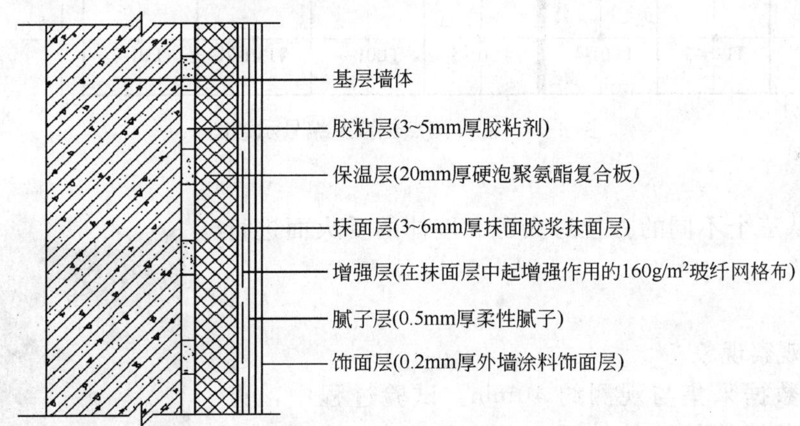

图 4-85 系统层面构造示意图

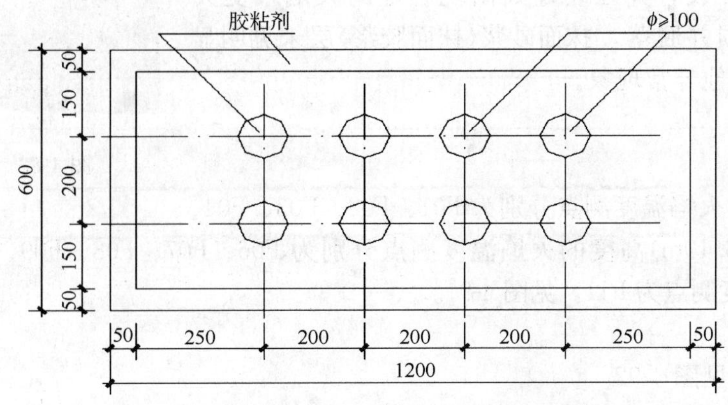

图 4-86 硬泡聚氨酯复合板点框法粘贴示意图

2. 试验条件

1）试验火源

同 4.3.2.1。

2）温度测点

按照 UL 1040 的规定，堆积木材上方设置了 11 个温度测点，墙体表面设置了 60 个温度测点，大气环境设置了 1 个温度测点，共 72 个温度测点。测点位置及编号如图 4-87 所示。

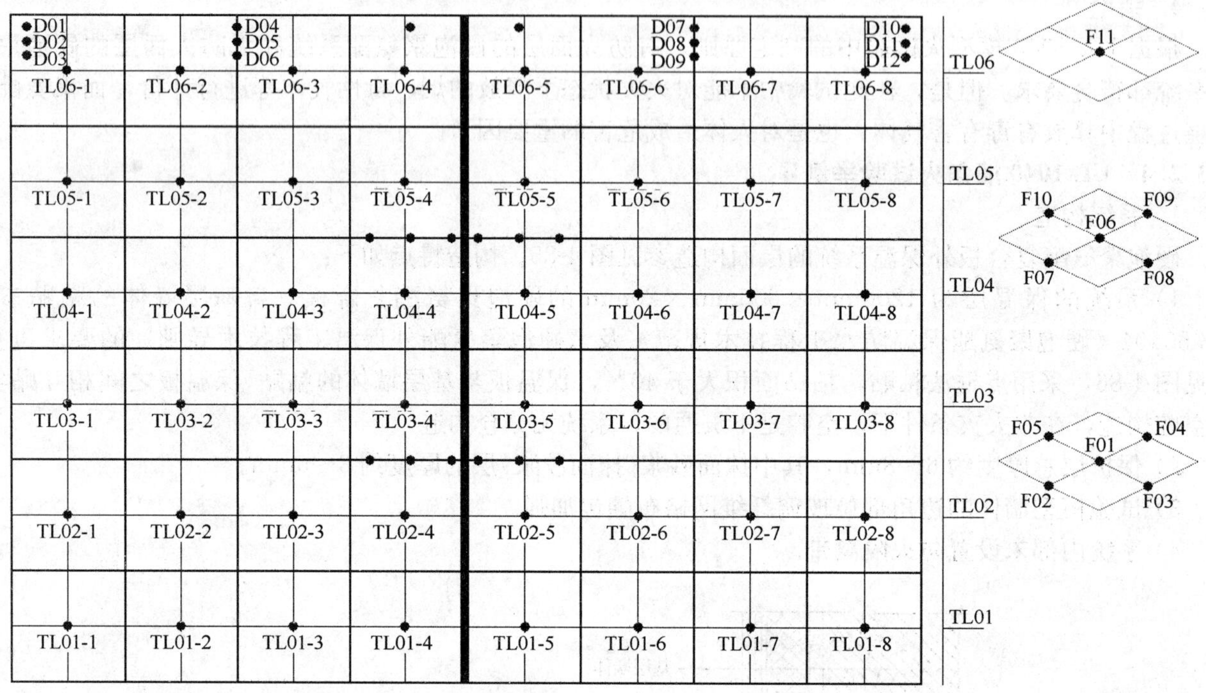

图 4-87　温度测点位置及编号示意图

3）试验观测

试验过程中，从三个不同的方位对火源和墙体的受火面进行了摄像。

3. 试验结果

1）试验进程与观察现象

点火开始后，数据采集与观测约 40min。试验过程中，火焰到达模型顶部，保温系统墙体的受火状态见图 4-88。期间，未发现墙体表面有明显的燃烧现象，只发现保温系统表面受火区域的保护层有少量开裂，并在裂缝处出现燃烧的火焰，受火区域的饰面涂层被烧损并脱落，抹面砂浆(抹面胶浆)层未见明显的脱落，也未观测到其他异常现象。

图 4-88　墙体的受火状态

2）测点温度曲线

火焰温度曲线

10ft(3.05m)高度的火焰温度测点分别为 F01、F02、F03、F04、F05，见图 4-89；20ft(6.10m)高度的火焰温度测点分别为 F06、F07、F08、F09、F10，见图 4-90；29ft(8.84m)高度的火焰温度测点为 F11，见图 4-91。

3）环境温度曲线

环境温度测点曲线见图 4-92。

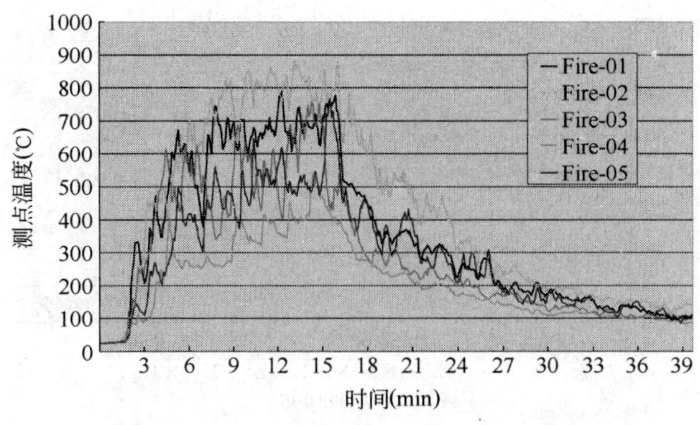

图 4-89 10ft(3.05m)高度火焰温度曲线

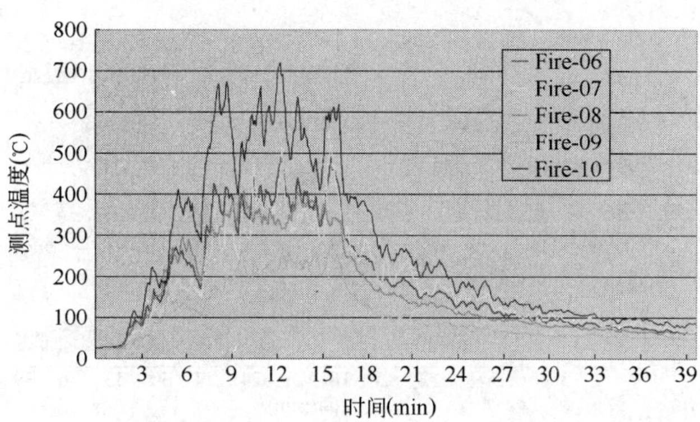

图 4-90 20ft(6.10m)高度火焰温度曲线

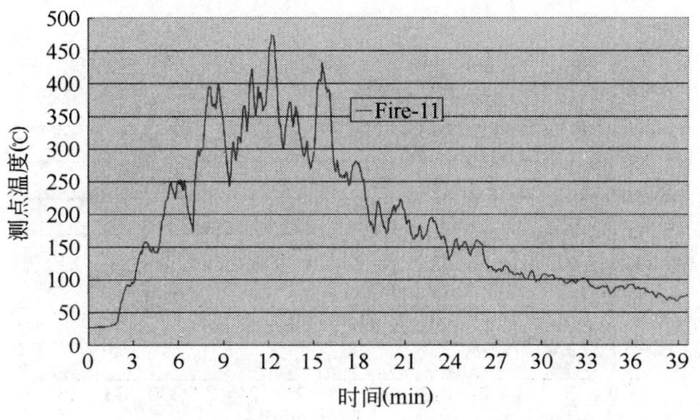

图 4-91 29ft(8.84m)高度火焰温度曲线

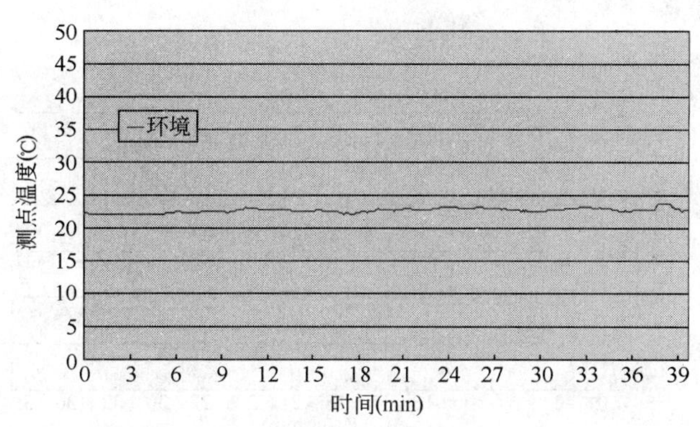

图 4-92 环境温度曲线

4）墙体表面温度曲线

墙体表面共设置 60 个温度测点，测点位置参见图 4-87，温度曲线见图 4-93～图 4-110。

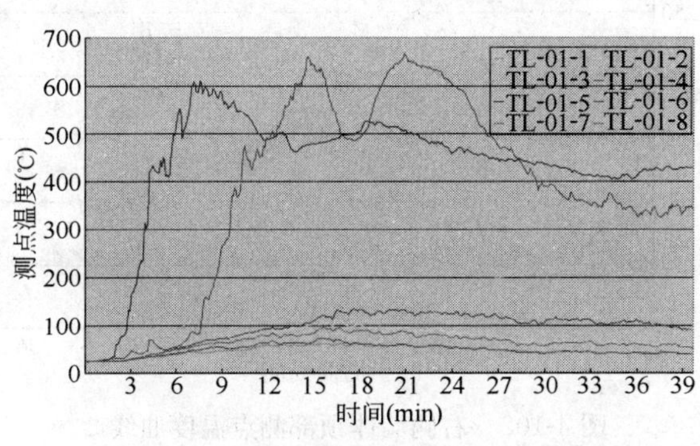

图 4-93 TL01 测点水平排列温度曲线

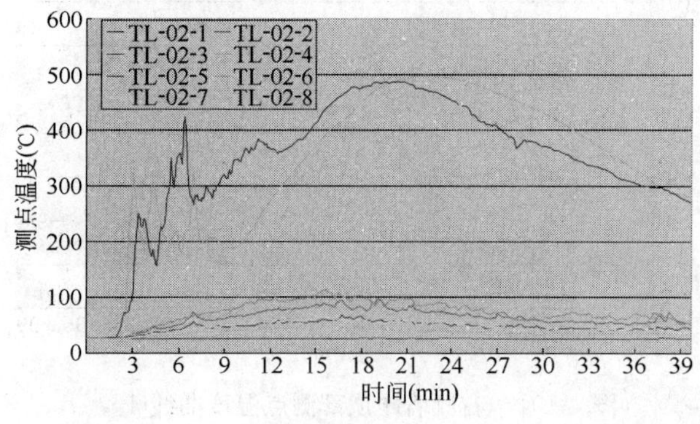

图 4-94 TL02 测点水平排列温度曲线

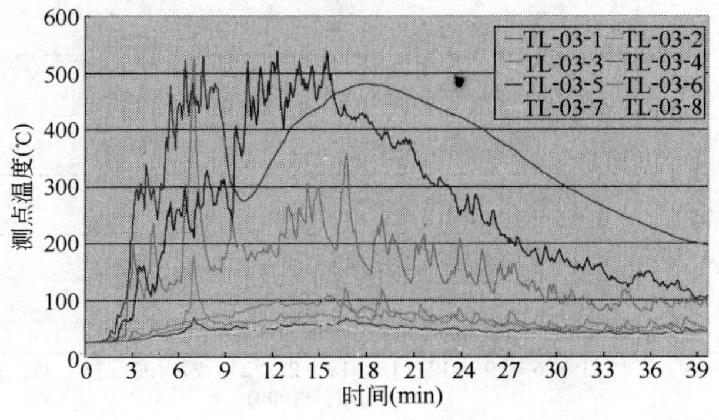

图 4-95 TL03 测点水平排列温度曲线

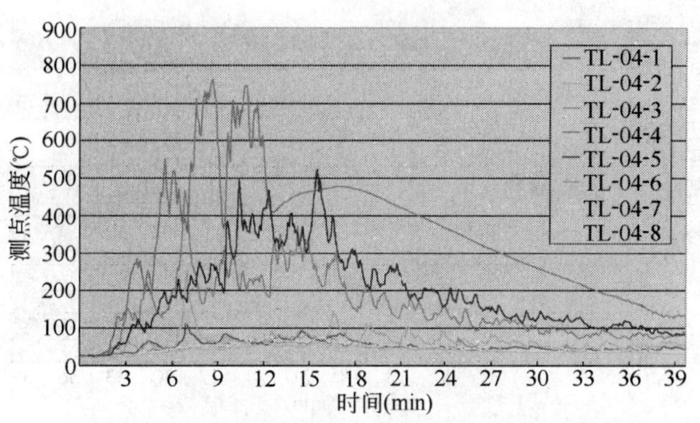

图 4-96 TL04 测点水平排列温度曲线

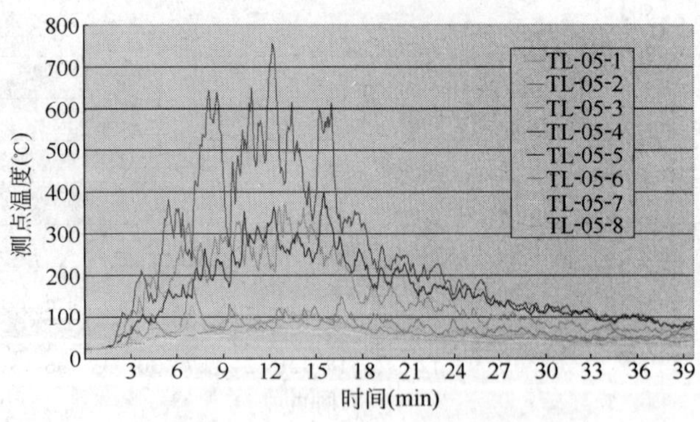

图 4-97 TL05 测点水平排列温度曲线

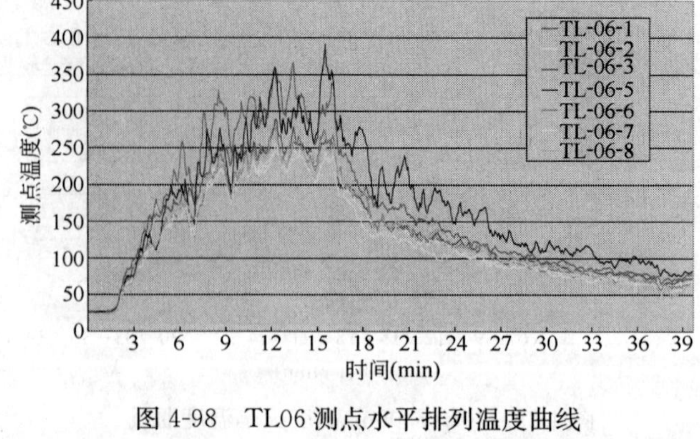

图 4-98 TL06 测点水平排列温度曲线

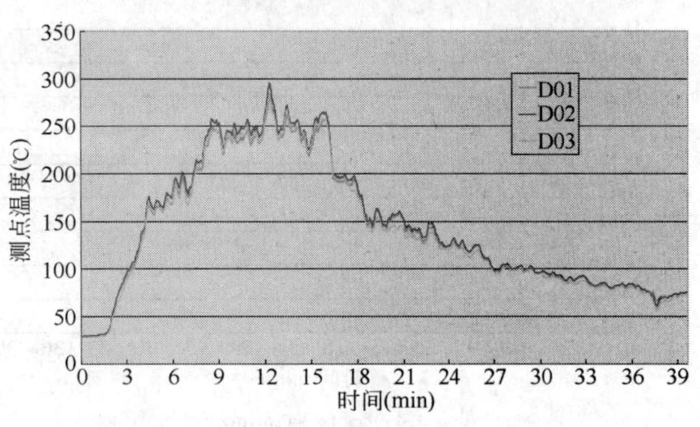

图 4-99 左侧墙体顶部测点温度曲线 1

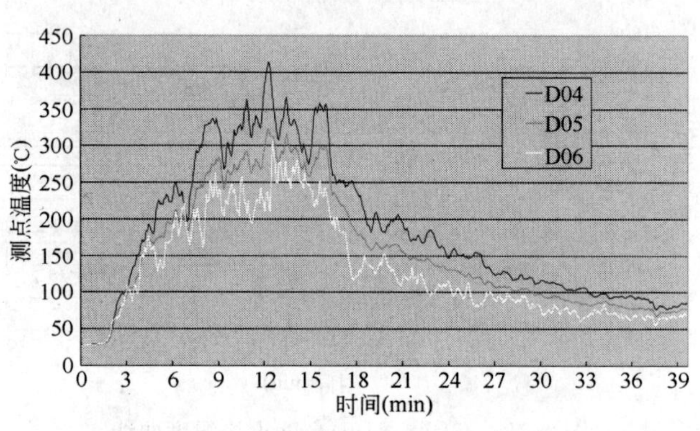

图 4-100 左侧墙体顶部测点温度曲线 2

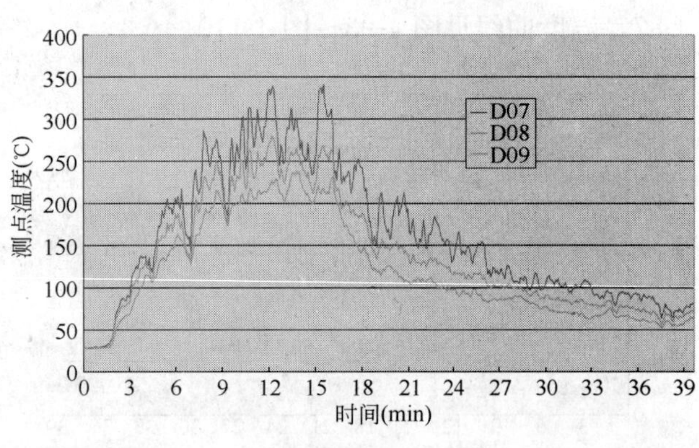

图 4-101 右侧墙体顶部测点温度曲线 1

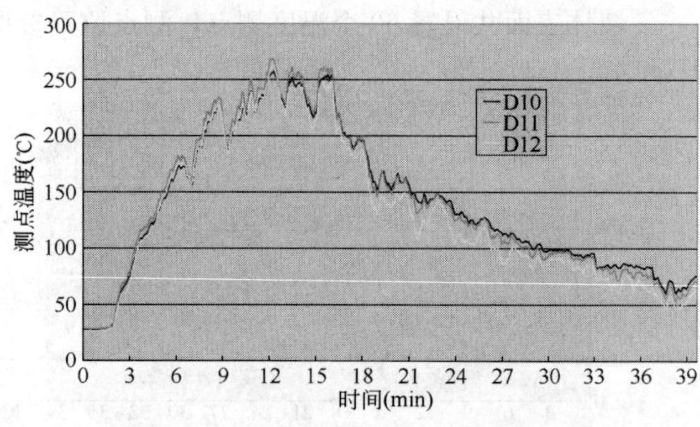

图 4-102 右侧墙体顶部测点温度曲线 2

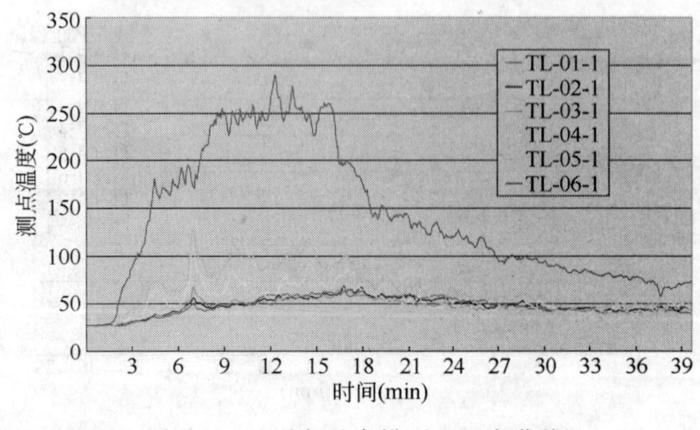

图 4-103 测点垂直排列 1 温度曲线

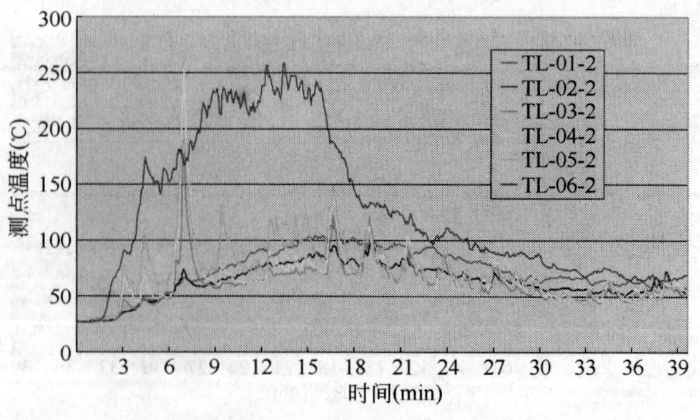

图 4-104 测点垂直排列 2 温度曲线

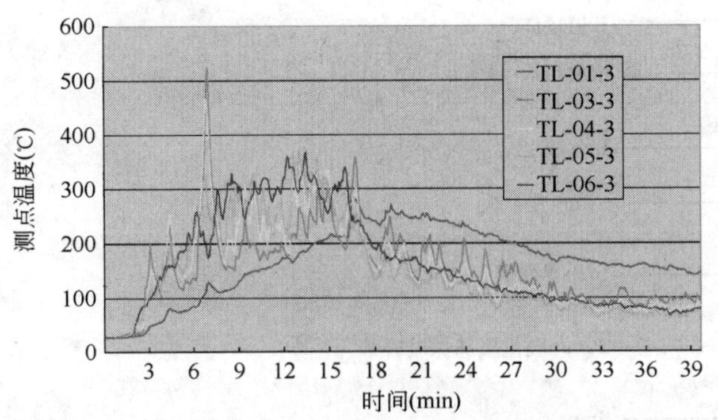

图 4-105 测点垂直排列 3 温度曲线

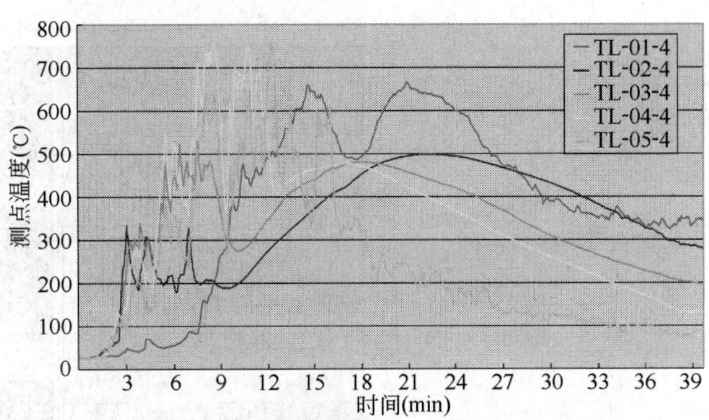

图 4-106 测点垂直排列 4 温度曲线

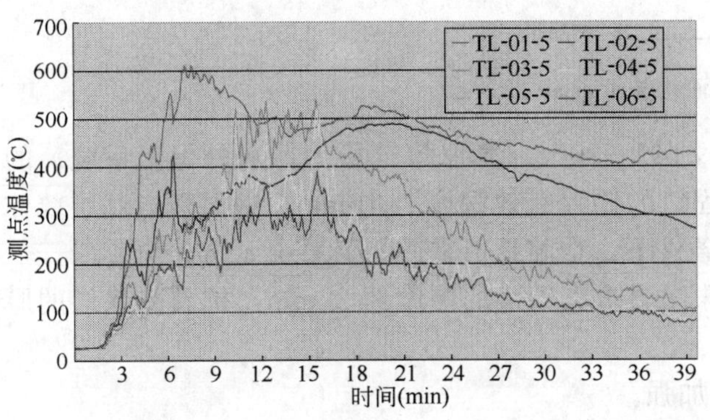

图 4-107 测点垂直排列 5 温度曲线

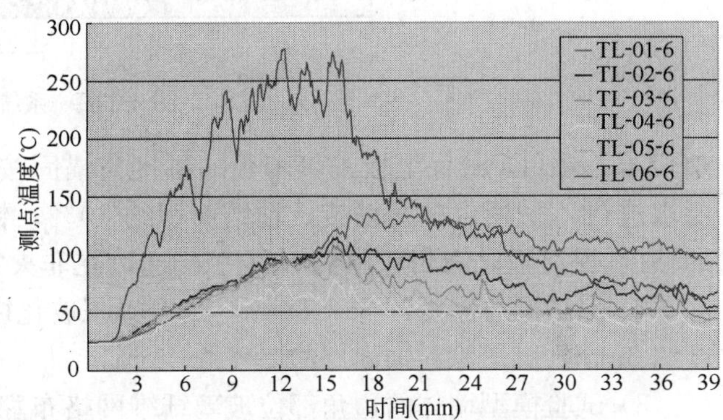

图 4-108 测点垂直排列 6 温度曲线

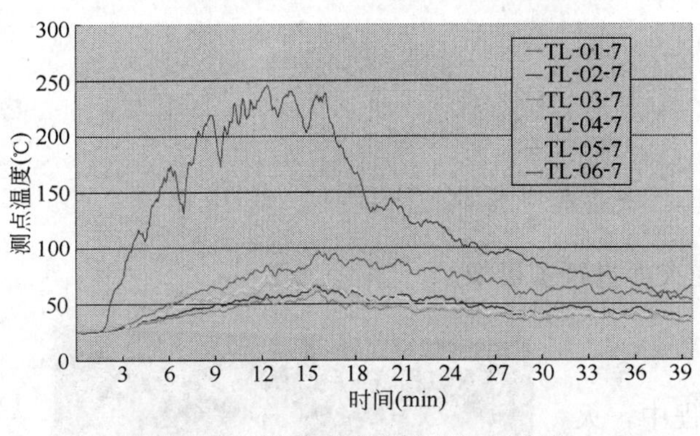

图 4-109 测点垂直排列 7 温度曲线

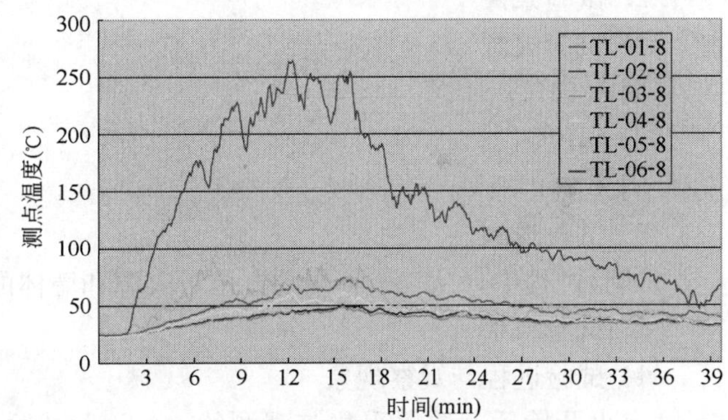

图 4-110 测点垂直排列 8 温度曲线

5）试验后的观测

试验后，对硬泡聚氨酯复合板外保温系统聚氨酯保温层的损坏程度进行了观测，如图 4-111 所示，发现只有墙体表面受火部位的保温层被烧损后炭化，其他部位的保温层完好。

图 4-111 试验后系统保温层的烧损状态

4. 试验结论

硬泡聚氨酯复合板外保温系统无火焰传播性。

4.3.2.5 UL 1040 墙角火试验举例 5

1. 系统构造

膨胀玻化微珠保温防火砂浆复合聚苯板外保温系统的层面构造参见图 4-112。构造特点如下：

1）系统的保温层为 900mm×600mm×65mm 的阻燃型模

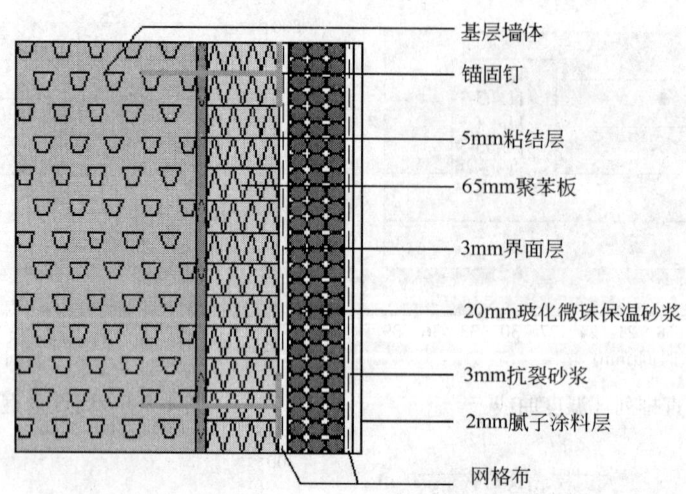

图 4-112　系统层面构造示意图

塑聚苯乙烯(EPS)保温板，聚苯板的拼接与锚固按 JG 149—2003《膨胀聚苯板薄抹灰外保温系统》的要求进行，采用点框式粘接，粘结面积约 30%，锚固钉的锚固有效深度为 40mm，保温板与基层墙体的粘接(保温板之间相互贴实)有空腔构造，在非火灾条件下，空腔是不贯通的，系统无分仓构造。

2）保护层总厚度约 25±3mm，其中膨胀玻化微珠保温防火砂浆的厚度约 20mm，抗裂砂浆层的厚度约 3mm，腻子涂料饰面层的厚度约 2mm。

3）试验模型墙体的边角部位玻璃纤维网格布翻包加强。

4）系统内部未设置防火隔离带。

2. 试验条件

1）试验火源

同 4.3.2.1。

2）温度测点

同 4.3.2.4。

3）试验观测

试验过程中，从三个不同的方位对火源和墙体的受火面进行了摄像。

3. 试验结果

1）试验进程与观察现象

点火开始后，数据采集与观测约 40min。试验过程中，火焰到达模型顶部，保温系统墙体的受火状态见图 4-113。期间，未发现墙体表面有明显的燃烧现象，只发现图 4-113 中的左侧墙体 20ft(6.10m)高度受火部位的抗裂砂浆层有少量脱落及开裂现象，膨胀玻化微珠保温防火砂浆层无脱落及开裂现象，也未观测到其他异常现象。

图 4-113　试验过程墙体的受火状态

2）测点温度曲线

3）火焰温度曲线

10ft(3.05m)高度的火焰温度测点分别为 F01、F02、F03、F04、F05，见图 4-114；20ft(6.10m)高度的火焰温度测点分别为 F06、F07、F08、F09、F10，见图 4-115；29ft(8.84m)高度的火焰温度测点为 F11，见图 4-116。

4）环境温度曲线

环境温度测点曲线见图 4-117。

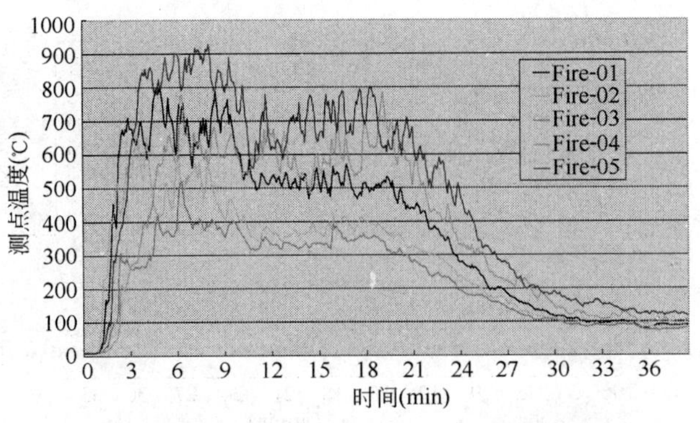

图 4-114 10ft(3.05m)高度火焰温度曲线

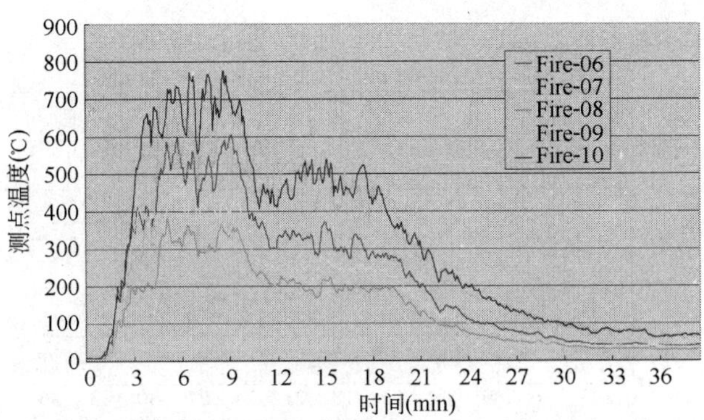

图 4-115 20ft(6.10m)高度火焰温度曲线

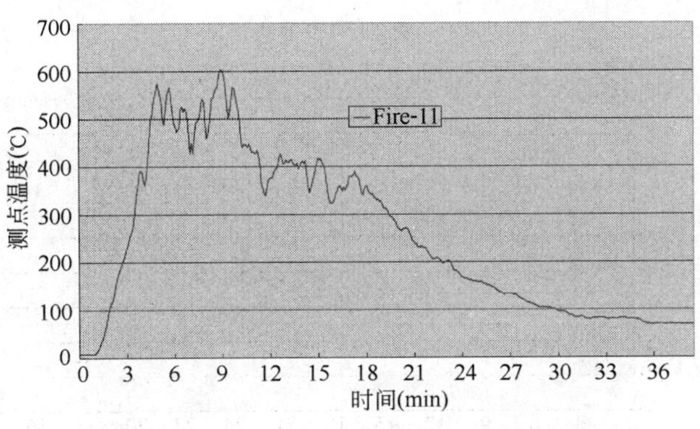

图 4-116 29ft(8.84m)高度火焰温度曲线

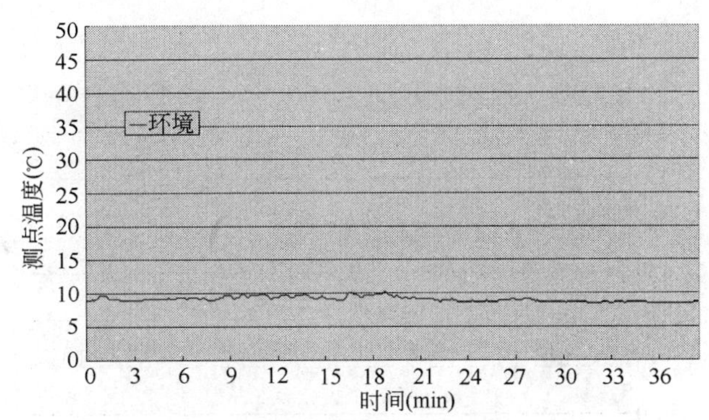

图 4-117 环境温度曲线

5）墙体表面温度曲线

墙体表面共设置 60 个温度测点，测点位置参见图 4-87，温度曲线见图 4-118～图 4-135。

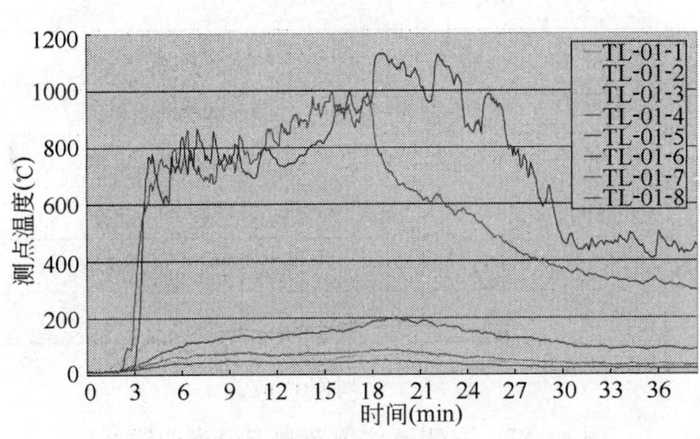

图 4-118 TL01 测点水平排列温度曲线

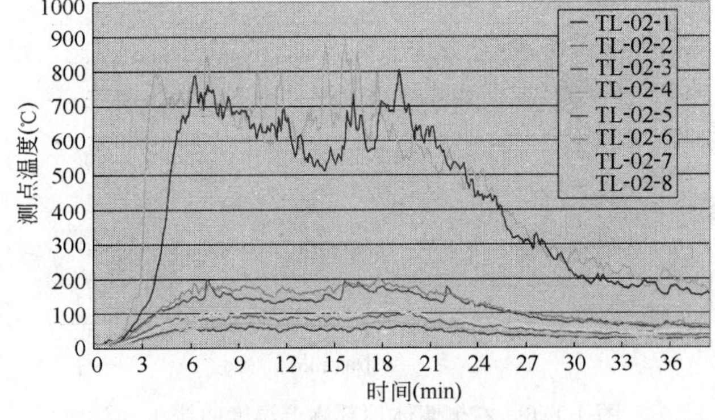

图 4-119 TL02 测点水平排列温度曲线

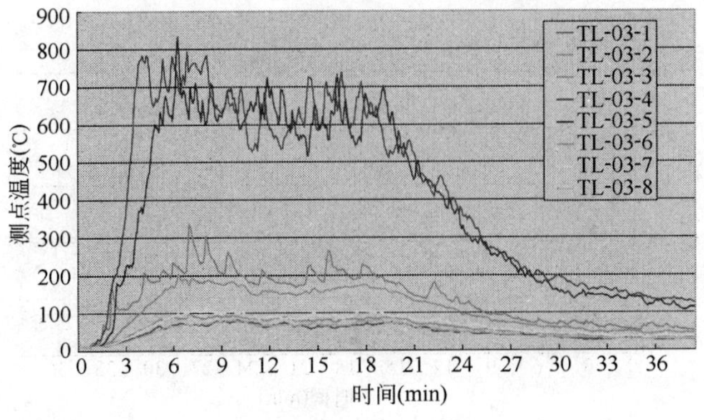

图 4-120 TL03 测点水平排列温度曲线

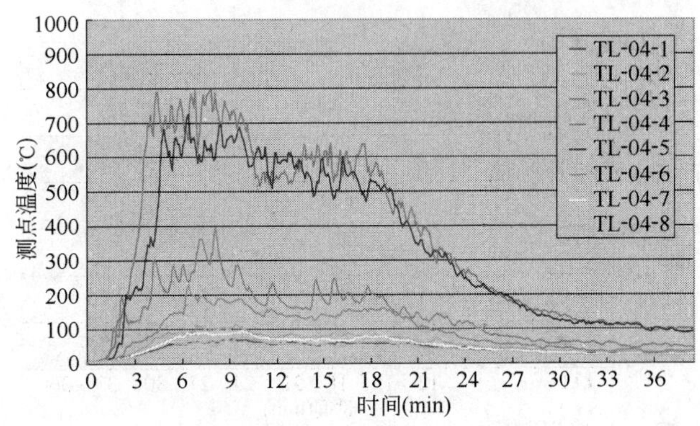

图 4-121 TL04 测点水平排列温度曲线

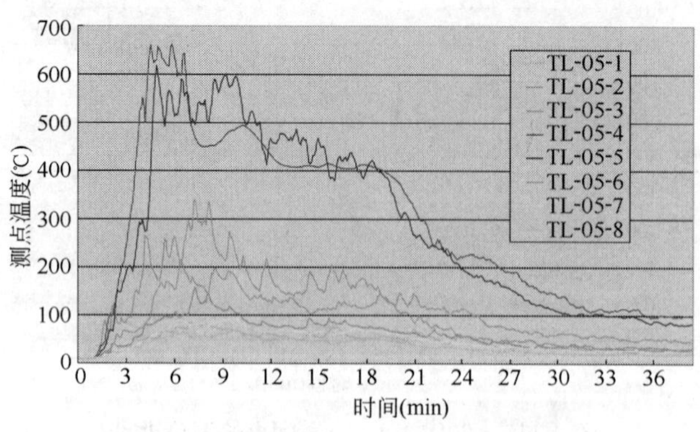

图 4-122 TL05 测点水平排列温度曲线

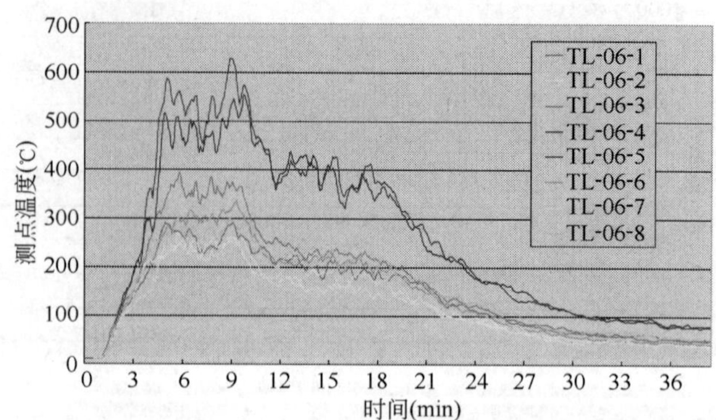

图 4-123 TL06 测点水平排列温度曲线

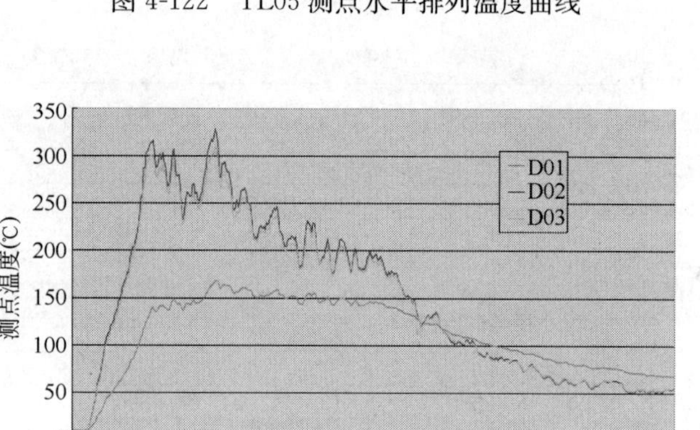

图 4-124 左侧墙体顶部测点温度曲线 1

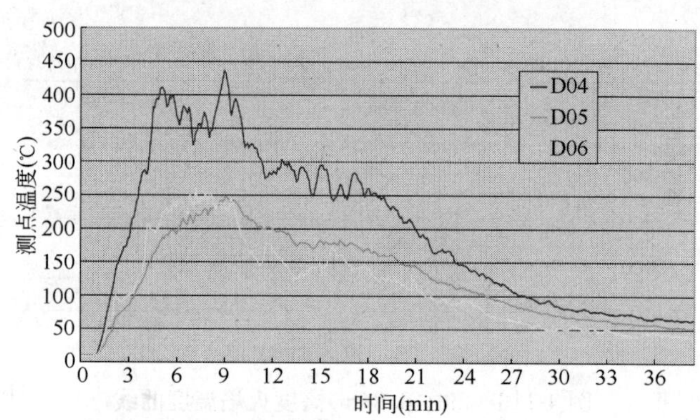

图 4-125 左侧墙体顶部测点温度曲线 2

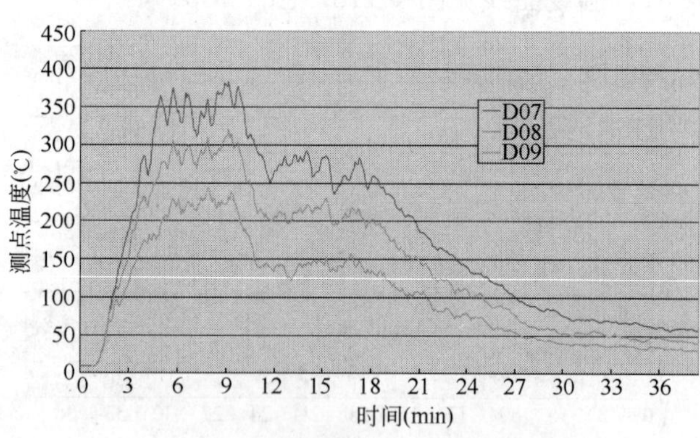

图 4-126 右侧墙体顶部测点温度曲线 1

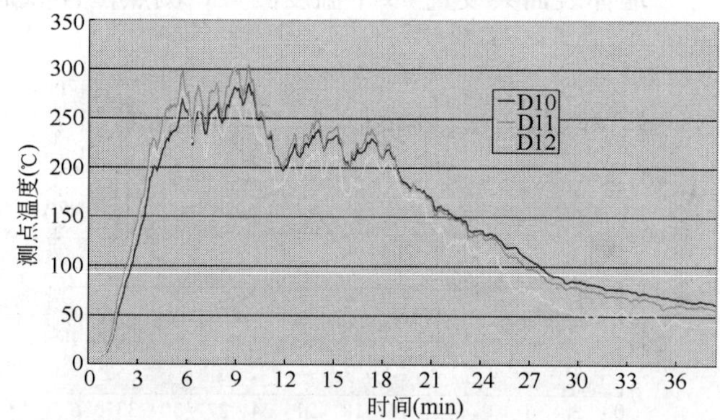

图 4-127 右侧墙体顶部测点温度曲线 2

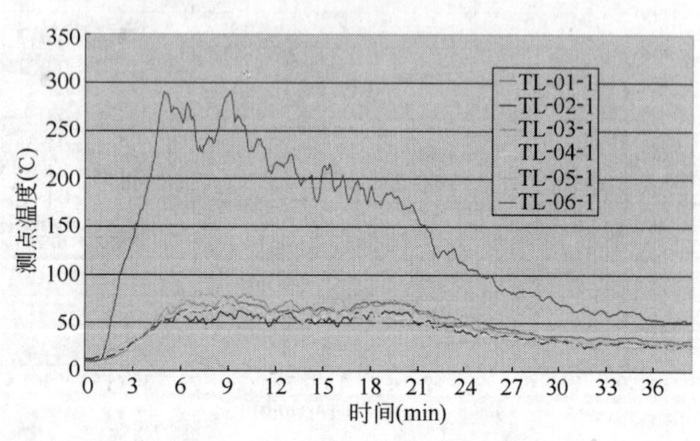

图 4-128 测点垂直排列 1 温度曲线

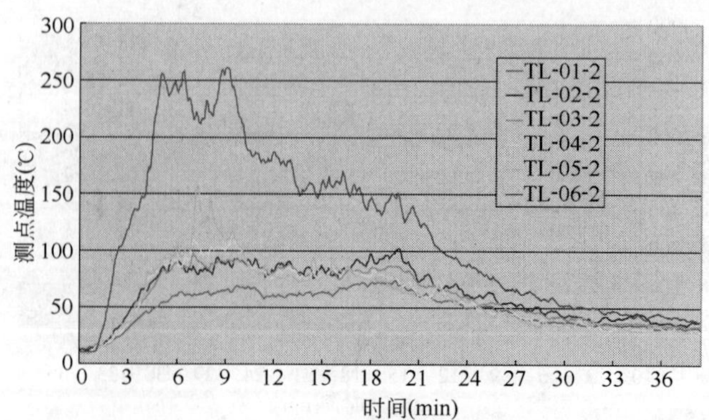

图 4-129 测点垂直排列 2 温度曲线

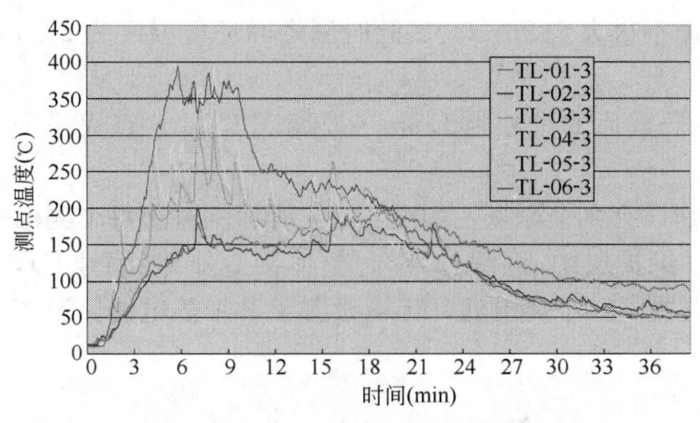

图 4-130 测点垂直排列 3 温度曲线

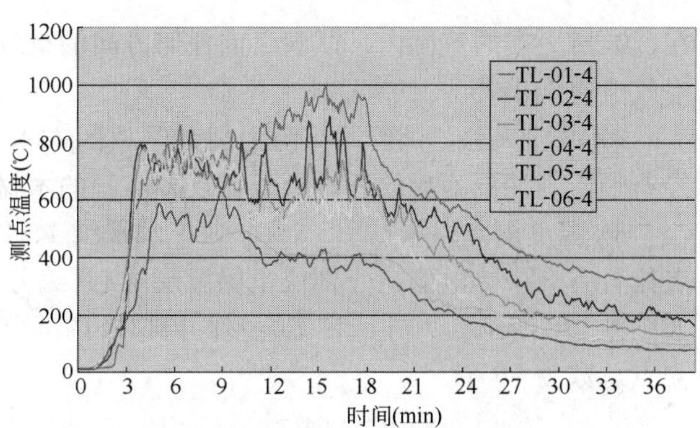

图 4-131 测点垂直排列 4 温度曲线

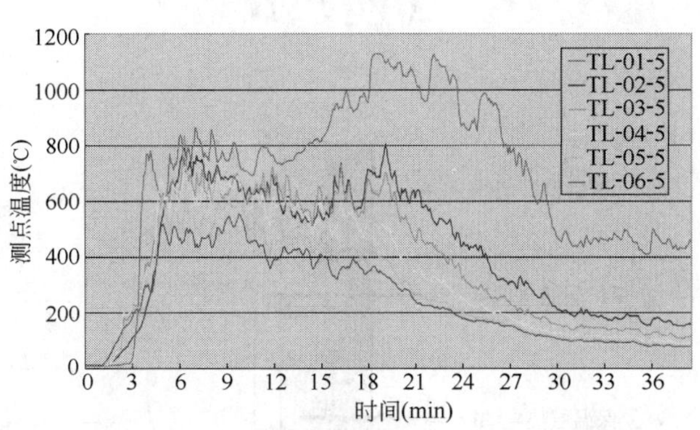

图 4-132 测点垂直排列 5 温度曲线

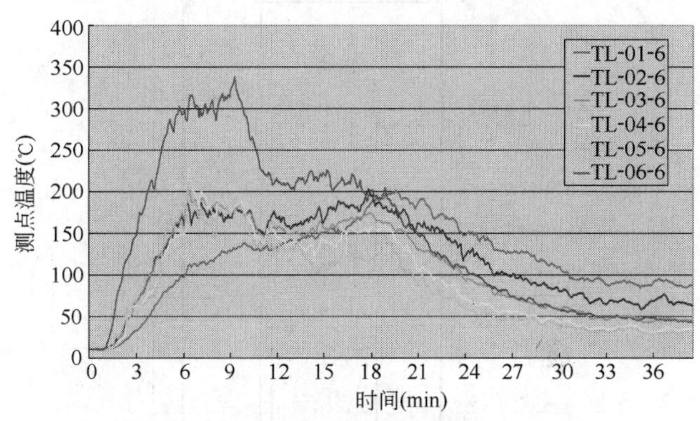

图 4-133 测点垂直排列 6 温度曲线

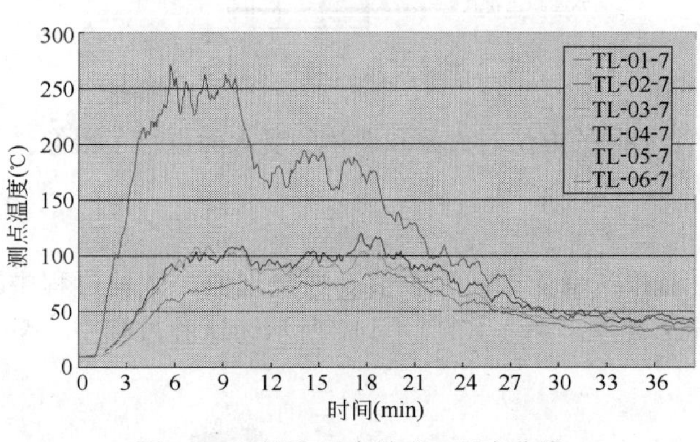

图 4-134 测点垂直排列 7 温度曲线

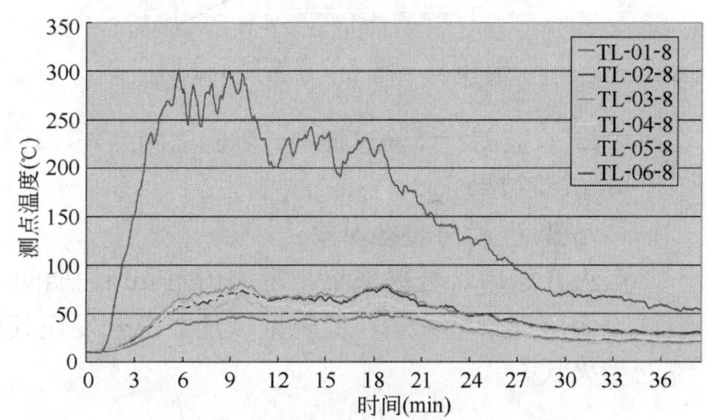

图 4-135 测点垂直排列 8 温度曲线

6）试验后的观测

试验后，对膨胀玻化微珠保温防火砂浆复合聚苯板外保温系统保温层的损坏程度进行了观测，如图 4-136 所示，发现只有墙体表面受火部位的保温层被烧损，其他部位的保温层完好。

图 4-136 试验后系统保温层的烧损状态

4. 试验结论

膨胀玻化微珠保温防火砂浆复合聚苯板外保温系统无火焰传播性。

4.3.2.6 BS 8414—1 窗口火试验举例 1

1. 保温系统的构造

外保温系统为胶粉聚苯颗粒贴砌聚苯板外保温系统，同 4.3.2.1。

2. 试验条件

1）环境条件：根据 BS 8414—1，试验开始时的环境温度应在(20±15)℃的范围内，试验之前任何方向的空气流速不得大于 2m/s。试验时测得的环境温度为 8℃，空气流速低于 2m/s。

2）试验火源：试验用火源为规则码放的方木条，码放后的尺寸为 1.5m×1.0m×1.0m。点火采用经石油溶剂油浸泡后的纤维板条，点燃堆积的木材。

3）温度测点：根据 BS 8414—1，水平线 1、2 分别设有 8 个测点，如图 4-137 所示。对于每个测温点位置有 3 个热电偶，分别位于保温层中心（编号 I）、保护层中心（编号 M）、整体构造外部（编号 E），如图 4-138 所示。另外，在燃烧室的窗口及内部分别设置了 6 个热电偶，环境设置了 2 个热电偶。温度测点总数为 56 个。

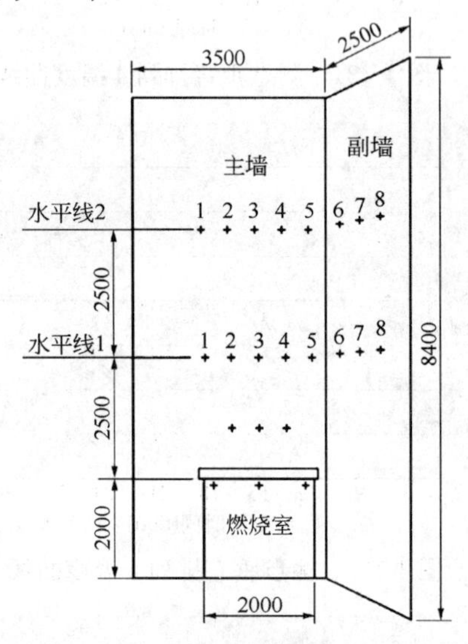

图 4-137 测点位置编号示意图

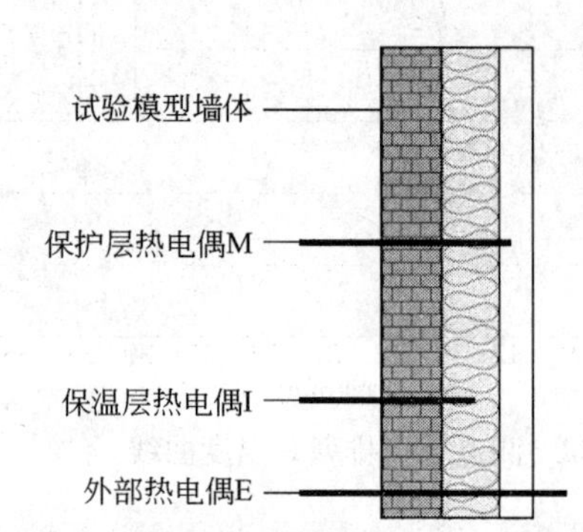

图 4-138 构造测温布点及编号示意图

4）试验监测：试验过程中，除温度测点外，还从 3 个不同的方位对火源和墙体的受火面进行了摄像。

3. 试验结果

1）试验进程与观察现象

点火开始后，数据采集与观测约 40min。期间，主墙和副墙受火面无脱落及燃烧现象，试验过程中墙体表面出现少量火焰，但未见蔓延，也未发现其他异常现象。图 4-139、4-140 所示为试验过程中，系统的受火状态。

图 4-139 贴砌聚苯板系统试验过程中的受火状态

图 4-140 贴砌聚苯板系统试验后的保温层状态

2）温度曲线

① 火焰温度曲线：燃烧室窗口顶部的火焰温度测点分别为Fout-1、Fout-2、Fout-3，见图4-141*a*；燃烧室内部的火焰温度测点分别为Fin-1、Fin-2、Fin-3，见图4-141*b*。火焰温度测点测得的最高温度低于900℃。

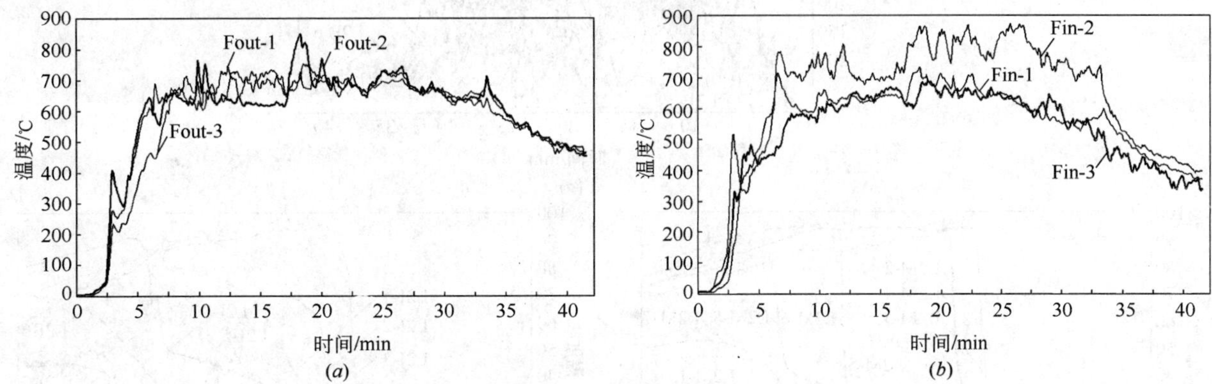

图4-141 燃烧室窗口顶部及内部火焰温度曲线

(*a*)燃烧室窗口顶部；(*b*)燃烧室内部

② 水平线1的温度曲线：如图4-142所示。

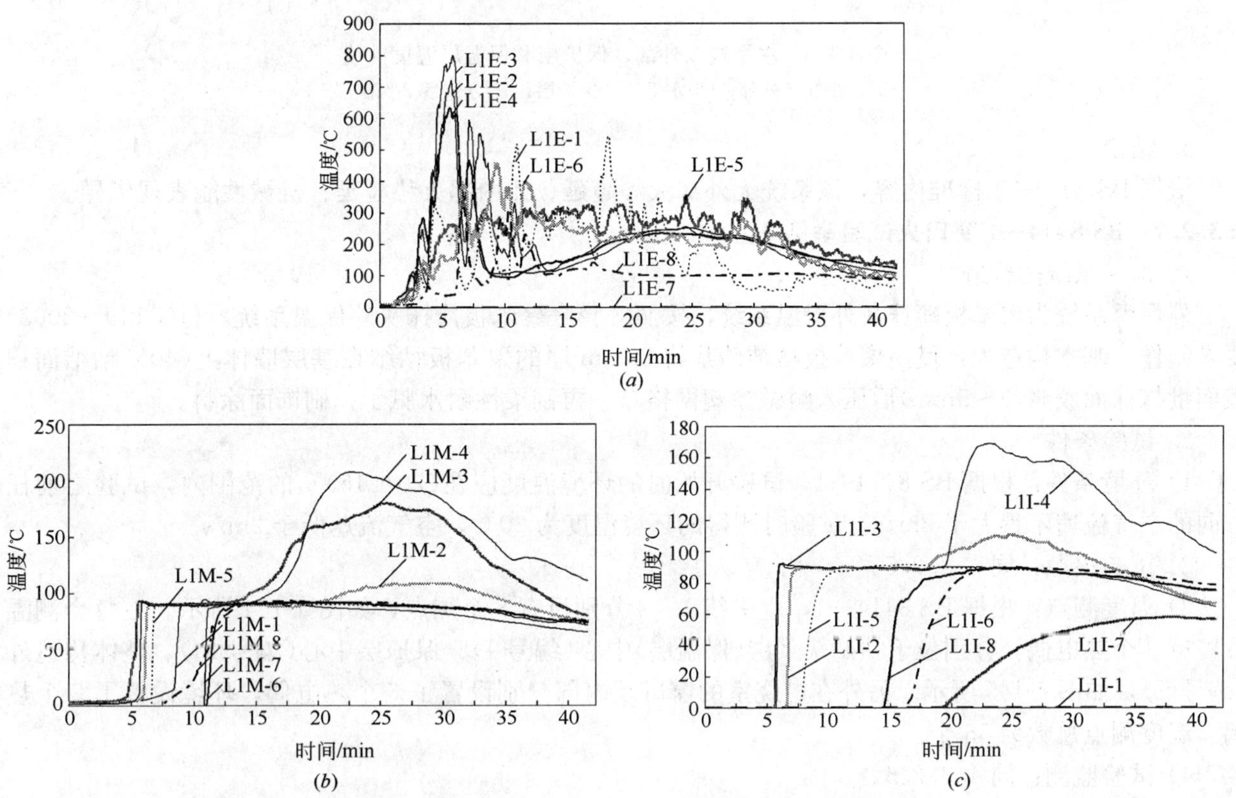

图4-142 水平线1外部、保护层和保温层温度曲线

(*a*)水平线1外部；(*b*)水平线1保护层；(*c*)水平线1保温层

③ 水平线2的温度曲线：如图4-143所示。

3）试验后的测量与观察

对胶粉聚苯颗粒贴砌聚苯板外保温系统的保温层的损坏程度进行了观察，发现受火部位的聚苯乙烯保温层只出现了熔化状态，如图4-140所示。

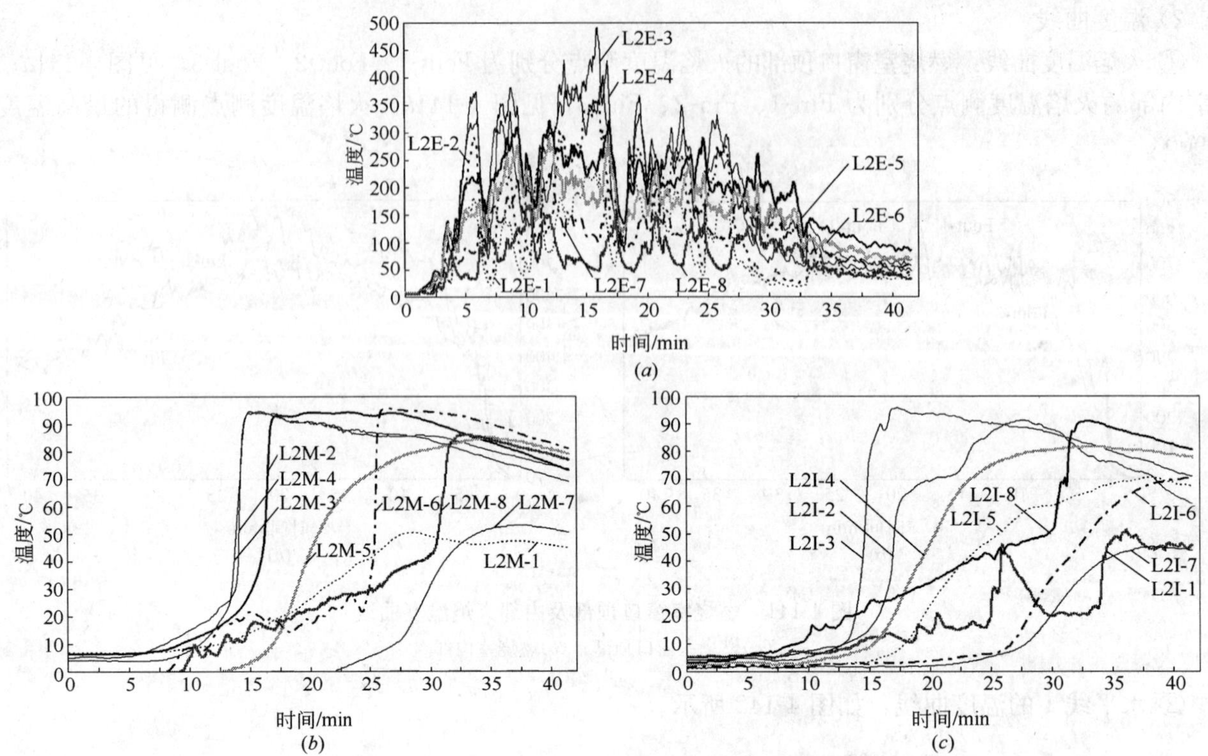

图 4-143　水平线 2 外部、保护层和保温层温度曲线

(a)水平线 2 外部；(b)水平线 2 保护层；(c)水平线 2 保温层

4. 结论

依据 BS 8414—1 标准内容，该系统无外部火势蔓延、无内部火势蔓延、机械性能表现优异。

4.3.2.7　BS 8414—1 窗口火试验举例 2

1. 保温系统的构造

外保温系统为聚苯板薄抹灰外保温系统，按照《膨胀聚苯板薄抹灰外保温系统》(JG 149—2003)的要求制作。基本构造为：使用聚苯板粘结砂浆将 80mm 厚的聚苯板粘结在基层墙体上(40%粘结面积)，表面批抹抹面胶浆(3～5mm)后压入耐碱涂塑网格布，再刮柔性耐水腻子，刷饰面涂料。

2. 试验条件

1) 环境条件：根据 BS 8414—1，试验开始时的环境温度应在(20±15)℃的范围内，试验之前任何方向的空气流速不得大于 2m/s。试验时测得的环境温度为 30℃，空气流速低于 2m/s。

2) 试验火源：同 4.3.2.6。

3) 温度测点：根据 BS 8414—1，水平线 1、2 分别设有 8 个测点，如图 4-144 所示。在每个测温点位置有 3 个热电偶，分别位于粘贴灰浆层(保温层)中心(编号 I)、保护层中心(编号 M)、整体构造外部(编号 E)，如图 4-145 所示。另外在燃烧室的窗口及内部分别设置了 6 个热电偶，环境设置了 2 个热电偶。温度测点总数为 56 个。

4) 试验监测：同 4.3.2.6。

3. 试验结果

1) 试验进程与观察现象

点火开始后，数据采集与观测约 40min。点火开始后 6min 50s，火焰沿墙体表面的蔓延速度明显加剧并引发整个墙体的轰燃，约 3min 后，墙体表面的保温系统基本烧损。图 4-146 所示为试验过程中系统的受火状态。

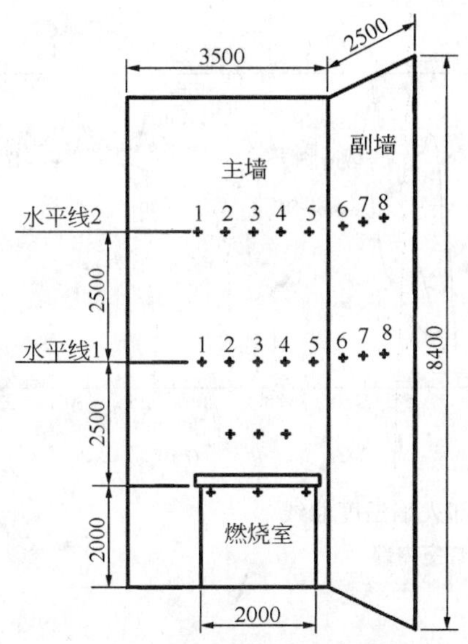

图 4-144 测点位置编号示意图

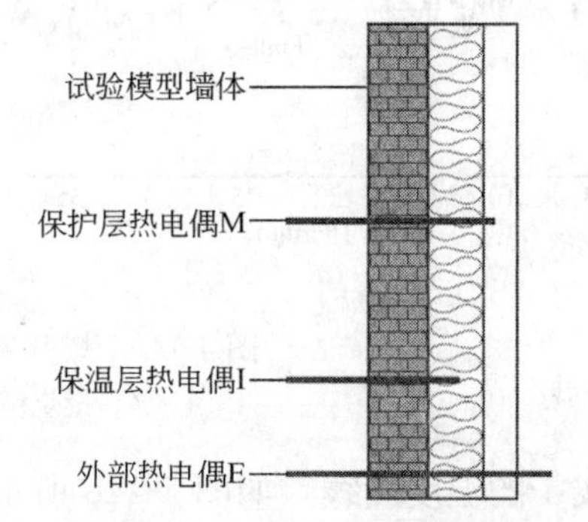

图 4-145 构造测温布点及编号示意图

(*a*) (*b*) (*c*)

(*d*) (*e*) (*f*)

图 4-146 聚苯板薄抹灰系统试验过程中的受火状态及试验后状态

(*a*)时间：0min；(*b*)时间：4min；(*c*)时间：7min；(*d*)时间：8min；(*e*)时间：9min；(*f*)试验后

2）温度曲线

① 火焰温度曲线：燃烧室窗口顶部的火焰温度测点分别为 Fout-1、Fout-2、Fout-3，见图 4-147*a*；燃烧室内部的火焰温度测点分别为 Fin-1、Fin-2、Fin-3，见图 4-147*b*。火焰温度测点测得的最高温度

约 1000℃。

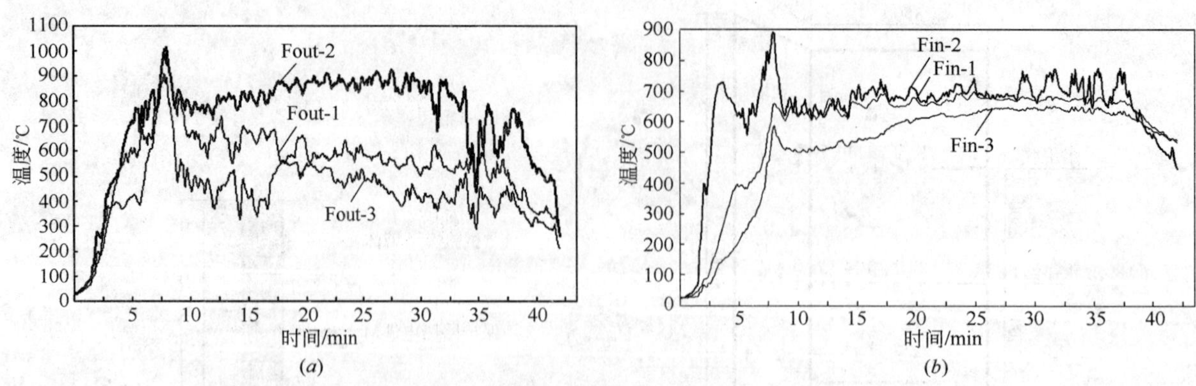

图 4-147 燃烧室窗口顶部及内部火焰温度曲线

(a)燃烧室窗口顶部；(b)燃烧室内部

② 水平线 1 的温度曲线，如图 4-148 所示。

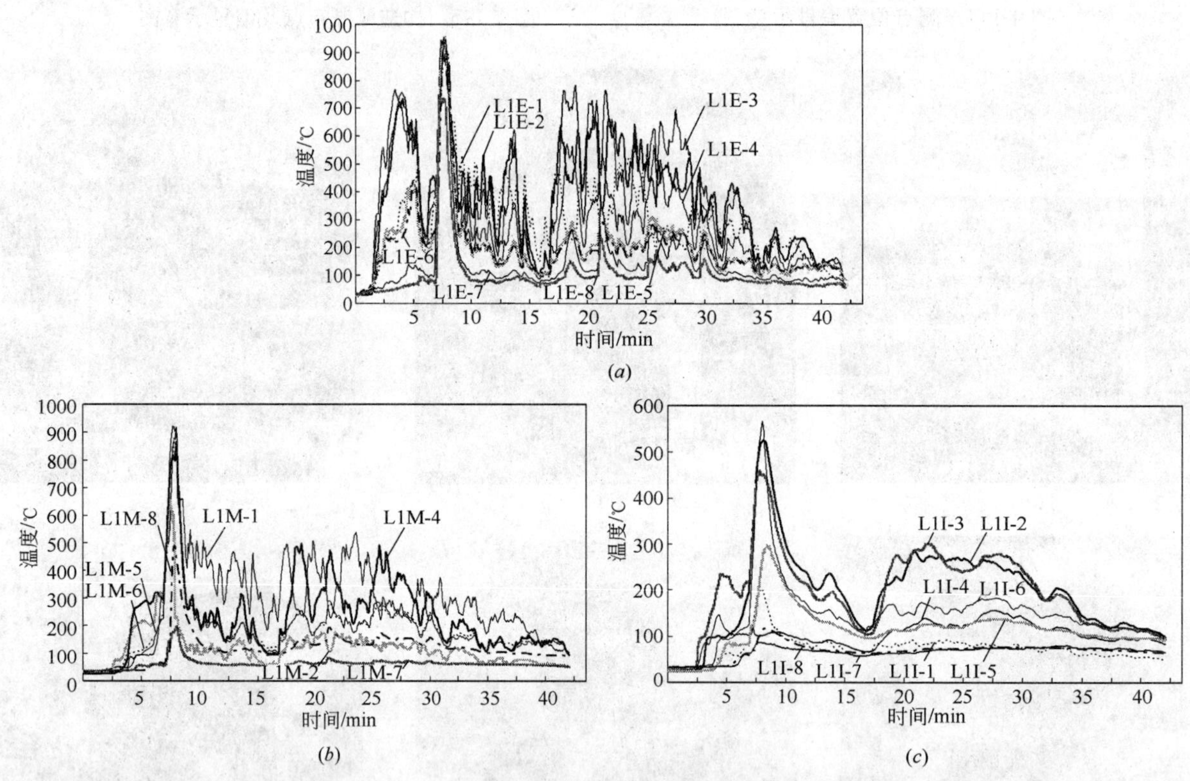

图 4-148 水平线 1 外部、保护层和保温层温度曲线

(a)水平线 1 外部；(b)水平线 1 保护层；(c)水平线 1 保温层

③ 水平线 2 的温度曲线：如图 4-149 所示。

3）试验后的测量与观察

试验后的观测表明，聚苯板薄抹灰外保温系统全部烧损，见图 4-146f。

4. 结论

试验结果表明，聚苯板薄抹灰外保温系统不能阻止试验状态的火焰传播。试验过程中，胶粉聚苯颗粒贴砌聚苯板外保温系统未引发火焰传播。

4.3.2.8 BS 8414—1 窗口火试验举例 3

1. 系统构造

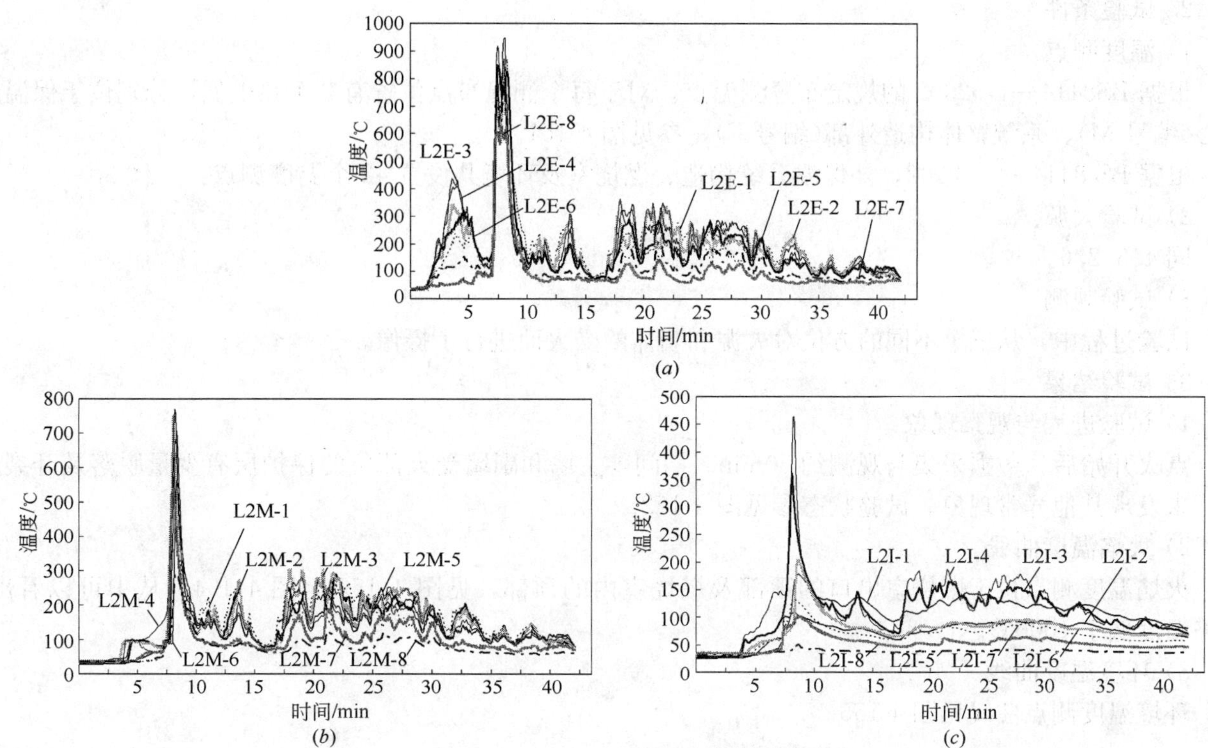

图 4-149 水平线 2 外部、保护层和保温层温度曲线
(*a*)水平线 2 外部；(*b*)水平线 2 保护层；(*c*)水平线 2 保温层

硬泡聚氨酯复合板外保温系统的层面构造参见图 4-150。构造特点如下：

1）系统的保温层为 1200mm×600mm×20mm 的硬泡聚氨酯复合板，与基层墙体的粘贴参照《硬泡聚氨酯保温防水工程技术规范》(GB 50404—2007)及《硬泡聚氨酯外保温工程技术导则》的要求进行，采用点框法粘贴，粘贴面积大于 40%，保温板与基层墙体的粘贴(保温板之间相互贴实)有空腔构造，在非火灾条件下，空腔是不贯通的，系统无分仓构造。

2）保护层总厚度约 8～10mm，其中抹面砂浆(抹面胶浆)层的厚度约 6mm，瓷石饰面层的厚度约 2～3mm。

3）试验模型的窗口顶部的底面采用约 10mm 的抹面砂浆。

4）试验模型墙体的边角部位玻璃纤维网格布翻包加强。

5）系统内部未设置防火隔离带。

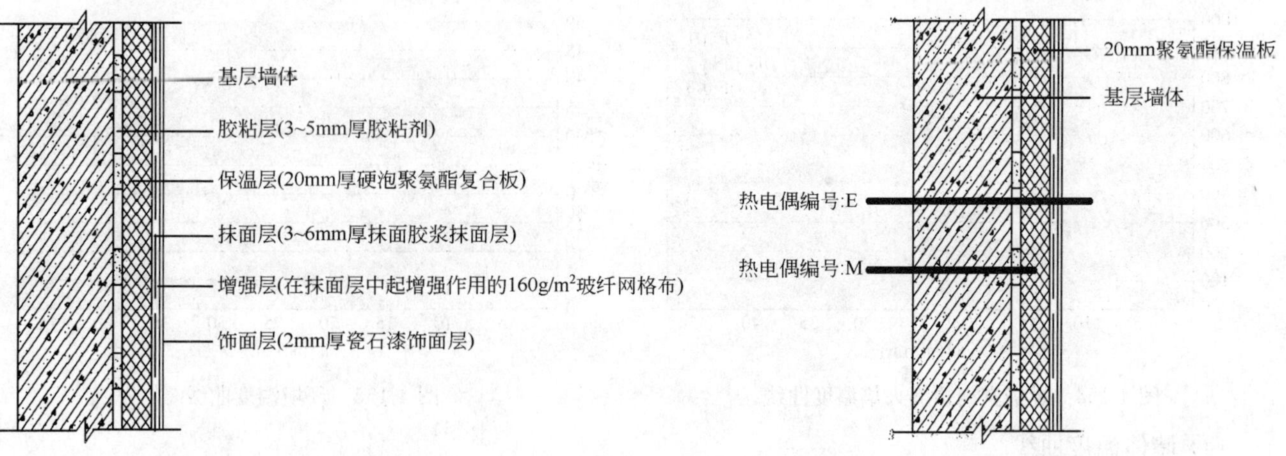

图 4-150 系统层面构造示意图

图 4-151 系统层面构造温度测点示意图

2. 试验条件

1) 温度测点

根据 BS8414—1：2002 的规定布置测温点。对于每个测温布点位置有 2 个热电偶，分别位于保温层中心(编号 M)、系统整体构造外部(编号 E)，参见图 4-151。

根据 BS 8414—1：2002，外保温系统构造、燃烧室及环境共设置 42 个温度测点：

2) 试验火源

同 4.3.2.6。

3) 试验观测

试验过程中，从三个不同的方位对火源和墙体的受火面进行了摄像。

3. 试验结果

1) 试验进程与观察现象

点火开始后，数据采集与观测约 50min。期间，主墙和副墙受火部位的保护层有少量脱落及开裂现象，未发现其他异常现象。试验状态参见图 4-152。

2) 火焰温度曲线

火焰温度测点位于燃烧室出口的顶部及燃烧室内的顶部，见图 4-153 至图 4-154。从中可以看出，火焰温度低于 1000℃。

3) 环境温度曲线

环境温度测点曲线见图 4-155。

图 4-152 试验过程的受火状态

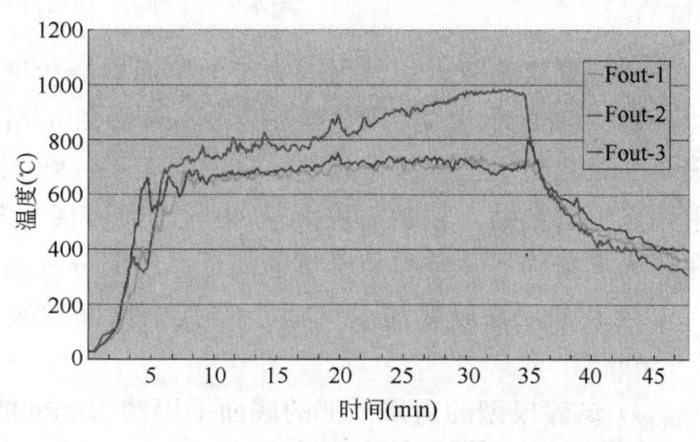

图 4-153 燃烧室出口的顶部火焰温度曲线

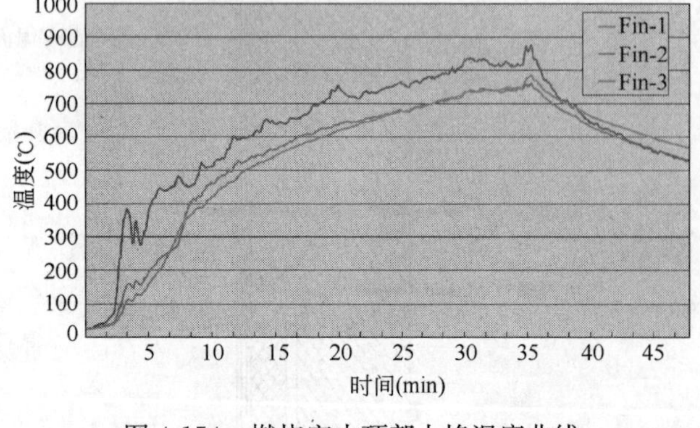

图 4-154 燃烧室内顶部火焰温度曲线

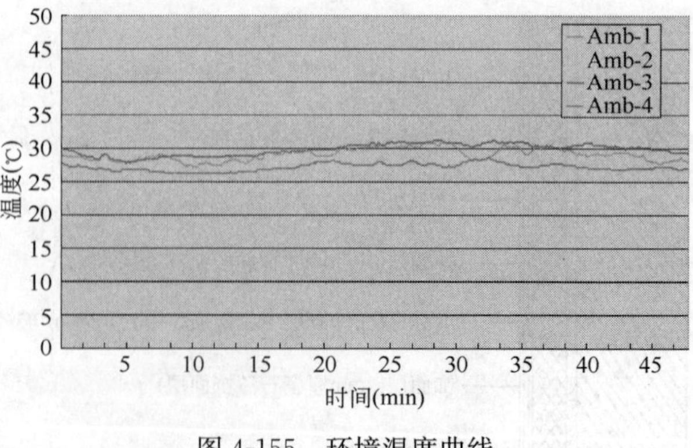

图 4-155 环境温度曲线

4) 墙体温度曲线

墙体水平线 1 和水平线 2 的测点温度曲线见图 4-156～图 4-159。

从图 4-156 和图 4-159 可以看出，尽管水平线 1 和水平线 2 墙体表面在火焰的作用下处于高温状态，但水平线 2 硬泡聚氨酯复合板的测点温度远低于水平线 1 硬泡聚氨酯复合板的测点温度。

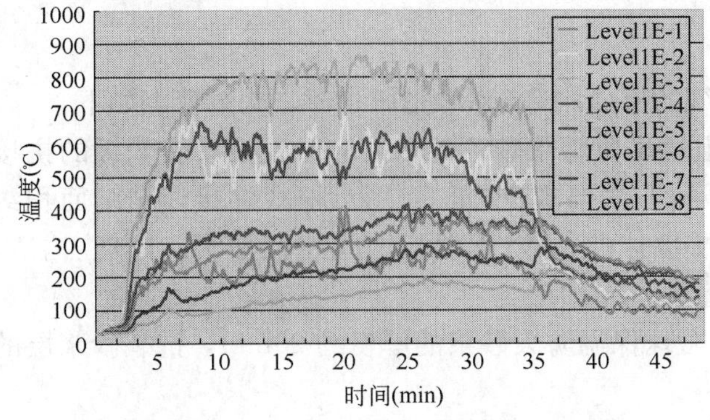

图 4-156 Level1 外部热电偶测点温度曲线

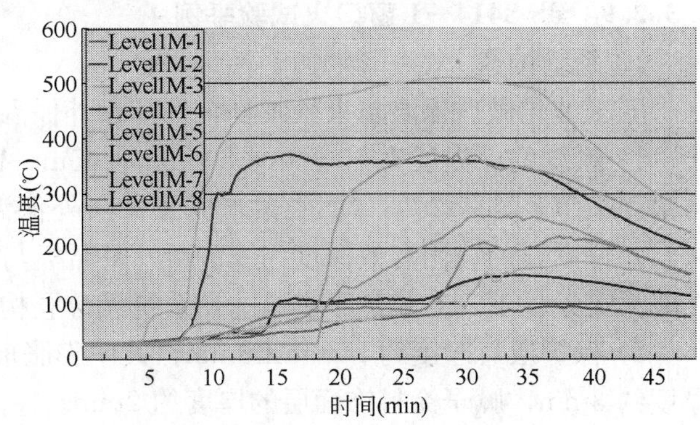

图 4-157 Level1 保温层热电偶测点温度曲线

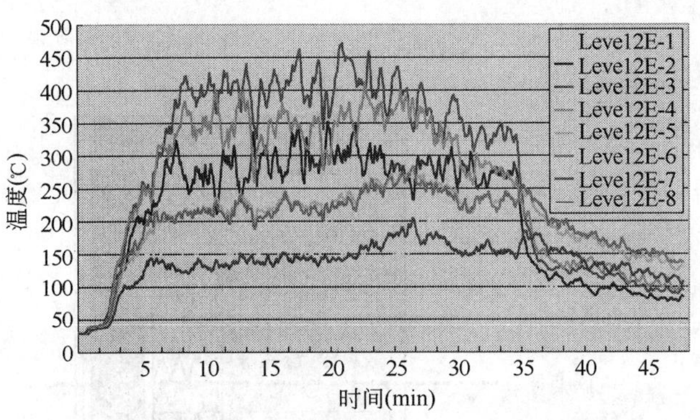

图 4-158 Level2 外部热电偶测点温度曲线

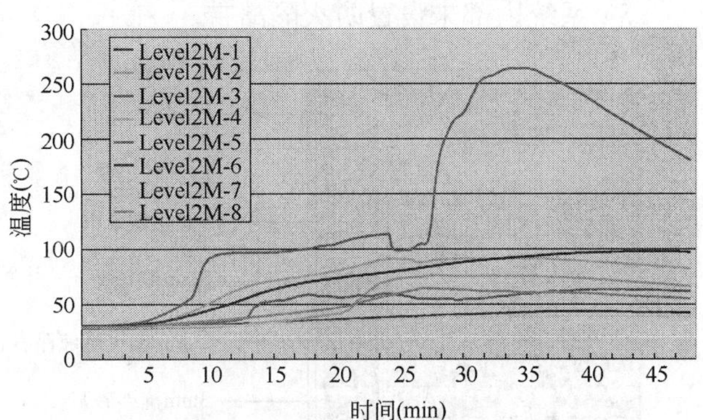

图 4-159 Level2 保温层热电偶测点温度曲线

5）试验后观察

试验后，对硬泡聚氨酯复合板外保温系统保温层的损坏程度进行了观察，发现只有系统表面墙体受火部位的硬泡聚氨酯复合板被烧损后炭化，其他部位的硬泡聚氨酯复合板完好。见图 4-160（试验后系统表面的状态）和图 4-161（试验后的保温层状态）。

图4-160 试验后系统表面的状态

图 4-161 试验后的保温层状态

4. 试验结论

硬泡聚氨酯复合板外保温系统的抗火性能良好，试验状态下，无火焰传播性。

4.3.2.9 BS 8414—1 窗口火试验举例 4

1. 系统构造

膨胀玻化微珠保温防火砂浆复合聚苯板外保温系统的层面构造，参见图 4-162。构造特点如下：

1）系统的保温层为 900mm×600mm×65mm 的阻燃型模塑聚苯乙烯(EPS)保温板，聚苯板的拼接与锚固按 JG 149—2003《膨胀聚苯板薄抹灰外保温系统》的要求进行，采用点框式粘接，粘结面积约 30%，锚固钉的锚固有效深度为 40mm，保温板与基层墙体的粘接(保温板之间相互贴实)有空腔构造，在非火灾条件下，空腔是不贯通的，系统无分仓构造。

2）保护层总厚度约 25mm±3mm，其中膨胀玻化微珠保温防火砂浆的厚度约 20mm，抗裂砂浆层的厚度约 3mm，腻子涂料饰面层的厚度约 2mm。

3）试验模型的窗口顶部的底面采用约 50mm 的膨胀玻化微珠保温防火砂浆。

4）试验模型墙体的边角部位玻璃纤维网格布翻包加强。

5）系统内部未设置防火隔离带。

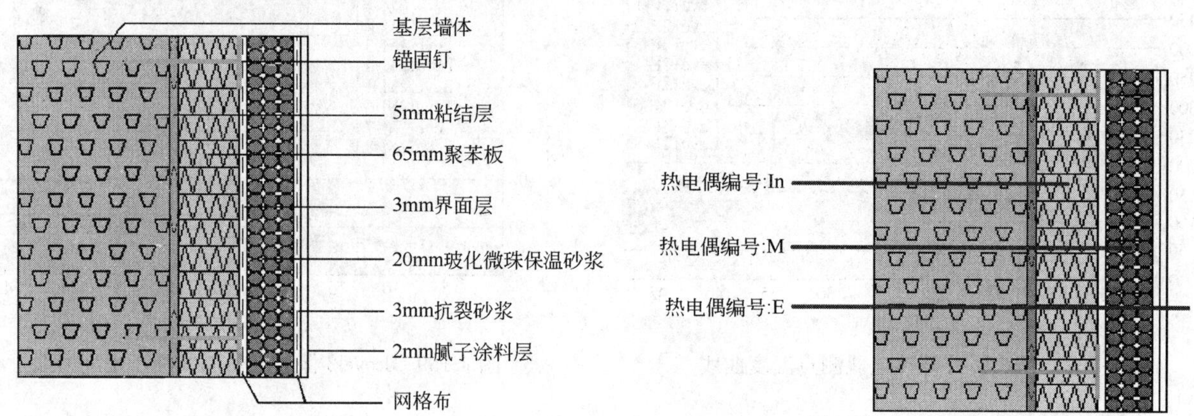

图 4-162 系统层面构造示意图

图 4-163 系统层面构造温度测点示意图

2. 试验条件

1）温度测点

根据 BS 8414—1：2002 的规定，布置测温点的位置。对于每个测温布点位置有 3 个热电偶，分别位于保温层中心(编号 In)、保护层中心(编号 M)、系统整体构造外部(编号 E)，参见图 4-163。

根据 BS 8414—1：2002，外保温系统构造、燃烧室及环境共设置 55 个温度测点。

2）试验火源

同 4.3.2.6。

3）试验观测

试验过程中，从三个不同的方位对火源和墙体的受火面进行了摄像。

3. 试验结果

1）试验进程与观察现象

点火开始后，数据采集与观测约 50min。期间，主墙和副墙受火部位的抗裂砂浆层有少量脱落及开裂现象，膨胀玻化微珠保温防火砂浆层无脱落及开裂现象，也未发现其他异常现象。试验状态参见图 4-164。

图 4-164 试验过程的受火状态

2）火焰温度曲线

火焰温度测点位于燃烧室出口的顶部及燃烧室内的顶部，见图 4-165、图 4-166。从中可以看出，火焰温度低于 1000℃。

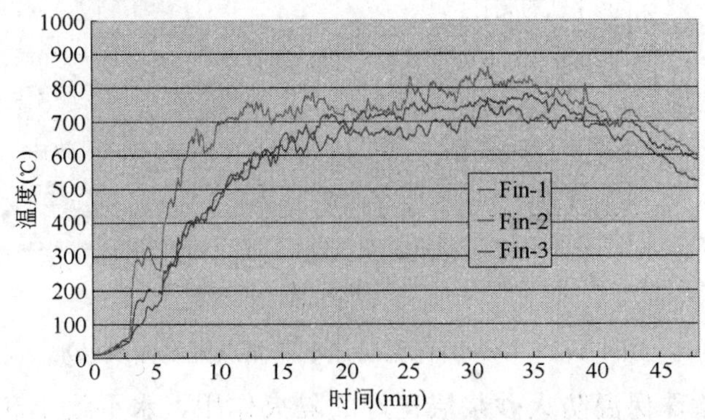

图 4-165 燃烧室内顶部火焰温度曲线

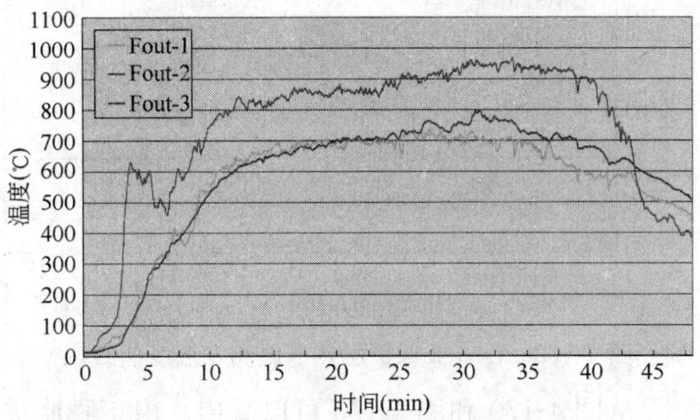

图 4-166 燃烧室出口的顶部火焰温度曲线

3）环境温度曲线

环境温度测点曲线见图 4-167。

4）墙体温度曲线

墙体水平线 1 和水平线 2 的测点温度曲线见图 4-168～图 4-173。

从图 4-169 可以看出，尽管水平线 1 墙体表面在火焰的作用下处于高温状态，但膨胀玻化微珠保温防火砂浆层内各测点的温度均低于 200℃。

从图 4-171 可以看出，尽管水平线 2 墙体表面在火焰的作用下处于高温状态，但膨胀玻化微珠保温防火砂浆层内各测点的温度均低于 150℃。

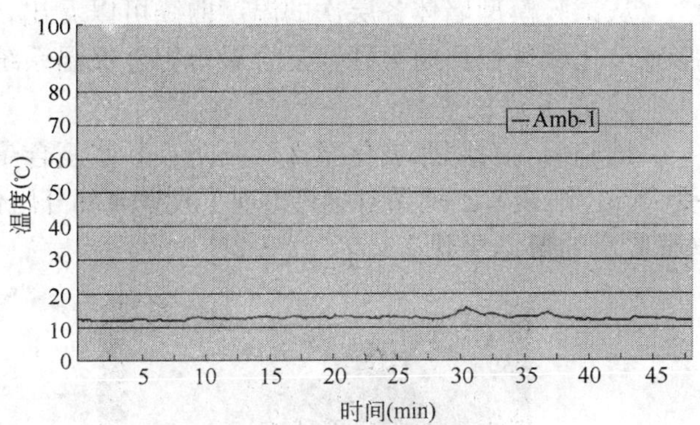

图 4-167 环境温度曲线

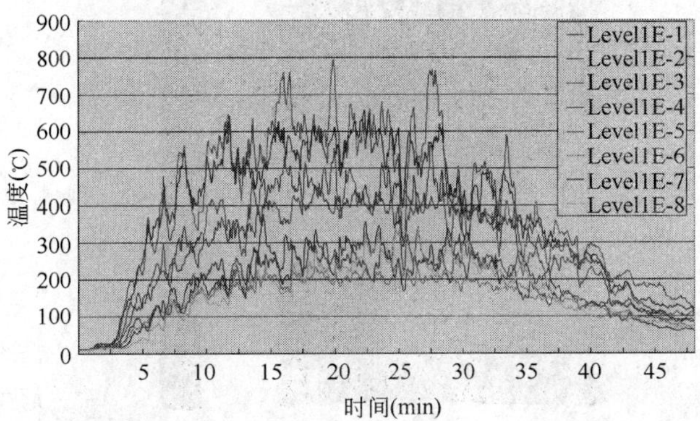

图 4-168 Level1 外部热电偶测点温度曲线

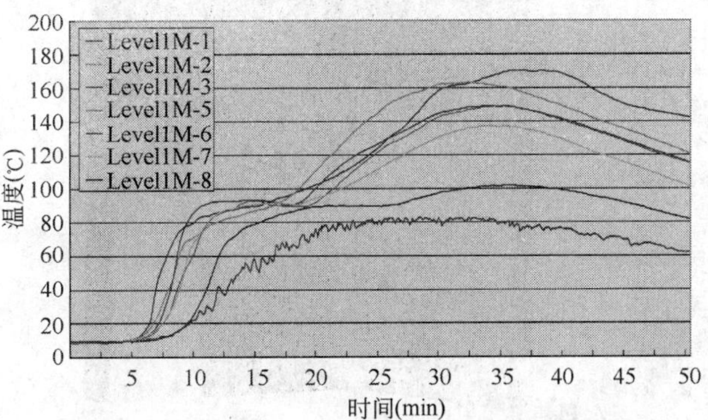

图 4-169 Level1 保护层热电偶测点温度曲线(*a*)

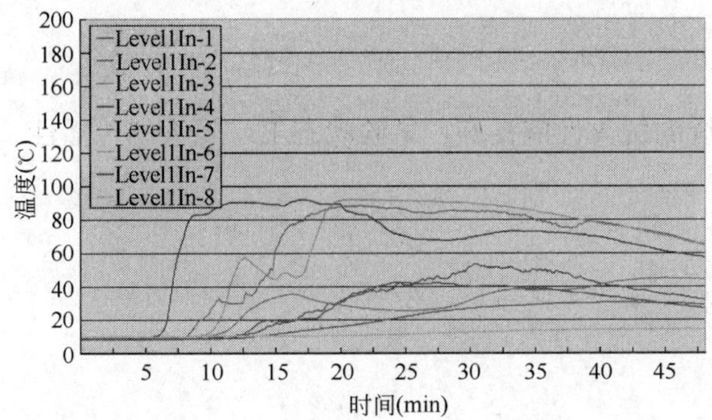

图 4-170 Level1 保温层热电偶测点温度曲线(*b*)

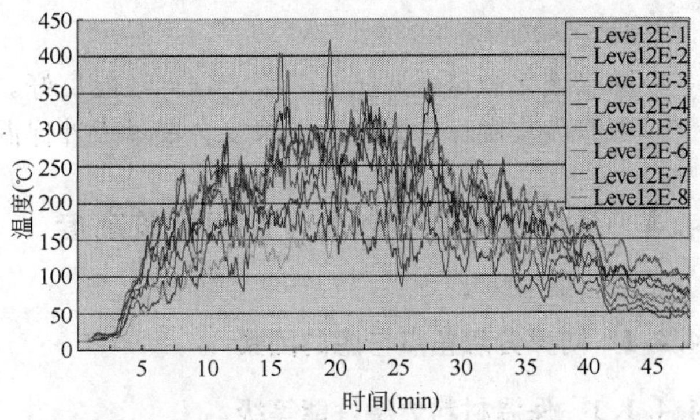

图 4-171 Level2 外部热电偶测点温度曲线

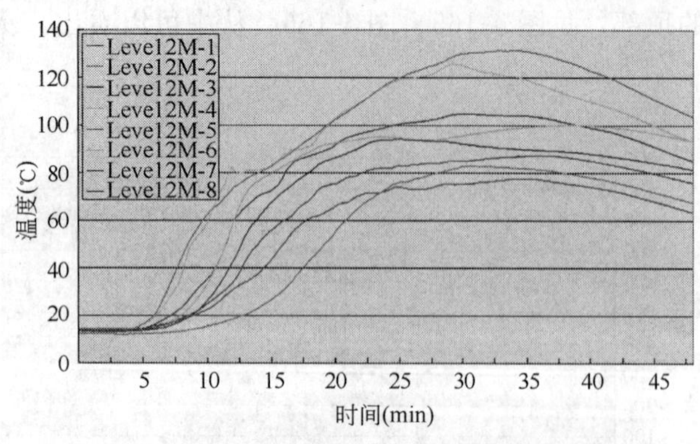

图 4-172　Level2 保护层热电偶测点温度曲线(*a*)

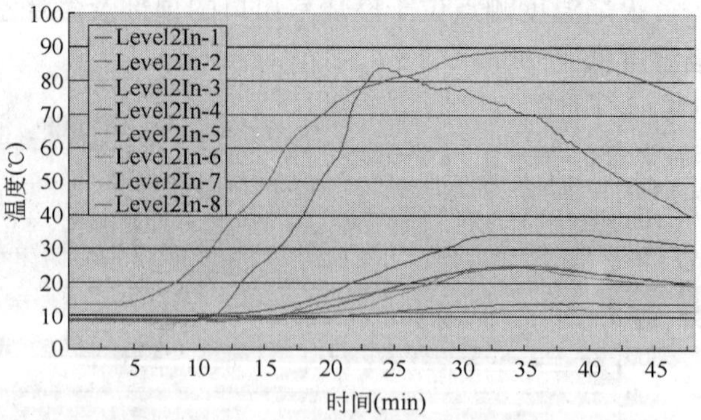

图 4-173　Level2 保温层热电偶测点温度曲线(*b*)

从图 4-170 和图 4-173 可以看出，由于膨胀玻化微珠保温防火砂浆层良好的隔火作用，水平线 1 和水平线 2 的保温层内的测点温度均低于 100℃。

从试验模型墙体各层次的温度曲线可以看出，膨胀玻化微珠保温防火砂浆层具有良好的隔火作用，膨胀玻化微珠保温防火砂浆复合聚苯板外保温系统具有良好的抗火性能。

5）试验后的观测

试验后，对膨胀玻化微珠保温防火砂浆复合聚苯板外保温系统保温层的损坏程度进行了观察，发现受火部位的聚苯乙烯保温层只出现了收缩或部分熔化状态，见图 4-174(试验后系统表面的状态)和图 4-175(试验后的保温层状态)。

图 4-174　试验后系统表面的状态

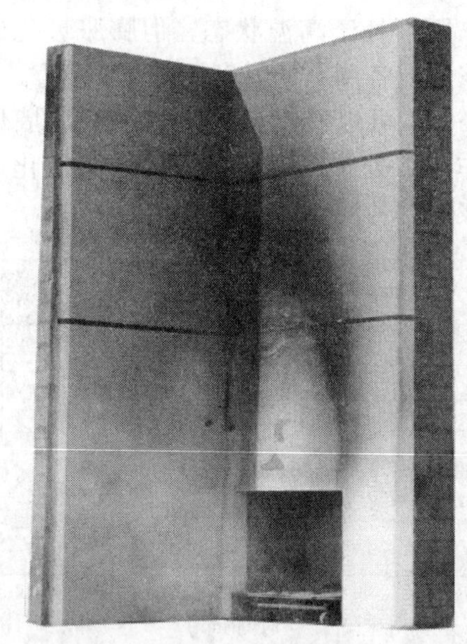

图 4-175　试验后的保温层状态

4. 试验结论

膨胀玻化微珠保温防火砂浆的隔火性能良好。

膨胀玻化微珠保温防火砂浆复合聚苯板外保温系统的抗火性能良好，试验状态下，无火焰传播性。

4.4　系统防火等级划分及适用建筑高度

4.4.1　防火分级重点考虑的因素

4.4.1.1　保温材料燃烧性能等级

由于保温材料自身的燃烧性能对系统的燃烧性能影响较大。因此，要对保温材料自身的燃烧等级提出基本要求，目前已有相关国际标准和国内标准。欧美国家基本上都是要求有机保温材料达到B1级(相当于新标准GB 8624—2006的B/C级)，但由于国内的具体情况，现有标准只能规定外保温所使用的有机保温材料的燃烧性能达到B2级(相当于新标准GB 8624—2006的D/E级)。

4.4.1.2 保温系统热释放速率

保温系统不仅有保温材料，还包括抗裂防护层材料和饰面材料等，在实际使用过程中的最小单元是连续的制品单体。因此，它的燃烧性能比保温材料更接近于实际使用情况。所以要对其进行燃烧性能分级。目前已有相关国际和国内的制品燃烧性能分级标准(EN 13501—1，GB 8624—2006)。国际上首先是明确了外保温系统必须按照相关标准进行分级，对于有构造防火的系统，要进行大尺寸(包括防火构造)试件火焰传播性试验，然后由当地建筑指令确定不同防火级别的外保温系统所适用的建筑。但在我国现有标准规范中没有明确对外墙保温系统进行燃烧性能(或防火性能)分级，未规定针对外保温系统大尺寸火焰传播性试验方法和指标，更没有相关标准规范规定不同防火等级的外墙保温系统应该对应应用于哪个防火级别的建筑上。

从试验结果来看，热释放速率峰值和总放热量是评价外保温系统抗火能力的关键技术指标，与其火焰传播性具有一定的内在对应关系。从本质上讲，热释放速率的大小与保护层的厚度直接相关，而保护层厚度是影响外保温防火性能的关键要素之一。因此，热释放速率峰值是评价外保温系统整体防火安全性能的主要技术参数。

4.4.1.3 保温系统火焰传播性

外保温系统的火灾危险性在于火焰传播，而EN 13501—1(GB 8624—2006)标准中采用的单体燃烧试验方法(EN 13823：SBI试验)是在ISO 9705房间墙角火试验方法的基础上衍生的，针对建筑室内装修材料。分级依据是材料受火条件下的热释放，没有充分考虑可燃有机保温材料的火焰传播性，试验条件下外保温系统的受火状态与实际火灾情景不符。目前已有聚苯乙烯保温板的供应商拿到了C级，甚至B级的检验报告，是否表明C级的聚苯乙烯保温板本身就能满足外保温的防火安全性能要求呢，显然是不行的！由于聚苯乙烯保温板属热塑性材料，受火后熔化，滴落燃烧物具有引燃性，不能阻止火焰的传播。因此，燃烧性能等级不宜作为外保温系统防火安全性能的评价依据。

欧美国家基本上是根据保温材料和制品燃烧性能等级，以及系统的火焰传播性对外保温系统防火性能进行综合评价，并依据当地法规要求确定其适用建筑范围。中国由于材料来源、质量和技术水平问题，我们无法达到欧美国家的要求，所以采用构造防火措施来提高某些系统的防火性能是一条有效途径。在我国，存在多种不同类型的外保温系统构造，防火能力差异较大，而现有材料燃烧性能等级评价不能真实体现这些系统构造的防火性能差异，因此，在保温材料燃烧性能等级满足基本要求的条件下，以热释放速率峰值和火焰传播性的技术指标对外保温系统整体构造的防火性能进行分级，并确定不同等级外保温系统的适用建筑高度，是解决我国外保温防火问题的必由之路。

4.4.2 系统防火等级划分及适用建筑高度

4.4.2.1 系统防火等级划分及适用建筑高度

外墙保温系统防火分级标准及适用建筑高度应符合表4-28的要求。

外保温系统防火等级划分及适用建筑高度　　表4-28

防火等级及适用建筑高度		保温材料燃烧性能	系统试验要求	
等级	适用建筑高度		热释放速率峰值(kW/m^2)	火焰传播性(℃)
Ⅰ	无限制	不燃类	≤5	T2≤300
Ⅰ	无限制	难燃或可燃类	≤5	T2≤200且T1≤300
Ⅱ	≤34层(≤100m)		≤10	T2≤300且T1≤500
Ⅲ	≤18层(≤54m)		≤25	T2≤300
Ⅳ	(≤24m)		≤100	—

4.4.2.2 系统等级划分及适用建筑高度说明

1. 编制的基础

该分级编制的基础来自2006年初立项并于2007年9月验收的《建设部2006年科学技术项目计划》研究开发项目(06—k5—35)“外墙保温体系防火试验方法、防火等级评价标准及建筑应用范围的技术研究”成果。该课题参考了国外大量相关标准和试验方法，结合中国具体情况提出外保温构造整体防火性能是系统防火安全的关键，项目组通过开展锥形量热计试验、燃烧竖炉试验、大尺寸窗口火和墙角火试验研究，获得了大量试验数据。该项目提出了锥形量热计试验和大尺寸窗口火试验为外保温系统防火分级的主要判据指标；提出了外保温系统防火性能分级和适用建筑高度的建议。通过科技查新，该项目所开展的外保温系统防火性能试验研究和防火等级评价填补了我国外保温系统防火安全性研究的空白。研究成果对外保温系统防火试验方法和防火安全性分级标准的制定，建筑节能领域的防火安全设计，打下了良好的基础，具有重要意义。

为了使分级标准更具有开放性，防火分级标准中，没有包括具体的构造防火措施，只要外保温系统满足相关级别的试验性能指标，就可对应于相应级别，给国家或行业相关标准规范中，包括的系统和尚未包括的系统提出了统一的评价指标，并为未来新型保温系统研发提供了提高防火性能的研究方向和评价方法。

2. 防火分级试验方法及指标

1) 试验方法

总结国外的经验，对建筑外保温系统的防火性能要求应考虑以下两个方面的问题：一是点火性：在有火源或火种的条件下，系统是否能够被点燃以及热释放速率峰值。同时考虑火灾情况下对逃生影响较大的烟雾和毒气释放问题。这些指标可用小试验取得，以方便检测。这些性能指标可利用锥形量热计试验来检测。二是传播性：当有燃烧或火灾时，系统是否具有阻隔火焰传播的能力，系统对外部火源攻击的抵抗能力或防火性能要求。该项目测试方法的选择原则是采用代表实际使用的外保温系统(包括构造防火部分)并应与真实火灾有较好的相关性。这样的试验必须使用大尺寸试验才能解决。外保温系统的窗口火试验，能够涵盖包括防火构造在内的外保温系统构造，可以观测试验火焰沿外保温系统的水平或垂直传播能力，试验状态能够充分反映外保温系统在实际火灾中的整体防火能力，能够对外保温系统工程的整体防火性能进行检验。从实际火灾对建筑物的攻击概率来看，大尺寸窗口火试验更具有普遍意义。

基于以上分析，该分级标准采用了两个最重要的指标对外保温系统进行分级，一是通过锥形量热计试验得出的热释放速率峰值，二是窗口火试验得出的火焰传播性。

2) 防火分级试验指标

分级判据指标说明见表4-29：

外保温系统防火分级试验判据指标说明 表4-29

等级	保温材料燃烧性能	系统试验要求	
		热释放速率峰值(kW/m^2)	火焰传播性(℃)
Ⅰ	不燃类	≤5 传统的不燃性材料的试验结果，如水泥砂浆，试验中不会被点燃。主要对保护层的材质提出要求	T2≤300 由于保温层采用了不燃性材料，适当放宽了保护层的材质或厚度要求
Ⅰ	难燃或可燃类	≤5 当保温层为有机材料时，防火保护层的材质或厚度对系统的热释放速率峰值有影响，此条要求系统的热释放速率峰值与水泥砂浆相同，对外保温系统的防火保护层材质或厚度提出的要求	T2≤200且T1≤300 由于采用了有机保温材料，对系统构造的阻火性提出要求，保证L2和L1的保温层不出现燃烧现象
Ⅱ	难燃或可燃类	≤10 判定材料不燃性的临界值。对于外保温系统同样要求达到该指标，属安全级别	T2≤300且T1≤500 保证L2的保温层不出现燃烧现象，L1的保温层允许出现不剧烈的燃烧现象

续表

等级	保温材料燃烧性能	系统试验要求	
		热释放速率峰值(kW/m²)	火焰传播性(℃)
Ⅲ	难燃或可燃类	≤25 虽然外保温系统的整体对火反应性能不能达到不燃，但燃烧能力有限，即允许轻度的燃烧出现。此时系统的整体燃烧性能不能达到不燃	T2≤300 保证 L2 的保温层不出现燃烧现象。对 L1 未提出要求
Ⅳ		≤100 判定系统整体对火反应性能达到难燃的临界值	—

3. 适用高度

根据中国的建筑国情，将不同防火分级的外墙保温系统的适用建筑高度细分为四级。

中国的城市建筑高度有多层建筑、小高层建筑到高层建筑，乃至超高层建筑，尤其体现在现代化程度比较高的城市中，以高层建筑居多。人口和建筑密集程度均比国外相类似的城市高，另外，中国现代化程度比较高的城市消防救援云梯通常在 50～60m 之间。在此背景下，防火分级需要根据高度进行细分。德国将可用建筑高度以 22m 为界限，分两个等级的做法略显粗糙。因此，在本等级划分中列出四个等级。

在我国《高层民用建筑设计防火规范》(GB 50045—2005) 中规定：10 层及 10 层以上的居住建筑(包括首层设置商业服务网点的住宅)，或建筑高度超过 24m 的公共建筑，称之为"高层建筑"。

国际通常将高层住宅划分为四类：

第一类：层数 8～16 层，房屋高度在 25～50m 之间，通常称为小高层住宅；

第二类：层数 17～25 层，最高度达 75m；

第三类：层数 26～40 层，最高达 100m；

第四类：层数在 40 层以上，高度超过 100m，称为超高层住宅。

参照 GB 50386—2005《住宅建筑规范》的规定，当建筑中有一层或若干层的层高超过 3m 时，应对这些层按其高度总和除以 3m 进行层数折算，余数不足 1.5m 时，多出部分不计入建筑层数；余数大于或等于 1.5m 时，多出部分按 1 层计算。在该规范中将住宅建筑的耐火等级分为四级，耐火等级标准是依据房屋主要构件的燃烧性能和耐火极限确定。同时规定，四级耐火等级的住宅建筑最多允许建造层数为 3 层，三级耐火等级的住宅建筑最多允许建造层数为 9 层，二级耐火等级的住宅建筑最多允许建造层数为 18 层。

因此，综合以上内容，本表中按 8 层(24m)、18 层(54m)、将现行外保温系统的防火等级划分为四个等级，并对应四个适用的建筑高度范围，基本与规范对应。将没有任何阻止火灾蔓延能力的系统定为Ⅳ级，可应用在 8 层(24m)以下的建筑中。将在任何火灾条件下都不会发生火灾蔓延的系统定为Ⅰ级，从防火角度可应用在任何高度的建筑中，将介于两者之间的外保温系统再细分两个级别，分别以 18 层(54m，通常云梯可达到的高度)和 34 层(100m)为界线。

4.5 施工过程防火安全管理

经过调研，保温工程施工现场消防管理普遍薄弱。主要表现为：保温材料大部分未做界面处理；绝大多数缺少统一的保温材料堆场，多数见缝插针，沿建筑物保温工程周围码放较多；堆场缺少明显的消防安全宣传标志，临时消防车道及消防器材都不到位；高层建筑保温工程施工，缺少临时消防措施；保温材料缺少明显的防火标志；不少工地仅将保温工程作为装饰工程的一道工序来对待。

面对近年来相继发生的保温工程火灾事故，为切实加强安全消防管理，防止类似事故的再次发生，北京市公安消防局、北京市建设委员会和天津市相继颁布了多项安全消防管理规定。提出了"施工单位应选用经过阻燃处理的保温材料氧指数检测结果判定为 B1 级，并留存相关检查报告存档备查"及尽快提高目前保温材料/系统的防火性能等要求的具体事宜。但是由于要求与实际相差较远，普遍未能有效执行。施工现场聚苯板堆放的现状，如图 4-176。

图 4-176 施工现场聚苯板的胡乱堆放

为保证施工质量及施工防火安全，根据在外保温施工过程中的实践与在高层建筑外墙耐火保温课题中的试验研究，总结出工程技术人员在外保温施工过程中应特别注意的几点问题。

1）外保温施工的防火安全应由现场施工总、分包单位共同负责。

建设工程施工实行总承包和分包制，由总承包单位对外保温工程施工现场的消防安全实行统一管理，外保温工程分包单位负责分包范围内外保温的施工现场消防安全，并接受总承包单位的监督管理。

2）施工总承包和分包单位应根据《北京市建设工程施工现场消防安全管理规定》中的有关条例：落实外保温施工防火安全责任制，确定 1 名外保温施工单位现场负责人，具体负责施工现场的防火安全工作，配备或指定防火工作人员，负责墙体保温施工期间的日常防火安全管理工作。

3）现场施工企业及外保温施工企业各级管理人员都必须熟悉相关安全技术标准、规范、规程的要求，并严格执行，不得违章指挥；外保温施工工人必须熟悉相关施工工法、安全技术规定及其岗位安全操作规程，不得违章作业。

4）施工单位应认真审查建设工程设计图纸的建筑外墙节能保温体系，是否符合国家、行业及所在地区的现行建筑节能标准规范要求；审查建设工程设计的建筑外墙节能保温体系是否能满足国家、行业建筑防火安全标准规范的等级要求；并积极建议甲方和设计人员选用防火安全的建筑节能体系，或补充设计外保温防火构造。

5）审查设计或甲方所指定的建筑保温体系或材料，是否能符合国家或行业现行技术标准或材料标准，尤其是防火安全等级标准。

6）应选用有技术实力系统配套的建筑节能保温品牌生产厂家，所选用生产厂家应负责体系及相关材料各项检测，并向施工单位提供保温系统及材料相关的真实检测报告，尤其是材料可燃性产品检测报告，重要工程应根据国家外保温工程质量验收标准规定，对保温系统所用的保温材料进行复检，并与分包或供货方签订防火安全协议。

7）编制详细可行的建筑节能保温施工方案，应根据工程建筑设计所选用的外保温系统的特点来制定相应的防火安全技术措施；应有施工现场火灾事故应急预案，报上级有关部门批准后严格按其执行；应加强现场管理监督，特别应注意过程控制及过程检验，坚持建筑节能保温样板指导施工。

8）总分包各方应在外保温施工时，配合协商合理安排工序，以避免与明火作业工种交叉作业。

9）外保温工程施工前，应对保温施工人员做详细的技术培训，必须进行有关的防火安全教育，学习了解外保温火灾原理、灭火基础知识及救援知识。

10）外保温工程施工现场材料存放防火安全应注意以下问题：

① 总分包须对施工现场外保温所用的聚苯板、聚苯颗粒、挤塑板、聚氨酯等保温材料进行严格的消防安全管理和监督检查。其材料性能需符合《建筑节能工程施工质量验收规范》(GB 50411)中第

3.2.3条相关规定，即建筑节能工程所使用材料的燃烧性能等级和阻燃处理，应符合设计要求与国家现行标准《高层民用建筑设计防火规范》(GB 50045)、《建筑内部装修设计防火规范》(GB 50222)和《建筑设计防火规范》(GBJ 16)的规定。

② 保温材料和配套设备进场时应按《建筑节能工程施工质量验收规范》(GB 50411)中第3.2.2条来执行：对其品种、规格、包装、外观和尺寸进行验收并应经监理工程师(建设单位代表)检查认可，并形成相应的质量记录。材料和设备应有质量合格证明文件、中文说明书及相关性能检测报告，进口材料和设备应按规定进行出入境商品检验。

③ 严格审查供货方提供的产品合格证及法定检测部门出具的检测报告并备案，并按《建筑节能工程施工质量验收规范》(GB 50411)中的有关规定对每批进场保温材料现场见证取样进行复检，所有性能必须符合国家、行业及北京市有关外保温材料的相关标准。其中所使用的外保温材料燃烧性必须达到《建筑材料及制品燃烧性能分级》(GB 8624)、《公共场所阻燃制品及组件燃烧性能要求分级和标识》(GB 20286)中燃烧性能分级所要求的标准。验收合格后双方应签字确认，以存档备查。如发现不合格材料，严禁使用，并责成厂家立即退换或退出施工现场。

④ 禁止保温板裸板现场存放或保温层作业面长期裸露。为消防安全起见，应要求分包单位或保温板材供货厂家必须提供已涂刷好合格界面处理剂的保温板，避免裸板进场，防止现场施工时火星飞溅引起火灾。

如果工艺要求裸板施工则必须采取有效的消防和防火处理措施，尽可能及时对外保温材料进行界面处理，界面剂处理后的外保温材料应能满足火星溅落不燃烧不蔓延的要求。

如裸板集中存放必须进行防火覆盖，施工作业楼层配备足够的消防灭火设备，并应按分格线或当日流水作业面及时涂刷界面剂或及时进行装饰面层基层处理，严禁施工现场保温层长期裸露，如此，不仅有利于施工防火安全而且对保温层进行保护，还可防止紫外线对保温材料的老化破坏。

⑤ 涂刷好界面剂的保温材料现场存放条件，应符合安全消防要求和材料存放要求，即远离可燃物及火源，并配有足够的消防灭火设备。

a. 保温材料存放现场严禁吸烟；

b. 保温材料存放现场严禁动用明火；

c. 保温材料存放现场及加工制作场地不准堆放易燃易爆物品及危险物品；

d. 保温层施工夜间作业不得使用碘钨灯照明。

通过大量的工程实践和科学实验，对于外保温工程只要用严谨的科学态度认真对待并进行严格管理，危险是可以避免的。

根据“隐患险于明火，防范胜于救灾，责任重于泰山”的精神，本着“预防为主、防消结合”的消防方针，已向有关部门申请制定建筑节能外保温施工防火安全的有关技术规程和标准，以完善我国建筑墙体节能技术，并推进建筑节能事业健康有序地发展。

4.6 防火外保温系统示例

防火外保温系统的研究主要从防火保温材料与防火保温构造两方面着手。目前国内存在的墙体保温材料有：聚苯板、聚氨酯、胶粉聚苯颗粒保温浆料、岩棉、矿棉、玻璃棉、泡沫玻璃、蛭石保温及传统的加气混凝土砌块等。其中除了聚苯板、聚氨酯外，其他保温材料都具有优异的防火性能。但是，由于建筑节能标准的提高和人们对高层建筑火灾问题的关注程度日益提高，单一保温材料的保温系统又不能达到防火和高效节能的统一。因此，除了岩棉外保温系统、胶粉聚苯颗粒外保温系统研究外，采用有机无机材料复合保温系统的技术路线与方案研究，形成六种防火外保温系统。

4.6.1 岩棉外保温系统技术研究

4.6.1.1 岩棉的定义、岩棉板的类型与特点

岩棉在20世纪30年代就已投入工业化生产，是目前世界上应用范围最广的保温材料。在国外岩棉

被称为“第五常规能源”，此种材料在建筑中的应用相当广泛。

1. 岩棉的定义

在我国的标准中对岩棉(Rock-wool)定义：主要由熔融天然火成岩制成的一种矿物棉，称为岩棉。岩棉是以精选的玄武岩或辉绿岩为主要原料，外加一定数量的补助料，经高温熔融离心吹制成人造无机纤维，其主要化学成分为：SiO_2(46%)、Al_2O_3(15.6%)、MgO(5.1%)、CaO(28%)、Fe_2O_3(3.3%)。

2. 岩棉板的类型与特点

在岩棉纤维中加入适量胶粘剂、防尘剂、憎水剂等外加剂，经过压制固化可制成具有一定强度的岩棉板。根据目前的生产工艺，可分为沉降法岩棉板、摆锤法岩棉板和三维法岩棉板。

在民用建筑中，特别是在高层民用建筑中，采用岩棉板作为保温材料时，应该选用压缩强度和抗剥离强度比较大、吸水性比较小的岩棉板。故此，选用三维法岩棉板是最合适的。但三维法工艺比较复杂，岩棉板价格也很高，在实际工程应用中还无法实现。综合考虑到岩棉板的价格因素，选用价格相对适中的摆锤法岩棉板是目前最好的方案。岩棉板选用技术指标见表 4-30。

岩棉板技术性能指标　　**表 4-30**

项　目		指　标		
		沉降法岩棉	摆锤法岩棉	三维法岩棉
密度/(kg/m³)		≥150	≥150	≥150
密度允许偏差/%		±15	±10	±10
纤维平均直径/μm		≤7	≤7	≤7
导热系数/[W/(m·K)]	10℃	—	≤0.036	≤0.036
	50℃	—	≤0.039	≤0.039
	70℃	≤0.044	≤0.041	≤0.041
渣球含量(颗粒直径>0.25mm)/%		≤12.0	≤6.0	≤6.0
体积吸湿率/%		≤5	≤1.0	≤1.0
体积吸水率(全浸入)/%		—	≤4.0	≤4.0
憎水率/%		≥98	≥98	≥98
热荷重收缩温度/℃		≥600	≥650	≥650
有机物含量/%		≤4.0	≤4.0	≤4.0
抗压强度(10%压缩量)/kPa		>10	≥40	≥60
剥离强度/kPa		>6	≥14	>22
燃烧性能等级		A级	A级	A级
适用范围		20m 以下	100m 以下	100m 以下

4.6.1.2　岩棉在建筑中的应用

岩棉是一种优质高效的保温材料，它具有良好的保温隔热、隔声及吸声性能，在建筑业中，岩棉制品常用于建筑物的外保温围护结构、建筑物内部分隔墙的隔声填充材料及建筑物室内的吊顶吸声材料。

在国外，特别是欧洲的建筑市场中大量使用着岩棉制品，由于防火问题，在美国岩棉、矿渣棉占70%，在德国超过 22m 的建筑外保温几乎全部采用岩棉保温材料。

在我国，岩棉作为建筑保温材料的使用率比较低，在民用建筑中应用得很少。国内 1985 年引进了瑞典的外挂锚固系统解决了岩棉的上墙固定问题，在十几年的应用中稳定性可靠，但由于未能解决好面层开裂问题而无法推广。由于选用的岩棉板是沉降法生产的岩棉板，其强度小、吸水性大，也影响了在民用建筑中的推广应用。

如下技术研究选用优质岩棉板，采用先进的锚固技术、现浇技术及保温抗裂技术，成功地解决了目前国内岩棉在外围护结构外保温中应用的技术问题。

4.6.1.3 岩棉外保温系统介绍

1. 岩棉板的安装技术

由于岩棉板的抗剥离强度比较低，岩棉板面层上的纤维很容易脱落，而且其面层还要进行饰面处理，因而岩棉板面层所能承受的负荷也很小，采用胶粘剂将岩棉板粘贴在墙体上不是最佳的方法。最好的方法是将岩棉板通过固定件固定在墙体上。但由于岩棉板强度小，光靠固定件还是不够，一般都采用钢丝网进行加强处理。1985年引进的外挂岩棉板锚固系统就是选用了一种钢钩型的锚固件配合钢丝网来固定岩棉板的，首先将钢钩型锚固件按设计好的位置固定在墙体上，并使插销垂直墙面向外，再将岩棉板按设计的位置安装在墙面上，使插销穿透岩棉板，然后铺上钢丝网，抽出插销，并用插销上的钩子勾出锚固件的连接杆，最后将插销穿过连接杆上钩子固定住钢丝网，这样岩棉板就通过钢钩型锚固件和钢丝网的共同作用固定在墙体上。由于钢丝网对岩棉板面层的分隔作用，使得在岩棉板面层进行抹灰也成为可能。但是这种做法施工速度比较慢，而且在安装过程中脱落的岩棉纤维扎人情况比较严重，影响了工人施工积极性。

纵观当今的锚固技术，发现钻孔型锚固技术和射钉型锚固技术是比较先进的锚固技术，而且也可用于保温板的固定。因此，为了降低岩棉板的安装施工难度，选用了这两种锚固技术，试验后的整体效果比较好，而且也减少了岩棉纤维对人体的影响。施工时，可以先将岩棉板预固定在墙体上(通常采用胶粘剂进行预固定)，然后铺上钢丝网，接着用钻孔机打孔安装锚固件固定钢丝网，或直接锚固射钉型锚固件固定钢丝网。在这2种固定方法中，采用射钉型锚固件施工速度快，但其价格也高，因此，一般还是采用钻孔型锚固件。

目前，针对钢筋混凝土墙体，采用保温板与混凝土一次浇筑成型技术应用得比较广泛，其优点在于保温层与主体墙体可以一次施工完毕，从而缩短了施工周期。在浇筑中采用的保温板主要是聚苯板，而从未进行过岩棉板的浇筑施工。因此，笔者对岩棉板的现浇技术进行了一系列研究，并做了现浇试验，结果证明现浇技术也可应用于岩棉板，而且效果很好。这主要是因为岩棉板表面粗糙，其表面纤维易与混凝土结合在一起。因此，岩棉板与混凝土的结合强度比较大。与锚固法安装岩棉板一样，在浇筑过程中也使用了钢丝网。在岩棉板面层上增加1层钢丝网，不仅有利于浇筑施工，而且还可弥补岩棉板本身强度不够大，易于分层的缺陷。选用的钢丝网为抗腐蚀能力很强的热镀锌钢丝网，热镀锌钢丝网通过与岩棉板拼接缝处的热镀锌钢丝($\phi4$)与混凝土中的钢筋绑扎固定，岩棉板连同热镀锌钢丝网绑扎固定好后，支上浇筑模具，就可进行混凝土的浇筑施工。

另外，由于岩棉板长期暴露在空气中，其面层的细小纤维易脱落扎人，给人造成痛痒感，给施工造成不便。因此，在安装后，要对其面层进行界面处理。采用喷砂界面剂对岩棉板面层进行处理，不仅可防止岩棉板面层的细小纤维到处飞扬，还可增强岩棉板的防水性，阻断了岩棉板从找平层吸水的路径，保证了找平层材料不会因过快失水而开裂，并且还有利于提高找平材料与岩棉板表面的粘结力，从而保证了整个系统的稳定性。

2. 岩棉板面层的找平与抗裂技术

分析以前所做的岩棉板外保温工程，发现工程中所用的找平层材料及抗裂防护层材料主要是普通水泥砂浆，部分工程也用上了聚合物砂浆，但是未能解释清楚外保温工程开裂的机理。因此，也就未能解决外保温工程开裂这一技术难题。

1) 为了解决该难题，采用了在外保温工程中应用得比较成熟的柔性渐变、逐层释放应力的柔性抗裂技术。其主要思路是选用导热系数比较低的胶粉聚苯颗粒保温浆料作为岩棉板面层的找平材料，此种材料具有以下优点：

① 该材料不仅可以起到良好的找平作用，还可阻断钢丝网及锚固件所产生的热桥，使整个保温系统的保温效果得到加强；

② 具有比较好的柔性和抗裂性能，符合柔性渐变的抗裂理论；

③ 干密度比较小，一般只有230kg/m³左右，因此用它对岩棉板面层进行找平可以大大减小岩棉板

面层的荷载，这也可对防止岩棉板面层的开裂起到辅助作用。

2）在抗裂防护层材料中，采用抗裂砂浆复合耐碱网格布的做法，即在找平层材料外面抹一薄层聚合物抗裂砂浆，然后迅速压入耐碱玻纤网格布，整个抗裂防护层一般控制在3～5mm。这一做法的特点包括：

① 耐碱玻纤网格布不仅可以阻止应力的发展，还可起到分散应力的作用；

② 聚合物抗裂砂浆也具有很好的柔性防裂作用，在通过找平层及抗裂防护层的共同作用下，确保了岩棉板外保温系统具有优异的抗裂性；

③ 为了加强整个保温系统的防水透气性，在抗裂层外面还刷涂了1层高分子乳液弹性底层涂料，使整个系统的防水透气性得到了显著提高，也更进一步加强了整个保温系统的抗裂性能。

另外，在对岩棉板外保温系统进行饰面处理时，也选用具有抗裂功能的抗裂柔性耐水腻子，并用具有一定柔性的弹性涂料进行外饰面处理，使整个岩棉板外保温系统成为一个柔性渐变、逐层释放应力且抗裂保温的系统。

3. 岩棉板外保温系统的构造设计

在研究的过程中，确定了岩棉板外保温的两种构造做法：岩棉板锚固做法和岩棉板现浇做法。

1）岩棉板锚固做法由基层墙体、岩棉板保温层、由锚固件固定的热镀锌钢丝网、胶粉聚苯颗粒找平层、抗裂防护层及饰面层等组成，如图4-177所示。

2）岩棉板现浇做法由钢筋混凝土基层墙体、岩棉板保温层、热镀锌钢丝网加固层、胶粉聚苯颗粒找平层、抗裂防护层及饰面层等构造层组成，如图4-178所示。

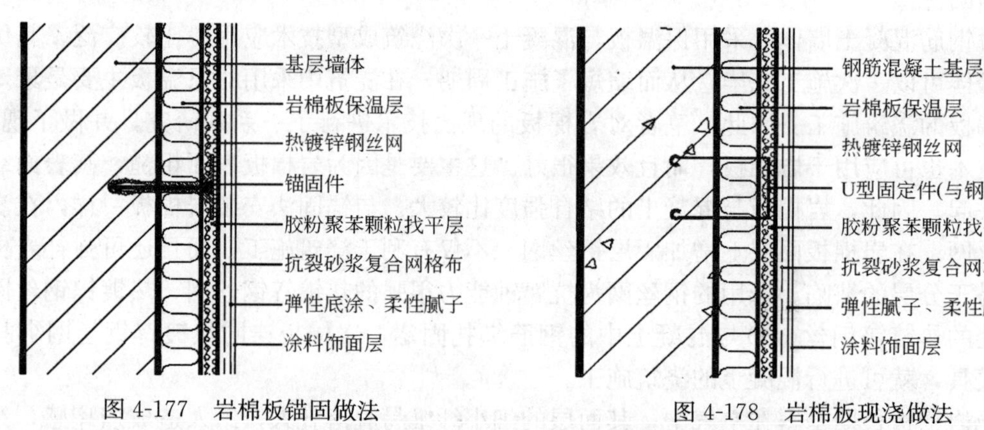

图4-177 岩棉板锚固做法　　图4-178 岩棉板现浇做法

这两种岩棉板构造做法都采用热镀锌钢丝网和锚固件来固定岩棉板，热镀锌钢丝网不仅可以起到固定岩棉板的作用，同时也可起到保护岩棉板的作用，增加岩棉板面层承载负荷的能力，使得岩棉板面层的负荷可以达到20kg/m²。由于热镀锌钢丝网的存在，也使岩棉板面层的抹灰难度降低，热镀锌钢丝网可以兜住抹灰层材料，使其不会因岩棉板面层纤维的脱落而脱落。

通过这样的保温构造设计，不仅解决了岩棉板的上墙安装技术，使岩棉板和墙体可以很好的结合在一起，同时也解决了岩棉板面层的抗裂防护技术，整个岩棉板保温构造是一个柔性渐变的柔性抗裂系统，具有很强的抗裂功能。由于岩棉板面层所能承受的荷载不大，因而其面层一般采用涂料饰面做法。

4.6.1.4 岩棉外保温系统技术特点

岩棉复合防火外保温技术是一项新型建筑节能技术，经过在工程实例中的运用，虽然还有需要改进的地方，但这项技术的优点是很明显的。

1. 保温效能好

岩棉的导热系数为0.041W/(m·K)，复合找平的胶粉聚苯颗粒保温浆料的导热系数为0.060W/(m·K)，通过岩棉板与胶粉聚苯颗粒的复合，使整个系统具有相当好的保温性能，同时，胶粉聚苯颗粒还可对岩棉板无法处理的部位及热桥部位起到补充保温和阻断热桥的作用。

2. 优异的防火性能

岩棉外保温系统中不仅岩棉板具有不燃的性能，选用的胶粉聚苯颗粒找平材料也具有难燃特性，从而保证了整个系统具有非常优异的防火功能，对保护建筑结构起到很好的作用。

3. 耐撞击性能好

岩棉板虽然强度比较低，但由于是由许多纤维构成的，具有相当好的弹性，而且回弹率也比较高，同时，岩棉外保温系统还使用了弹性比较好的热镀锌钢丝网，在抗裂防护层又使用了耐碱玻纤网格布，形成了一个双网结构的构造系统，因而使该系统具有相当好的抗冲击性能，即使在经过耐候性试验后，它的抗冲击性能也大于 10J，远远优于其他外保温系统。

4. 对主体结构变形适应能力强，抗裂性能好

岩棉板是一种柔性变形量较大的材料，在热镀锌钢丝网的作用下，抵抗外界变形能力强。在外力和温度变形、干湿变形等作用下，变形量都比较小，而且变形后回弹能力强，有效地保证了系统的稳定性、耐久性。整个外保温系统是一个柔性渐变、逐层释放应力的柔性抗裂系统，具有很好的抗裂性能。

5. 环保性能

岩棉是一种无机绿色建材，配套使用的胶粉聚苯颗粒材料不仅消耗大量粉灰等粉体材料，也消耗了大量废弃聚苯材料，很好地净化了环境。所以，该系统的环保性能是十分明显的。

4.6.1.5 结论

由于外保温防火问题越来越被业内人士和外保温使用用户所认识，高防火性的岩棉外保温系统的成功研发和工程应用，将在很大程度上摆脱目前大力发展建筑节能与建筑火灾安全难以平衡的尴尬局面。

本研究与应用中提出了两种不同于国外岩棉薄抹灰做法的构造，可解决岩棉薄抹灰外保温系统进入中国后水土不服的境况。

本研究所提供的技术有如下特点：

1. 岩棉板一般应选用强度较大、吸水量比较少的摆锤法岩棉板；

2. 上墙固定主要采用锚固法固定方式，而对于现浇钢筋混凝土墙体，则可采用岩棉板与钢筋混凝土一次现浇成型技术；

3. 为了防止岩棉纤维扎手及增强岩棉板的防水性能和岩棉板与找平层的粘结强度，对岩棉板表面还应进行界面处理；

4. 找平层要选用导热系数与岩棉板相差不大、密度比较小、防裂功能好的轻质找平材料；

5. 抗裂防护层采用目前比较成熟的抗裂砂浆复合耐碱网格布做法；

6. 岩棉板外保温系统应是一个柔性渐变，逐层释放应力的柔性抗裂系统，各构造层的柔性变形量应逐层渐变，这样才能保证系统具有很强的耐候性能及抗裂性能。

4.6.2 有机/无机复合型防火技术构造体系及材料技术的研究

4.6.2.1 胶粉聚苯颗粒外保温系统

该系统中保温材料的设计思路是在无机胶凝材料中加入了多种高分子材料添加剂，形成的保温胶粉与聚苯颗粒在施工现场按包装配比搅拌成浆料状，采用批抹施工方法使该保温材料与墙体无空腔无接缝粘结，其中的高分子添加剂大分子互穿增稠技术使胶凝材料的黏稠性增强，抗滑坠能力增强。复合聚苯颗粒在形成后约是 20%体积的无机粉料，包裹约 80%体积的有机聚苯颗粒，是一种亚弹性体，具有很好的耐候稳定性，导热系数高于有机保温材料，如聚苯板，水蒸气渗透性和蓄热能力大大强于有机保温材料。该材料最大的优点是防火等级高，为难燃 B1 级，在受热受火作用时除了面层裸露的聚苯颗粒外(如果有，则表面通常是一层无机浆体)不会被点燃，更不会引起火灾蔓延，体积保持率 100%，而且材料的保温隔热性能可以大大延缓热量由外向内的传递。在长期受火作用时，其中被包裹的有机聚苯颗粒由外向内逐步熔化形成封闭空腔，无机胶凝材料作为支撑骨架，这时材料的导热系数更低，热量向内部传递更为缓慢，对建筑结构墙体起到很好的热保护作用。

1. 基本构造

胶粉聚苯颗粒外保温系统的涂料饰面和面砖饰面基本构造分别如图 4-179 和图 4-180 所示。

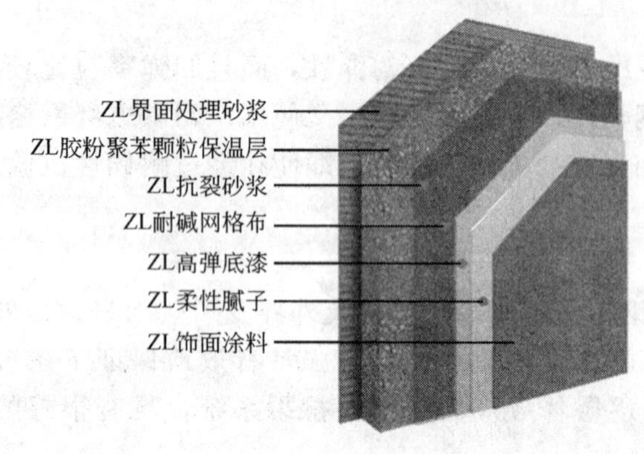

图 4-179 胶粉聚苯颗粒外保温系统涂料饰面基本构造

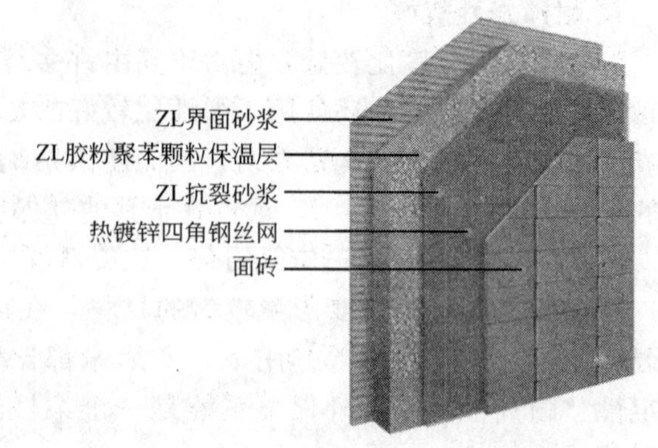

图 4-180 胶粉聚苯颗粒外保温系统面砖饰面基本构造

2. 技术特点

1）防火性能优异

采取难燃 B1 级的胶粉聚苯颗粒作为保温材料，可有效地控制火灾蔓延、热辐射和次生烟尘灾害。系统无空腔做法杜绝了引火通道，进一步提高了高层建筑外保温层的安全性。系统整体无接缝做法和亚弹性保温砂浆遇热时尺寸无变化、不开裂、不剥离，可避免火灾攻击时，热量或火源进入保温系统内部，对局部建筑结构产生影响。保温系统的低导热系数和蓄热能力可以延缓热量进入建筑结构内部的时间，很好地保护了基层墙体。

2）柔性渐变防裂构造设计解决了保温墙面裂缝的技术瓶颈

在保温构造设计上，该成套技术摒弃了“刚性防裂技术路线”，而采取“逐层渐变、柔性释放应力的抗裂技术路线”。实践证明，这种柔性抗裂体系的建立，使得保温墙面能够有效地吸收和消纳热应力变形，从而解决了国内外保温表面出现有害裂缝的技术难题，是目前国内抗裂技术最可靠、抗裂效果最好的外保温做法。

3）无空腔体系提高了外保温层抗风压的能力

不同于目前传统粘贴聚苯板技术，该成套技术全部采取无空腔体系的做法，内无接缝，与基层墙体形成一个整体。在此基础上，可增加其他的机械固定防护措施，如在外保温饰面粘贴面砖时，在抗裂砂浆层选用热镀锌钢丝网进行增强，并通过锚固件与基层墙体连接。这些做法可大幅度提高外保温层抗风压的能力，减少了风压，特别是负风压对高层建筑外保温层的破坏。

4）轻荷载材料的柔性软连接保证了外保温层在地震力影响下的整体稳定性

该成套技术采用轻质材料，可减轻保温面层荷载；各构造层材料满足“逐层渐变、柔性释放应力的抗裂技术路线”，逐层分散和消解地震力，可保证外保温系统在正常使用条件下，在地震力等偶然事件发生时或发生后，仍具备保持必要的整体稳定性的能力。

5）拒水性与透气性的设置提高了系统的耐冻融和耐候能力

该保温系统的防护面层之上设置了一道防水层，在保持水蒸气渗透系数基本不变的前提下，可大幅度地降低面层材料的表面吸水系数，避免当水渗入建筑物外表面后，冬季结冰产生的膨胀应力对建筑物外表面的损坏，同时提高了面层材料的透气性，避免墙面被完全不透水的材料封闭，妨碍墙体排湿，导致水蒸气扩散受阻产生膨胀应力，造成面层材料起鼓、甚至开裂，或者水蒸气在保温层中结露，影响保温效果。

4.6.2.2 聚氨酯硬泡喷涂复合外保温系统

1. 基本构造

聚氨酯外保温系统的涂料饰面和面砖饰面基本构造，分别如图 4-181 和图 4-182 所示。

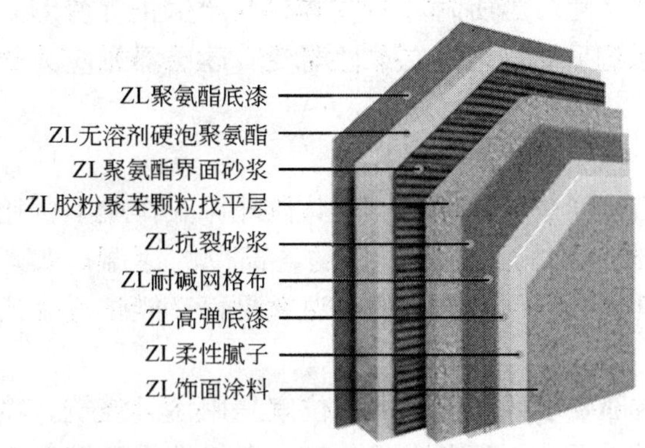

图 4-181 聚氨酯外保温系统涂料饰面基本构造

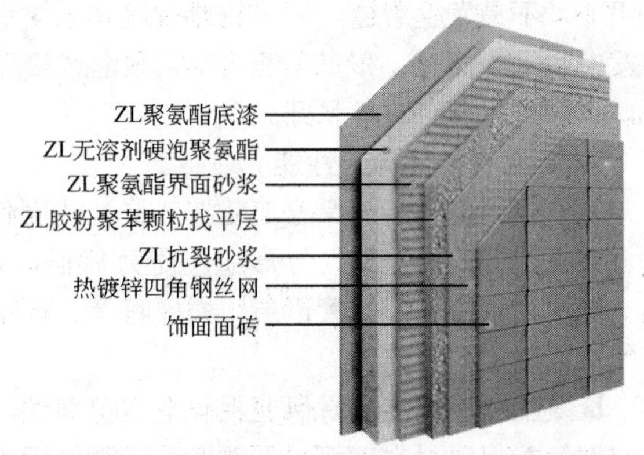

图 4-182 聚氨酯外保温系统面砖饰面基本构造

2. 技术特点

1）防火性能良好

尽管硬泡聚氨酯喷涂保温层处于外墙外侧，但防火处理仍不容忽视。聚氨酯在添加阻燃剂后，成为一种难燃自熄性的材料，它与胶粉聚苯颗粒浆料复合后组成一个防火体系，能有效地防止火灾蔓延。建筑外墙表面及门窗口等侧面，全部用防火胶粉聚苯颗粒材料严密包覆，不得有敞露部位。另外，采用厚型胶粉聚苯颗粒防火抹灰面层也有利于提高保温层的防火性能。

2）保温效能好

硬泡喷涂聚氨酯是一种高分子热固型聚合物，是优良的保温材料，其导热系数为 0.015～0.025W/(m·K)。该材料为墙体保温技术的发展和实现更高墙体节能要求创造了条件。一般来说，永久性的机械锚固、临时性的固定、穿墙管道、或者外墙上附着物的固定会造成局部热桥，而采取硬泡聚氨酯喷涂工艺，由于硬泡喷涂聚氨酯是一种天然的胶粘材料，与一般墙体材料粘结强度高，无须任何胶粘剂和锚固件就能形成连续的保温层，保证了保温材料与墙体的共同作用并可有效阻断热桥。

3）稳定性强

硬泡聚氨酯喷涂与基层墙体牢固结合是保证外保温层稳定性的基本前提。对于墙体，其表面应做界面处理，如果面层存在疏松、空鼓的情况，必须认真清理，以确保硬泡聚氨酯喷涂保温层与墙体紧密结合。硬泡聚氨酯喷涂外保温系统应能抵抗下列因素综合作用的影响，即在当地最不利的温度与湿度条件下，承受风力、自重以及正常碰撞等各种内外力相结合的负载，不与基底分离、脱落，并在潮湿状态下可保持稳定性。

4）抗湿热性能优良

硬泡聚氨酯材料有优良的防水、隔汽性能，材料不含水，吸水率又很低，能很好地阻断水和水蒸气的渗透，使墙体保持良好、稳定的绝热状况。这是目前其他保温材料很难实现的。

硬泡聚氨酯喷涂外保温墙体的表面无接缝处、孔洞周边、门窗洞口周围等处包覆严密，使其具有良好的防水性能，可避免雨水进入内部造成危险。国外许多工程的实践证明，若面层吸水或面层中存在缝隙，在雨水渗入和严寒受冻的情况下，容易造成墙体冻坏。

5）耐撞击性能优于 EPS 等保温材料

硬泡聚氨酯是一种比强度(材料强度与体积密度比)较高的材料，作为保温材料，其性能优于发泡聚苯、岩棉等材料，抵抗外力的能力也较强。

硬泡聚氨酯喷涂复合胶粉聚苯颗粒外保温系统，能承受正常的人体及搬运物品产生的碰撞。在经受一般性碰撞时，不会对外保温系统造成损害；在其上加装空调器或用常规方法放置维修设施时，面层不会开裂或穿孔。

6）对主体结构变形适应能力强，抗裂性能好

硬泡聚氨酯是一种柔性变形量较大的材料，抵抗外界变形能力强。在外力和温度变形、干湿变形等

作用下，不易发生裂缝，可有效地保证体系的稳定性和耐久性。当所附着的主体结构产生正常变形，诸如发生收缩、徐变、膨胀等情况时，硬泡聚氨酯喷涂外保温系统符合逐层柔性渐变、逐层释放应力的原则，不会产生裂缝或者脱开。

7）具有良好的施工性能

硬泡聚氨酯喷涂外保温工程施工是机械化作业，施工速度快、效率高，是其他外保温作业不可比拟的。聚氨酯施工对建筑物外形适应能力很强，尤其适应建筑物构造节点复杂的各部位的保温，如外飘窗、老虎窗、变形缝、管道层、楼梯间等。既能保证建筑复杂部位全方位的保温效果，又能防止水或水蒸气对保温层的破坏。

聚氨酯喷涂施工不易保证阴阳角等的直线，因此，局部要求线角整齐的部位宜采用模具浇筑。喷涂硬泡聚氨酯保温材料表面的平整度受基层墙面的平整度影响很大，而且在光、热、大气作用下易发生老化。因此，要求表面复合防老化、提高耐磨性和抗冲击性的材料。

4.6.2.3 现浇混凝土 EPS 板外保温系统

1. 基本构造

现浇混凝土 EPS 板外保温系统简称为无网现浇系统，其涂料饰面与面砖饰面基本构造分别如图 4-183 和图 4-184 所示。

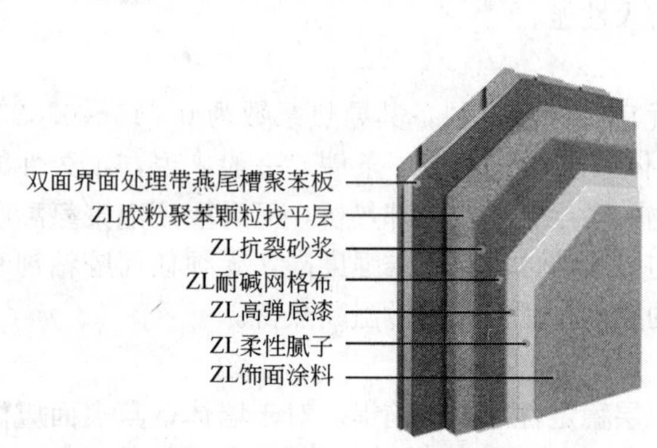

图 4-183 无网现浇系统涂料饰面基本构造

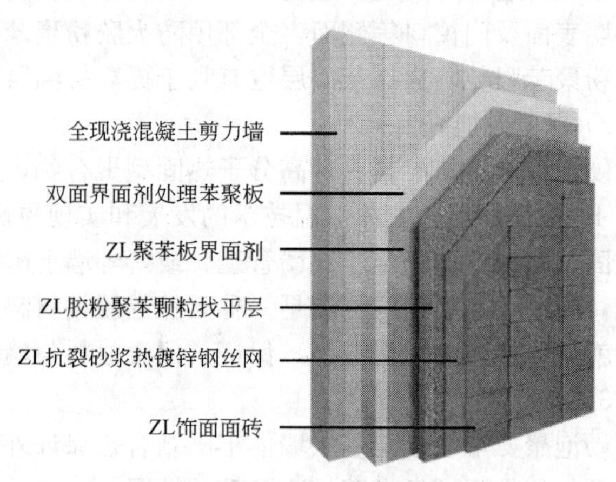

图 4-184 无网现浇系统面砖饰面基本构造

2. 技术特点

1）良好的防火性能

胶粉聚苯颗粒浆料与聚苯板复合后，组成一个防火体系，能有效地防止火灾蔓延。建筑外墙表面及门窗口等侧面，全部用防火胶粉聚苯颗粒材料严密包覆，无敞露部位。另外，采用厚型胶粉聚苯颗粒防火抹灰面层有利于提高保温层的防火性能。

2）与结构同步施工，保温层施工速度快。

3）聚苯板内侧采用竖向燕尾槽做法，增大了聚苯板与抹面层的结合力。

4）聚苯颗粒保温浆料找平，提高系统的抗裂性能。

4.6.2.4 现浇混凝土斜嵌入式钢丝网架 EPS 板外保温系统

1. 基本构造

现浇混凝土斜嵌入式钢丝网架 EPS 板外保温系统简称为有网现浇系统，其涂料饰面和面砖饰面基本构造，分别见图 4-185 和图 4-186。

2. 技术特点

1）良好的防火性能

面砖饰面体系由轻质干拌抗裂砂浆构成 20mm 以上的防火抗裂层，经检验可达日本标准 A2 级防火要求。涂料饰面胶粉聚苯颗粒保温层包覆钢丝网架聚苯板，形成了难燃保温隔热层，提高了系统的防火性能。

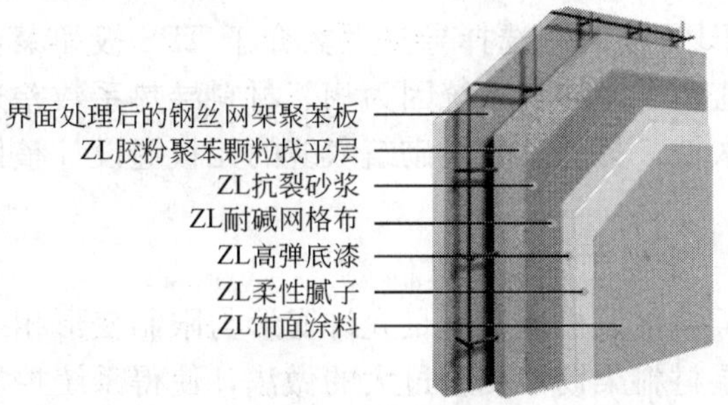

界面处理后的钢丝网架聚苯板
ZL胶粉聚苯颗粒找平层
ZL抗裂砂浆
ZL耐碱网格布
ZL高弹底漆
ZL柔性腻子
ZL饰面涂料

图 4-185 有网现浇系统涂料饰面基本构造

界面处理后的钢丝网架聚苯板
ZL胶粉聚苯颗粒找平层
ZL抗裂砂浆
热镀锌四角钢丝网
饰面面砖

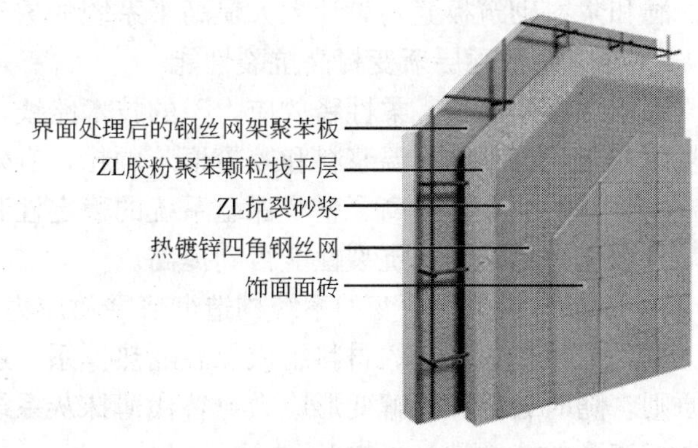

图 4-186 有网现浇系统面砖饰面基本构造

2）与结构同步施工，保温层施工速度快。

3）聚苯板外侧采用横向梯形槽做法，增大了聚苯板与抹面层的结合力。

4）聚苯颗粒保温浆料找平，减轻保温面层荷载，提高系统的抗裂性能。

4.6.2.5 胶粉聚苯颗粒贴砌聚苯板外保温系统

1. 基本构造

根据饰面层做法的不同，胶粉聚苯颗粒贴砌聚苯板外保温系统做法可分为涂料饰面体系及面砖饰面体系，其基本构造如图 4-187 和图 4-188 所示。

ZL胶粉聚苯颗粒粘结层
ZL聚苯板
ZL聚苯板界面剂
ZL胶粉聚苯颗粒找平层
ZL抗裂砂浆复合耐碱网格布
ZL高弹底涂
ZL柔性腻子
ZL饰面涂料

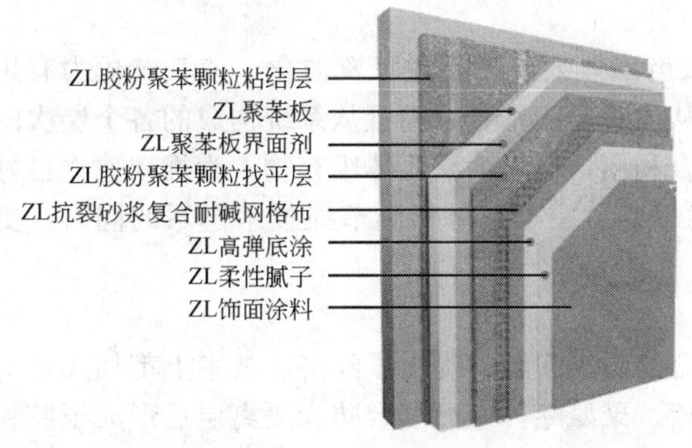

图 4-187 胶粉聚苯颗粒贴砌聚苯板外保温系统涂料饰面

ZL胶粉聚苯颗料粘结层
ZL聚苯板
ZL聚苯板界面剂
ZL胶粉聚苯颗粒找平层
ZL抗裂砂浆复合热镀锌钢丝网
ZL饰面面砖

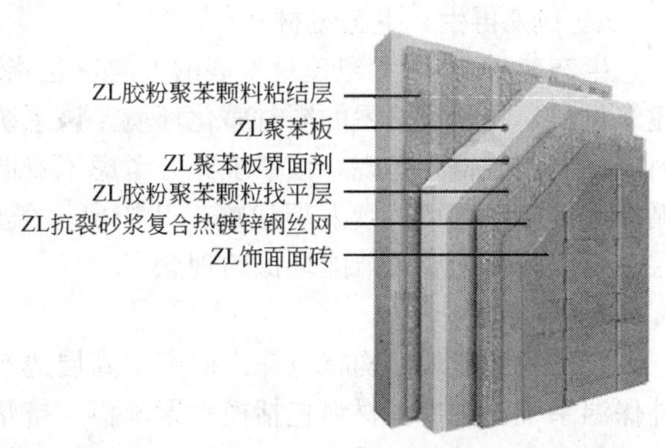

图 4-188 胶粉聚苯颗粒贴砌聚苯板外保温系统面砖饰面

2. 技术特点

1）防火性能优异，可满足高层建筑外保温防火要求

采用粘结找平浆料找平聚苯板层，由于粘结找平浆料本身防火性能达到难燃 B1 级，导热系数又较水泥砂浆低很多，在遇火及热作用时，向内部传递热量少且慢，热量集中在聚苯颗粒粘结保温浆料层表面，对内部聚苯板保温层的防火保护作用较薄抹灰系统中水泥砂浆等刚性材料更加显著。同时，聚苯板粘结层和预留板缝用粘结浆料砌筑的构造做法使单块聚苯板的六面被难燃 B1 级的浆料包围，可有效地阻止火灾发生时火势的蔓延，解决了聚苯板作为外墙保温材料防火性差的弊病。

无空腔、分仓和表面防火保护层的构造使得该系统相当于 A 级不燃外保温系统，满足高层建筑外保温防火要求。

2）无空腔构造的粘结性能、抗剪切性能、抗风压性能优异

粘结浆料满粘 EPS 板做法以及 EPS 板的内侧横槽设计使 EPS 板受粘面积大，EPS 板各点受力均匀。单位面积 EPS 的粘结强度是聚苯板薄抹灰系统的 3 倍左右，而且灰缝聚苯颗粒良好的透气性使得粘结层受水蒸气的影响要小于对聚合物胶粘剂的影响，因此该系统较薄抹灰系统更具安定性。

3）浆料砌筑板缝设计提高系统的水蒸气渗透性和抗裂性

粘结找平浆料的水蒸气渗透系数经检测为 20.4ng/(Pa·m·s)，水蒸气渗透能力约为聚苯板的 7

倍。洞和浆料砌筑板缝的设计大大提高了系统的透气性。

4）导热系数逐层渐变提高抗裂性能

采用“逐层渐变，柔性释放应力”的技术路线，在EPS板两侧选择导热系数介于EPS板和聚合物砂浆两者之间的粘结保温浆料和胶粉聚苯颗粒，有效地避免了薄抹灰系统因为相邻材料导热系数差过大易产生裂缝的缺点，提高了整个保温系统的稳定性和持久性。另外，浆料砌筑灰缝的无板缝设计整体性好，分散应力更均匀，抗裂性能得到提高。

5）逐层材料柔性渐变的系统构造彻底释放应力，进一步控制裂缝产生

采用柔性指标渐变的材料组成保温隔热体系，遵循柔性抗裂机理，满足允许变形与限制变形相统一的原则，随时分散和消解变形应力，替代薄抹灰系统各层材料柔韧性相差过大的做法，使得系统控制面层裂缝变形的能力进一步提升。

6）保温性能可根据不同建筑节能标准要求设计

粘结层和抹面层保温浆料与聚苯板复合保温，系统保温性能好，可根据调整聚苯板的厚度来满足不同建筑节能标准要求设计，适应建筑节能要求越来越高的大趋势。

7）施工适应性好、性价比高

该系统粘结层为抹灰工艺，可在平整度不高的基层上直接施工，节省大量剔凿、找平工作量，缩短施工周期。

面层胶粉聚苯颗粒找平浆料找平，无需对聚苯板进行打磨；450mm×600mm的苯板尺寸易于操作施工，不易出现虚贴；不易粘贴苯板部位可用粘结浆料满抹代替。

8）利废再生，生态建材

生态建材是21世纪建材发展的方向，是指利用城市固体废弃物将垃圾资源化，使其转化为有用的建筑材料，在建设房屋的同时净化环境。该系统不仅从建筑节能本身，而且从系统构成的各个层次的材料应用上均能得到体现。该系统充分考虑了资源的综合利用，科学消纳固体废弃物，为推动建立良好的循环经济体系和可持续发展战略，开拓出一条全新的思路。在丰富外保温节能技术体系的同时，更深层、更广阔地拓宽了节能环保的理念。

4.6.2.6　结论

针对我国建筑结构特点深入研究了高层建筑外保温的防火问题，提出了经济、技术上都切实可行的外保温系统。主保温材料包括模塑聚苯板、挤塑聚苯板、聚氨酯，表面复合防火隔离层后形成了胶粉聚苯颗粒复合型外保温系统，各种复合系统具有较好的防火性能，可适合我国各种气候区域的不同防火要求的建筑结构。使高层采暖居住建筑在达到第3期节能目标的保温节能效果的同时，建筑防火灾安全性能也达到消防规范的要求。彻底解决单一有机保温材料系统防火灾性差的弊病。

5　外墙外保温系统抗震

5.1　外墙外保温体系抗震要求

5.1.1　外墙外保温体系的抗震

对外墙外保温系统的抗震研究现阶段开展比较少，依据建筑附属结构物的抗震设计规范以及外墙外保温本身的物理特性，一般只是对带有瓷砖外饰面的外墙外保温系统的抗震研究具有特殊意义。瓷砖饰面具有比涂料饰面耐玷污能力强、色泽耐久性更好等优点，在国内用瓷砖作为外饰面的建筑比例相当高，在外保温墙面上的应用也有相当大的需求，外墙外保温瓷砖粘贴饰面层的技术，以及在高层建筑中应用的抗震问题应该得到重视。

外墙外保温体系是附着于外墙的围护结构，主要承受体系本身的自重以及直接作用于体系上的风荷载、地震作用力、温度作用等，不分担主体结构承受的荷载或地震作用。但外墙外保温体系应具有一定的变形能力，以适应主体结构的位移，当主体结构在较大地震荷载作用下产生位移时，不至于使外墙外保温体系产生过大的内应力和不能承受的变形。一般来说，外墙外保温系统基本是由保温层、抹面层和饰面层构成，各功能层大部分是柔性材料，能够适应结构产生的较大位移。当主体结构产生过大的侧位移时，外墙外保温体系能够通过弹性变形来消纳主体结构过大位移的影响。但外墙外保温体系是一种复合体系，通过一定的粘接或机械锚固固定在结构墙体上。当地震发生时，外墙外保温体系各功能层之间的连接以及与主体结构的连接部位，需要重点关注。外墙外保温体系各功能层之间的连接以及与主体结构的连接要能可靠地传递风荷载作用、地震作用，能够承受体系的自重。为了防止主体结构水平位移使外墙外保温体系破坏，连接部位必须具有一定的适应位移的能力。

对外墙外保温体系的抗震分析应区分抗震设防区和非抗震设防区，对非抗震设防区，只需要考虑风荷载、重力荷载以及温度荷载作用；对抗震设防区，应考虑地震作用。

5.1.2　外墙外保温体系抗震的基本要求

参照《玻璃幕墙技术规范》(JGJ 102—2003)中玻璃幕墙的地震计算。在常遇地震(大约 50 年一遇)作用下，幕墙的地震作用采用简化的等效静力方法计算，地震影响系数最大值，按照现行国家《建筑抗震设计规范》(GB 50011—2001)的规定采用。

1. 外墙外保温体系对建筑结构的抗震影响

建筑结构地震作用计算时，应计入外墙外保温体系的自重，由于外墙外保温体系是一种柔性结构，不会影响建筑结构的刚度。

2. 外墙外保温体系自身的地震作用计算应符合下列要求：

1）地震作用力施加在外墙外保温构件的重心，水平地震力沿水平方向。

2）一般情况下，非结构构件自身重力产生的地震作用可采用等效侧力法计算

3. 采用等效侧力法时，水平地震作用标准值按下列公式计算。

由于外墙外保温体系中瓷砖饰面是硬质材料，为使在设计地震烈度下不产生塌落伤人，考虑动力放大系数 β_E。按照《建筑抗震设计规范》(GB 50011—2001)的有关非结构构件的地震作用计算规定，

地震作用动力放大系数可表示为：

$$\beta_E = \gamma\eta\zeta_1\zeta_2 \tag{5-1}$$

式中　γ——非结构构件功能系数，可取1.4；

η——非结构构件类别系数，可取0.9；

ζ_1——体系或构件的状态系数，可取2.0；

ζ_2——位置系数，建筑物的顶点可取2.0；底部宜取1.0，并且沿高度线性分布。

等效侧力的计算：

$$F = \beta_E \alpha_{max} G \tag{5-2}$$

式中　β_E——动力放大系数；

α_{max}——地震影响系数最大值，可按多遇地震的规定采用；

G——非结构构件的重力，即外墙外保温系统的自重。

5.2　外墙外保温体系抗震的验算

5.2.1　建筑结构的抗震计算原理

这里只简单介绍结构抗震计算的底部剪力法(见图5-1)。采用底部剪力法时，各楼层仅取一个自由度，结构的水平地震作用标准值，按式(5-3)计算：

$$F_{EK} = \alpha_1 G_{eq}$$

$$F_i = \frac{G_i H_i}{\sum_{j=1}^{n} G_j H_j} F_{EK}(1-\delta_n) \quad (i=1, 2, \cdots, n) \tag{5-3}$$

$$\Delta F_n = \delta_n F_{EK}$$

式中　F_{EK}——结构总水平地震作用标准值；

α_1——相应于结构基本自振周期的水平地震影响系数值。按《结构抗震设计规范》确定，多层砌体房屋、底部框架和多层内框架砖房，宜取水平地震影响系数最大值；

G_{eq}——结构等效总重力荷载，单质点应取总重力荷载代表值，多质点可取总重力荷载代表值的85%；

F_i——质点i的水平地震作用标准值；

G_i，G_j——分别为集中于质点i、j的重力荷载代表值；

H_i，H_j——分别为质点i、j的计算高度；

δ_n——顶部附加地震作用系数；

ΔF_n——顶部附加水平地震作用。

对于地震烈度9度时的高层建筑，还需考虑竖向地震作用(如图5-2)，楼层的竖向地震作用效应可按各构件承受的重力荷载代表值的比例分配，并宜乘以增大系数1.5。

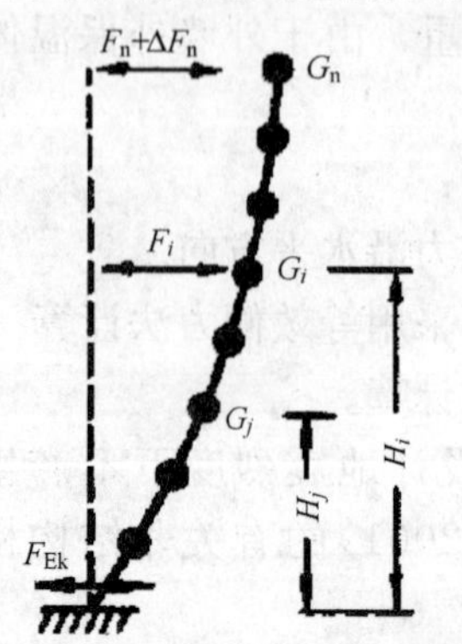

图5-1　结构底部剪力法的计算简图

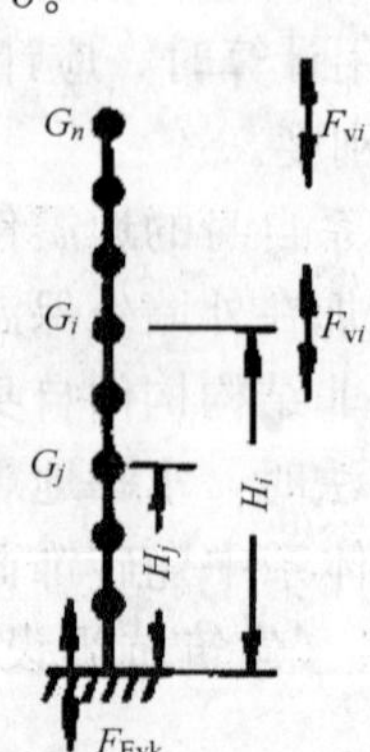

图5-2　结构竖向地震作用的计算简图

$$F_{Evk}=\alpha_{vmax}G_{eq} \tag{5-4}$$

$$F_{vi}=\frac{G_iH_i}{\sum G_jH_j}F_{Evk}$$

式中 F_{Evk}——结构总竖向地震作用标准值；

F_{vi}——质点 i 的竖向地震作用标准值；

α_{vmax}——竖向地震影响系数的最大值，可取水平地震影响系数最大值的 65%；

G_{eq}——结构等效总重力荷载。

5.2.2 外墙外保温体系抗震验算

经验表明，对于竖直的建筑外墙外保温体系，风荷载是主要的作用，其数值可达到 2.0－5.0kN/m²。因为外墙外保温体系的自重比较轻，即使按最大的地震作用系数考虑，一般也只有 0.1－1.8kN/m²，要远远小于风荷载作用。因此，外墙外保温体系的抗风压设计是一个主要考虑的因素。但地震荷载是动力作用，对外保温体系的连接会产生较大的影响，甚至会出现由于地震使外保温体系脱落的震害。

5.2.2.1 体系自重

外墙外保温体系作为建筑的围护结构，主要是附着在建筑物的外墙上，由不同的功能层构成，各功能层的重力组合就是整个外墙外保温体系的自重。体系自重计算公式如下：

$$G=(\rho_1\cdot v_1+\rho_2\cdot v_2+\cdots+\rho_n\cdot v_n)g \tag{5-5}$$

式中 n——体系构造层的层数；

$\rho_{1\cdots n}$——各功能层材料的密度；

$v_{1\cdots n}$——各功能层材料的体积。

5.2.2.2 体系所受的地震力

根据上面的分析可知，体系所受到的地震力如下：

$$F=\beta_E\alpha_{max}G \tag{5-6}$$

5.2.2.3 计算体系的地震应力

可以参照玻璃幕墙地震力的简支梁计算模型，或直接采用现有的结构计算软件：比如 ANSYS 软件等，算出体系各功能层所受的地震应力。

5.2.2.4 地震应力验证

$$\delta\leqslant[\delta] \tag{5-7}$$

式中 δ——计算出的材料地震应力；

$[\delta]$——各材料设计强度。

如果材料计算出的地震应力大于各材料本身的设计强度，就会出现应力破坏现象。

5.2.3 外墙外保温体系抗震试验

5.2.3.1 试验原理

试验原理：将外墙外保温体系构件安装于振动台上，利用模拟地震振动台输入一定波形的地震波，观测外墙外保温体系构建在模拟地震作用下，各部分的地震反应。

5.2.3.2 试验装置

1. 模拟地震振动台应具有三向六自由度，并可根据需要输出各种模拟地震波。

1）安装墙体，用于安装外墙外保温体系，一般要求墙体能够产生预期的总位移角，满足试验要求。

2）试件各组成部分应为生产厂家自检合格产品，保温系统的安装应符合设计要求。

3）试件应为足尺试件。

2. 测试仪器

1）测试仪器的频率响应、量程、分辨率应符合 JGJ 101 的要求。

2）测试仪器应在试验前进行系统标定。

3）试验数据的记录宜采用电脑数据采集系统采集和记录。

4）量测的传感器应具有良好的抗机械冲击性能，其重量和体积要小，以便于安装和拆卸。量测用的传感器的连接导线，应采用屏蔽电缆线，量测仪器升温输出阻抗和输出电频应与数据采集系统匹配。

5.2.3.3 测点布置

在试件基层和外保温系统的主要部位布置加速度传感器，在外保温系统的需要部位增设应变片。

5.2.3.4 试验步骤

1. 安装试件；
2. 安装加速度、应变片等传感器；
3. 输入0.07～0.1g白噪声，测试试件的自振频率、振型、阻尼比等动力特性；
4. 输入地震波，加速度幅值从0.07g开始，按0.5烈度的数量递增，详细记录各工况下试件的地震反应；
5. 当加速度幅值达到预计值或试件开始出现破坏时停止试验，详细检查并记录试件各个部位的破坏情况；
6. 拆除试件。

5.2.3.5 试验数据

试验数据应包括：

1. 不同工况下试件各层测点的最大加速度反应；
2. 不同工况下试件各层测点的最大位移、最大应变。

5.2.3.6 试验报告

试验报告应包括下列内容：

1. 试件名称、类型、规格尺寸；
2. 生产厂家、委托单位；
3. 试件的立面、平面、剖面和节点详图；
4. 外墙外保温体系的类型，材料性质等；
5. 试验依据的标准和所使用的设备、仪器；
6. 地震波的特性；
7. 各工况下试件的动力特性、加速度反应、位移反应、应变、发生破坏的部位；
8. 试验目的、试验人员等的签名。

5.2.4 外墙外保温体系地震作用力与其他荷载的组合

1. 作用在幕墙上的风荷载、地震作用都是可变作用，同时达到作用最大值的可能性是很小。因此，在抗震验算时，应考虑各种荷载进行效应组合。在进行有效组合时，第一可变作用的效应按100%考虑(即组合系数取1.0)；第二个可变作用效应可进行适当折减(乘以小于1.0的组合系数)。

2. 在重力荷载、风荷载、地震作用下，外墙外保温系统产生的内力(应力)应按基本组合进行承载极限状态设计，求得内力(应力)的设计值，以最不利的组合作为设计的依据。作用效应组合时的分项系数按现行国家标准《建筑结构荷载规范》(GB 50011—2001)和《建筑抗震设计规范》(GB 50009—2001)的规范采用。

3. 在现行国家标准《建筑结构荷载规范》(GB 50011—2001)中规定，当地震作用和风荷载同时考虑时，由于外墙外保温体系暴露在室外，受风荷载影响较为显著，风荷载作用效应比地震作用效应大，应作为第一可变作用，其组合系数一般取1.0。地震作用作为第二个可变荷载时，现行国家标准《建筑结构荷载规范》(GB 50011—2001)和《建筑抗震设计规范》(GB 50009—2001)，都没有规定确切的组合值系数；参照幕墙工程中的地震作用的效应系数，取0.5。结构的自重是经常作用的永久荷载，所有的基本组合工况中都必须包括这一项。当永久荷载(重力荷载)的效应起控制作用时，其分项系数取1.35，但参与组合的可变作用仅限于竖向荷载，且应考虑相应的组合值系数。

5.3 外墙外保温体系抗震试验实例

5.3.1 试验目的

为了验证外墙外保温贴瓷砖系统在受地震力的破坏状态，研究系统应用于高层建筑的可行性，在混凝土的外保温基层上，设计不同瓷砖型号的模拟北京地区设防烈度状态的抗震试验，分析胶粉聚苯颗粒保温材料与单片钢丝网架聚苯板面层，粘贴瓷砖在抗震性能等方面的差别。

瓷砖饰面具有比涂料饰面耐玷污能力强、色泽耐久性更好等优点。国内用瓷砖作为外饰面的建筑比例相当高，在外保温墙面上的应用也有相当大的需求。所以，有必要在国内研究独特的外墙外保温瓷砖粘贴饰面层的技术，以及在高层建筑中应用的可行性。因此，通过与中国建筑科学研究院工程抗震研究所、铁道部科学研究院铁建所等单位合作，共同制定了外保温瓷砖外饰面系统的抗震试验方案及试验程序，并于 2001 年 8 月 29 日在铁道部科学研究院铁建所，针对山东某实际工程进行了外墙外保温瓷砖外饰面系统抗震试验。考虑到本系统中瓷砖饰面与主体结构的连接是柔性软连接，主体结构所受扭曲力难以传递到饰面层。因此，选做垂直瓷砖饰面层地震波的抗震试验。选用具有广泛代表性的、对外饰面破坏力最大正弦拍波，使外保温瓷砖外饰面系统抗震试验更具有现实意义和代表性。

5.3.2 试验试件

5.3.2.1 试件尺寸和地震作用

目前市场上流行的瓷砖尺寸多样，我们对外墙饰面上应用比较广泛的几种类型瓷砖的质量进行了统计，结果如下：145mm×45mm 瓷砖的质量为 88g/块，每平方米用量为 130 块共 11.44kg；200mm×60mm 瓷砖的质量为 172g/块，每平方米用量为 75 块共 12.9kg；255mm×112mm 瓷砖质量为 420g/块，每平方米用量为 28 块共 11.76kg；400mm×250mm 瓷砖质量为 1650g/块，每平方米用量为 10 块共 16.5kg。每平方米所用 ZL 瓷砖胶粘剂为 16～23kg。因此每平方米瓷砖加瓷砖胶粘剂总质量为 28～40kg。

根据公式 $F=\gamma\eta\xi_1\xi_2\alpha_{\max}G$ 计算非结构构件的水平地震作用，利用试验试件通过计算得出，地震作用最大值 $F_{\max}=4.536G$，即每平方米作用在粘贴的瓷砖上的地震作用力为 1.27kN～1.81kN。因此，在高层建筑 100m 高度处粘贴瓷砖时，8 级地震作用力为 1.27kN～1.81kN/m^2。

5.3.2.2 构造设计

保温层材料选择了目前应用最广的胶粉聚苯颗粒保温材料、单片钢丝网架聚苯板、无网聚苯板三种类型。考虑到这三种保温材料的强度和稳定性，对胶粉聚苯颗粒保温材料面层粘贴三种不同尺寸型号的瓷砖进行试验；对单片钢丝网架聚苯板面层粘贴重量比较小的特小号瓷砖进行试验，同时对比在聚苯板表面用普通水泥砂浆和用胶粉聚苯颗粒保温材料进行找平时抗震性能方面的差异；对无网聚苯板面层只进行涂料饰面的抗震试验。

在抗裂防护层中，用四角镀锌铅丝网代替耐碱涂塑玻纤网格布复合抗裂砂浆为抗裂层，并用结构墙体上射钉尾孔上的镀锌铅丝将镀锌铅丝网绑紧，提高面层、保温层与结构层的结合牢度，提高整个构造的安全可靠性。具体做法如图 5-3。

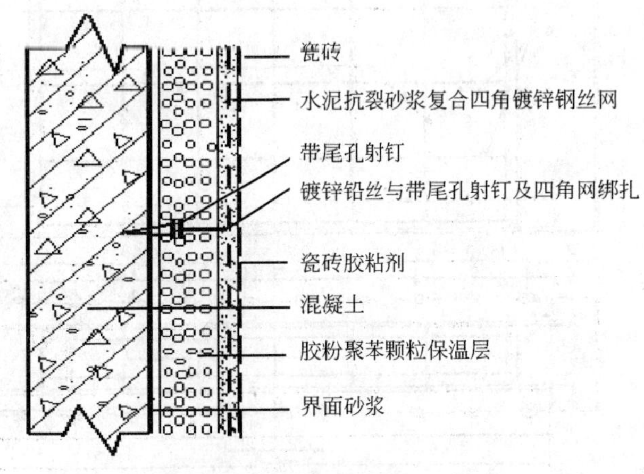

图 5-3 粘贴瓷砖饰面的构造设计

瓷砖胶粘剂选用变形量大于瓷砖温度变形量一个数量级的胶粘剂，其粘接强度和抗冻融性能达到相关标准规范的要求，压折比小于 3，具有合理的柔性。

加固用射钉长 42mm，4 根/m^2。根据测试，每根射钉破坏拉力为 7kN，4 根为 28kN，绑扎用铅丝的拉断力为 2kN，因此，每平方米设计 4 个机械固定点后的总抗拉能力为 8kN，大于高层建筑 100m 高度处 8 级地震作用力的 4～5 倍。

5.3.3 试验设计

5.3.3.1 模型的设计与制作

为验证保温材料与主体结构的附着性能，验证瓷砖胶粘剂的粘接能力，分三个试件六种状况进行试验。

试验前，与中国建筑科学研究院工程抗震所以及铁道部科学研究院铁建所按《建筑抗震设计规范(GB 50011—2001)》进行了试验方案的设计，选用建筑物结构类型为国内目前较多采用的全现浇高层混凝土结构，按要求成形宽度 1.3m、高度 1.2m、厚度 0.16m、带有孔固定钢角的、强度为 C30 的混凝土试件 3 块，分别在三块试件的 6 个面，对 6 种不同类型的保温构造进行抗震测试。各试件的材料构成见表 5-1。

模型试件材料构成 **表 5-1**

<table>
<tr><th colspan="2">材料层</th><th>1</th><th>2</th><th>3</th><th>4</th><th>5</th><th>6</th><th>表中字母所代表意思</th></tr>
<tr><td rowspan="2">试件一</td><td>A 面</td><td>a</td><td>b</td><td>e</td><td>g</td><td>k</td><td></td><td rowspan="6">a. C30 钢筋混凝土墙体
b. ZL 建筑用界面处理剂
c. 50mm 厚单片钢丝网架聚苯板
d. 50mm 厚无网聚苯板
e. 45mm 厚 ZL 保温浆料
f. ZL 喷砂界面剂
g. 3mm 厚 ZL 抗裂砂浆压四角钢丝网
h. 3mm 厚 ZL 抗裂砂浆压耐碱玻纤网格布
i. 10mm 厚水泥砂浆
j. ZL 抗裂柔性耐水腻子
k. 大号瓷砖(400mm×250mm)
l. 中号瓷砖(255mm×112mm)
m. 小号瓷砖(200mm×60mm)
n. 特小号瓷砖(145mm×45mm)
o. ZL 外墙涂料</td></tr>
<tr><td>B 面</td><td>a</td><td>b</td><td>e</td><td>g</td><td>l</td><td></td></tr>
<tr><td rowspan="2">试件二</td><td>C 面</td><td>a+c</td><td>b</td><td>i</td><td>n</td><td></td><td></td></tr>
<tr><td>D 面</td><td>a</td><td>b</td><td>e</td><td>g</td><td>m</td><td></td></tr>
<tr><td rowspan="2">试件三</td><td>E 面</td><td>a+c</td><td>f</td><td>e</td><td>g</td><td>n</td><td></td></tr>
<tr><td>F 面</td><td>a+d</td><td>f</td><td>e</td><td>h</td><td>j</td><td>o</td></tr>
</table>

试件模型(图 5-4)：

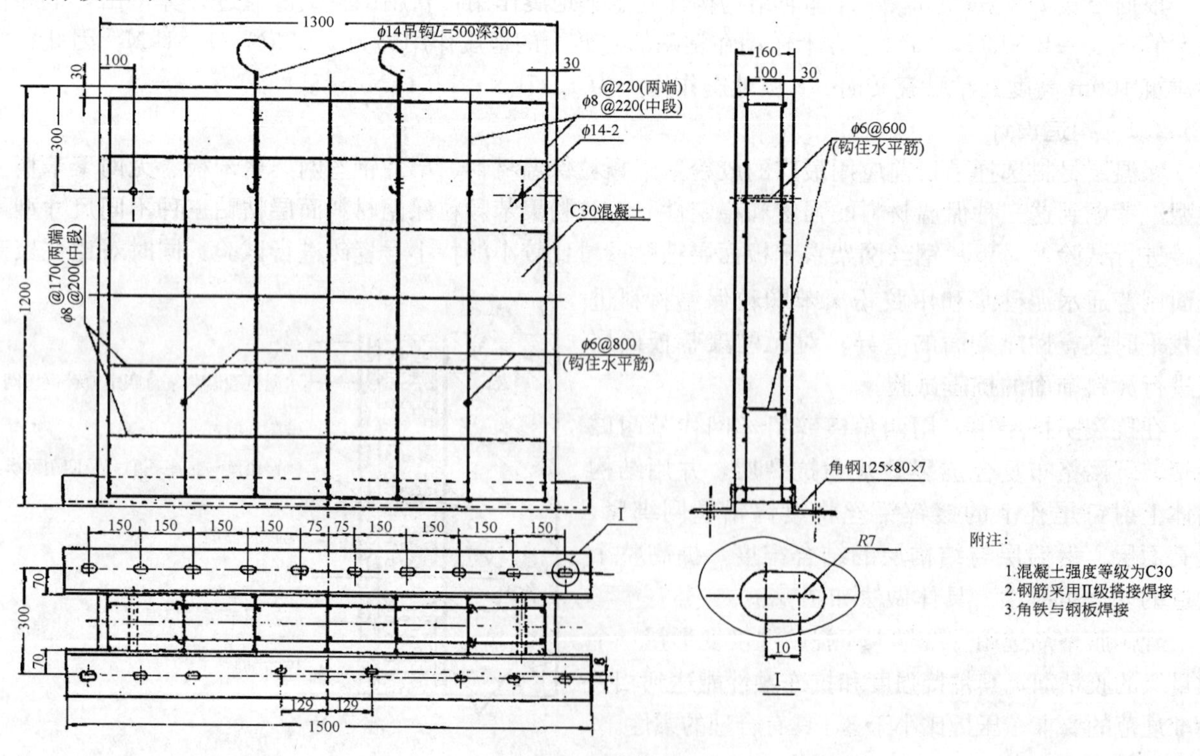

图 5-4 试件模型

试件一(图 5-5)：

A 面，试件构成由里向外为 C30 钢筋混凝土墙体、混凝土界面剂、45mm 的 ZL 保温浆料、3mm 厚的抗裂砂浆＋四角钢丝网、大号瓷砖(400×250mm)，目的是验证在混凝土墙体上，抹 ZL 保温材料后，贴上大号瓷砖的抗震情况。

B 面，试件构成由里向外为 C30 钢筋混凝土墙体、混凝土界面剂、45mm 的 ZL 保温浆料、3mm 厚的抗裂砂浆＋四角钢丝网、中号瓷砖(112×255mm)，目的是验证在混凝土墙体上，抹 ZL 保温材料后，贴中号瓷砖的抗震情况。

试件二(图 5-6)。

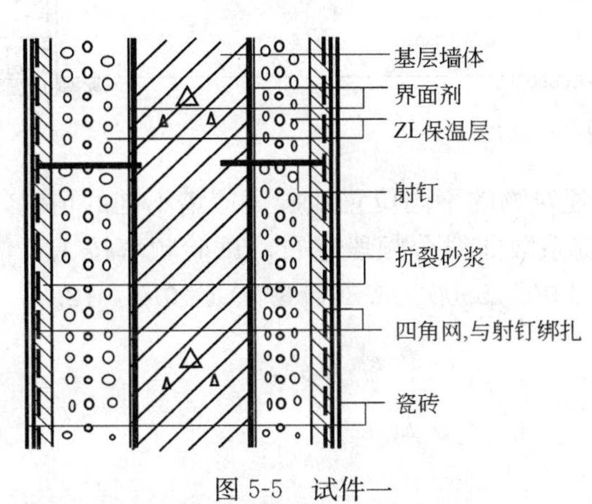

图 5-5 试件一

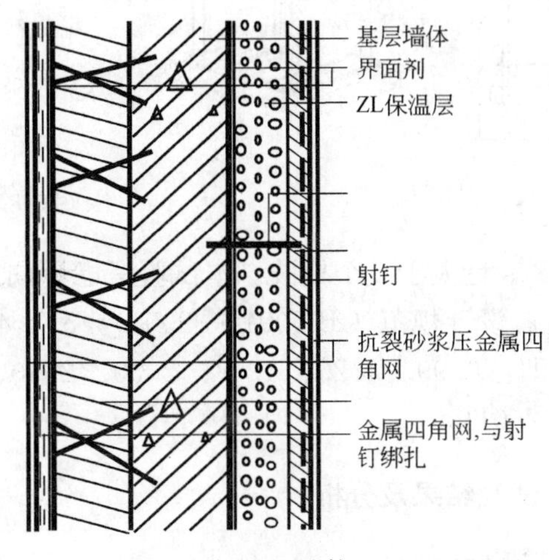

图 5-6 试件二

C 面，试件构成由里向外为 C30 钢筋混凝土墙体、50mm 厚的舒乐舍板、混凝土界面剂、10mm 厚的 1：2.5 的水泥砂浆、特小号瓷砖(45×145mm)，目的是验证在混凝土墙体上浇筑舒乐舍板体系后，抹水泥砂浆，再贴特小号瓷砖时的抗震情况；

D 面，试件构成由里向外为 C30 钢筋混凝土墙体、混凝土界面剂、45mm 厚的 ZL 保温浆料、3mm 厚的抗裂砂浆压入用射钉绑扎的四角网、小号瓷砖(60×200mm)，目的是验证在混凝土墙体上，抹 ZL 保温材料后，贴小号瓷砖的抗震情况。

试件三(图 5-7)：

E 面，试件构成由里向外为 C30 钢筋混凝土墙体、50mm 厚的舒乐舍板、喷砂界面剂、45mm 厚的 ZL 保温浆料、3mm 厚的抗裂砂浆＋四角钢丝网、特小号瓷砖(45×145mm)，目的是验证在混凝土墙体上，浇筑舒乐舍板体系后，抹 ZL 保温浆料，再贴特小号瓷砖时的抗震情况；

F 面，试件构成由里向外为 C30 钢筋混凝土墙体、50mm 厚的无网聚苯板、喷砂界面剂、45mm 厚的 ZL 保温浆料、3mm 厚的抗裂砂浆压耐碱玻纤网格布、柔性腻子、外墙涂料，目的是检验在混凝土墙体上，浇筑无网聚苯板后，抹 ZL 保温材料体系时的抗震情况。

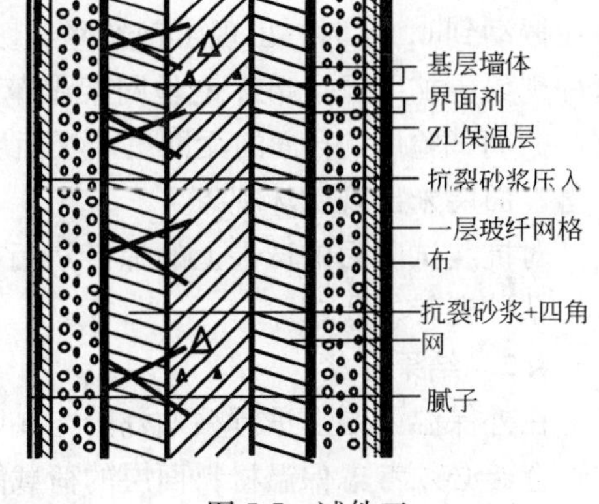

图 5-7 试件三

试件分两次固定到振动台上(试件一及试件二、试件三及试件一)，确定振动台与试件连接可靠后分别进行试验。试件振动台连接见图 5-8。

5.3.3.2 加载及测试方案

三个试件分两次进行试验。试验从北京 8 度设防烈度地震影响系数最大值 0.2g 开始分级进行，每级增加 0.1g，共 5 级，即 0.2g(1 倍)，0.3g(1.5 倍)，0.4g(2 倍)，0.5g(2.5 倍)，0.6g(3 倍)。同时考虑垂直于建筑物表面的水平地震波对非结构承重材料破坏性最大，选择水平正弦拍波(图 3)，每次振

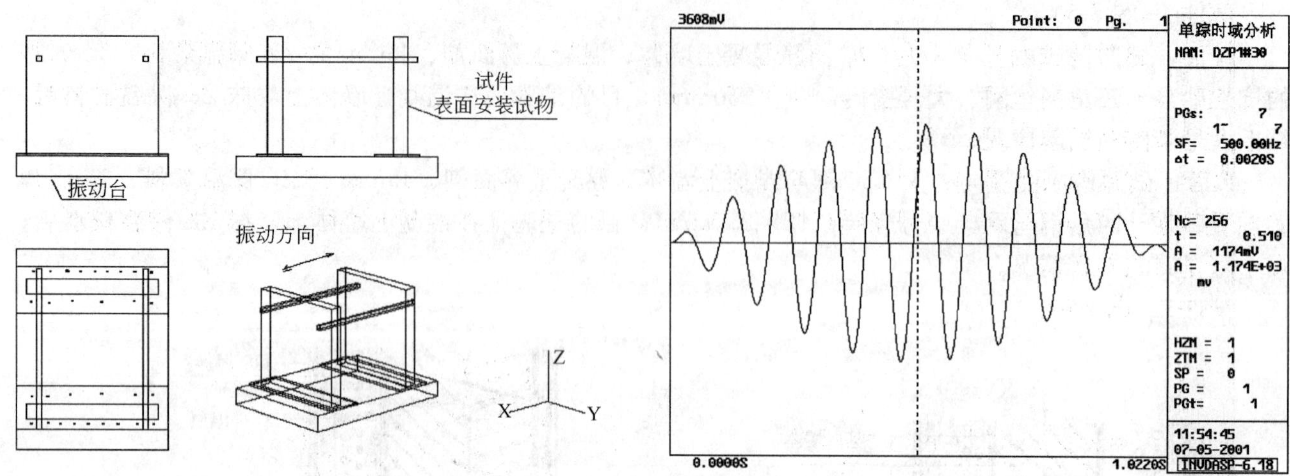

图 5-8 试件振动台连接图

动大于 20s 且大于 5 个拍波。本试验考虑不同地区以及建筑物的不同位置地震反应谱不同的情况，参考《建筑抗震设计规范(GB 50011—2001)》5.1.4 地震影响系数曲线分频段进行。试验频率按 1/3 倍频程分级，即：0.99、1.25、1.58、2.00、2.50、3.13、4.00、5.00、6.30、8.00、10.0、12.5、16.0、20.0、32.0Hz。

5.3.4 试验结果及分析

5.3.4.1 试验结果

试件一经过了 10h 两个周期的振动试验。在第一个周期当加速度达到 0.5g 时，钢筋混凝土母体材料有部分脱落及裂缝产生。A、B 面上的保温材料及装饰层材料均无开裂、无损坏、无脱落，粘贴的大号瓷砖、中号瓷砖均无脱落松动现象。

试件二在经过 5h 一个周期振动试验，到 0.5g 时，钢筋混凝土母体材料有部分脱落及裂缝，底盘架连接处略有开焊，到 0.6g 时，试件二底盘架连接处开焊。C 面在 0.5～0.6g 下出现钢丝网架切割聚苯板的声音，试验后剖开试件发现聚苯板产生了一定量的破坏，组合浇筑聚苯板边角出现开裂，粘贴在单片钢丝网架聚苯板面层上的特小号瓷砖无脱落松动现象，但面层出现了少许裂纹。D 面上的保温材料及装饰层材料均无开裂、无损坏、无脱落，粘贴的小号瓷砖无脱落松动现象。

试件三在经过 5h 一个周期振动试验，到 0.5g 时，钢筋混凝土母体材料有部分脱落及裂缝产生。E 面在振动到 0.5g 时，出现了钢丝网架切割聚苯板的声音，聚苯板产生了一定的破坏，振动到 0.6g 时，这种现象更加明显，单片钢丝网架聚苯板面层上的特小号瓷砖未出现脱落松动现象，面层也未出现裂纹。振动试验后，F 面的无网聚苯板面层所抹胶粉聚苯颗粒找平材料及所刷涂料均无开裂、无损坏、无脱落，面层未出现破坏现象。

对抗震试验后的试件上的瓷砖进行拉拔试验，测得瓷砖胶粘剂的粘接强度为 0.73MPa，完全可以满足粘贴瓷砖的要求。

5.3.4.2 结果分析

在外保温面层上进行粘贴瓷砖与在坚实的混凝土基层上粘贴瓷砖使用条件是不同的。在外保温面层粘贴瓷砖必须考虑保温材料面层的荷载能力、瓷砖胶粘剂的粘接能力，以及在地震作用下的抵抗剧烈运动的柔性变形能力。由于外保温中基层墙体与饰面层瓷砖是通过保温材料进行柔性连接的，因而在受力时基层墙体与饰面层瓷砖不能看成一个整体，它们的受力状态是不同的，所以在选择瓷砖胶粘剂时，也要选用与保温材料相适应的具有一定柔性的瓷砖胶粘剂，从而形成一个柔性渐变的体系。在这次抗震试验中，选用的 ZL 瓷砖胶粘剂粘贴瓷砖后的粘接强度为 0.40～0.80MPa，压折比小于 3.0，弹性模量小于 6600MPa，具有适当的柔韧性，符合柔性渐变、逐层释放应力的技术要求。

从各构造层看，瓷砖胶粘剂是与保温体系的抗裂防护层和瓷砖粘接，各构造层的变形指标为：抗裂防护层5%，瓷砖胶粘剂5‰，瓷砖1.5/10000。上述各层弹性模量变化指标相匹配，同样满足逐层渐变的柔性抗裂原则。瓷砖胶粘剂的可变形量小于抗裂砂浆而大于瓷砖的变形量，完全能够通过自身的形变消除两种质量、硬度、热工性能完全不同的材料的形变差异，从而进一步确保了每块瓷砖像鱼鳞一样独立地释放应力，不会因为地震作用发生变形而脱落。

同时，ZL胶粉聚苯颗粒保温材料与建筑物墙体的粘接能力好，抗震性能优，其柔性构造能够缓解地震力对面层的冲击力。保温墙瓷砖胶粘剂的弹性设定值比较适宜，可以控制瓷砖在罕遇强度等级地震的振动作用下不开裂、不脱落。而且，选用孔径为20mm×20mm镀锌钢丝网代替耐碱玻纤网，并且用22号镀锌铅丝与基层墙体锚固的射钉紧密绑扎，增强其安全性和抗震能力，致使面层粘贴的瓷砖在罕遇地震作用下也不会脱落。在ZL胶粉聚苯颗粒保温材料上粘贴不同尺寸型号的瓷砖时，因为大块瓷砖和小块瓷砖的密度基本一样，而且粘贴瓷砖时采用满粘，所以大块瓷砖和小块瓷砖每平方米的受力大小是一样的，每平方米给保温材料所加的荷载也基本一样。因此，瓷砖大小对正弦拍波水平破坏力没有太大的影响，在ZL胶粉聚苯颗粒保温材料上可以粘贴不同尺寸型号的瓷砖。当在ZL胶粉聚苯颗粒保温材料面层上粘贴瓷砖的最大荷载为60kg/m^{2}时，经过抗震试验后没有出现问题。因此，在ZL胶粉聚苯颗粒保温材料面层上可以附加不大于60kg/m^{2}的荷载，在楼层较低且无墙体扭曲现象发生处可以粘贴较大尺寸型号的瓷砖。

采用单片钢丝网架聚苯板与混凝土进行现浇时，粘贴瓷砖后其面层荷载最小也要达到40kg/m^2，在进行抗震试验时，不论是采用水泥砂浆进行找平处理，还是用ZL胶粉聚苯颗粒保温浆料进行找平处理，粘贴瓷砖后进行抗震试验聚苯板都会被钢丝破坏，用水泥砂浆找平的面层还会出现开裂现象。由此可见，单片钢丝网架聚苯板面层不能承受太大的荷载，当其面层荷载较大时，在受到地震作用力时，由于聚苯板的柔性作用，面层荷载受力后上下左右各个方向的运动状态与基层墙体不一致，不能产生同步运动，从而造成聚苯板中的钢丝切割聚苯板使聚苯板保温层被破坏。在高层建筑中，当结构墙体误差达到2cm时，在单片钢丝网架聚苯板上粘贴瓷砖后的重量荷载将达到90kg/m^2，在地震力的影响下，其重力很容易使穿透聚苯板的斜插钢丝形成切割聚苯板的破坏作用。这一结果表明，在单片钢丝网架聚苯板表面粘贴瓷砖存在隐患，在大震作用下保温层首先被破坏，从而易使面层瓷砖产生脱落现象。因此，为了安全起见，建议在地震8度设防区20m以上的高层建筑中，采用单片钢丝网架聚苯板作为其外保温材料时，其饰面层不宜用瓷砖作为饰面材料。

采用无网聚苯板与混凝土进行浇筑时，聚苯板的固定是靠聚苯板上的燕尾槽与混凝土进行咬合固定的，由于聚苯板本身的强度不够高，因此，在固定后其面层也不能承受太大的荷载。在无网聚苯板面层附加20kg/m^{2}大小的荷载进行抗震试验时，其面层材料没有出现任何破坏现象，由此可见，在无网聚苯板面层上，可以附加不大于20kg/m^{2}大小的荷载，宜采用各种涂料进行饰面处理。

5.3.5 实际应用情况

ZL胶粉聚苯颗粒保温材料瓷砖饰面层做法，在长安金泰丽舍公寓外墙外保温工程进行了高层应用，经过一冬一夏的实际考验，无任何开裂、脱落现象，可以初步说明此项技术的安全可行性。之后，我们又在山东临沂桃源大厦进行了高层应用，进一步完善此项技术，使该项技术的成熟程度得到了进一步的提高。如今，该项技术正在24个高层及40个多层建筑上应用。ZL胶粉聚苯颗粒保温体系粘贴面砖做法耐候能力的评价有待长期的实践跟踪观察。

6 外墙外保温系统粘贴面砖技术研究

面砖饰面层是在国内建筑中普遍采用的装饰办法。由于面砖饰面抗撞击强度高，而且面砖装饰具有比涂料装饰耐玷污能力强、色泽耐久性更好等优点，国内用面砖作为外饰面的建筑比例越来越高。为了提高外墙外保温粘贴面砖的科学性和安全性，开展外墙外保温粘贴面砖的技术研究意义非凡。

6.1 外墙外保温粘贴面砖系统构造

依据 JGJ 144、JG 158 等相关规程标准，可以把外墙外保温粘贴面砖系统看做是由保温层、抗裂防护层、锚固件和面砖饰面层组成，必要时可以有界面层。其构造如图 6-1 所示。

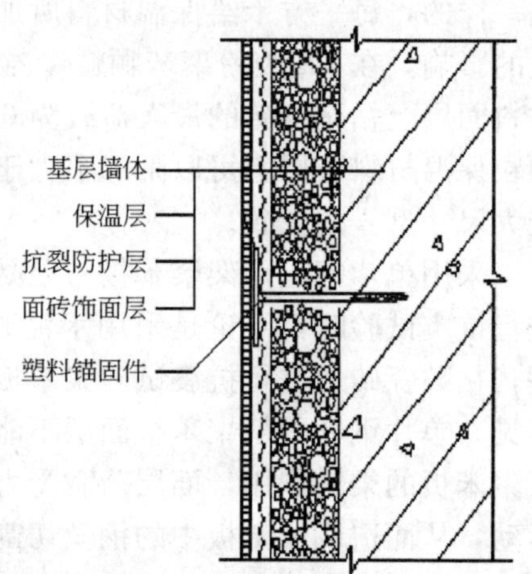

图 6-1 面砖系统构造示意图

1. 外墙外保温面砖饰面系统必须充分考虑热应力、火、水或水蒸气、风压、地震等自然破坏力的影响，并应考虑局部损坏不至于很快影响到整个系统的完整性。系统应具有较强的抗风压、耐候性能，系统必须经过大型耐候性试验及抗震试验验证合格。

2. 保温层应在复合上抗裂砂浆后，遇火不燃烧、不熔结、不收缩，具有较好的防热辐射及防明火性能，为面砖饰面层提供一个稳定的基层。

3. 抗裂防护层应通过锚栓、增强网等将面砖层负荷的作用力传递到稳定的基层墙体上，对保温层进行隔离保护，形成与基层墙体具有可靠连接的面砖粘接基层；同时，要求增强网与抗裂砂浆具有良好的握裹力，增强水平方向与垂直方向的抗拉强度，改善面砖粘贴基层的强度。

4. 面砖饰面层应采取粘接强度和抗冻融性能均达到标准规范要求、压折比≤3 的面砖专用粘接砂浆及面砖专用勾缝胶粉，适应面砖在温度变形时形成的内应力，避免保温面层面砖变形较大而引起面砖脱落。

6.2 外保温粘贴面砖系统构造的受力分析

6.2.1 系统自重

涂料饰面的外墙外保温系统自重一般不会超过 10kg/m²，而饰面砖的外墙外保温体系饰面层自重(包括粘接层)为涂料饰面的外墙外保温体系 4～8 倍。系统的自重取决于每层组成材料的厚度和材料种类。以胶粉聚苯颗粒外墙外保温瓷砖饰面系统而言，整个系统的抗拉强度≥0.1MPa，根据强度计算公式，则可计算得每平方米保温系统承受的重量 $M \approx 10000$kg，也就是说在受力均匀的情况下，在垂直于系统表面的方向上，理论上每平方米能够承受约 10t 重量物体，大大超过系统的自重。

6.2.2 温度应力

夏季白天外保温墙体表面温度最高可达 80℃左右；到了夜晚或白天突降暴雨，表面温度可降至 30℃左右，温差可达 50℃之多。由于陶瓷面砖的刚性远大于涂饰面，与体系防护面层所要求的柔性相抵触，较之于直接在刚性墙面上粘贴陶瓷面砖，或较之于涂饰面外墙外保温体系，这种柔性基底-刚性面层结构所造成的体系的变形更大，面砖与抗裂防护层、外饰面层之间产生更大的温度应力，影响面砖与抗裂防护层、外饰面层之间的附着安全性。

通过模拟计算，在27℃到50℃的表面温差（正温差）作用下，外表面瓷砖的压应力大小如图6-2所示，最大温差压应力大于10MPa。

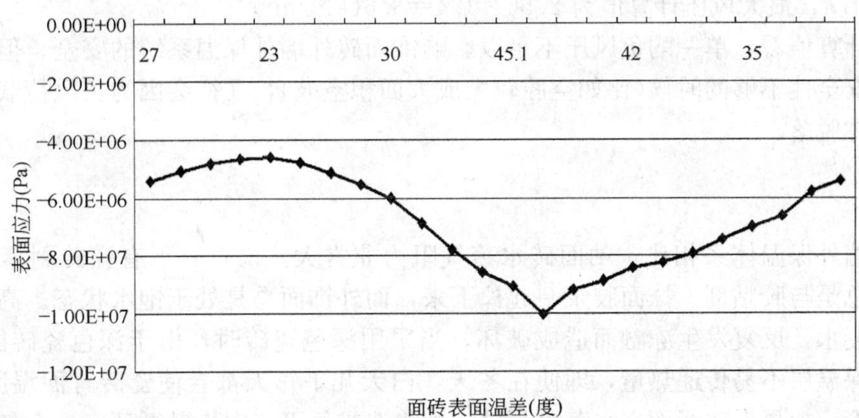

图6-2 外表面瓷砖的压应力（正温差）

在27℃到50℃的表面温差（负温差）作用下，外表面瓷砖的拉应力大小如图6-3所示，最大温差拉应力大于10MPa。

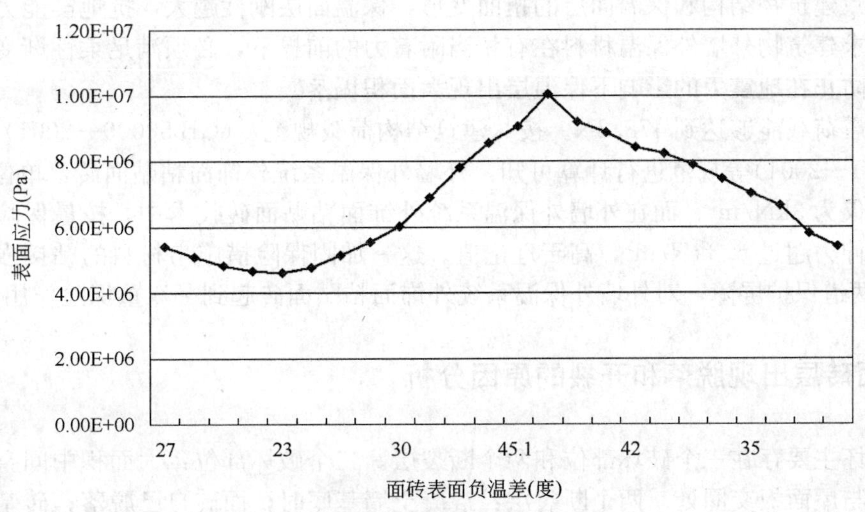

图6-3 外表面瓷砖的拉应力（负温差）

6.2.3 风荷载

在饰面砖外保温系统中各层材料的抗拉强度不足时，垂直于墙面的负风压将造成保温系统脱落。下面以北京地区100m高建筑物为例，100m处建筑表面上的最大风荷载标准值按下式计算：

$$W_k = \beta_{gz} \times \mu_s \times \mu_z \times W_0 \qquad (6\text{-}1)$$

式中 W_k——风荷载标准值(kN/m^2)；

β_{gz}——高度 z 处的阵风系数；

μ_s——风压高度变化系数；

μ_z——局部风压体型系数；

W_0——基本风压(kN/m^2)。

其中基本风压 W_0 取北京地区100m的高层建筑100年一遇的风压值0.45kN/m^2；风压高度变化系

数 μ_s 取地面粗糙度 B 类(地面粗糙度 B 类，指田野、乡村、丛林、丘陵以及房屋比较稀疏的乡镇的城市郊区)的系数 2.09；局部风压体型系数 μ_z 负风压区对墙角边取－1.8；高度 100m 处的阵风系数墙面取 1.51。

$$W_k = 1.51 \times 1.8 \times 2.09 \times 0.45 = 2.56(\text{kN/m}^2) \tag{6-2}$$

分项系数取 1.4，最大风压计算值为 $2.56 \times 1.4 = 3.6(\text{kN/m}^2)$

从最大风压计算值看，单一的负风压不足以影响饰面砖外墙外保温系统的安全，但当其外墙外保温系统的内在因素安全性不够的时候(比如空腔较大或大面积空鼓)，往往会因为负风荷载作用使饰面砖外墙外保温系统整体脱落。

6.2.4 水的破坏

与涂饰面外墙外保温体系相比，釉面砖水蒸气阻力非常大。检查一下有瓷砖剥落现象的外保温体系，会发现瓷砖总是与胶粘剂、抹面胶浆一起掉下来，而外饰面总是处于饱水状态。高水蒸气阻力形成的瓷砖背面的冷凝水，反复发生冻融而造成破坏。当采用深色瓷砖时，由于深色瓷砖能大量吸收阳光，并且瓷砖背面的保温层不易传递热量，即使在冬天，白天几乎每天都会使瓷砖背面温度升至冰点以上，夜晚降至冰点以下。如果瓷砖背面有水蒸气凝结，则将造成每天一次冻融循环。一个冬季冻融循环次数远远大于未做保温的墙体。

6.2.5 地震荷载

地震力会导致建筑物结构和保温面层的扭曲变形，保温面层刚性越大，抗地震能力就越弱，破坏就越严重。这就要求建筑物外墙外保温材料在有相当附着力的前提下，必须满足柔性渐变的原则，以分散和消纳地震波，防止在地震力的影响下保温层出现大面积塌落。

计算显示地震荷载能够达到 478.8N。按《建筑结构荷载规范》(GB 50009—2001)、《建筑抗震设计规范》(GB 50011—2001)等规范进行计算可知，外墙外保温系统外饰面粘贴面砖，单位面积的系统组合荷载的理论数据仅为 3kN/m^2，而在外墙外保温系统外饰面粘贴面砖技术中，按最保险计算，其加固保险措施本身的拉伸力超过 6.3kN/m^2，高于理论值。这一加固保险措施与材料的粘接强度(大于 100kN/m^2)一道构筑起两道保护屏障，对外墙外保温系统外饰面粘贴面砖起到了双重保险作用。

6.3 墙体饰面砖层出现脱落和开裂的原因分析

面砖饰面破坏主要存在三个破坏部位和两个断裂层。三个破坏部位：大面积中间空鼓部位、边角部位、顶层女儿墙与屋面板交圈处。两个断裂层：混凝土墙基底时，面砖自己脱落；砖基底时，面砖和砂浆一块脱落。

1. 温度变形。不同季节，白天黑夜，墙体内外由于温差的变化，饰面砖会受到三维方向温度应力的影响，在饰面层会产生局部应力集中，如在纵横墙体交接处；墙或屋面与墙体连接处；大面积墙中部等位置应力集中，饰面层开裂引起面砖脱落，也有相邻面砖局部挤压变形引起面砖脱落；

2. 砂浆抹灰层变形空鼓，造成大面积面砖脱落；

3. 反复冻融循环，造成面砖粘接层破坏，引起面砖脱落；

4. 面砖粘接层或抹面层受潮，丧失粘接力；

5. 外力引起的面砖脱落：如组合荷载作用、地基不均匀沉降等引起结构物墙体变形、错位造成墙体严重开裂、面砖脱落，还可能由风压、地震力等引起的机械破坏等。

6.4 外保温粘贴面砖加固增强措施研究

在外墙外保温系统中，抗裂抹面层采用嵌入加强网(玻璃纤维网或金属网)形成复合增强体系，对提高抹面层抗拉强度、抗弯曲性和抗冲击性具有重要作用。本部分对加强网的种类、质量、与抗裂抹面层的相融性、位置进行研究，为面砖系统建立稳定基层。

6.4.1 聚合物砂浆环境特征

增强网服役在聚合物砂浆中，聚合物砂浆的各项性能指标对增强网作用的发挥有着较大的影响。外墙外保温使用聚合物抗裂砂浆，主要是通过在水泥砂浆中掺入聚合物，通过引入聚合物的特殊性质，改变了水泥砂浆原来力学性质。如抗折强度提高、抗压强度降低、弹性模量降低、刚性降低、柔性增加、变形能力提高；同时；砂浆碱环境也进一步降低。国内有关机构在研究聚合物砂浆时，它的碱环境因掺加的聚合物品种和掺量的不同，得出的结论也有所不同。关于外墙外保温所用聚合物抗裂抹面砂浆碱环境，比较普遍的看法是：水泥水化同时，聚合物在水泥浆与骨料间形成具有较高粘接力连续均匀状膜，最后形成水泥浆与聚合物膜相互交织在一起的互穿网络结构，降低水泥砂浆的碱性。

6.4.2 玻璃纤维网格布

目前应用于外保温主要使用的是中碱和耐碱玻璃纤维网布。无碱玻璃碱金属氧化物含量最小，中碱其次，耐碱玻纤中金属氧化物最多，约为14.5%的ZrO_2和6%的TiO_2。普通玻纤多指中碱玻纤，其主要化学成分SiO_2，SiO_2具有很好的耐酸性能，但却不耐碱。国内对玻璃纤维制品进行了大量和多年研究，确定了氧化锆含量是玻纤抗碱性侵蚀重要手段，ZrO_2含量有一合理设定值，但当锆ZrO_2超过一定值时效果并不明显。另外，氧化锆是一种难熔物质，溶化温度在1600℃以上，锆含量越高，玻璃熔制越困难，技术上要求则更高。影响网格布耐久性主要因素包括：

1. 纤维成分

纤维成分是保证网格布耐久性前提，如前面已提到含有ZrO_2玻璃纤维能有效提高网格布的耐碱性，文献认为玻璃中Na_2O/ZrO_2比值在1～1.2之间能获得良好的耐碱性，减少比值，对提高耐碱性的效果并不明显，而增大比值，耐碱性则会急剧降低。

2. 网格布涂塑量

网格布的涂塑是保护纤维免受碱性介质的侵蚀保护外衣。涂覆层是以浆料的形式被网布吸附到表面，再经焙烘、脱水、化学反应成膜、卷取等过程固化定型，涂塑量的多少并决定网格布耐碱性好坏，而涂塑胶液首先应具有耐碱性，国内网格布的涂塑大多使用“丙烯酸＋纯丙乳液”、“醋酸乳液＋聚乙烯醇”或者PVC乳液。

3. 网格布的加工工艺

玻纤纤维具有极高抗拉强度，纤维越细强度越高，经丝一般在10.5～11.5μm，纬丝11.5～12.5μm；但玻璃纤维的剪切性能差，在生产加工过程因设备精度、表面粗糙度等，极易造成纤维表面的磨损伤害。经生产工艺后期的涂塑覆盖，将直接造成网格布强度的降低。

4. 外部应力

水泥在水化过程因体积膨胀产生应力，这种应力对嵌入砂浆中玻纤网造成二种分力，第一是与纤维平行产生拉伸力；第二是垂直纤维表面，迫使纤维产生弯曲变形。如果纤维在成形时，表面已有微小裂纹，玻纤在承受内部应力时，在拉、压合力作用下，势必使玻纤原有微小裂纹扩大，最终造成玻纤网的断裂。另外，网格布在潮湿环境比在干燥环境条件，网格布的力学性能下降说明。玻纤在拉制过程因温度变化，表面产生微裂纹，微裂纹的增长速度包括内部应力、外部物质的侵入，特别是水分进入玻纤微小裂纹内部，水分蒸发体积膨胀，进一步加深裂纹的扩展，使玻纤强度降低，造成网格布强度降低。

5. 网格布的耐碱性

玻璃纤维碱性碱腐蚀国内已进行了大量的研究，其理论玻纤成分中SiO_2与硅酸盐水泥水化过程析出的$Ca(OH)_2$反应，破坏了纤维的硅氧骨架，使玻璃纤维变细变脆，渐渐失去强度，造成玻纤寿命减少。

目前，玻璃纤维网布的耐碱性测试的方法较多，如GB/T 20102—2006《玻璃纤维网布耐碱性试验方法氢氧化钠溶液浸泡法》，该国家标准等同采用了美国 ASTME98 标准、JC 5612—2006 附录 B、《外墙外保温工程技术规程》（JGJ 144—2004）A. 12 条、《胶粉聚苯颗粒外墙外保温系统》（JG 158—2004）第 6. 7. 6 条。这些方法中规定的碱性介质不同，表 6-1 所示各种试验碱性环境。

网格布耐碱性的国内相关标准要求　　表 6-1

标准代号	碱性介质	浸泡温度/℃	浸泡时间
GB/T 20102	5% NaOH 溶液	23	28d
JC 561. 2 附录 B	5% NaOH 溶液	80	6h
JGJ 144 第 A. 12 条	混合溶液	80	6h
JG 158 第 6. 7. 6 条	水泥净浆	80	4h

根据上表要求进行的网格布耐碱性对比试验见表 6-2。

耐碱网格布在不同碱环境强度　　表 6-2

		5% NaOH（80℃6h）	混合溶液（80℃6h）	水泥净浆（80℃4h）	5%NaOH（常温 28℃）	混合溶液（常温 28℃）	水泥净浆（常温 28℃）
原强度 N	经	1480	1480	1480	1480	1480	1480
	纬	1384	1384	1384	1384	1384	1384
耐碱后强度 N	经	1015	1070	1413	1133	1115	1432
	纬	900	1043	1281	1065	1112	1211
保留率%	经	68. 6	72. 3	95. 5	76. 6	75. 4	96. 2
	纬	65. 0	75. 4	92. 6	77. 0	80. 4	90. 4

试验数据表明，网格布因碱溶浓度、温度不同，其耐碱承受能力不同，在高温（5% NaOH）情况下耐碱性下降最大，而在水泥净浆环境下耐碱保留率最高。说明高温状态的 5% NaOH 溶液对玻璃纤维的腐蚀性最大。

6. 4. 3　镀锌四角钢丝网

镀锌钢丝网按成形工艺可划分为热镀锌钢丝网和冷镀锌钢丝网两种。热镀锌是指钢丝进行浸镀，冷镀锌是指钢丝进行电镀。镀锌钢丝网的钢丝选用优质低碳钢丝，通过精密的自动化机械技术电焊加工制成，网面平整，结构坚固，整体性强，即使镀锌钢丝网的局部裁截或局部承受压力，也不致发生松动现象，耐腐蚀性好，具有一般钢丝不具备的优点。

目前，国内市场上可见的在外保温应用中的镀锌钢丝网种类有：热镀锌钢丝网、冷镀锌钢丝网、先焊接后镀锌钢丝网、先镀锌后焊接钢丝网。尺寸型号不一。《胶粉聚苯颗粒外墙外保温系统》（JG 158—2004）中对热镀锌钢丝网提出的具体要求见表 6-3。

热镀锌电焊网性能指标　　表 6-3

项目	单位	指标	项目	单位	指标
工艺	—	热镀锌电焊网	焊点抗拉力	N	>65
丝径	mm	0. 90±0. 04	镀锌层重量	g/m²	≥122
网孔大小	mm	12. 7×12. 7			

6. 4. 4　增强结构的比较

6. 4. 4. 1　耐碱玻纤网格布增强结构

结构成型特点为：保温层完工后，在其表面抹 3～5mm 的抗裂砂浆，同时压入耐碱玻纤网格布，构成抗裂防护层，再于其上粘贴面砖。

本结构以耐碱玻纤网格布为增强材料，虽有效地提高了抗裂防护层的抗裂效果，但当外饰面为粘贴面砖时，其对基层强度的增强作用不大，也不能有效分散面砖装饰层荷载对基层的作用。荷载仍然直接作用在强度较低的保温层上，整个系统存在安全隐患。

不仅如此，耐碱玻纤网格布只是增强了平行方向的抗拉强度，对垂直方向的强度无明显改善。拉拔试验显示，破坏面均集中在网格布表面，而且拉拔强度偏低，如图 6-4 所示。

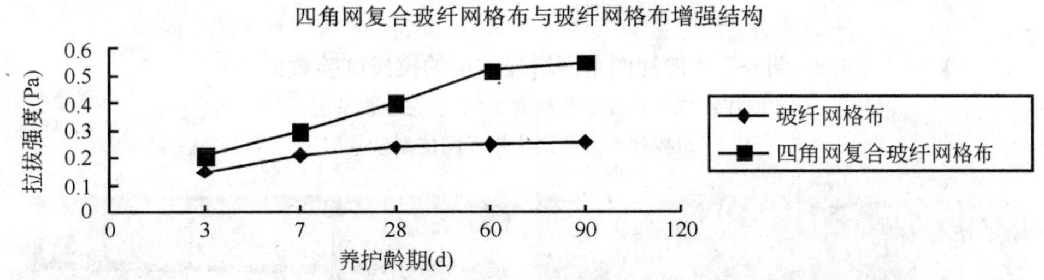

图 6-4　四角网复合玻纤网格布与玻纤网格布增强结构的拉拔试验数据

试验表明，本结构的拉拔强度在经过 3～7d 的快速增长，达到 0.25MPa 左右时，再继续做长龄期拉拔试验，强度增长不会超过 0.3MPa，龄期与拉拔强度曲线基本成水平直线状，拉拔破坏面均在网格布表面，这说明了结构的薄弱环节在网格布处，本结构对抗裂砂浆层的增强作用有限。

因此，采取本结构运用于粘贴面砖体系，难以保证整个系统的稳定性、耐久性和安全性。

6.4.4.2　四角网复合耐碱玻纤网格布结构

结构成形特点：按“耐碱玻纤网格布增强结构”的成形要求压入耐碱玻纤网格布后，再在其上挂一层四角网，采用塑料锚栓直接固定在墙体基层上，然后用抗裂砂浆将表面抹平，使四角网含在抗裂砂浆中，形成“双网结构”的抗裂防护层。

本结构改善了整个系统的稳定性。由于四角网的增强作用，以及四角网直接与墙体基层的锚固，使得面砖装饰层的负荷作用体不再是薄弱的保温层，而是具有独立性质的“双网结构”的抗裂防护层，从根本上改变了面砖粘贴基层的性质。而且“双网结构”的抗裂防护层的存在，阻断了面层负荷对保温层的直接作用，将负荷的作用力通过四角网、镀锌钢丝、塑料锚栓传递到稳定的基层墙体上，有效地保护了薄弱的保温层，提高了装饰面层的稳定性、安全性。

四角网的设计不仅使整个系统获得了平行方向的强度，也获得了垂直方向的抗拉强度，但存在以下三个缺陷：

1. 本结构由于耐碱玻纤网格布的存在，对抗裂防护层抗拉强度的副作用较大。拉拔试验(图 6-4)表明，本结构拉拔强度在经过 7d 的快速增长后，随着养护时间的延续，强度仍在增长，在经过 28d 后，能达到系统拉拔强度(≥0.4MPa)的需要，当养护时间达到 90d 后，系统抗拉强度达到 0.55MPa，并基本稳定下来。但由于耐碱玻纤网格布的存在，本结构的拉拔破坏面往往发生在耐碱玻纤网格布表面，其抗拉强度值较低，只能达到稳定值的 60%～70%，对整个系统稳定性、安全性也存在相当的隐患；

2. 本结构由于采取了“双网构造”，工程造价也有所提高。

6.4.4.3　镀锌四角网增强结构

结构成形特点：保温层完工后，抹抗裂砂浆 2～3mm，然后铺设四角网，用塑料锚栓将四角网与结构直接固定，再在其上抹抗裂砂浆 5～7mm，使四角网置于抗裂砂浆之中，施工完后在其上粘贴面砖。镀锌四角网增强结构的拉拔试验数据趋势，如图 6-5 所示。

本结构同样通过四角网保护了保温层，转移了面层负荷作用体，同时由于四角网与水泥抗裂砂浆良好的握裹力，增强了水平方向与垂直方向的抗拉强度，极大改善了面砖粘贴基层的强度。

试验表明，外饰面粘贴面砖时，采取“镀锌四角网增强结构”优于“耐碱玻纤网格布增强结构”。两种增强结构拉拔效果比较如图 6-6 所示。镀锌四角钢丝网能有效地兼顾抗裂性能与面砖对基层强度的要求之间的统一，使加固系统抗拉强度≥0.4MPa，满足保温体系的稳定性、安全性和耐久性的需要。

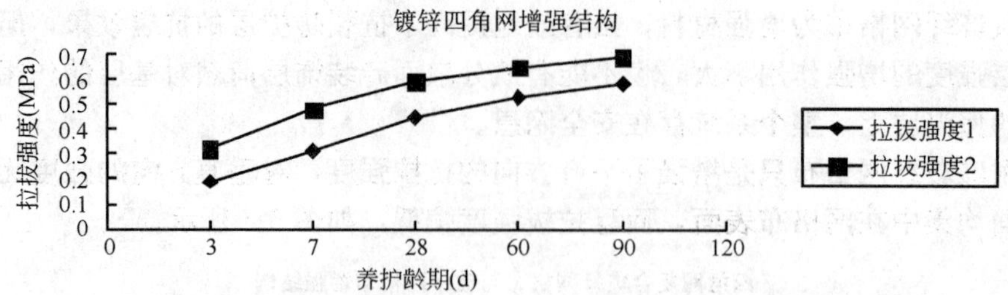

图 6-5 镀锌四角网增强结构的拉拔试验数据

注：拉拔强度 1 曲线为 1∶3 水泥砂浆基层

拉拔强度 2 曲线为钢丝网抗裂砂浆层

图 6-6 不同增强结构拉拔效果比较

6.4.5 镀锌四角网的选择及研究

6.4.5.1 镀锌四角网的含钢量研究

在抗裂防护层中，四角网的作用是显著的，单位体积中四角网的重量不一样，整个抗裂防护层的性能也就不一样。一般情况下，可用含钢量这个指标来衡量。

所谓含钢量就是指抗裂防护层单位体积中四角网重量，单位为 kg/m^3。从理论上说，含钢量越高，抗裂防护层的强度越能得到增强，承载负荷的能力越高。但在具体操作上，由于受到成本与施工适应性等因素的制约，含钢量并不是越大越好。

对孔径 10mm×10mm～20mm×20mm、不同形状、不同含钢量的四角网进行试验，如图 6-7 所示。试验结果表明，在抗裂防护层厚度相同的前提下，含钢量较小时，系统的拉拔强度也小，说明四角网对抗裂防护层的增强作用未达到预期效果；随着含钢量的增加，四角网的增强作用越来越大，拉拔强度也越来越高。当含钢量增加到 $0.8kg/m^2$，拉拔强度达到最高峰值。当含钢量继续升高时，拉拔强度却呈现下降趋势。

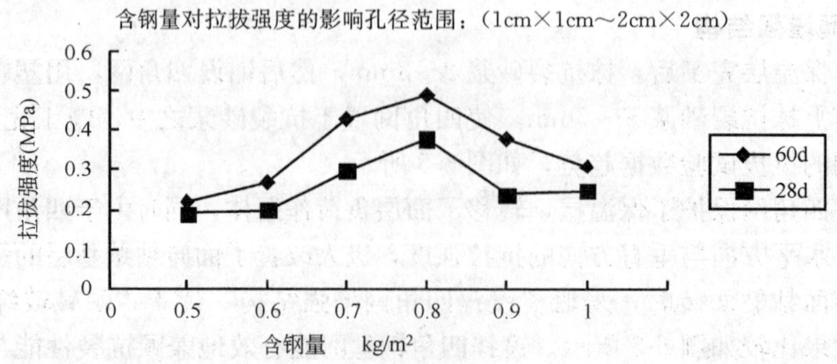

图 6-7 含钢量对拉拔强度的影响

试验表明，四角网的含钢量应控制在0.8kg/m²，既保证满足保护保温层、增强抗裂防护层的强度的需要，同时具有良好的施工操作性，且工程造价成本适宜。

6.4.5.2 镀锌四角网的规格确定

分散配筋是抗裂防护层在构造上区别于钢筋混凝土的一个主要特征，也是使抗裂防护层获得优良性能的重要条件。在含钢量相同的情况下，配筋的分散性对抗裂防护层的极限延伸值、抗裂强度、弹性模量、长期荷载下的徐变及其组成材料间的粘接性能均有重要影响，因而确定四角网的规格就显得尤为重要。

四角网在抗裂防护层的作用，不仅表现在受力时对周围水泥抗裂砂浆变形和压力抑制的有利效应，同时表现为在材料组合过程中对抗裂防护层的强化。一般情况下，当含钢量相同时，孔径越小，四角网的丝径就越小，单位面积的四角网的比表面积就越大，从而四角网与水泥抗裂砂浆的接触面积就越大，其握裹力也就越大，四角网对抗裂防护层的增强作用就越显著。但是，同一含钢量的四角网孔径越小，四角网表面的平整度就越差，在铺设四角网时，施工难度就越大。因而，在选择四角网的规格时，应考虑到施工适应性等因素的影响。

通过对四角网比表面积系数KB的试验分析表明，如图6-8所示。当系统将含钢量控制在0.8kg/m²时，抗裂防护层厚度控制在5mm时，四角网比表面积取值为0.46 m²，此时，四角网对抗裂防护层的增强作用较高，抗裂防护层的拉拔强度较高。

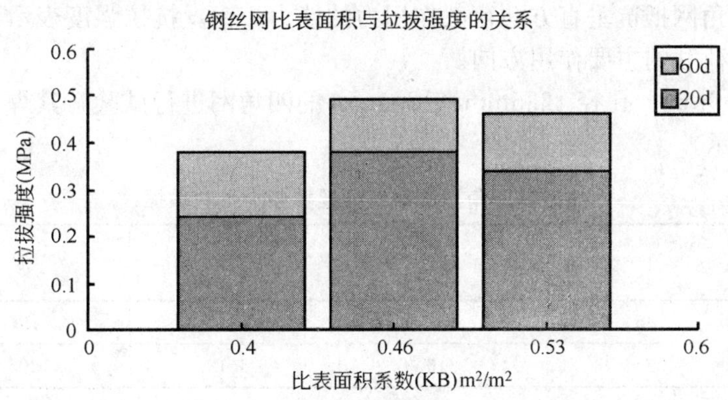

图6-8 四角网比表面积与拉拔强度的关系

6.4.5.3 四角网防腐蚀性研究

作为抗裂防护层的重要骨架材料，四角网的耐久性不仅关系到抗裂防护层的耐久性，也关系到整个保温系统的耐久性与稳定性。四角网作为钢铁制品，有着金属钢铁一般的通性。由于钢铁的热力学不稳定性，钢铁的氧化腐蚀是必然的趋势，是不可避免的。因而四角网的防腐蚀问题在本系统中也是一个需要研究和解决的重要问题。

在国外，对钢丝网的防腐蚀问题的最典型研究是伊朗的Ramesht在英国曼彻斯特理工学院所作的试验。其试验过程是：将预先加载造成微裂缝的镀锌与未镀锌钢丝网水泥试件(水灰比为0.4的1∶2水泥砂浆)，湿养护28d后，在6%NaCl溶液(60℃)干浸交替(每小时一次)，半年后进行腐蚀检测。试验结果表明：

1. 将钢丝网紧扎后布置在试件中部，其保护厚度为9～12mm，可显著降低腐蚀速度。

2. 预裂缝即使微裂，也会加剧钢丝网腐蚀，受拉试件表面腐蚀破坏较重。

3. 尽管镀锌与未镀锌的钢丝网都有不同程度的腐蚀破坏，但镀锌层显然给钢丝网提供了显著的保护作用。为提高钢丝网水泥结构的耐久性，钢丝网镀锌是十分必要的。

对四角网的选择、布置以及防腐蚀处理与国外专家的研究成果是一致的。

表6-4、表6-5为不同碱性状态下、不同盐度状态下的不同工艺四角网的腐蚀情况。从表4、表5的数据可以看出，在四角网镀锌中，热镀锌较冷镀锌防腐蚀性能更优。主要原因在于镀锌工艺不同，四角网的镀锌层厚度是不同。一般情况下，热度锌极易达到200μm的锌层厚度，而冷镀锌只有10μm以下的

锌层厚度，冷镀锌层厚度不能满足 PH 值在 13.3 以下时钢丝钝化的需要，对钢丝网的防腐蚀帮助不大；相反，热镀锌钢丝网锌层厚度越厚，防腐蚀能力强，能有效提高钢丝网在水泥砂浆中的防腐蚀能力。

不同碱性状态下、不同工艺的四角网的腐蚀情况　　**表 6-4**

工艺 \ pH 值	7～9	9～11	11～13	≥13
热镀锌	无锈蚀	无锈蚀	无锈蚀	无锈蚀
冷镀锌	严重锈蚀	轻度锈蚀	轻度锈蚀	严重锈蚀

不同盐度状态下、不同工艺的四角网的腐蚀情况　　**表 6-5**

工艺 \ NACL 值	3%	6%	9%	12%
热镀锌	无锈蚀	无锈蚀	轻度锈蚀	轻度锈蚀
冷镀锌	无锈蚀	轻度锈蚀	轻度锈蚀	严重锈蚀

6.4.5.4　四角网的抗拉强度研究

四角网的抗拉强度由焊点强度和钢丝抗拉强度两部分构成。

焊点强度表示了四角网抵抗垂直方向荷载作用力的能力；钢丝抗拉强度表示了平行于抗裂防护层的荷载作用力的能力，是荷载的主要作用方向。

采取规格为丝径 0.9mm、孔径 12.5mm×12.5mm 的四角网进行试验，其焊点强度和钢丝抗拉强度的试验数据如表 6-6 所示。

热镀锌四角网焊点、钢丝拉伸力试验数据　　**表 6-6**

项目 \ 序号	1	2	3	4	平均
焊点拉伸力 N	195	187	192	190	191
钢丝拉伸力 N	325	316	341	305	322

四角网单位面积焊点强度：$F_H=0.191\times81\times81=1253.2$kN

四角网单位面积钢丝拉伸力：$F_W=0.322\times81=26.1$kN

上述数据表明，四角网的力学性能远远满足系统强度的需要。

6.4.5.5　四角网的配筋位置研究

四角网的配筋位置是指四角网在抗裂防护层中的布置位置，四角网在抗裂砂浆中的布置位置不同，对抗裂防护层的影响就不同，特别是对保温层的隔离保护作用影响很大。

1. 当四角网直接与保温层接触时，或者四角网部分包裹在水泥抗裂砂浆中，部分与保温层接触，就会降低四角网的加强保护作用。当外力作用在抗裂防护层时，破坏极易发生在保温层。

2. 当四角网铺设在水泥抗裂砂浆中间位置时，抗裂防护层能得到有效加强，保温层也能得到有效保护，当受到外力作用时，破坏发生在抗裂防护层并被抗裂防护层所吸收。

3. 当四角网铺设在抗裂防护层表面位置时，这种形式虽然对保温层的保护能力有所提高，但由于四角网上表面水泥抗裂砂浆厚度偏低，对钢丝网的握裹力较弱。当外力作用时易破坏在钢丝网表面，且抗拉强度较低。

图 6-9 为不同配筋形式的拉拔试验数据。数据表明：

1. 四角网布置在水泥抗裂砂浆中间位置时，拉拔强度较高；四角网直接与保温层或距离保温层太近时，拉拔强度较低，且做拉拔试验时容易破坏保温层；四角网距离抗裂防护层表面太近时，拉拔强度介于两者之间。

2. 无四角网时，随着抗裂防护层的增厚，拉拔强度从最初的 0.10MPa 增加到 0.22MPa；当抗裂防护层继续增厚时，拉拔强度几乎不再变化，且拉拔试验的破坏面均集中在保温层，对保温层破坏非常严重。

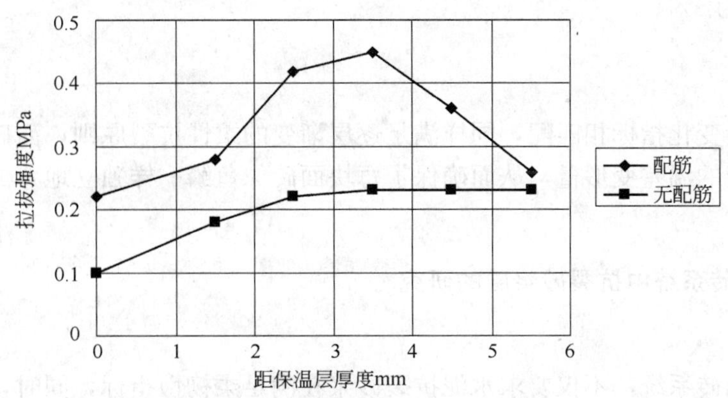

图 6-9　不同配筋形式的拉拔试验数据

6.4.5.6　锚固件的研究

1. 膨胀螺栓的锚固机理

通过锚栓的扩张部分被压入钻孔壁内产生的摩擦力以及几何形状的锚栓口与锚固基础和钻孔形状相互配合产生的共同作用来承受载荷。

2. 在基层墙体中的锚入深度

锚固经过钻孔、紧固两步完成。为避免对基体造成破坏，钻孔时，应采用回转钻孔方法，且钻孔深度应大于锚固深度，以保证锚固功能。

3. 锚固过程中对基体的保护

对空心砌体等强度较低的墙体，最好采用回转钻孔方法，以避免钻孔过大，防止空心砌体受到外力冲击过大而损坏。

4. 锚固件的防腐蚀

膨胀螺栓的螺钉应作防腐蚀处理，可采用镀锌钢或不锈钢材等材质制成。锚栓应选用抗老化、抗温变、耐寒耐热、高承压、抗拉强度高的尼龙塑料制成。

5. 锚固件的抗拉强度

采取膨胀螺栓锚固时，其抗拉强度与螺栓直径关系密切，当基层墙体为空心砖时，单个螺栓的破坏荷载如表 6-7 所示。

不同直径的单个膨胀螺栓的破坏荷载　　**表 6-7**

螺栓直径(mm)	5	6	7	8
破坏荷载(kN)	1.0	1.2	1.7	3.0

当选用直径为 7mm 的螺栓时，可保证单个螺钉载荷 $F_L \geqslant 1.7$kN。本系统膨胀螺栓按每平方米不少于 4 个设计，则膨胀螺栓单位面积可靠的承载能力：$F_L \geqslant 4 \times 1.7 \geqslant 6.8$kN。

6.5　外保温粘贴面砖系统配套材料的研究

6.5.1　外保温粘贴面砖对系统的基本要求

外饰面粘贴面砖外保温技术宜采取“柔韧变形量逐层渐变”的无空腔构造，使得整个保温层与建筑结构有机地成为一个整体，并处于一种较为安定的状态中。这种状态会使得通过保温体系传导到饰面面砖的热应力变形较小，并被变形量较大的面砖胶粘剂吸纳，不会使热应力从四周累加而导致面砖脱落。

由于面砖粘接砂浆是与保温体系的抗裂防护层和面砖粘接，各构造层的变形指标为：

1. 抗裂防护层为 5%；

2. 面砖粘接砂浆为 5‰；

3. 勾缝胶为 1‰；

4. 面砖为 5‱。

上述各层弹性模量变化指标相匹配，同样满足逐层渐变的柔性抗裂原则，面砖胶粘剂的可变形量小于抗裂砂浆而大于面砖的温差变形量，从而确保了每块面砖像鱼鳞一样独立地释放应力，不会因外界效应作用而脱落。

6.5.2 外保温粘贴面砖系统中抗裂砂浆层的研究

6.5.2.1 性能指标

外保温饰面粘贴面砖系统，不仅要求水泥抗裂砂浆在满足柔韧性指标，同时，还要突出一定强度的指标。试验表明，当抗裂砂浆压折比≤3.0，抗压强度≥10MPa 时，抗裂防护层既具有良好的抗裂作用，又具有粘贴面砖需要的基层强度功效。表 6-8 为水泥抗裂砂浆的性能指标。

水泥抗裂砂浆的性能指标　　表 6-8

项　目	单位	指标	项　目	单位	指标
可操作时间	h	2	浸水拉伸粘接强度，7d	MPa	≥0.5
拉伸粘接强度，28d	MPa	≥0.7	压折比	—	≤3.0

6.5.2.2 抗裂砂浆的厚度

抗裂防护层是本系统的非常重要的一个部分，发挥着承上启下的特殊功效，它将密度小、强度低的保温层与面砖装饰层有机结合起来，将不适宜粘贴面砖的保温层基底过渡到具有一定强度，又具有一定柔韧性的防护层上。试验数据表明，抗裂砂浆层的厚度对保温层的保护作用影响较大；同时，对系统拉拔强度的影响较大。

图 6-10、图 6-11 显示了不同抗裂砂浆层厚度与系统拉拔强度的关系。

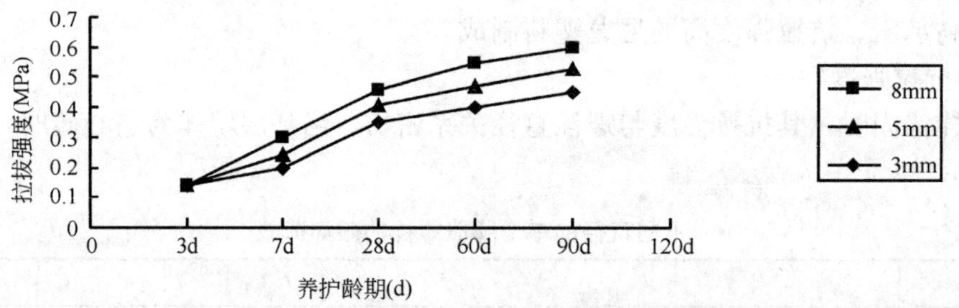

图 6-10　抗裂砂浆厚度与拉拔强度的关系(a)

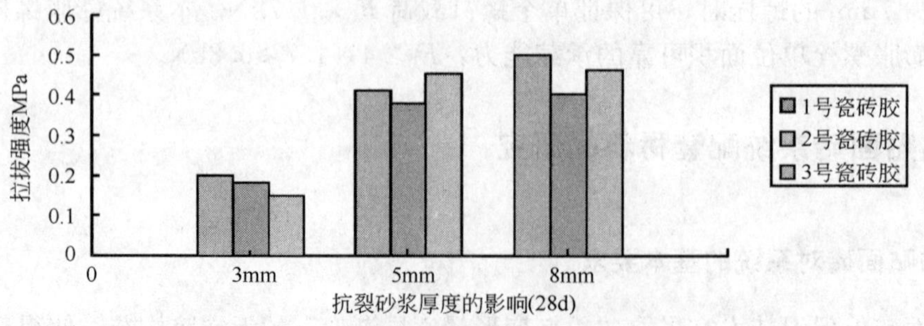

图 6-11　抗裂砂浆厚度与拉拔强度的关系(b)

试验结果表明，当水泥抗裂砂浆厚度 $H<5$mm 时，对保温层的隔离保护作用不能有效发挥，拉拔试验的破坏面集中在保温层上；当 $H\geqslant5$mm 时，特别是当 $H\geqslant8$mm 以上时，拉拔试验破坏面集中在抗裂防护层中，外应力不可能破坏到保温层，保温层被有效地保护起来；28d 后的拉拔试验结果，体系拉

拔强度≥0.4MPa，破坏面在抗裂防护层中或粘接层中。

本系统抗裂防护层的厚度应控制在10mm±2mm为宜，过低不能起到应有的保护增强作用，过高则增加工程造价，合理性价比厚度为10mm±2mm。

6.5.3 外保温粘贴面砖系统中面砖粘结砂浆层的研究

6.5.3.1 性能指标

在外保温系统面层上粘贴面砖与在坚实的混凝土基层上粘贴面砖使用条件是不同的。由于面砖的热膨胀系数与保温层的热膨胀系数有很大的差异，相应由温度变化引起的热应力变形差异也很大。因此，在选择外保温面层面砖粘接砂浆时，除要考虑耐候性、耐水性、耐老化性好、常温施工等因素外，还必须考虑两种硬度、密度不同的材料在使用过程中，由温度变化而引起的不同形变差异而造成的内应力。选用的胶粘剂应能通过自身的形变消除两种质量、硬度、热工性能完全不同的材料的形变差异，才能确保硬度大、密度高、弹性模量大、可变形性低的面砖，在硬度低、密度小、弹性模量小、可变形性高的保温层材料上不脱落。

经现场实测，当面砖粘接砂浆在使用条件下满足2‰以上变形率时，才能保证保温系统不开裂，达到消除材料温差而造成的内应力目的。考虑到面砖粘接砂浆不是直接粘贴在保温层上，而是与抗裂防护层进行粘接，面砖粘接砂浆的可变形量应小于抗裂砂浆而大于面砖的温差变形量。最终将面砖粘接砂浆在厚度为5mm条件下的可变形性确定在5‰～1%，小于水泥抗裂砂浆5%的可变形性而大于面砖的温差可变形量($1.5\times10^{-6}/℃$)，从而确保了面砖不会因温差形变而造成脱落。表6-9为面砖粘接砂浆的性能指标。

面砖粘接砂浆的主要性能指标　　表6-9

项目		单位	指标
拉伸胶接强度		MPa	≥0.70
压折比		—	≤3.0
压缩剪切强度	原强度	MPa	≥0.5
	耐温7d	MPa	≥0.5
	耐水7d	MPa	≥0.5
	耐冻融25次	MPa	≥0.5
线性收缩率		%	≤0.3

6.5.3.2 聚灰比对粘接砂浆柔韧性的影响

柔韧性是面砖粘结材料一个十分重要的指标，影响面砖粘接材料柔韧性的因素很多，但影响最大的因素当属聚灰比。不含聚合物的普通水泥粘接砂浆，强度高、变形量小，其压折比一般在5～8范围内。这种粘接砂浆用于外保温粘贴面砖时，在基层受到热应力作用发生形变时，粘接砂浆不能通过相应的变形来抵消这种作用，往往容易发生空鼓或脱落。

外保温面砖粘接砂浆应在确保其粘接强度的前提下，改善其柔韧性指标，以使面砖能够与保温体系整体统一，并消纳外界作用效应尤其是热应力带来的影响，满足外墙外保温饰面粘贴面砖的需要。图6-12显示了聚灰比对压折比的影响，其中压折比1为水中养护；压折比2为塑料袋中养护；压折比3为空气中养护。

1. 聚灰比对粘接砂浆的压折比影响很大

1）聚合物含量小的水泥砂浆，柔韧性小，压折比大；

2）随着聚合物含量的增大，聚灰比越来越大，当达到0.1左右时，压折比降至3.5以下；

3）随着聚灰比的继续增加，直到0.3左右，压折比在3.5～3.0较小的范围内波动；

4）当聚灰比超过0.3后，压折比低于3.0，达到柔韧变形量的要求。

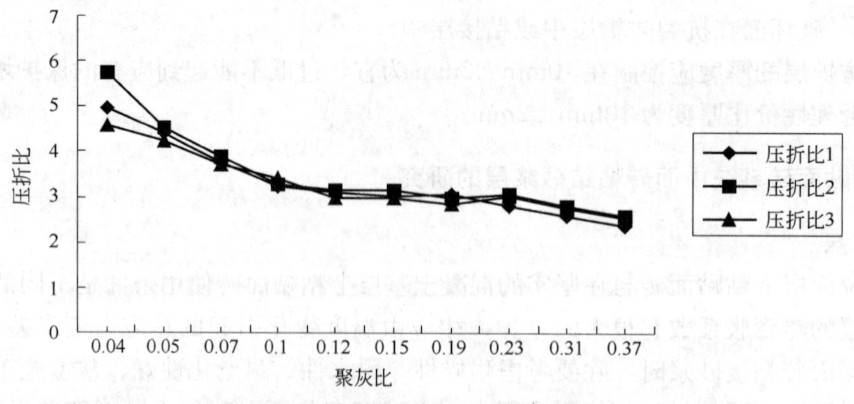

图 6-12　聚灰比与压折比的关系

2. 在不同的养护方式条件下，同一聚灰比对压折比的影响不同

1）当聚灰比小于 0.1 时，采取通常塑料袋中养护方式，其压折比较高；在水中养护压折比次之，在空气中养护最低。

2）当聚灰比在 0.1～0.3 的范围内时，三种养护方式对压折比的影响差别不大。

3）当聚灰比在 0.3 以上时，在塑料袋中养护压折比较高，在空气中养护次之，在水中养护最低。

之所以出现这种结果，其原因在于：聚灰比较小时，水泥的性能在起决定性的作用；聚灰比在 0.1～0.3 的范围内时，水泥与聚合物的作用趋于相对的平衡。聚灰比达到 0.3 以上时，这时虽然粘接砂浆的材料性能仍体现为水泥基材料的特性，但聚合物的作用日见明显，粘接砂浆已清楚得表现出聚合物的柔韧性与粘接性强的一面，符合外墙外保温粘贴面砖的需求。

6.5.3.3　养护条件对粘接性能的影响

一般来说，水泥基材料施工完后，均需采取一定的手段养护。图 6-13 给出了养护条件对瓷砖粘接砂浆性能的影响，可见，面砖粘贴完后 24h 开始，连续 7d 对饰面进行湿水养护，每天两次，面砖粘接砂浆的粘接强度要比不养护的粘接砂浆高出 20%左右。本系统研制的外墙外保温面砖粘接砂浆通过聚合物乳液进行了改性，不经养护也能满足粘接强度要求，但采取一定的养护手段可获得更好的粘接效果。

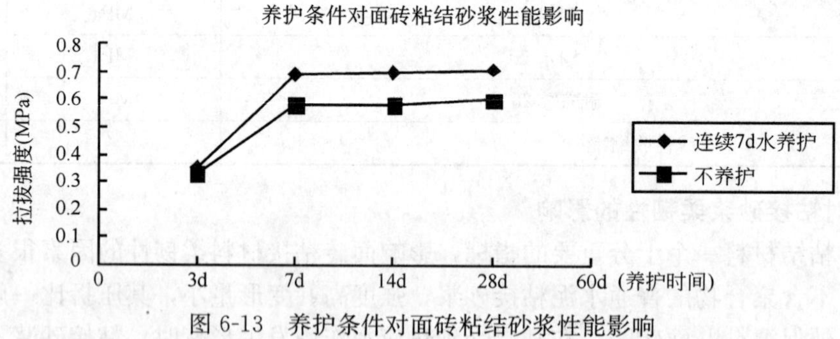

图 6-13　养护条件对面砖粘结砂浆性能影响

6.5.3.4　可使用时间对粘结性能的影响

图 6-14 显示了可使用时间对粘结砂浆粘结性能的影响。

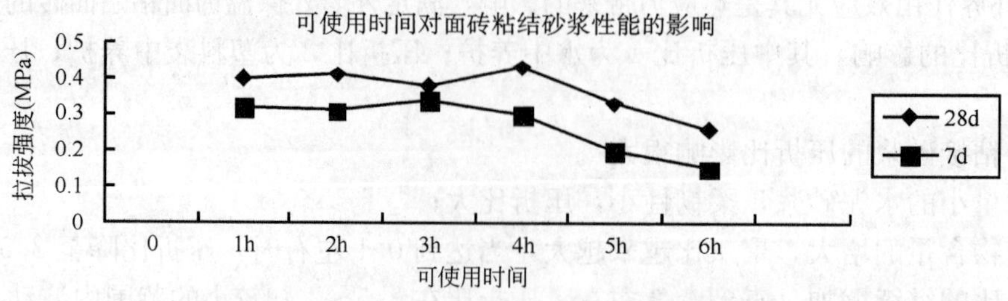

图 6-14　可使用时间对面砖粘结砂浆性能的影响

图 6-14 表明，随着可使用时间的延长，面砖粘接砂浆的粘接性能呈现一个下降趋势，并且幅度很大。如果面砖粘接砂浆在规定的 4h 内使用完毕，抗拉强度可达 0.4MPa 以上；超过规定使用时间继续使用，其抗拉强度急剧降至 0.2MPa 以下，从而造成面砖粘贴的失败。

6.5.3.5 面砖吸水率对粘接砂浆的粘接性能影响

吸水率大小是外墙面砖的一个十分重要的指标。面砖的吸水率越小，表明面砖的烧结程度越好，其弯曲程度、强度、耐磨性、耐急热急冷性、耐化学腐蚀等性能就越好，反之则差。

外墙面砖按吸水率大小划分为以下几类：

a. E≤0.5%；

b. 0.5%≤E≤3%；

c. 3%≤E≤6%；

d. 6%≤E≤10%。

面砖的吸水率对面砖粘接砂浆的粘接性能有很大影响，面砖吸水率不同，粘接砂浆的粘接效果也不同。造成这种现象的主要原因在于粘接机理的不同，通常情况粘接砂浆与面砖的粘接，有两种不同的机理。

1. 物理机械锚固机理

在这种机理下，粘接砂浆对面砖的粘接力来自粘接砂浆对面砖表面的小孔及凹坑的渗透填充，从而形成一种“爪抓”作用。显然，多孔性材料或表面粗糙的材料，这种作用机理占主导地位，带有燕尾槽的面砖正是基于这种原理。

2. 化学键作用机理

这种作用机理是粘接砂浆与面砖通过分子间的范德华力或可反应官能团之间的化学键形成粘接效果。

当面砖吸水率小、烧结程度好、孔隙率低时，其物理机械锚固机理作用减弱，对于主要依靠物理机械锚固的纯水泥粘接砂浆来说，粘贴面砖的粘接强度是不高的；而对于聚合物改性面砖粘接砂浆而言，由于聚合物分子链上的官能团与面砖表面材料分子之间形成的范德华力或部分官能团之间新的价键组合，就使得这种聚合物砂浆对即使是光洁的瓷砖表面也能形成牢固粘接。

图 6-15 显示了不同聚合物含量的面砖粘接砂浆在不同吸水率外墙面砖表面的粘接性能。由图 6-15 可见，对于吸水率 E≤0.5%的面砖，三种不同粘接性能的面砖粘接砂浆的粘接强度较小，聚合物含量高的面砖粘接砂浆 A 对不同吸水率的面砖粘接较均衡，适应性较强。

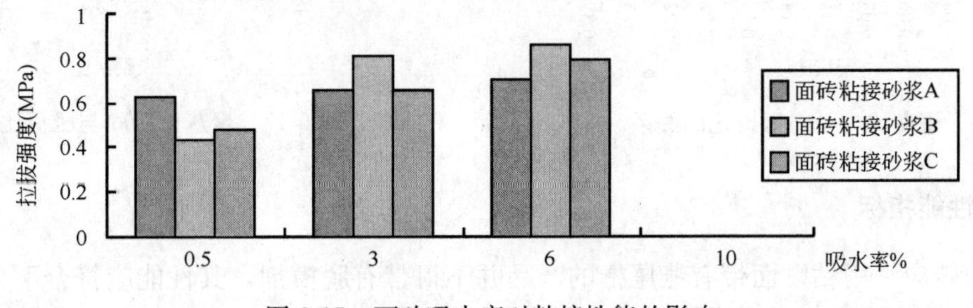

图 6-15 面砖吸水率对粘接性能的影响

6.5.4 外保温粘贴面砖系统中勾缝胶粉层的研究

6.5.4.1 性能指标

面砖勾缝胶粉的性能设定，也要满足柔韧性方面的指标要求，其目的在于有效释放面砖及粘接材料的热应力变形，避免饰面层面砖的脱落。同时勾缝材料亦应具有良好的防水保护性。

表 6-10 为面砖勾缝胶粉的技术性能指标。

面砖勾缝胶粉的主要性能指标 表 6-10

项目		单位	指标
外观		—	均匀一致
颜色		—	与标样一致
凝结时间	初凝时间	h	≥2
	终凝时间	h	≤24
拉伸胶粘强度	常温常态 14d	MPa	≥0.70
	耐水(浸水 48h、放置 24h)	MPa	≥0.50
压折比(抗压强度/抗折强度)14d		—	≤3

6.5.4.2 聚灰比对面砖勾缝胶粉的柔韧性的影响

面砖勾缝材料采用干拌砂浆的形式，以硅酸盐水泥为主要胶凝材料，通过掺加再分散乳液粉末和其他助剂配制而成，其压折比≤3.0，具有良好的施工性、防水性、防泛碱性。

试验研究表明，面砖勾缝胶粉的压折比受再分散乳液粉末的掺量影响较大。图 6-16、图 6-17 显示了聚灰比与压折比的关系。

图 6-16 和图 6-17 表明，再分散乳液粉末的掺量对面砖勾缝胶粉的压折比影响比较明显，压折比随着聚灰比的不断增大而快速下降。当聚灰比达到 0.3 左右时，面砖勾缝胶粉的压折比小于 3.0；当聚灰比达到 0.4 以上时，压折比的变化趋于平缓。

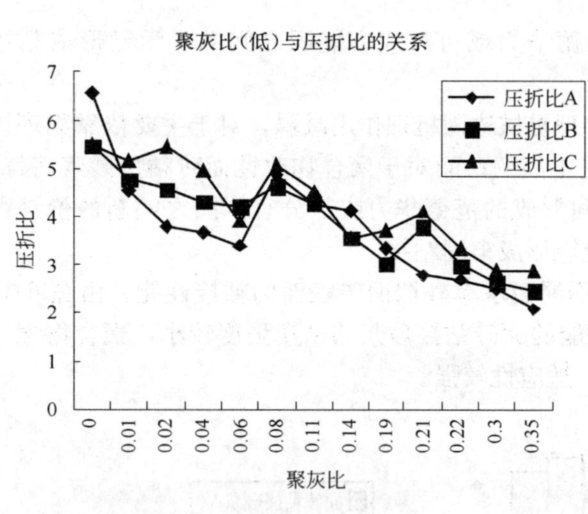

图 6-16 聚灰比(低)与压折比的关系

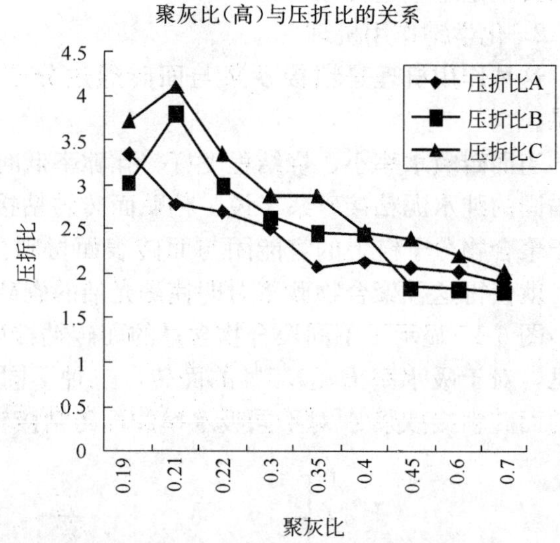

图 6-17 聚灰比(高)与压折比的关系

6.5.5 面砖的性能指标

外保温饰面砖应采用粘贴面带有燕尾槽的产品并不得带有脱模剂，其性能应符合下列现行标准的要求：《陶瓷砖和卫生陶瓷分类及术语》GB/T 9195；《干压陶瓷砖》GB/T 4100.1、GB/T 4100.2、GB/T 4100.3、GB/T 4100.4；《陶瓷劈离砖》JC/T 457；《玻璃马赛克》GB/T 7697。宜采用粘贴面带燕尾槽的浅色面砖。同时满足表 6-11 性能指标的要求。

饰面砖性能指标 表 6-11

项目			单位	指标
尺寸	6m 以下墙面	表面面积	cm^2	≤410
		厚度	cm	≤1.0

续表

项目			单位	指标
尺寸	6m 及以上墙面	表面面积	cm^2	≤190
		厚度	cm	≤0.75
单位面积质量			kg/m^2	≤20
吸水率		Ⅰ、Ⅵ、Ⅶ气候区	%	≤3
		Ⅱ、Ⅲ、Ⅳ、Ⅴ气候区		≤6
抗冻性		Ⅰ、Ⅵ、Ⅶ气候区	—	50 次冻融循环无破坏
		Ⅱ气候区		40 次冻融循环无破坏
		Ⅲ、Ⅳ、Ⅴ气候区		10 次冻融循环无破坏

注：气候区划分级按 GB 50178—1993 中一级区划的Ⅰ～Ⅶ区执行。

6.6 外保温粘贴面砖系统的施工技术

6.6.1 工艺流程

保温层——抹抗裂砂浆——铺贴镀锌四角网——抹抗裂砂浆——粘贴面砖——勾缝。

6.6.2 施工要点

6.6.2.1 抹抗裂砂浆

保温层验收合格后，在保温层上抹第一遍抗裂砂浆，厚度控制在 2～3mm。根据结构尺寸裁剪热镀锌电焊网分段进行铺贴，热镀锌电焊网的长度最长不应超过 3m，为使边角施工质量得到保证，施工前预先用钢网展平机、液压剪网机、钢网液压成型机将边角处的热镀锌电焊网折成直角。在裁剪网丝过程中不得将网形成死折，铺贴过程中不应形成网兜。网张开后应顺方向依次平整铺贴，先用 14 号钢丝制成的 U 型卡子，卡住热镀锌电焊网，使其紧贴抗裂砂浆表面，然后用尼龙胀栓将热镀锌电焊网锚固在基层墙体上，双向间隔 500mm 梅花状分布，有效锚固深度不得小于 25mm，局部不平整处用 U 型卡子压平。热镀锌电焊网之间搭接宽度不应小于 50mm，搭接层数不得大于 3 层，搭接处用 U 型卡子、钢丝或胀栓固定。窗口内侧面、女儿墙、沉降缝等热镀锌电焊网起始和收头处，应用水泥钉加垫片或尼龙胀栓，使热镀锌电焊网固定在主体结构上。

热镀锌电焊网铺贴完毕经检查合格后抹第二遍抗裂砂浆，并将热镀锌电焊网包覆于抗裂砂浆之中，抗裂砂浆的总厚度宜控制在 10mm±2mm，薄厚均匀。抗裂砂浆面层应达到平整度和垂直度要求。

6.6.2.2 粘贴面砖

饰面砖粘贴施工按照《外墙饰面砖工程施工及验收规程》(JGJ 126—2000)执行，面砖粘接砂浆厚度宜控制在 3～5mm，面砖缝宽度不应小于 5mm，面砖宽缝每六层楼宜设一道，宽度为 20mm；面砖边长大于 100mm 时，阴阳角处面砖宜选用异型角砖，阳角处不宜采用边缘加工成 45°角的面砖对接。在水平阳角处，顶面排水坡度不应小于 30；应采用顶面面砖压立面面砖，立面最低一排面砖压底平面面砖等做法，并应设置滴水构造。

粘贴面砖时应使用柔性瓷砖粘接砂浆，必须保证面砖的实际粘接面积为 100%粘接；施工时可使用锯齿抹灰刀往墙面上涂抹瓷砖胶粘剂，然后把面砖揉按于胶粘剂中并压实。必要时，揭下检查背面的料浆面积。在使用纸张砖进行施工作业时，宜先在墙上薄抹粘接砂浆，再在纸张砖上薄抹粘接砂浆，最后把面砖揉按于粘接砂浆中并压实。不宜在纸张砖上薄抹粘接砂浆，直接粘贴于墙面上。原因是粘接砂浆厚度达不到要求，粘接面积难以保证。

6.6.2.3 面砖勾缝

面砖勾缝应选用具有柔性高憎水性的勾缝粉。勾缝时，先勾水平缝再勾竖缝，面砖缝要凹进面砖外表面 2～3mm。勾缝完毕时，应对大面积外墙面进行检查和清理，保证美观。

6.7 外墙外保温面砖系统大型试验验证

外墙外保温面砖系统还应进行抗震性能试验、耐候性试验(高温——降雨循环、热——冷循环)、系统拉拔强度试验、抗风压性能试验、系统防水透气试验以及系统防火性能试验。

6.7.1 抗震试验

根据《建筑抗震设计规范》(GB 50011—2001)中非结构构造抗震设计的内容，选用建筑物结构类型为国内目前较多采用的全现浇高层混凝土结构，试件规格为 1.3m×1.2m×0.16m，保温层材料选择聚苯颗粒浆料、有网聚苯板、无网聚苯板三种类型。考虑到这三种保温材料的强度和稳定性，对胶粉聚苯颗粒浆料面层粘贴三种不同尺寸型号的面砖(200mm×60mm、255mm×112mm、400mm×250mm)；对有网聚苯板面层粘贴重量比较小的特小号面砖(145mm×45mm)。同时，对比在聚苯板表面用普通水泥砂浆和用胶粉聚苯颗粒浆料进行找平时抗震性能方面的差异；对无网聚苯板面层只涂刷涂料，进行抗震试验。

试验结果表明：

1. 保温材料与建筑物墙应具有较好的粘接能力，系统应为柔性构造，才能缓解地震力对面层的冲击力；

2. 面砖专用粘接砂浆的压折比适宜，确保面砖在罕遇强度等级地震的振动作用下不开裂、不脱落。

6.7.2 耐候性试验

试验由 80 次“高温-降雨循环”和 20 次“热-冷循环”组成。“高温-降雨循环”是将试样表面在 1h 内加热至 70℃，并在 70±5℃条件下保持 2h，然后在试样表面淋水 1h(水温 15±5℃)，静置 2h 完成一个循环。试验结束后进行 48h 的状态调节，再进行“热-冷循环”，即将试样表面加热至 50℃并在 50±5℃条件下保持 8h(其中升温时间为 1h)，再将试样表面降温至－20℃并在－20±5℃条件下保持 16h(其中降温时间为 2h)。要求试验结束后，保温系统不得出现裂缝、粉化和剥落等现象。

6.7.3 现场拉拔试验

按建设部发布的《外墙饰面砖工程施工及验收规程》JGJ 126—2000 中的要求，需在施工现场对已贴好的瓷砖做拉拔试验，实测值应不低于 0.4MPa，这个数值非常高，超出 100m 高空最大负风压值的 100 倍。此“标准值的确定，一是根据在北京、哈尔滨、珠海、河南等地不同气候条件下对不同工程的实测和试验室的验证”，并考虑了各地气候特征、工程现场和试验室两类试件饰面砖脱落的临界值及概率，也考虑了面砖的吸水率、温度变形、风压的正负作用、台风作用、急冷急热、耐候作用的影响而确定的；二是参照了“日本建设大臣官房厅营缮部监修”的两个标准。应该说，只要施工现场的瓷砖拉拔强度能够达到规程要求的标准，瓷砖饰面的连接安全性就能得到保证。

6.8 总结

通过对建筑外墙外保温饰面层粘贴面砖系统的构造、系统的受力、面砖层脱落和开裂因素、加固保险措施试验、材料和施工技术进行了系统研究分析，认为外保温工程应选用热镀锌钢丝网增强结构，不能直接在玻璃纤维网格布增强层上粘贴面砖，在满足相关的材料技术要求、施工技术要求和系统性试验的情况下，在外墙外保温上粘贴面砖是一种安全、可靠的外墙外保温技术。

参考文献

1. 中国建筑科学研究院 JGJ 126—2000《外墙饰面砖工程施工及验收规程》北京：中国建筑工业出版社，2000
2. 中华人民共和国建设部 JG 158—2004《胶粉聚苯颗粒外墙外保温系统》北京：中国标准出版社，2004
3. 熊少波．高层建筑 EPS 板外墙外保温贴面砖的技术方案．墙材革新与建筑节能．2007，10．北京：中国建材工业出版社，2007
4. 北京振利高新技术有限公司．外墙外保温施工工法．北京：中国建筑工业出版社，2007.
5. 建设部科技发展促进中心．JGJ 144—2004《外墙外保温技术规程》．北京：中国建筑工业出版社，2004

7 固体废弃物在外保温系统中的应用

国家“十一五”规划提出建设低消耗、少排放、能循环、可持续的国民经济体系和资源节约型、环境友好型社会，在建设领域发展节能省地型住宅和公用建筑。节能减排已经成为了当前节约型社会的国策。

目前，全国大部分省、市、区已经强制执行节能50%的设计标准。北京市已于2004年7月开始强制执行三步节能标准(65%)。在建筑节能领域，外墙外保温系统以其热工性能好、保温效果高、综合投资低、可以延长建筑结构寿命等特点，已经成为我国建筑节能外围护结构保温的主要技术[1]。但是，其系统产品需消耗大量的能源和资源。与此同时，我国又存在大量的废聚苯乙烯塑料、废聚酯塑料、废橡胶轮胎、废纸、粉煤灰、尾矿砂、钢渣和高炉矿渣等固体废弃物，占用大量土地，严重污染环境，仅2004年全国工业固体废弃物产生量约12亿吨。因此，以固体废弃物为原料开发外墙外保温系统，生产能耗低，利用大量的固体废弃物，符合循环经济节能减排发展的要求，已成为外墙外保温技术发展的一个重要方向。

北京振利高新技术有限公司以“减少垃圾生成量，减少能源消耗量”为企业使命，从2001年起对固体废弃物在建筑外墙外保温产品体系中综合利用技术进行立项并开始研究，开发的“ZL胶粉聚苯颗粒外墙外保温材料”，2002年被北京科委认定为北京市火炬计划项目，并于2002年被科技部评为国家重点新产品；开发的“再生聚氨酯外墙外保温材料”获科技部《2004年国家重点新产品》证书；其后，北京振利高新技术有限公司定位于环保和资源再生，继续对粉煤灰、尾矿砂、废橡胶颗粒和废纸纤维等固体废弃物在外墙外保温体系产品中的应用进行了深入的研究，在国内首先开发了外墙外保温体系砂浆产品共计17种，大量利用粉煤灰、尾矿砂、废橡胶颗粒和废纸纤维等固体废弃物。在胶粉聚苯颗粒外墙外保温系统、喷涂硬泡聚氨酯外墙外保温系统、胶粉聚苯颗粒贴砌聚苯板外墙外保温系统、现浇无网聚苯板外墙外保温系统、现浇有网聚苯板外墙外保温系统等10种系统中大量应用，其中每种干拌砂浆产品中粉煤灰和尾矿砂固体废弃物的质量含量都在30%以上，每种外墙外保温系统中粉煤灰和尾矿砂固体废弃物的质量含量都在50%以上，取得了良好的经济效益和社会效益。大量的工程实践证明，固体废弃物在建筑外墙外保温产品体系中综合利用技术是完全可行的。

7.1 固体废弃物概念及分类

7.1.1 概念

固体废弃物是指在社会的生产、流通、消费等一系列活动中，产生的一般不再具有原使用价值而被丢弃的以固态储存的物质。外墙外保温系统产品大量为无机材料，其组成主要是骨料和胶结料，具有这种特征的固体废弃物均可考虑作为外保温系统产品的原料加以利用。

7.1.2 分类

按来源，外保温系统固体废弃物可分为以下几类：

1. 矿业废弃物

大量来自采矿、选矿产生的废石、尾矿，以及选煤废料。采矿过程中产生了大量废料，包括覆盖的岩石、低品位矿石等。尾矿为选矿时排出的细粉状废弃物，尺寸不等，类似粗砂到特细砂。尾矿的成分取决于矿源和选矿方法。如铅锌矿含白云石，CaO和MgO成分较高，金、铁、铜尾矿中硅成分较高。

选煤废料主要是煤矸石，成分为硅、铝、铁、钙、硫的氧化物。

矿业废弃物在各种固体废弃物中的排放量为最大。矿业废弃物有的用于回填，更多是在山沟、河边、地面堆放，占用了土地，影响了环境。堆积的煤矸石还会缓慢自燃，成了持续的污染源。

2. 工业废弃物

工业化生产过程中产生的废弃物，有冶金渣(如铜、钼、镍、锡渣)、高炉渣、转炉渣、铸造渣等，乃冶炼时熔化的非金属矿物冷却后形成的物质。有燃煤产生的灰渣，如粉煤灰、煤渣等，燃煤脱硫产生的固硫灰渣、烟气脱硫石膏、燃烧油母页岩产生的灰渣等。由化学工业产生的废渣，如硫渣、磷渣等。这些工业废渣的成分一般为硅、铝、铁、钙、硫等。工业废弃物在靠近城市的地方已得到较好地利用，但更多的被排放在堆场。

3. 城市废弃物

包括建筑垃圾、废纸、废塑料等。随着经济发展，城市和城市人口增加，城市废弃物也逐年增加。美国的城市垃圾在上世纪的 80 年代增长率为 4.5%，年产生量 1.72 亿 t。我国增长的比例更大，1995 年总量为 1.66 亿 t，并以每年 8%的速度增长。目前北京市生活垃圾的日产量 1.43 万 t。1992 年对北京市垃圾成分调查的数据，12 个样的平均值为：金属 0.76、玻璃 3.79、纸类 6.04、塑料 1.88、织物 1.74、骨壳 0.00、食品 32.62、草木 1.17、炉灰 0.00、灰土 47.20、砖瓦 4.79。垃圾中一般没有重金属，即使有，含量也很少。

城市废弃物中，建筑废弃物主要是指新建、改建、扩建和拆除各类建筑物、构筑物时产生的弃土、弃料及其他废弃物，主要由废弃混凝土、砂浆、粘土烧结制品(包括砖、瓦、墙地砖等)、玻璃、石材以及金属、竹木材、沥青、有机塑料等组成。据介绍，我国建筑垃圾的数量已占到城市垃圾总量的 30%～40%，每 1 万平方米建筑施工的工程中，仅建筑废渣就会产生 500～600t。对建筑垃圾的处理方式，目前绝大部分建设施工单位对建筑垃圾未经任何处理，便被运到郊外，露天堆放或填埋。城市用水的循环使用，需要进行水处理，污水处理产生了污泥，河湖的疏浚清出了大量的淤泥，这些也是城市的废弃物。

城市废弃物若经过加工处理，既可作为外保温产品的原材料；同时，又减少了废弃物的占地和环境污染。

4. 农业废弃物

农村经济发展，农民的能源方式也在改变，农作物收获以后产生的秸秆、稻草、谷壳等已不再是主要的能源材料。这样，秸秆、谷壳的处理成了难题，若焚烧要污染环境，不可取的。事实上，秸秆、谷壳等农业废弃物是不断再生的资源，再生的周期快(数月时间)，从材质看多呈纤维状，可用来增强制品的机械性能等。因此，存在着极大的利用前景，特别适用于乡村建筑用经济型墙体保温材料。

7.2 建筑节能行业消纳固体废弃物的潜力分析

7.2.1 我国固体废弃物存量分析

7.2.1.1 废弃化学建材

1. 在废旧建筑塑料方面

在我国，2000 年建筑塑料生产总量已超过 630 万 t，当年产生的废建筑塑料约为 250 万 t，其中填埋占 93%，焚烧占 2%，回收率仅占 5%。与发达国家比较，建筑塑料废弃物的资源化率极低。据中国塑料加工工业协会的专家统计，“十五”期间，我国各种建筑塑料管、塑料门窗的全国平均市场占有率分别达到 45%和 20%，消耗各种塑料管及门窗型材约 150 万 t，再加上高分子防水建材、装饰装修材料、保温材料及其他建筑用塑料制品，总消耗量约为 400 万 t。

2. 在废旧防水卷材方面

我国20世纪90年代防水卷材的生产量大概在每年3000万m^2左右，进入21世纪防水卷材的生产量逐步增加到5000～8000万m^2。目前，新型高分子防水卷材在全国防水工程市场的占有率达到了11%，用量约为4500万m^2/年。预计到2010年，新型防水卷材在全国防水工程市场占主导地位，达到70%以上。塑料(PVC、PE、PU等)高分子防水卷材，将占有相当的市场占有率，发展势头强劲。由此看来，我国防水卷材的用量越来越大。但是，由于技术和市场价格承受水平等的制约，目前我国多数防水卷材产品耐久性质量不高。例如，SBS改性沥青防水卷材使用寿命大概5～8年，PVC防水卷材使用寿命约为5年。由于防水卷材用量巨大，使用寿命偏低。所以，在相当长一段时间内，我国会产生越来越多的废旧防水卷材。

7.2.1.2 废弃混凝土

据统计，工业固体废弃物中，40%是由建筑业排出的，其中废弃混凝土是建筑业排出量最大的废弃物。

在我国，仅上海每年产生的废弃混凝土就有2000万t之多，除此之外还有建筑施工中产生的大量废弃混凝土。全国每年产生的废弃混凝土超过1亿t。过去，废弃混凝土大多堆积于城市郊区公路、河流附近的堆场，如此处理，将造成不容忽视的后果：

1. 使生态环境恶化；

2. 废弃混凝土堆场占用了大量的土地甚至耕地；

3. 严重影响市容和环境卫生。

7.2.1.3 废弃砖瓦

我国的住宅中，砌体结构占大多数。我国大中城市的许多老建筑，以及小城镇的大多数建筑都是单层或多层的砖砌体结构，随着这些建筑服役期的结束而拆除，将产生大量的废弃砖瓦。对于这些废弃砖瓦应该进行合理再生利用。否则，一方面将对环境造成危害；另一方面，废弃砖瓦作为一种可利用资源也将白白浪费。

7.2.1.4 废弃植物纤维

废弃植物纤维主要是指农作物秸秆、废弃木质材料、废弃竹子等。废弃植物纤维是一种具有多种用途的可再生生物资源。我国是一个农业大国，农作物秸秆资源十分丰富，稻草、小麦秸和玉米秸为三大农作物秸秆。据统计，2007年全国各种秸秆的产量约为6亿t，约占全世界秸秆总量的30%左右。

目前，我国有相当部分的秸秆资源没有得到合理开发利用，秸秆综合利用率约为33%，经过技术处理后利用的仅约占2.6%。

7.2.1.5 工业废渣

1. 粉煤灰

粉煤灰是火力发电厂排出的一种工业废渣。20世纪90年代初，我国大小电厂排灰量已达到7000万t以上，到2005年增加到3亿t。大量的粉煤灰如果任其排放到灰场，不仅严重污染环境，还占用了大面积的土地。

2. 矿渣

冶金工业产生的矿渣有很多种，例如钢铁矿渣、铜矿渣、铅矿渣、锡矿渣等，其中钢铁矿渣排放量占绝大多数，故此处矿渣专指钢铁矿渣。矿渣是冶炼钢铁时，由铁矿石、焦炭、废钢及石灰石等造渣剂通过高温反应排出的副产品。我国是钢铁生产大国，2007年我国钢产量4.8亿t，生铁产量3.5亿t，产生的钢渣和铁矿渣超过2亿t。

3. 稻壳灰

我国是世界上主要的水稻生产国，稻壳是大米生产过程中的副产品。我国每年稻壳产量约5400万t。由于合成饲料的发展，原来可用作饲料的稻壳失去了市场，大量的稻壳只能采用简单焚烧的方法处理，排放的烟尘污染环境。

4. 煤矸石

我国是世界上产煤大国，能源结构以煤为主。煤矸石是夹在煤层中的岩石，是采煤和洗煤过程中排出的固体废弃物。煤矸石是我国排放量最大的工业废渣之一，每年的排放量相当于当年煤炭产量的10%左右，年排放量达到1亿多t。据统计，全国目前有煤矸石山1500多座，累计堆放量40多亿t，占地20万亩以上；有237座煤矸石山曾经发生过自燃，目前仍有134座煤矸石山在自燃，煤矸石自燃放出大量的有害气体，严重污染大气环境。

5. 淤泥

我国地域辽阔，江河湖泊众多，每年清淤会产生大量的淤泥。我国沿海地区还有大量的淤积海泥，并呈逐年上升趋势，已对海洋环境和沿海地区的生态平衡造成一定影响。据有关部门调查，目前我国仅湖泊、河道拥有的淤泥，每年的采集量至少可达7000万t，加上城市下水道的淤泥，每年的总集量可达1亿t以上。如此大量的淤泥(尤其是含有很多有害物质的城市下水道淤泥)随意堆放势必造成自然环境的污染破坏，而且堆放会占用大量耕地，还要赔偿青苗费、土地平整费等，大大提高了河道疏浚的成本。

6. 烟气脱硫石膏和磷石膏

目前，烟气脱硫石膏和磷石膏的综合利用已经成为固体废弃物行业研究的热点。预计到2010年，我国脱硫石膏总产量将增加到1500万t，相当于目前全国天然石膏开采量的40%。磷石膏年产量已超2000万t，大部分尚未利用。如果脱硫石膏和磷石膏采用堆积、填埋法处理，不加以充分利用，将可能像早期的美国，对土地、地下水和大气环境形成新的、更加严重的污染。

因此，在石膏工业中，如充分利用脱硫石膏和磷石膏代替天然石膏，是建设资源节约型社会的重要任务，也是落实国家节能减排政策的重要举措，对促进石膏工业的技术进步将起到重要的推动作用。

7.2.2 固体废弃物再生利用的国内外技术现状

7.2.2.1 废旧建筑塑料

世界各国都已经对废弃塑料(包括废旧建筑塑料)进行了不同程度的回收再利用。

美国一直是世界塑料生产第一大国，每年产生的塑料废弃物也居世界首位。2000年美国生产塑料3500余万t，塑料废弃物超过1700万t(约占塑料年产量的48%，相当于1.5亿t钢的体积)。20世纪80年代末，美国的塑料废弃物回收利用率为9%，2000年塑料废弃物回收利用率达到45%。美国在将废旧塑料进行热分解提取化工原料等方面，进行了大量工作并取得了一些成果；而且，美国已经开始尝试将塑料产品设计为易于重复循环利用的分子结构形式。例如，美国麻省理工学院利用硬度较高的聚苯乙烯和另一种比较柔软的塑料混合物，研制开发出一种可以在室温及标准制造压力下进行循环利用和再成形的新型塑料，这种塑料经过处理，能软化成一种可以被模塑成各种形状的透明塑料，并在重复利用10次后，其韧性和强度保持不变。

日本是世界塑料生产的第二大国，1997年产量已达到950万t，其中塑料废弃物排放量相当于生产量的46%，一度成为该国严重的环境问题。日本是能源和资源短缺的国家，所以对废旧塑料的回收利用一直保持积极态度。近年来，日本在废弃塑料回收利用方面已经取得了显著的进步。

英国在废弃塑料回收利用方面也具有许多先进的技术。例如，英国一家公司研制出一种将聚苯乙烯废料变为人造木材的方法。该方法是先将86%的废聚苯乙烯压碎、混合并加热，然后加入4%作为加固剂的滑石粉及9种添加剂，加工制成仿木材的制品，其外观、强度及使用性能等方面均可与松木媲美，此材料已用于住宅建设之中。

国外还有其他多种对废弃塑料的回收利用技术，概括起来主要包含再生法、热分解法和焚烧法。

7.2.2.2 废旧防水卷材

国外对废旧防水卷材已经开展了卓有成效的回收利用。1992年加拿大安大略省的Brampton市铺设了含有称为粒状沥青板材料的热拌沥青路面，粒状沥青板材料取自IKO实业公司制造的屋面防水产品的边角料。路面表层的混合料含有不大于 10mm 的骨料和 3%～5%的沥青屋面防水材料的再生物作为掺和物。道路投入使用多年后，仍未发现冬季气候所造成的路面破坏。

国外用回收的沥青屋面防水卷材废料作为生产填补路面坑洞的冷拌材料。与沥青屋面废料用于热拌沥青路面材料相比，沥青屋面废料用于冷拌操作方法更容易。冷拌法在美国新泽西州和马塞诸塞州等东部州的市区普遍使用。除了补坑槽之外，冷拌还用来修补车行道，填充公用事业的通道，修补桥梁和匝道，并帮助养护停车场。冷拌产品也能用做铺在沥青路面下面的骨料底基层的替换物。

我国在废旧防水卷材回收利用方面尚没有成熟的技术和设备，致使大量的废旧防水卷材当作垃圾堆放，污染环境，也造成这部分再生资源的浪费。

7.2.2.3 废弃混凝土

一些发达国家早在二次世界大战之后就开始了废弃混凝土回收再利用的研究。20 世纪 40 年代中期，美国、日本等国已经开始用废弃混凝土再生骨料铺筑路基基层。

荷兰是最早开展再生混凝土研究和应用的国家之一。在 20 世纪 80 年代，荷兰就制定了有关利用再生骨料制备素混凝土、钢筋混凝土和预应力混凝土的规范。该规范制定了利用再生骨料生产上述混凝土的明确的技术要求，并指出如果再生骨料在骨料中的重量含量不超过 20%，那么，混凝土的生产就完全按照天然骨料混凝土的设计和制备方法进行。

德国于 1998 年提出了“在混凝土中采用再生骨料的应用指南”。德国每个地区都有大型的再生混凝土综合加工厂，一般的能进入破碎设备的废弃混凝土块体要求不超过 1m×0.6m。

韩国一家装修公司开发成功从废弃混凝土中分离水泥，并使这种水泥能再生利用的技术。

随着社会文明的进步以及可持续发展战略的实施，我国对废弃混凝土等建筑垃圾的有效管理和资源化再利用越来越重视。我国政府制定的中长期发展战略鼓励废弃混凝土等废弃物的开发利用。有关部门也对相关技术与示范工程项目给予了一定的资金和政策支持，支持综合利用废弃混凝土等建筑垃圾来生产新型建材。北京城建集团一公司曾回收 800 多 t 废弃混凝土，经过处理后成功地用于砌筑砂浆、内墙和顶棚抹灰砂浆、细石混凝土楼面及混凝土垫层。湖北省襄樊市公路建设中大量回收利用了破损的混凝土路面，取得了良好的经济效益和社会效益。2003 年 7 月，同济大学研究利用废弃混凝土铺筑了一条“再生路”。这几年，“再生路”每天都要经受数百次大小车辆的碾压，路面却依然平整如初。

7.2.2.4 废弃砖瓦

国外在废弃砖瓦回收利用方面少见报道，其原因可能是国外建筑中砖瓦较少。我国既有建筑中很大一部分是砖砌体结构，由于城市改造，每年产生大量的废弃砖瓦。废弃砖瓦由于本身具有一定的强度，表观密度较轻，适合于生产轻质建筑材料等产品，但是过去对于废弃砖瓦基本上是采用填埋的方法进行处理，浪费了大量的可再生资源。

7.2.2.5 废植物纤维

在废植物纤维利用方面，有些发达国家已用木质纤维(刨花、木丝)与有机合成树脂或无机胶凝材料复合制造人造板。我国是木材资源缺乏的国家，但却是农业大国，各类农业废弃秸秆排放量很大，可用以代替木质纤维制造人造板，不仅可变废为宝，且也符合可持续发展的方针。我国此类板材与国外同类产品的先进水平相比，主要差距在于制作过程的自动化程度低、劳动生产率低、产品质量的稳定性差等。所以急需开发先进的废弃植物纤维在建筑材料中的利用技术，提高废弃植物纤维利用率，开发建材新产品。

目前，吉林建筑工程学院材料科学与工程学院肖力光教授等人，联合地方企业成功研制出利用北方废弃秸秆，经过模压成型，制成轻质保温砖。制得的砖抗压强度高，防火等级高，耐火极限超 4h，单一材料达到北方 50%节能标准。适合北方农村住宅建筑节能材料。

7.2.2.6 废旧建筑塑料工业废渣

大多数工业废渣都具有可利用价值，建筑材料产业又是吸收消化工业废渣的主要渠道，所以世界各国都十分重视工业废渣在建筑材料中的应用技术。

1. 粉煤灰

粉煤灰可用作水泥、砂浆、混凝土的掺合料，并成为水泥、混凝土的组分，而且可以用做生产水泥的原料、制造烧结块、蒸压加气混凝土、泡沫混凝土、空心砌砖、烧结陶粒、铺筑道路、构筑坝体、建设港口、填埋农田坑洼低地、煤矿塌陷区及矿井的回填；也可以从中分选漂珠、微珠、铁精粉、碳、铝等有用物质，其中漂珠、微珠可分别用做保温材料、耐火材料、塑料、橡胶填料，用途相当广泛。

2. 矿渣

近年来，国际上采用先进粉磨技术将矿渣磨细至比表面积达 $400m^2/kg$ 以上，用此粉做水泥混合材可提高掺入比例达70%以上，而不降低水泥强度。用此微粉做混凝土掺合料，可等量取代20%～50%的水泥，能配制成高性能混凝土，起到节能降耗、降低成本、保护环境和提高矿渣利用附加值的作用。

3. 淤泥

国外淤泥的加工工艺非常成熟，淤泥不仅可以用来铺路，还可以制成燃料、发电、发热等，全世界已有80多个国家的170多个城市拥有专门的淤泥开发利用机构，年利润高达60亿美元。

目前，国内淤泥在建筑节能领域能用于生产陶粒和淤泥砖等。所生产的陶粒是一种优良的建筑轻骨料，具有表观密度轻、保温、隔热等特点，可用于制作陶粒混凝土空心砌块、预制轻质墙板及屋面隔热层的需要。

淤泥烧结砖技术既能解决城市工业和生活污泥出路问题，节约耕地和减少污泥填埋或焚烧费用，又可以制成节能型新型墙体材料，满足建筑节能的要求，完全实现城市污泥无害化、资源化、产业化的处理目标。

4. 稻壳灰

稻壳灰作为一种很有利用价值的资源，世界各国都开展它的综合利用。例如，用稻壳灰生产高纯度碳黑等。在建筑材料方面，日本将稻壳灰与水泥、树脂混匀，经快速模压制砖，具有防火、防水及隔热性能，重量轻，且不易破碎。美国以65%磨细的稻壳灰与30%熟石灰、5%的氯化钙混合，使用时再与水泥、砂、水按一定比例拌和，即得到一种性能相对稳定的混凝土砂浆，固化后强度高，防水、防渗性能良好，用于仓库、地下室极为合适。

5. 煤矸石

国内外已经开发了利用煤矸石发电、制造农业微生物肥料、制造建筑砖的等技术。在我国，1999年底，国有重点煤矿煤矸石电厂115座，总装机120万kW，年发电量达80亿kW时，创经济效益12亿元。由北京林业大学和潞安矿业集团等单位研制成功了煤矸石复合微生物肥料。

我国煤矸石在建筑材料中的应用技术也有一定发展，例如，利用煤矸石生产烧结砖等，但是煤矸石的掺量并不高，烧结砖的质量不稳定。

总之，我国在工业废渣利用技术及利用率方面与发到国家相比还有很大差距，这是摆在相关行业，尤其是建筑材料行业的研究人员面前十分紧迫的艰巨任务。

6. 烟气脱硫石膏和磷石膏

烟气脱硫石膏能代替天然石膏作为水泥调凝剂；脱硫石膏能煅烧成为熟石膏粉，可用于脱硫建筑石膏，脱硫高强石膏。脱硫建筑石膏制品可分为粉刷石膏、石膏砌块、纸面石膏板等。山东泰和东新股份公司自2002年开始，对应用脱硫石膏生产纸面石膏板技术进行了研究开发，目前已可以实现脱硫石膏对天然石膏的完全替代来制造纸面石膏板。

磷石膏也广泛用于生产各种建筑制品，银川市目前已建成年产10万t磷石膏建筑石膏粉示范生产线，并投入市场应用。

与发达国家相比，我国利用脱硫石膏和磷石膏的技术还很落后，利用率非常低。在工业发达国家已经较好地解决了脱硫石膏的资源化利用问题，并在增加劳动就业，减少环境污染和提高优良建筑制品方面取得了良好效果。这为我国脱硫石膏资源化利用提供实例和启示。

7.3 固体废弃物在外保温系统中的应用概述

7.3.1 固体废弃物在外保温系统中应用的可能性分析

固体废弃物作为外墙外保温系统产品的原材料，可从四个[2]方面考虑其利用的可能性。

7.3.1.1 做骨料

固体废弃物的形状多为块状和颗粒状，具有一定的强度，大多硅质含量高，最直接最简单的是做骨料。我国一些经济发达城市，骨料已紧缺，现又从保护生态环境，维护自然景观和绿色植被出发，已禁止开山采石，挖河取砂，这就更应该加强对固体废弃物的利用。

7.3.1.2 做胶凝材料和胶凝材料组分

工业灰渣是经燃烧或高温熔融制成的，具有了火山灰活性，可做细骨料、微骨料，经磨细加工成粉体，尤其是微粉和超细粉体，还可作为胶凝材料的组分。有的灰渣含如冶金渣、高钙粉煤灰、油母页岩灰渣等含有 CaO、MgO 或其水化物，本身就具有自硬性。粉煤灰既是细骨料，又是胶凝材料组分。

7.3.1.3 作某些化学添加剂(外加剂)的载体

某些化学添加剂在混合料中的掺加量很少，直接加入拌合料中时不容易被分散均匀，影响了添加剂功效的发挥。如果把磨细的固体废弃物作为载体，适量的与添加剂一起先混合均匀，然后再掺入拌合料中，搅拌就容易均匀分散在拌合料中，使其效果充分发挥。同时固体废弃物的作用，如保水、增黏作用，填充密实作用，火山灰作用等也得以发挥，改善拌合物的工作性，或增强硬化体的致密性，或提高其制成品的耐久性能。事实上一些添加剂，如某些防冻剂、防水剂、促凝剂、减水剂、早强剂等已是这样使用。

7.3.1.4 做增强材料

作为增强材料用的固体废弃物，首先应能同胶凝材料粘接结合，在此基础上发挥增强材料的机械性能，以增强胶凝材料的机械性能。这里所指的机械性能主要是抗拉性能。增强材料有纤维状、片状和颗粒状，主要是经加工处理过的植物包括农业废弃物，像麦秆、稻草、竹、锯末、谷壳等。我国已有了用这些废弃物增强有机胶结料或无机胶结料的墙体材料，而且主要是板材。

7.3.2 固体废弃物在外保温系统中的应用及发展现状

近年来，在节约资源、节约能源、保护环境和发展循环经济政策指导下，我国科研、院校、企业、管理部门等都在开展固体废弃物的综合利用研究与开发，取得了不少成果。在外保温系统产品中，根据国家发展循环经济，建设节约型社会的要求，对废聚苯乙烯泡沫塑料、废聚氨酯料、粉煤灰、尾矿砂、废橡胶颗粒、废纸纤维等进行了系统的研究，开发出大量利用固体废弃物的外墙外保温体系产品，不仅有效解决了我国建筑节能外墙外保温行业快速发展带来的原材料紧缺的问题，而且处理了大量的固体废弃物，净化了环境，实现了固体废弃物的变废为宝，高效综合利用。

北京振利高新技术有限公司，从 2001 年开始对固体废弃物在外保温系统中的应用进行了专项研究，通过一系列的试验研究，确定了粉煤灰、尾矿砂、废橡胶颗粒和废纸纤维等固体废弃物在外墙外保温体系产品中的作用，开发了一系列废弃物综合利用率高的外墙外保温体系产品，并在工程中进行了大量的实践。对粉煤灰、尾矿砂和废橡胶颗粒等固体废弃物，在外墙外保温体系产品中综合利用起到指导性的作用。

虽然固体废弃物在外保温系统产品中得到了大量的利用，但是还存在很多亟待解决的不足之处，主要表现在：

1. 这方面的工作多属于低水平重复性研究，研究和应用工作缺乏统一协调和系统性；
2. 由于缺乏充足的资金投入，我国在固体废弃物在外保温系统中的应用技术方面的研发工作不够深入，已经取得的成果技术水平或经济水平不高，导致我国在建筑材料循环利用技术方面进展缓慢。例如，至今尚无有关建筑材料循环利用的技术标准体系和相关法律法规体系，固体废弃物在建筑材料中的应用基本处于自愿和无序状态，应用技术与发达国家存在着相当大的差距。

7.4 固体废弃物外保温系统与传统外保温系统对比

传统外保温系统中以重钙粉、石英砂作为产品的细填料，水洗河砂作为粗骨料。近几年，传统外保温系统中的主要原材料需求量增长很快，供应紧张，价格也迅速攀升，直接造成了整个外保温行业成本的增加，继而提高了整个建筑节能领域的造价。

固体废弃物外保温系统，通过系统研究粉煤灰、尾矿砂、废橡胶颗粒和废纸纤维等固体废弃物在外墙外保温产品体系中的作用，开发资源综合利用水平高的外墙外保温体系产品，适合我国65%节能标准或更高节能标准。从而解决我国外墙外保温体系产品成本高、固体废弃物利用率低的问题。

重钙粉是由优质的石灰石经过粉磨而成，生产过程中需要耗费大量的电能，随着石灰石资源的日益短缺和能源的紧张，重钙粉的制造成本不断增加。粉煤灰是燃煤热电厂排放的废弃物，占用大量的耕地，并且严重污染环境，但是粉煤灰的粒度分布与重钙粉相似，并且具有火山灰活性，可以替代重钙粉作为砂浆的细填料。因此，开发以粉煤灰作为细填料的砂浆，对降低砂浆成本、消除环境污染、节约资源和能源，具有重要的意义。

水洗河砂是从河流的河床挖掘的砂子，经水洗、烘干而得。其过度开采不仅破坏河道，影响航运，而且对河堤的防洪、铁路路基以及生态环境都存在严重的危害。北京市早在2001年就已宣布其境内禁止开采天然砂石，以切实保护河道和耕地，但是随着用量的增加，周边地区开采与运输成本也在迅速攀升。尾矿砂是在采矿和选矿过程中产生的固体废弃物，被随意排放，对生态环境造成了严重的污染。但是尾矿砂化学性质稳定，含泥量少，经过烘干、筛分后是优质的砂浆粗骨料。因此，开发以尾矿砂作为粗骨料的砂浆，对解决砂浆的原材料来源，降低砂浆成本，消除环境污染，具有重要的意义。

外墙外保温体系砂浆中大量利用粉煤灰、尾矿砂、废橡胶颗粒和废纸纤维等固体废弃物。粉煤灰的利用使砂浆具有需水量低、水泥用量少，硬化后抗折强度高、密实性好、抗裂性好等优点。要充分发挥了粉煤灰的活性效应、形态效应和细骨料效应。尾矿砂的耐腐蚀性好和含泥量低，以及废橡胶颗粒弹性模量低、柔韧性好的优点，实现了废弃物高效的综合利用，使粉煤灰、尾矿砂等固体废弃物变为外墙外保温体系砂浆的优质原材料，实现了固体废弃物的高附加值利用，符合国家循环经济的发展要求。

7.5 固体废弃物在保温材料中的综合利用

按照“十一五”规划，我国在发展建筑节能的同时，应该注意环境保护和资源节约的问题，应该发展不与能源争资源的建筑节能产品和技术。近几年，随着世界经济的复苏，特别是中国及印度等发展中国家经济的快速增长，对石油等战略物资的需求增长很快，从而造成石油供求关系发生变化，引发了石油价格的一路飙升。

目前，我国外墙外保温系统中保温材料主要是聚苯板和聚氨酯等有机保温材料，在生产过程中需要大量消耗石化能源。与石油价格紧密关联的石化产品，如苯乙烯单体是制备可发性聚苯乙烯颗粒的主要原料，也随着石油价格的增长而快速增长。由于生产聚苯板的原料来自石油，据不完全统计，生产1t EPS需要消耗约2t石油，生产1t XPS需要消耗约3t石油[7]。聚酯多元醇是聚氨酯保温材料重要组成成分之一，主要生产途径是通过化工原料进行合成，需要消耗大量的石油，生产1t聚氨酯的主要原料异氰酸酯，所消耗的石油约为2t。在现今能源短缺的情况下，如果大量使用聚苯板和聚氨酯，就等于一方面节能，另一方面耗能。

国外非常重视保温材料工业的环保问题，积极发展与环境相协调的保温材料制品，从原材料准备

(开采或运输)、产品生产及使用，以及日后的处理问题，都要求最大限度地节约资源和减少对环境的危害。保温材料工业是国外资源重新回收利用的一个很成功的典型，大量利用工业废弃物，既节约了自然资源，降低了废弃物对环境的压力，同时在生产过程中也减少能量消耗。

7.5.1 废聚苯乙烯泡沫塑料综合利用

在聚苯板生产和利用过程中会产生大量的废聚苯乙烯泡沫，如果不加以回收利用，就会对环境产生极大的危害，形成大量的白色污染。废聚苯乙烯泡沫的回收利用主要有以下几种途径[8,9]。

7.5.1.1 EPS 粉碎，制作轻质保温建材

废弃的 EPS 泡沫塑料先被破碎，然后与混凝土搅拌在一起制成轻质砌砖，用这种 EPS 轻质混凝土制成的墙体材料被认定为不燃性建材，具有良好的保温隔音效果。EPS 轻质混凝土在房屋建筑和道路修筑中，还可作为防冻材料使用。另外，EPS 破碎料还可制成轻质砌块、内外墙的保温砂浆和轻质砂浆等。还可以胶黏土和 EPS 破碎料按一定比例混合，在高温下焙烧，EPS 破碎料被烧灼从而制成有空心结构的黏土砖，这种砖具有较高的强度和优良的绝热性能。

7.5.1.2 填充硬质聚氨酯泡沫塑料

硬质聚氨酯泡沫塑料的生产工艺一般是双组分反应成型，成型之前的组分黏度不高，反应速度比较快，并且有热量释放，故废弃 EPS 破碎料可满足其填充要求，成本低，来源广；闭孔结构，吸水率低；有一定的耐热性；两者有一定的结合强度；两者的物理性能较接近。

7.5.1.3 解聚再生

1. 制造苯乙烯单体，经消泡处理的废弃 EPS 泡沫塑料，粉碎至 3～5mm 的颗粒，可用于制备苯乙烯单体。

苯乙烯聚合物中较为薄弱的环节恰好是在各个单体连续的键，经高温加热便生成苯乙烯单体，即解聚过程：

$$[\mathrm{CH-CH_2}]_n \longrightarrow n\mathrm{CH-CH_2}$$

目前，国内外对此都有成功的技术，但它需要消耗大量的石油。这几年随着原材料的大幅度涨价，其综合生产已经超出了普通生产成本。据初步计算，再生 1t EPS 消耗的石油量是普通情况下的 1.1～1.2 倍。

2. 制造燃料油

废弃 EPS 在一定温度下，数十秒内即可分解，分解产物冷却后，即可得到冷凝油。目前大多宣称使用的废塑料，包括聚乙烯(PE)、聚丙烯(PP)、聚氯乙烯(PVC)和聚苯乙烯(PS)等，通常的工艺过程分为高温裂解和催化裂解两种，即将废塑料破碎后送入混合槽和已先行热分解的液态分解物混合，再送入热分解槽，分解温度为 400～600℃。在热分解槽中裂解为气态链状烷烃和烯烃后，再进入催化分解槽，温度为 200～350℃，最后通过冷凝器冷却回收汽油和柴油。年产 100t 的装置仅需投资十几万。现在的问题是这类技术更为适合废聚乙烯(PE)和废聚丙烯(PP)，而若以废聚苯乙烯为主要原料，直接裂解为燃料油，还没见到有关详细报道。

胶粉聚苯颗粒外墙外保温系统在生产过程中大量利用废聚苯乙烯泡沫等固体废弃物。胶粉聚苯颗粒外墙外保温材料是由保温胶粉和聚苯颗粒轻骨料加水搅拌成保温浆料，现场批抹于基层墙体成形的保温材料，其所用的聚苯颗粒轻骨料占保温材料体积的 80%以上，完全采用回收的废聚苯乙烯泡沫粉碎而成。仅施工 30～50mm 就可满足北京市 50%节能标准对墙体传热系数 1.16 W/(m^2·K)的要求，仅施工 60～75mm 就可满足北京市 50%节能标准对墙体传热系数 0.82W/(m^2·K)的要求。以胶粉聚苯颗粒保温材料的厚度为 5cm 计算，每施工胶粉聚苯颗粒外墙外保温 100 万 m^2，可消耗废聚苯乙烯泡沫塑料“白色污染” 5 万 m^3。按全国每年施工胶粉聚苯颗粒外墙外保温 2000 万 m^2，可消耗废聚苯乙烯泡沫塑料“白色污染” 100 万 m^3。胶粉聚苯颗粒外墙外保温系统中的界面砂浆、保温胶粉、抗裂砂浆、面砖粘接砂浆、勾缝胶粉等配套砂浆中，还可大量利用粉煤灰、尾矿砂、废纸纤维、废橡胶颗粒等固体废弃

物，其综合利用率可达50%以上。胶粉聚苯颗粒涂料饰面系统每平方米砂浆耗量为17kg左右，胶粉聚苯颗粒面砖饰面系统每平方米砂浆耗量为30kg左右，按全国每年施工胶粉聚苯颗粒外墙外保温2000万m^2，可利用粉煤灰、尾矿砂等固体废弃物17～30万t。

胶粉聚苯颗粒外墙外保温系统的应用，特别是2004年《胶粉聚苯颗粒外墙外保温系统》行业标准的出台，使"白色污染"废聚苯乙烯泡沫塑料成为市场上紧俏的商品，为我国处理聚苯乙烯泡沫塑料"白色污染"作出了巨大的贡献，并将继续发挥重要的作用。

7.5.2 废聚酯塑料瓶综合利用

再生聚氨酯外保温材料的聚酯多元醇原料(聚氨酯白料)是采用回收废聚酯塑料瓶制得。将回收的"白色垃圾"废旧聚酯瓶等固体废弃物，经过化学处理制成聚酯多元醇，作为聚氨酯保温材料的白料，再合成聚氨酯保温材料，并应用于外墙保温工程中。

再生聚氨酯外保温材料的白料中，废弃聚酯瓶的利用率高达60%(按质量计算)。按三步节能的要求，以北京地区为例，喷涂硬泡聚氨酯保温层厚度达到2.5～3cm时，每平方消耗聚氨酯白料0.7kg左右，则每平方米可回收利用聚酯瓶约25个(250mL/个)。喷涂硬泡聚氨酯外墙外保温每施工100万m^2，可回收利用聚酯瓶2500万个，折合成体积可消除白色污染约6500m^3。按全国每年施工喷涂硬泡聚氨酯外墙外保温2000万m^2，回收聚酯瓶5亿个，折合成体积可消除白色污染约13万m^3。

相比与胶粉聚苯颗粒外保温系统，喷涂硬泡聚氨酯外保温系统也可大量消耗粉煤灰、尾矿砂、废纸纤维、废橡胶颗粒等固体废弃物，其综合利用率可达50%以上。

7.6 固体废弃物在砂浆产品中的综合利用

按照"十一五"规划，本着发展不与能源争资源的建筑节能产品和技术路线，对粉煤灰、尾矿砂、废纸纤维、废橡胶颗粒等固体废弃物，在外保温体系砂浆中的综合应用进行了系统的研究。

7.6.1 基础试验

7.6.1.1 粉煤灰

1. 粉煤灰的概念

粉煤灰是一种大宗工业废料，2005年排放量为3亿t，已经累计堆存10亿t。粉煤灰大量堆积不仅占用了土地，而且污染空气和堆积处的地下水源，对环境的危害很大。但是粉煤灰又是一种具有潜在火山灰活性的物质，颗粒很细，能为建材工业所用。目前，我国粉煤灰在建材工业中的应用主要包括：路基填充材料、墙体材料、粉煤灰水泥和混凝土掺和料等。虽然这些措施能处理部分粉煤灰，但利用水平低，没有充分发挥粉煤灰的性能。因此，如何提高粉煤灰的利用率及利用水平，实现粉煤灰的高附加值利用，已成为亟待解决的重要课题。

1) 粉煤灰的颗粒形状

粉煤灰是火力发电厂燃煤粉锅炉排出的且具有火山灰活性的工业废渣。由于煤的燃烧温度、煤的种类、灰分熔点和冷却条件的不同，造成粉煤灰的微观形态及显微成分的不同，主要有以下几种形态：

① 球形颗粒：球形颗粒包括漂珠、空心沉珠、复珠、密实沉珠和富铁微珠。这类颗粒形状规则、大小不一，表面致密光滑，是干排粉煤灰的主要颗粒形态，前四种含有较高的活性，富铁微珠活性较差。

② 不规则多孔玻璃颗粒：这类颗粒主要由玻璃体组成，成海绵状、蜂窝状形状不规则的多孔颗粒。此类颗粒富集了粉煤灰中较多的SiO_2和Al_2O_3，颗粒比表面积大，活性较好，具有一定的吸附能力。

③ 钝角颗粒：主要是粉煤灰中的石英颗粒未熔融或部分熔融的残留颗粒，不具有水化活性。

④ 微细颗粒：这些颗粒非常细小，主要是各种颗粒的碎屑和各种颗粒的黏聚体，有的团聚体絮状

结构，其所含成分主要为无定形 SiO_2 和少量石英碎屑。

⑤ 含碳颗粒：含碳颗粒为规则多孔颗粒，易破碎成多孔。

2）粉煤灰的化学组成

粉煤灰的化学组成很大程度上取决于原煤的无机物组成和燃烧条件。粉煤灰 70%以上通常都是由氧化硅、氧化铝和氧化铁组成，典型的粉煤灰中还有钙、镁、钛、硫、钾、钠和磷的氧化物。粉煤灰中另一重要的化学组成为未燃碳份，这些未燃碳份对粉煤灰的应用影响非常大。ASTM 根据粉煤灰中 CaO 的含量将粉煤灰分为高钙 C 类粉煤灰和低钙 F 类粉煤灰。

① 高钙 C 类粉煤灰：褐煤或亚烟煤的粉煤灰，$SiO_2+Al_2O_3+Fe_2O_3\geqslant50\%$；

② 低钙 F 类粉煤灰：无烟煤或烟煤的粉煤灰，$SiO_2+Al_2O_3+Fe_2O_3\geqslant70\%$。

粉煤灰的矿物相主要为无定形玻璃体，高钙灰中的玻璃体通常含有较高的阳离子改性剂，聚合度比较低，活性较高；低钙灰中的玻璃体通常含有较低的阳离子改性剂，聚合度比较高，活性较低。高钙灰中存在的主要晶体相为硬石膏、铝酸三钙、黄长石、默硅钙石、方镁石和石灰，硬石膏、铝酸三钙和石灰具有水硬性。因此，高钙灰具有自硬性，但是由于过烧石灰的存在，体积安定性不良。低钙灰中存在的主要晶体相为莫来石、石英和磁铁矿，它们化学性质稳定，在水泥-粉煤灰体系不参加化学反应。

3）粉煤灰的作用效应

粉煤灰在砂浆或混凝土的作用可归结为"形态效应"、"活性效应"、"微骨料效应"三个基本效应。

① 形态效应

所谓形态效应，泛指各种应用于砂浆或水泥混凝土中的矿物质粉料，由其颗粒的外观、内部结构、表面性质、颗粒级配等物理性质所产生的效应。粉煤灰作为天然火山灰材料的形态效应是正效应大于负效应。正效应包括对水泥混凝土的减水作用、致密作用以及一定的匀质化作用等综合结果。负效应是因粉煤灰在形貌学上的不匀质性，如内含较粗的、多孔的、疏松的、形状不规则的颗粒占优势，丧失了所有物理效应的优越性，且会损害砂浆或混凝土原来的结构和性能的副作用。近年来，大量的应用实践都证实，粉煤灰的形态的正效应占极大的优势，而负效应可以通过一定的手段加以抑制和克服。

② 活性效应

粉煤灰的活性效应是指砂浆或水泥混凝土中粉煤灰的活性成分所产生的化学效应。若将粉煤灰用作胶凝组分，则这种效应自然就是最重要的基本效应。活性效应的高低取决于反应的能力、速度及其反应产物的数量、结构和性质等因素。低钙粉煤灰的活性效应主要是火山灰反应的硅酸盐化；高钙粉煤灰的活性，还包括水泥和粉煤灰中石灰和石膏等成分激发活性氧化铝较高的玻璃相，生成钙矾石结晶的反应，以及后期的钙矾石晶体的变化。粉煤灰水化反应的主要产物当然是在粉煤灰玻璃微珠表层生成的火山灰反应产物。据鉴定证实，乃是Ⅰ型或Ⅱ型的 CSH 凝胶，它与水泥的水化产物类似。火山灰反应产物与水泥的水化产物交叉连接，对促进强度增长(尤其是抗拉强度的增长)起了重要的作用。粉煤灰玻璃相组分的二次水化反应对水泥水化反应的辅助作用，只有到硬化的后期，才能比较明显显示出来，主要表现为化学活性效应。这说明了粉煤灰火山灰反应具有潜在性质的特点，在砂浆或混凝土反应的初期影响很小，主要在界面发生反应，改善砂浆或混凝土胶凝材料和骨料界面状态，增加其抗拉和抗折强度。

③ 微骨料效应

粉煤灰的微骨料效应是指粉煤灰微细颗粒均匀分布于水泥浆体的基体之中，就像微细的骨料一样。与水泥凝胶相比，熟料颗粒不但本身的强度高，而且它与凝胶的结合强度也高。在水泥浆体中掺加矿物质粉料，可以取代部分水泥熟料，矿物质粉料也能起到微骨料的作用。这样节约了水泥，也就节约了能源。粉煤灰微骨料效应之所以优越，主要因为粉煤灰具有不少微骨料的优越性能。

a. 玻璃微珠本身强度很高，厚壁空心微珠的抗压强度在 700MPa 以上。

b. 骨料效应明显地增加了硬化浆体的结构强度。对粉煤灰颗粒和水泥净浆间的显微硬度大于水泥

凝胶的显微硬度。

c. 粉煤灰微粒在水泥浆体中分散状态良好，有助于新拌砂浆和硬化砂浆均匀性的改善，也有助于砂浆中孔隙和毛细孔的填充和“细化”。

2. 粉煤灰的应用体系

为研究粉煤灰在砂浆中的作用及合理掺量，本项目组进行了大量的试验，分别从水泥-粉煤灰体系、生石灰-硫酸钠-粉煤灰体系、熟石灰-硫酸钠-粉煤灰体系、水泥-激发剂-粉煤灰体系和水泥-减水剂-粉煤灰体系，对粉煤灰在砂浆中的作用、粉煤灰与激发剂、减水剂的适应性进行了研究，并采用正交实验的方法确定了水泥-粉煤灰胶凝材料的优化配方。

1) 水泥-粉煤灰体系

为了确定水泥-粉煤灰体系中，粉煤灰的最佳掺量，分别用粉煤灰替代水泥质量的 0%、30%、40%、50%、60%、70%、80%、90%。试验方法按 GB/T 17671—1999 规定的方法进行，水泥胶砂的加水量为水灰比 0.5，水泥-粉煤灰胶砂的加水量按水泥胶砂等稠度方法确定，分别测其 3d、7d、14d 和 28d 抗压强度和抗折强度。研究粉煤灰不同掺量对砂浆需水量、抗压强度和抗折强度的影响。试验结果见表 7-1。

水泥-粉煤灰体系试验结果 **表 7-1**

粉煤灰掺量		0%	30%	40%	50%	60%	70%	80%	90%
水灰比		0.500	0.440	0.433	0.413	0.413	0.410	0.410	0.407
抗压强度（MPa）	3d	31.50	29.30	24.57	20.79	17.96	13.86	7.25	3.15
	7d	45.50	43.23	38.22	31.85	27.30	22.30	12.29	4.55
	14d	57.0	56.43	51.87	45.03	37.62	30.21	15.96	6.27
	28d	64.5	71.60	63.86	58.05	47.73	38.06	20.00	7.74
抗折强度（MPa）	3d	5.50	5.67	5.78	5.39	4.51	3.47	2.42	1.05
	7d	7.00	7.07	7.35	6.93	5.95	4.90	3.15	1.40
	14d	8.00	8.16	7.92	7.76	6.80	6.16	3.76	1.76
	28d	8.70	8.87	9.22	9.31	8.96	7.48	4.70	2.00
压折比	3d	5.73	5.17	4.25	3.86	3.98	3.99	3.00	3.00
	7d	6.50	6.11	5.20	4.60	4.59	4.55	3.90	3.25
	14d	7.13	6.92	6.55	5.80	5.53	4.90	4.24	3.56
	28d	7.41	8.07	6.93	6.24	5.33	5.09	4.26	3.87

由图 7-1 可知，在同等砂浆稠度下，水泥-粉煤灰体系砂浆的水灰比随粉煤灰掺量的增加而减少，说明粉煤灰在水泥-粉煤灰砂浆体系中可以降低砂浆的需水量，具有减水性，可以改善砂浆施工性。当粉

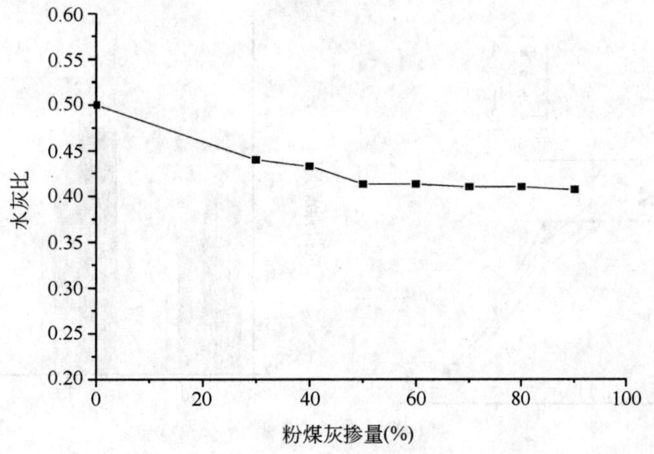

图 7-1 砂浆的需水量随粉煤灰掺量的变化

煤灰掺量大于50%以后，水灰比随粉煤灰掺量变化的曲线基本为平行于横轴的直线，说明在水泥-粉煤灰体系，当粉煤灰掺量大于50%以后砂浆的需水量减少不明显。在水泥-粉煤灰砂浆体系中，粉煤灰掺量为50%～70%时，减水作用最明显。

由图7-2可知，水泥-粉煤灰胶砂抗压强度随养护龄期的延长而增大，随粉煤灰掺量的增加而降低，其中养护龄期为3d、7d和14d时，水泥-粉煤灰胶砂抗压强度均比水泥胶砂强度低，而养护龄期为28d时，粉煤灰掺量为30%的水泥-粉煤灰胶砂抗压强度，已经超过水泥胶砂的强度。

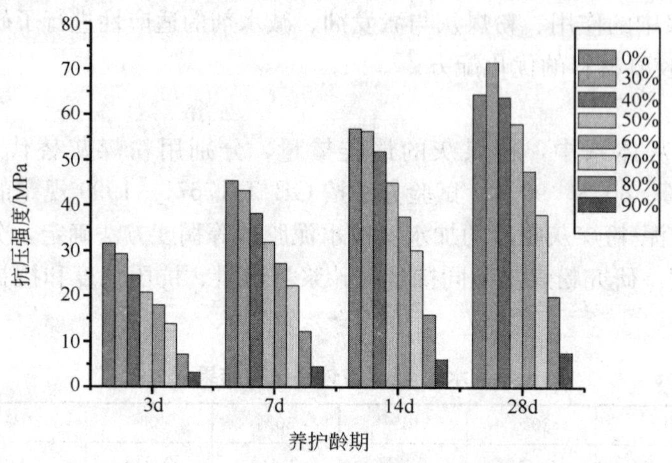

图7-2 不同龄期的胶砂抗压强度随粉煤灰掺量的变化

由图7-4可知，水泥-粉煤灰胶砂抗折强度随养护时间的延长而增大，随粉煤灰掺量的增加是先增加后降低，其中养护龄期为28d时，粉煤灰掺量为30%、40%、50%和60%的水泥-粉煤灰胶砂抗折强度均比水泥胶砂抗折强度高。

由图7-3可知，水泥-粉煤灰胶砂抗压强度，当粉煤灰的掺量小于60%时，养护龄期为3d的早期强度均能达到水泥胶砂强度的60%以上，养护龄期为28d的后期强度均能达到水泥胶砂强度的80%以上；当粉煤灰的掺量大于60%时，养护龄期为3d的早期强度均不到水泥胶砂强度的40%，养护龄期为28d的后期强度也不到水泥胶砂强度的60%。由图5可知，水泥-粉煤灰胶砂抗折强度，当粉煤灰的掺量小于60%时，养护龄期为3d的早期强度均能达到水泥胶砂强度的90%以上，养护龄期为28d的后期强度均超过水泥胶砂强度；当粉煤灰的掺量大于60%时，养护龄期为3d的早期强度均不到水泥胶砂强度的60%，养护龄期为28d的后期强度也不到水泥胶砂强度的90%。由图7-3和图7-4可知，粉煤灰掺量为60%是一个转折点，当粉煤灰掺量大于60%时，水泥-粉煤灰胶砂的抗压强度和抗折强度随粉煤灰掺量的增加迅速的下降，当粉煤灰掺量小于60%时，水泥-粉煤灰胶砂的抗压强度随粉煤灰掺量的增加而减小，抗折强度随粉煤灰掺量的增加而增大。

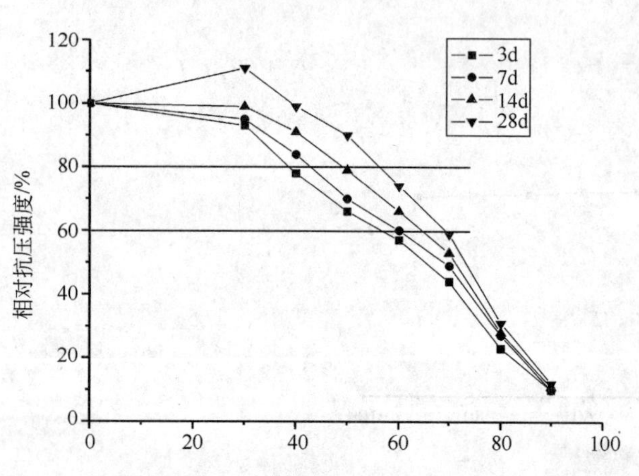

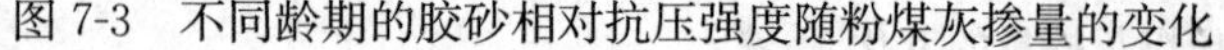

图7-3 不同龄期的胶砂相对抗压强度随粉煤灰掺量的变化

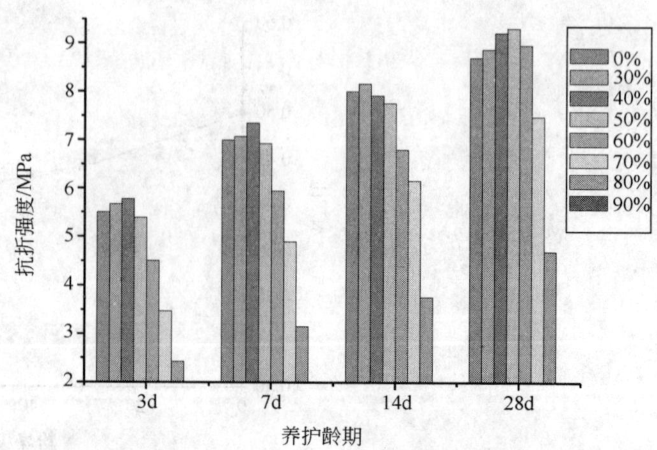

图7-4 不同龄期的胶砂抗折强度随粉煤灰掺量的变化

在水泥-粉煤灰体系，粉煤灰具有减水作用，可以改善的砂浆的施工性，降低胶砂的压折比，当粉煤灰掺量小于60%时，粉煤灰可以提高水泥-粉煤灰胶砂的抗折强度。

2）生石灰-硫酸钠-粉煤灰体系

为了确定生石灰-硫酸钠-粉煤灰体系中粉煤灰的最佳掺量，分别用粉煤灰替代生石灰质量的60%、70%、80%，90%，外掺生石灰和粉煤灰总质量3%的硫酸钠。试验方法按GB/T 17671—1999的规定进行。生石灰-粉煤灰胶砂的加水量按与水泥胶砂等稠度方法进行添加，分别测其3d、7d、14d和28d的抗压强度和抗折强度，研究粉煤灰不同掺量对生石灰-粉煤灰砂浆需水量、抗压强度和抗折强度的影响。试验结果见表7-2。

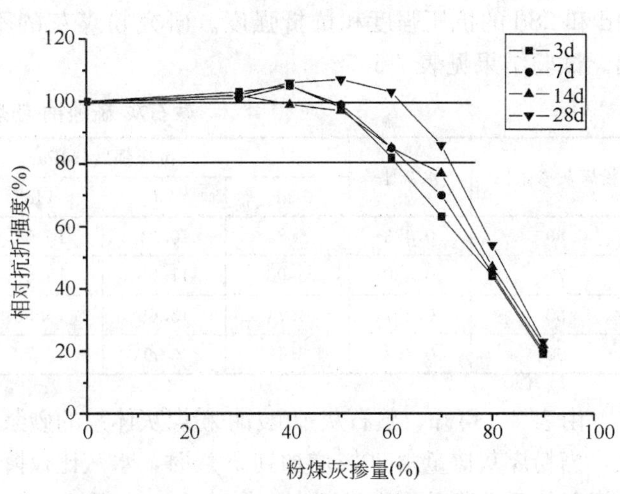

图7-5 不同龄期的胶砂相对抗折强度随粉煤灰掺量的变化

生石灰-硫酸钠-粉煤灰体系试验结果 **表7-2**

粉煤灰掺量	水灰比	抗压强度(MPa)				抗折强度(MPa)			
		3d	7d	14d	28d	3d	7d	14d	28d
60%	0.467	5.85	11.25	18.74	19.02	2.25	4.47	5.20	5.10
70%	0.453	4.95	9.69	16.52	16.42	1.35	2.67	4.72	4.70
80%	0.433	5.54	12.29	17.56	18.06	2.05	4.03	4.60	4.65
90%	0.413	3.57	10.59	13.73	15.49	1.76	3.45	4.07	4.62

由表7-2可知，生石灰-硫酸钠-粉煤灰体系砂浆的需水量随粉煤灰掺量的增加而降低，但是降低幅度不大，当粉煤灰掺量由60%增加到90%时，水灰比仅降低10%。由图7-6和图7-7可知，生石灰-硫酸钠-粉煤灰体系胶砂的抗压强度和抗折强度，随养护时间的延长而增加，随粉煤灰掺量的增加变化不明显，生石灰-粉煤灰胶砂的早期抗压强度和抗折强度(养护龄期为3d)都很低，后期抗压强度和抗折强度(养护龄期为28d)提高较明显，但是绝对强度都不高，抗压强度仅为水泥胶砂抗压强度的30%左右，抗折强度也仅为水泥胶砂抗折强度的50%左右。另外，生石灰使用过程中存在体积安定性不良的现象。

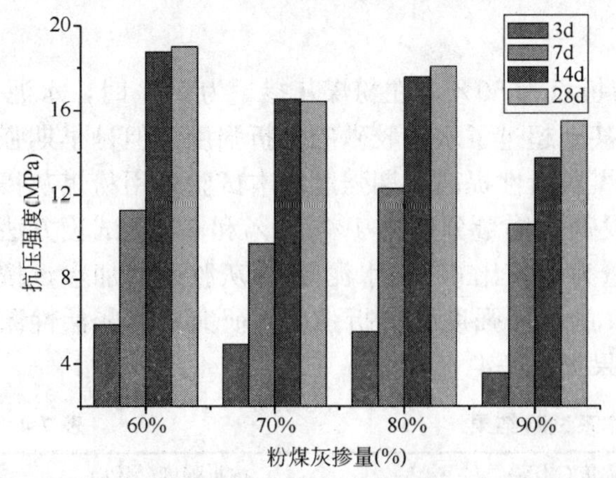

图7-6 不同龄期的胶砂抗压强度随粉煤灰掺量的变化

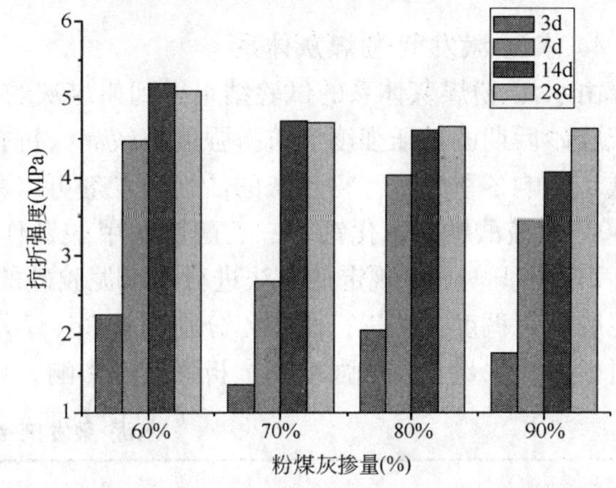

图7-7 不同龄期的胶砂抗折强度随粉煤灰掺量的变化

3）熟石灰-硫酸钠-粉煤灰体系

为消除生石灰安定性不良的影响，改用熟石灰替代生石灰进行试验，分别用粉煤灰替代熟石灰质量的60%、70%、80%、90%，外掺熟石灰和粉煤灰总质量3%的硫酸钠。试验方法按GB/T 17671—1999的规定进行。熟石灰-粉煤灰胶砂的加水量按与水泥胶砂等稠度方法进行添加，分别测其3d、7d、

14d 和 28d 的抗压强度和抗折强度。研究粉煤灰的不同掺量对砂浆需水量、抗压强度和抗折强度的影响。试验结果见表 7-3。

熟石灰-硫酸钠-粉煤灰体系试验结果　　表 7-3

粉煤灰掺量%	水灰比	抗压强度(MPa)				抗折强度(MPa)			
		3d	7d	14d	28d	3d	7d	14d	28d
60	0.493	5.85	10.21	16.04	16.21	2.56	4.03	4.53	4.73
70	0.480	5.93	11.88	15.57	16.29	2.20	4.13	4.20	4.25
80	0.467	4.74	13.69	15.68	16.43	1.95	4.43	4.30	4.15
90	0.467	3.42	8.59	12.73	13.49	1.47	2.85	3.77	4.47

由表 7-3 可知，熟石灰-硫酸钠-粉煤灰体系的砂浆需水量随粉煤灰掺量的增加而降低，但是降低幅度不大，当粉煤灰掺量由 60%增加到 90%时，水灰比仅降低 5%，需水量比同等粉煤灰掺量的生石灰-硫酸钠-粉煤灰体系砂浆的需水量要高 10%左右。由图 7-8 和图 7-9 可知，熟石灰-硫酸钠-粉煤灰体系胶砂的抗压强度和抗折强度，随养护时间的延长而增加，随粉煤灰掺量的增加变化不明显，熟石灰-粉煤灰胶砂的早期抗压强度和抗折强度(养护龄期为 3d)都很低，后期抗压强度和抗折强度(养护龄期为 28d)提高较明显，但是绝对强度都不高，抗压强度仅为水泥胶砂抗压强度的 25%左右，抗折强度也仅为水泥胶砂抗折强度的 50%左右。熟石灰-粉煤灰砂浆的施工性很好，熟石灰在熟石灰-硫酸钠-粉煤灰体系中具有增塑作用。

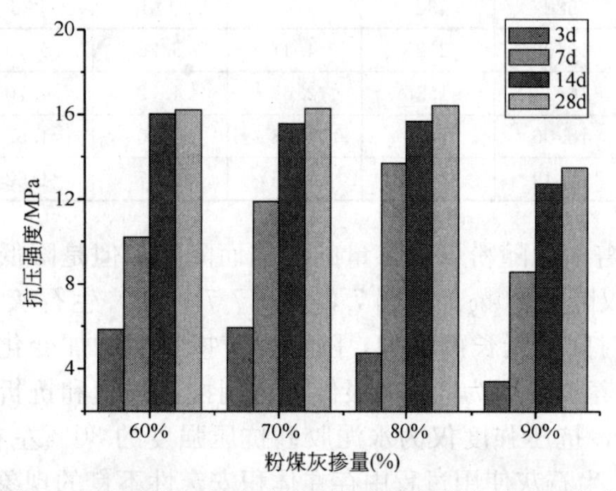

图 7-8　不同龄期的胶砂抗压强度随粉煤灰掺量的变化

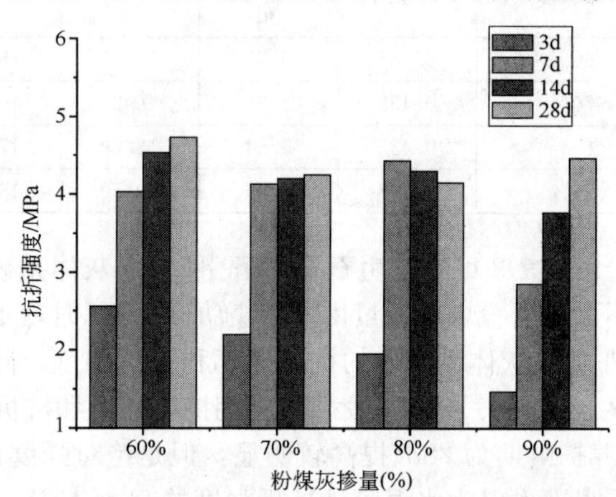

图 7-9　不同龄期的胶砂抗折强度随粉煤灰掺量的变化

4）水泥-激发剂-粉煤灰体系

由水泥-粉煤灰体系的试验结果得到粉煤灰的掺量转折点为 60%，在粉煤灰掺量为 60%时，水泥-粉煤灰胶砂后期的抗压强度和抗折强度都较高，抗折强度甚至超过了水泥胶砂的抗折强度，但是早期强度偏低，影响冬季施工。粉煤灰的活性激发剂可以激发粉煤灰活性提高早期强度。本试验采用粉煤灰掺量为 60%，硫酸钠、氯化钙、三乙醇胺、甲酸钙作为激发剂，掺量分别为 1%、2%和 3%，试验方法按 GB/T 17671—1999 规定的方法进行，水泥胶砂的加水量为水灰比 0.5，水泥-粉煤灰胶砂的加水量按与水泥胶砂等稠度方法进行添加，分别测其 3d、7d 和 28d 的抗压强度和抗折强度。研究粉煤灰活性激发剂对砂浆需水量、抗压强度和抗折强度的影响。试验结果见表 7-4。

水泥-激发剂-粉煤灰体系试验结果　　表 7-4

激发剂	掺量	水灰比	抗压强度(MPa)			抗折强度(MPa)		
			3d	7d	28d	3d	7d	28d
无	—	0.5	17.96	27.30	47.73	4.51	5.95	8.96
硫酸钠	1%	0.50	19.76	28.67	50.12	4.96	6.25	9.41
	2%	0.50	20.65	30.03	52.50	5.19	6.55	9.86
	3%	0.52	22.45	31.40	54.89	5.64	6.84	10.30

续表

激发剂	掺量%	水灰比	抗压强度(MPa)			抗折强度(MPa)		
			3d	7d	28d	3d	7d	28d
氯化钙	1	0.52	18.86	28.67	48.68	4.74	6.25	9.14
	2	0.55	21.55	32.76	45.34	5.41	7.14	8.51
	3	0.57	23.35	30.03	42.96	5.86	6.55	8.06
三乙醇胺	1	0.50	20.65	31.40	52.50	5.19	6.84	9.86
	2	0.50	22.45	32.76	53.46	5.64	7.14	10.04
	3	0.51	23.35	32.76	55.37	5.86	7.14	10.39
甲酸钙	1	0.50	19.40	28.39	47.73	4.87	6.19	8.96
	2	0.51	20.83	31.12	44.87	5.23	6.78	8.42
	3	0.52	22.27	33.58	42.48	5.59	7.32	7.97

由表7-5可知，水泥-粉煤灰体系添加粉煤灰活性激发剂后需水量都有不同程度的增大，其中添加氯化钙需水量增加最多，掺加量为3%时，水灰比增加15%。由图7-10～图7-17可知，水泥-粉煤灰体系添加粉煤灰活性激发剂后，水泥-粉煤灰胶砂早期(养护3d)抗压强度和抗折强度均有5%～25%的提高，并且提高幅度随着激发剂掺量的增加而增大，说明硫酸钠、氯化钙、三乙醇胺和甲酸钙都能提高水泥-粉煤灰胶砂的早期强度，其中氯化钙的效果最明显；水泥-粉煤灰胶砂后期(养护28d)抗压强度和抗折强度提高不大，并且随着激发剂掺量的增加，掺加氯化钙和甲酸钙的胶砂强度降低，比未加激发剂的胶砂强度有所降低。硫酸钠和三乙醇胺对后期强度没有不良的影响。

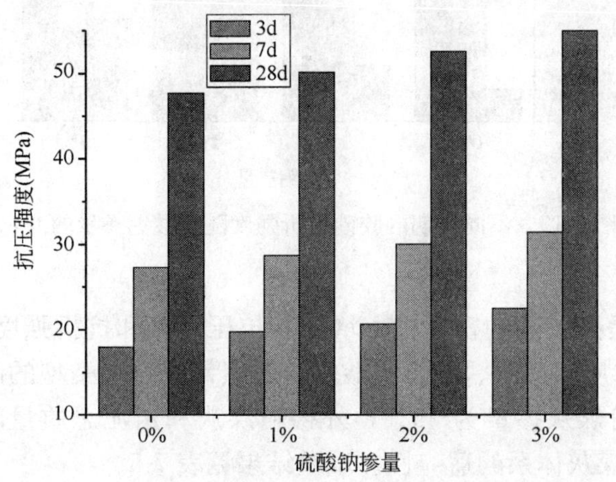

图7-10 不同龄期的胶砂抗压强度随硫酸钠掺量的变化

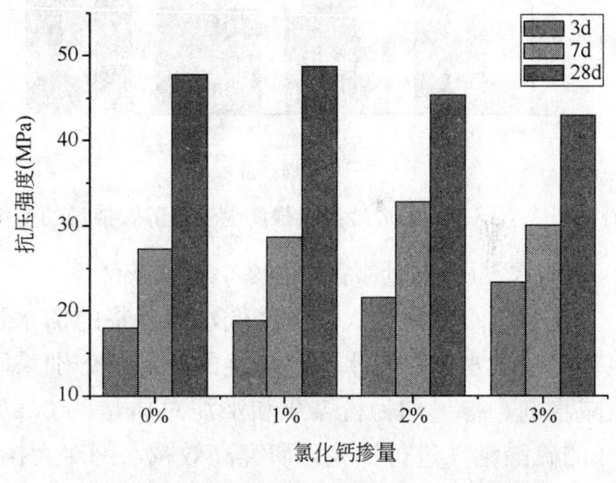

图7-11 不同龄期的胶砂抗压强度随氯化钙掺量的变化

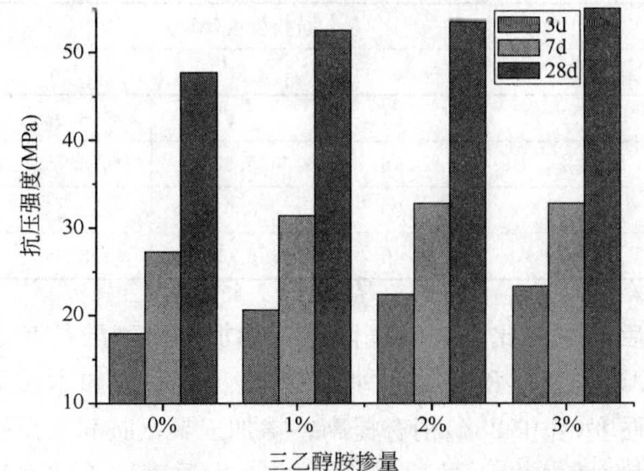

图7-12 不同龄期的胶砂抗压强度随三乙醇胺掺量的变化

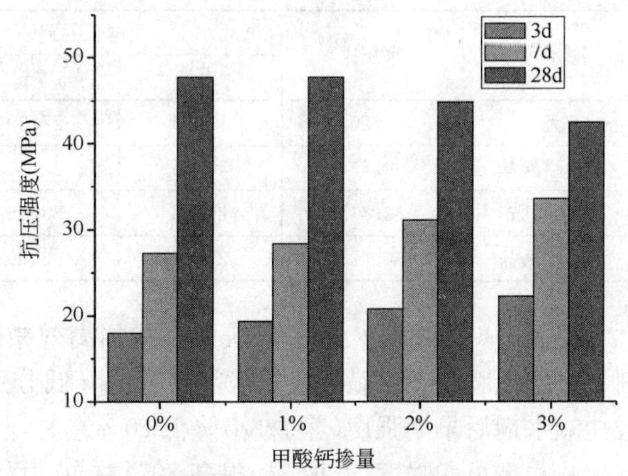

图7-13 不同龄期的胶砂抗压强度随甲酸钙掺量的变化

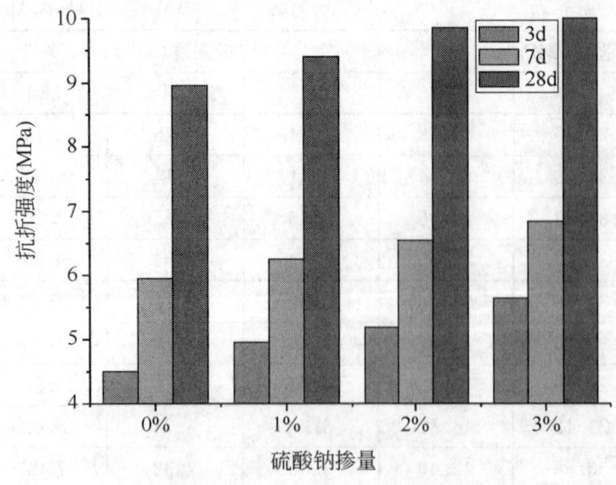

图 7-14 不同龄期的胶砂抗折强度随硫酸钠掺量的变化

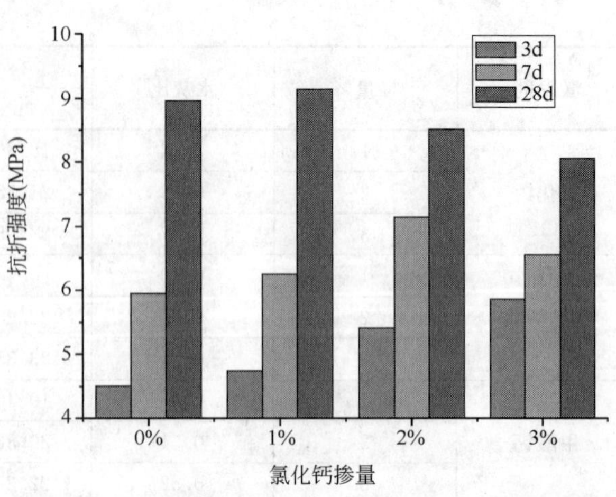

图 7-15 不同龄期的胶砂抗折强度随氯化钙掺量的变化

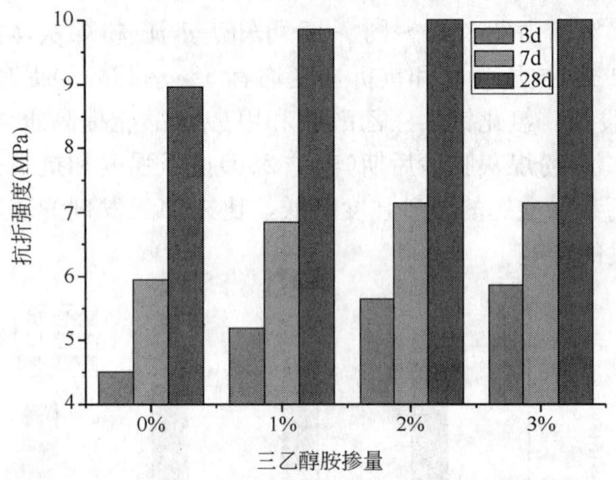

图 7-16 不同龄期的胶砂抗折强度随三乙醇胺掺量的变化

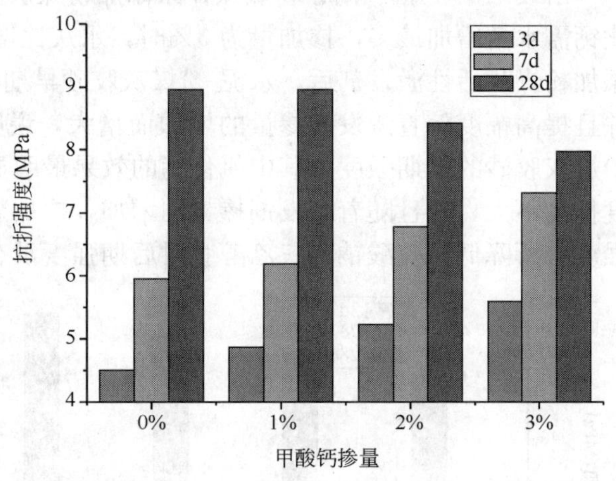

图 7-17 不同龄期的胶砂抗折强度随甲酸钙掺量的变化

5）水泥-硫酸盐-高效减水剂-粉煤灰体系

高效减水剂可以大幅度降低水泥砂浆的需水量，提高胶砂的密实性，增加其抗压强度和抗折强度，但是高效减水剂存在水泥适应性的问题。分别采用了木质磺酸盐、萘系磺酸盐、三聚氰胺三种类型的高效减水剂，掺量均为粉煤灰和水泥总质量的0.5%，粉煤灰掺量为60%，外掺粉煤灰和水泥总质量的2%的硫酸钠，进行试验，研究高效减水剂对大掺量粉煤灰体系的适应性。试验结果见表 7-5。

水泥-硫酸盐-高效减水剂-粉煤灰体系 表 7-5

减水剂	水灰比	抗压强度(MPa)			抗折强度(MPa)		
		3d	7d	28d	3d	7d	28d
无	0.50	17.96	27.30	47.73	4.51	5.95	8.96
木质磺酸盐	0.46	12.85	24.56	49.25	3.98	5.56	8.75
三聚氰胺	0.41	20.48	33.16	66.54	5.23	8.09	9.44
萘系磺酸盐	0.42	21.11	33.50	65.39	4.40	6.65	8.88

由表 7-6 可知，水泥-粉煤灰体系掺加高效减水剂后，水灰比都大幅度降低，掺加木质磺酸盐减水剂、三聚氰胺和萘系磺酸盐减水剂水灰比降低分别为 8%、18%和 16%。水泥-粉煤灰体系掺加木质磺酸盐减水剂后早期强度（养护 3d）降低 20%左右，后期强度（养护 28d）稍有提高；掺加三聚氰胺和萘系磺酸盐减水剂早期强度（养护 3d）提高 20%左右，后期强度（养护 28d）提高 25%左右。木质磺酸盐减水剂的引气作用是使其强度增高不多的原因。

6）正交试验研究

通过一系列的单因素基础试验研究，确定水泥-粉煤灰体系中粉煤灰的掺量为60%，确定硫酸钠、熟石灰、萘系减水剂等一系列影响水泥-粉煤灰砂浆施工性、胶砂强度重要的因素。另外，硅灰也是影响胶砂强度的重要因素，还可以防止泛碱。为了系统研究熟石灰、硫酸钠和硅灰各因素对体系的影响，确定最佳掺量，设计了四因素三水平试验。为了消除其他因素的影响，采用了净浆试验方法，并对养护14d净浆进行了X射线粉晶衍射（XRD）物相分析和扫描电子显微镜（SEM）显微形貌分析。试验结果见表7-6。

正交试验试验结果 **表7-6**

编号	配方			抗压强度（MPa）			抗折强度（MPa）		
	熟石灰	硫酸钠	硅灰	3d	7d	14d	3d	7d	14d
1	1	1	1	29.74	45.94	57.05	4.33	6.23	7.62
2	1	2	2	32.24	54.58	68.39	5.04	8.37	8.95
3	1	3	3	41.72	60.73	77.19	4.05	10.50	11.02
4	2	1	2	25.26	42.66	46.82	3.47	7.19	8.63
5	2	2	3	30.52	51.77	61.15	3.97	9.78	9.22
6	2	3	1	28.13	51.82	62.19	4.95	10.01	9.18
7	3	1	3	25.89	44.69	56.04	3.85	7.45	8.12
8	3	2	1	18.80	34.79	45.52	4.22	7.42	7.72
9	3	3	2	25.42	47.86	60.42	4.39	7.88	8.06

正交试验分析结果 **表7-7**

编号	配方				抗压强度（MPa）
	熟石灰	硫酸钠	硅灰	空白	14d
1	1	1	1	1	57.05
2	1	2	2	2	68.39
3	1	3	3	3	77.19
4	2	1	2	3	46.82
5	2	2	3	1	61.15
6	2	3	1	2	62.19
7	3	1	3	2	56.04
8	3	2	1	3	45.52
9	3	3	2	1	60.42
K(1，j)	67.54	53.30	54.92	59.54	
K(2，j)	56.72	58.35	58.54	62.20	
K(3，j)	53.99	66.60	64.79	56.51	
极差	13.55	13.30	9.87	5.69	
优化	1	3	3		

正交试验分析结果 **表7-8**

编号	配方				抗折强度（MPa）
	熟石灰	硫酸钠	硅灰	空白	14d
1	1	1	1	1	7.62
2	1	2	2	2	8.95
3	1	3	3	3	11.02

续表

编号	配方				抗折强度(MPa)
	熟石灰	硫酸钠	硅灰	空白	14d
4	2	1	2	3	8.63
5	2	2	3	1	9.22
6	2	3	1	2	9.18
7	3	1	3	2	8.12
8	3	2	1	3	7.72
9	3	3	2	1	8.06
K(1，j)	9.20	8.12	8.17	8.30	
K(2，j)	9.01	8.63	8.55	8.75	
K(3，j)	7.97	9.42	9.45	9.12	
极差	1.23	1.30	1.28	0.83	
优化	1	3	3		

由表7-7和表7-8分析结果可知，分别以养护14d净浆的抗压强度和抗折强度为检验指标，最优条件均为熟石灰：1，硫酸钠：3，硅灰：3。以抗压强度为检验指标，分析极差得到，对抗压强度的影响程度：熟石灰＞硫酸钠＞硅灰；以抗折强度为检验指标，分析极差得到，对抗折强度的影响程度：硫酸钠＞硅灰＞熟石灰。

为了研究各种因素对体系硬化净浆抗压强度和抗折强度影响的机理，对养护14d净浆进行了X射线粉晶衍射(XRD)物相分析和扫描电子显微镜(SEM)显微形貌分析。试验结果见图7-18和图7-19。

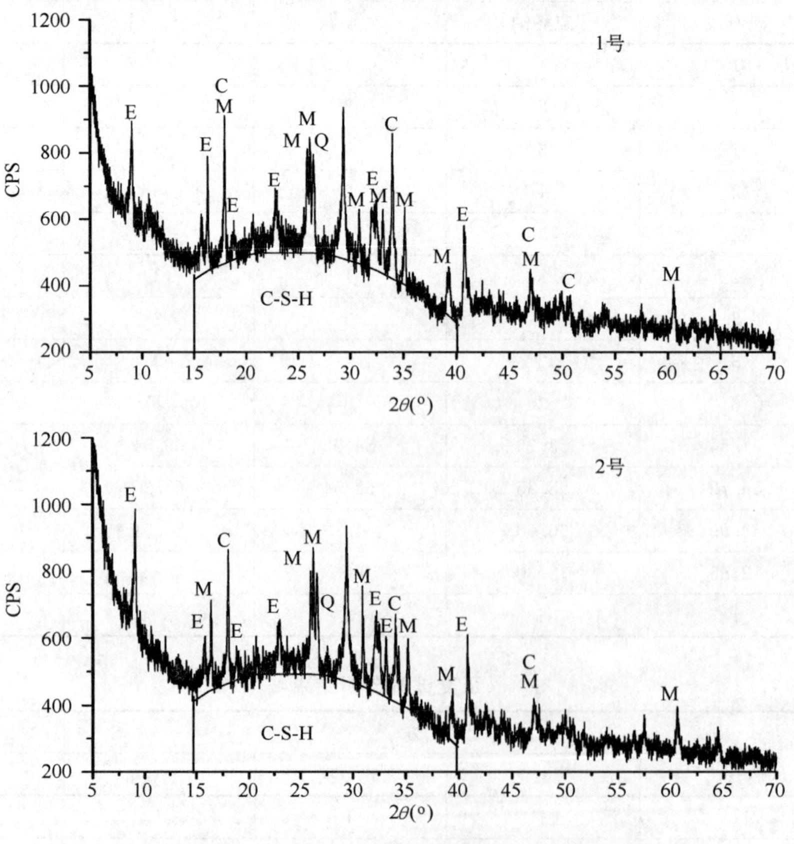

图7-18　养护龄期14d的净浆X射线粉晶衍射(XRD)图(一)

注：E-钙矾石，M-莫来石，C-氢氧化钙，Q-石英，C-S-H-水化硅酸钙凝胶

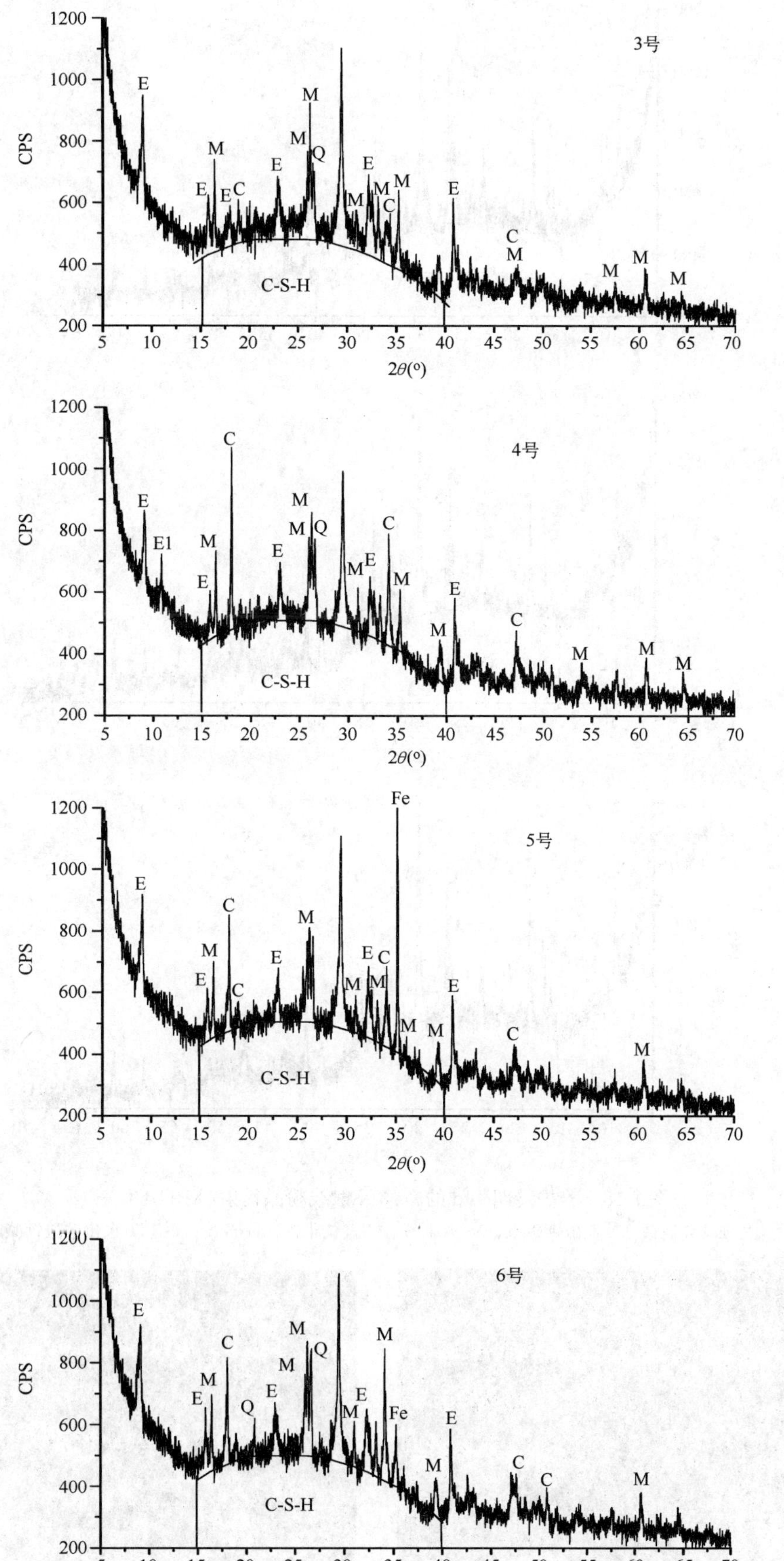

图 7-18 养护龄期 14d 的净浆 X 射线粉晶衍射(XRD)图(二)

注：E-钙矾石，E1-低硫钙矾石，M-莫来石，C-氢氧化钙，Q-石英，C-S-H-水化硅酸钙凝胶

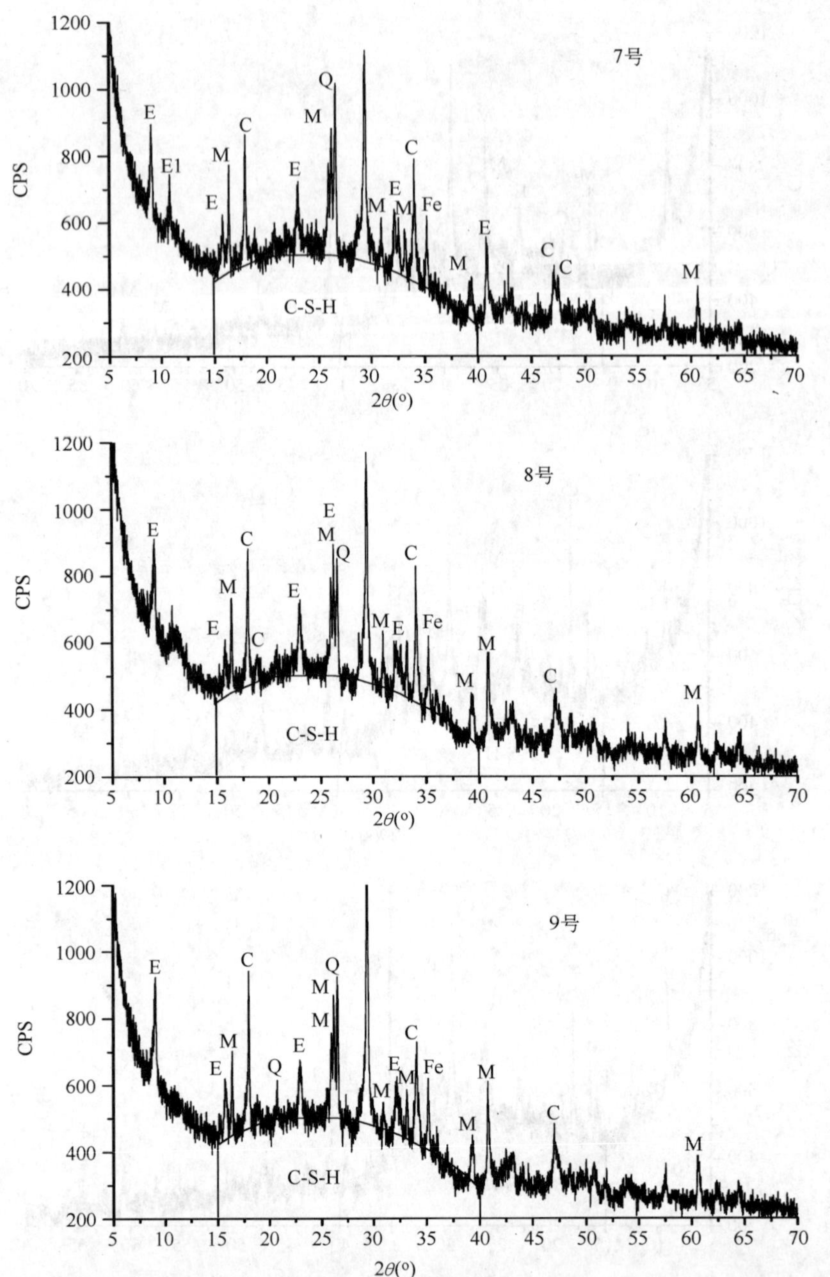

图 7-18 养护龄期 14d 的净浆 X 射线粉晶衍射(XRD)图(三)

注：E-钙矾石，E1-低硫钙矾石，M-莫来石，C-氢氧化钙，Q-石英，C-S-H-水化硅酸钙凝胶

图 7-19 养护龄期 14d 的净浆扫描电子显微镜(SEM)(一)

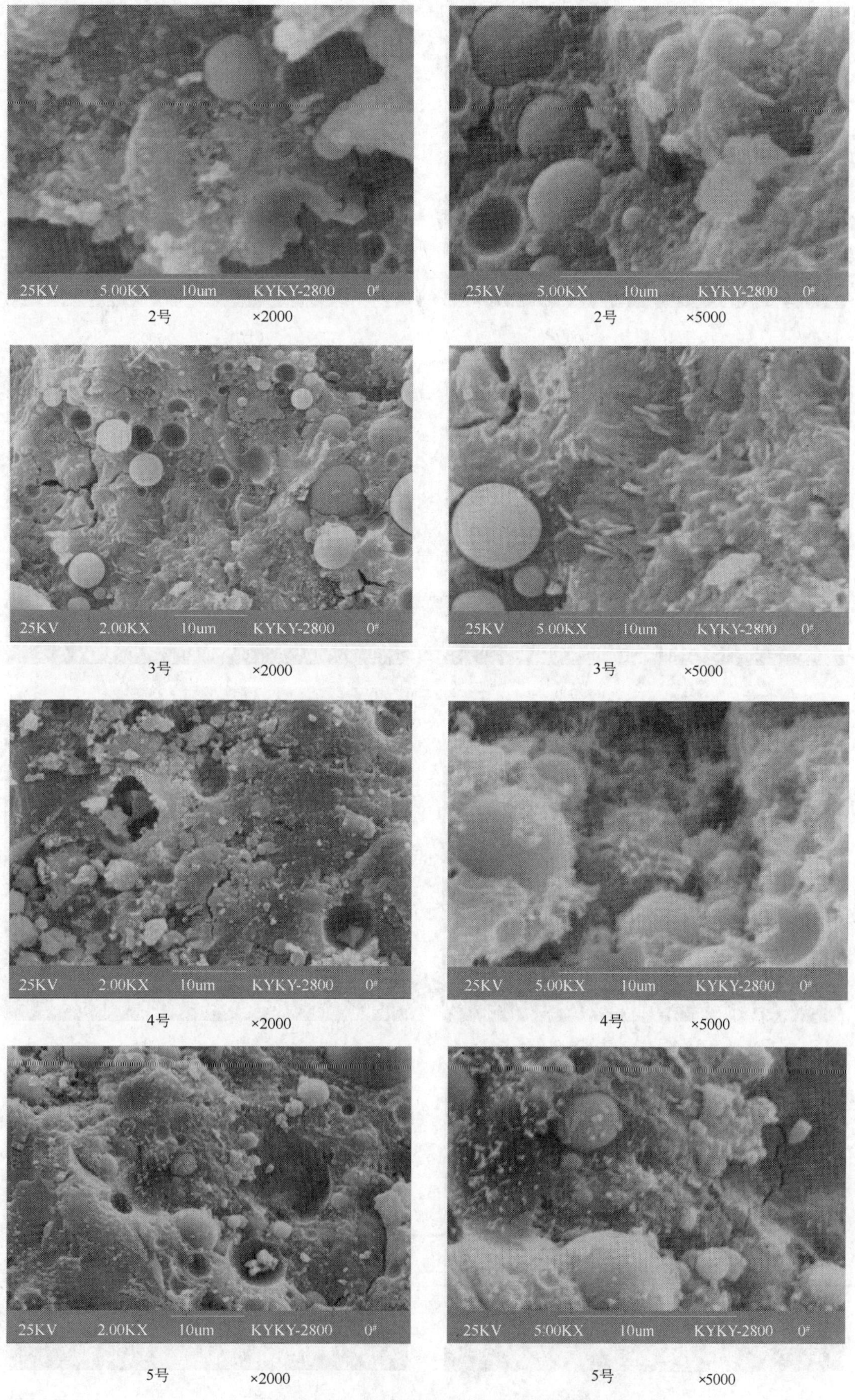

图 7-19 养护龄期 14d 的净浆扫描电子显微镜(SEM)(二)

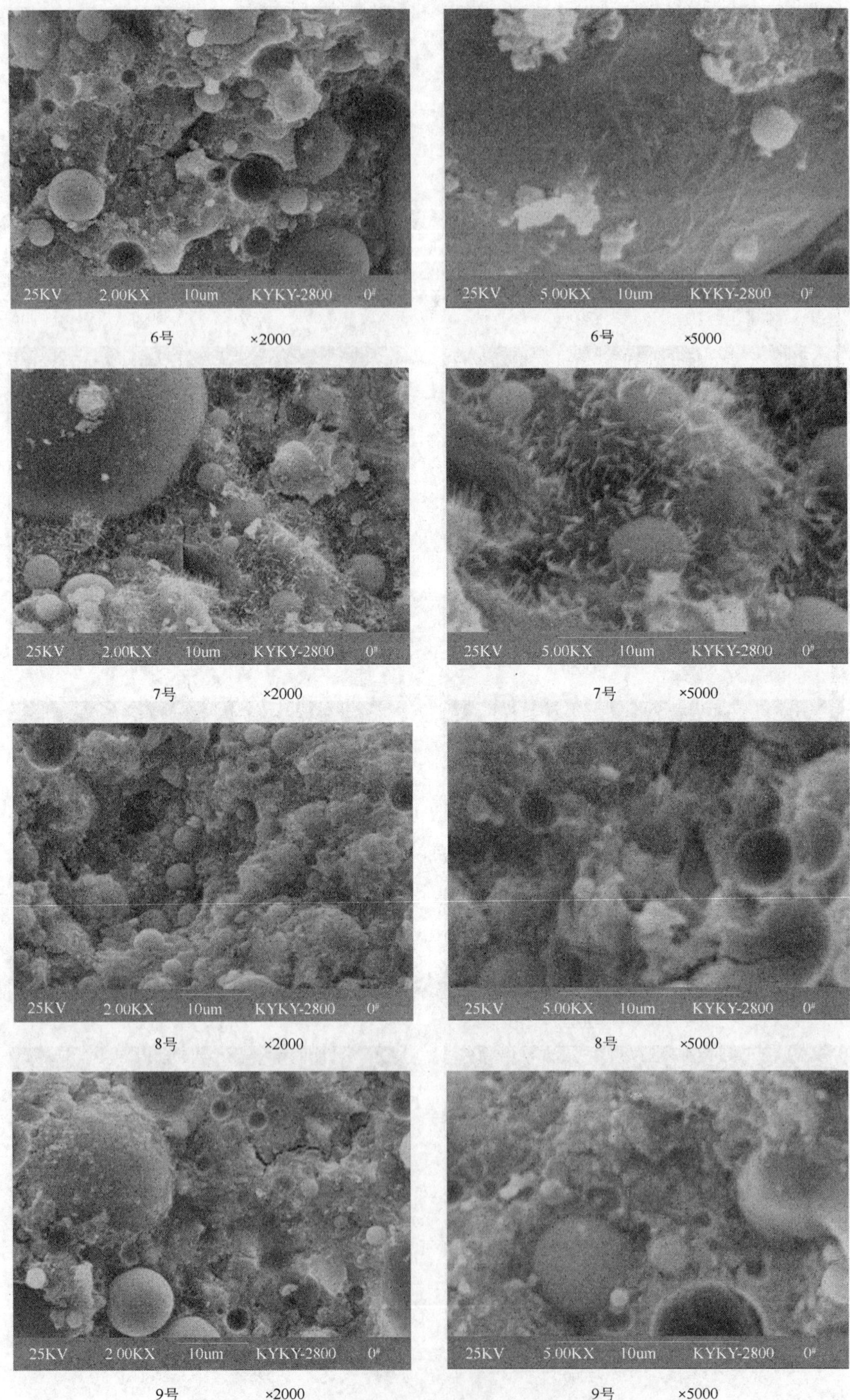

图 7-19 养护龄期 14d 的净浆扫描电子显微镜(SEM)(三)

由图 7-18 净浆的 X 射线粉晶衍射分析可知，在正交实验体系中，养护龄期为 14d 净浆的物相主要为水合硅酸钙凝胶、钙矾石、氢氧化钙、莫来石、石英和磁铁矿。其中莫来石、石英和磁铁矿是粉煤灰中晶体相，化学性质稳定，没有参加水化反应。氢氧化钙为反应前加入的原料，没有完全参加反应，也包括部分水泥水化的产物。水合硅酸钙凝胶和钙矾石为水泥、粉煤灰和硫酸钠水化反应的产物。由表 7 正交实验的结果可知，在同样的硫酸钠掺加量的情况下，净浆的抗压强度和抗折强度随着熟石灰的掺量的增加而降低，反应在 X 射线衍射图上，氢氧化钙的衍射峰不断增强；在同样熟石灰掺加量的情况下，净浆的抗压强度随硫酸钠的掺加量的增加而增大，反应在反应在 X 射线衍射图上，钙矾石的衍射峰不断增强。

① X 射线粉晶衍射(XRD)物相分析

② 扫描电子显微镜(SEM)显微形貌分析

由图 7-19 养护龄期 14d 净浆扫描电子显微镜图分析可知，在正交实验体系中，养护龄期为 14d 净浆主要为致密的水合硅酸钙凝胶相包裹粉煤灰玻璃微珠，还有水泥水化产生的针状、柱状钙矾石晶体，粉煤灰玻璃微珠表面可以看到针状的莫来石晶体，没有发现氢氧化钙晶体。大量粉煤灰玻璃球体的存在，并且被致密的水合硅酸钙包裹，说明粉煤灰的球形玻璃体与水泥、硫酸钠只是在界面发生了反应，消耗了氢氧化钙，改变了界面的状态，从而提高了体系的抗折强度。粉煤灰中莫来石晶体、致密玻璃球体的存在，说明在水泥水化的条件下都没有发生反应，粉煤灰在体系中主要起细填料的作用。

综上所述，水泥-粉煤灰-硫酸钠-熟石灰-硅灰胶凝体系的水化反应机理可归结为，首先为水泥的水化：

$$2(3CaO \cdot SiO_2)+6H_2O=3CaO \cdot 2SiO_2 \cdot 3H_2O+3Ca(OH)_2$$

$$2(2CaO \cdot SiO_2)+4H_2O=3CaO \cdot 2SiO_2 \cdot 3H_2O+Ca(OH)_2$$

$$3CaO \cdot Al_2O_3+Ca(OH)_2+12H_2O=4CaO \cdot Al_2O_3 \cdot 13H_2O$$

然后，氢氧化钙与硫酸钠反应硫酸钙和氢氧化钠，硫酸钙与水合铝酸钙生成钙矾石，氢氧化钠和氢氧化钙腐蚀粉煤灰中的玻璃体界面：

$$Ca(OH)_2+Na_2SO_4=CaSO_4+2NaOH$$

$$3CaSO_4+4CaO \cdot Al_2O_3 \cdot 13H_2O+20H_2O=3CaO \cdot Al_2O_3 \cdot 3CaSO_4 \cdot 32H_2O+Ca(OH)_2$$

$$NaOH+Ca(OH)_2+CaO \cdot nAl_2O_3 \cdot mSiO_2+H_2O \rightarrow CaO \cdot xAl_2O_3 \cdot yH_2O+Na_2O \cdot xAl_2O_3 \cdot yH_2O+CaO \cdot xAl_2O_3 \cdot yH_2O+CaO \cdot xSiO_2 \cdot yH_2O+Na_2O \cdot xSiO_2 \cdot yH_2O$$

最后，当硫酸钠量不足时，部分钙矾石转变为单硫型水化硫酸钙晶体：

$$3CaO \cdot Al_2O_3 \cdot 3CaSO_4 \cdot 32H_2O+2(3CaO \cdot Al_2O_3)+4H_2O=3(CaO \cdot Al_2O_3 \cdot CaSO_4 \cdot 12H_2O)$$

在水泥-粉煤灰-硫酸钠-熟石灰-硅灰胶凝体系中，生成钙矾石是体系抗压强度提高的原因，如果要提高体系的抗压强度，可增加体系硫酸钠的掺加量，但是掺加过多的硫酸钠会产生泛碱现象，硅灰可以有效地防止泛碱，因此在增加硫酸钠的同时，要适当的增加硅灰的掺量。粉煤灰玻璃球体与氢氧化钙、氢氧化钠发生界面反应，生成水合硅酸钙和水合铝酸钙界面相替代氢氧化钙界面相是体系抗折强度提高的原因，氢氧化钠提高了体系界面反应的速度。通过 XRD 和 SEM 的分析表明，粉煤灰中的莫来石、石英和磁铁矿等晶体相以及球形玻璃体在水泥水化的条件下均没有发生反应，激发剂的加入，加快了球形玻璃体界面反应的速度，改变了水合硅酸钙凝胶与球形玻璃体的界面的状态，使其由薄弱的氢氧化钙转相变为水合硅酸钙相，从而提高了体系的强度，尤其是抗折强度。

7.6.1.2 高炉矿渣

1. 高炉矿渣的概念

高炉矿渣，是炼铁产生的固体废弃物，2005 年的产量约为 2 亿 t。矿渣微粉是将高炉矿渣经过粉磨后达到规定细度的一种粉体材料。在水泥与混凝土中的应用，既可作为水泥的混合材，也可作为混凝土的掺合料。高炉矿渣的主要化学成分是 CaO，SiO_2，Al_2O_3 及 MgO，MnO，Fe_2O_3 等氧化物。各钢铁企业的高炉矿渣，其化学成分虽大致相同，但各氧化物的含量并不一致。因此，矿渣有碱性、中性、酸性之分，以矿渣中碱性氧化物和酸性氧化物含量的比值 M 大小来区分：$M=(CaO+MgO+Al_2O_3)/SiO_2$，$M>1$ 为碱性矿渣；$M<1$ 为酸性矿渣；$M=1$ 为中性矿渣。酸性矿渣的胶凝性差，而碱性矿渣的

胶凝性好。因此，矿渣微粉应选用碱性矿渣，其 M 值愈大，反映其活性愈好。根据我国的水泥国家标准 GB 203—94，可用质量系数 K 来评定矿渣的质量：$K=(CaO+MgO+Al_2O_3)/(MnO+SiO_2)$ 此 K 值应≥1.2。K 值愈大，则矿渣的质量愈好，活性愈高。另外，矿渣微粉比表面积越大其活性越高，当比表面积超过 $400m^2/kg$ 时，才能比较充分地发挥其活性，改善并提高混凝土和砂浆的性能。

2. 高炉矿渣的效应

矿渣微粉用在砂浆和混凝土中，其作用机理在于矿渣微粉具有微骨料效应和微晶核效应，改善胶凝材料和骨料间的界面结构，而且减少了水泥初期水化产物的相互搭接。

1）微骨料效应

水泥颗粒之间的间隙则需要细的颗粒来填充，矿渣微粉的细度比水泥颗粒细，在水泥砂浆和混凝土中起到了细颗粒的作用，因而改善了水泥砂浆和混凝土的孔结构，降低了孔隙率并减小了最可几孔径的尺寸，使水泥砂浆和混凝土形成了密实充填结构和细观层次的自紧密堆积体系。从而有效地改善并提高了水泥砂浆和混凝土的综合性能，使水泥砂浆和混凝土不仅具有较好的物理力学性能，还提高了耐久性的某些性能。

2）微晶核效应

矿渣微粉的胶凝性虽然与硅酸盐水泥相比是较弱的，但它能为水泥水化体系起到微晶核效应的作用，能加速水泥水化反应的进程并为水化产物提供了充裕的空间，改善了水泥水化产物分布的均匀性，使水泥石结构比较致密，从而使砂浆和混凝土具有较好的力学性能。

3）改善界面结构

砂浆和混凝土中水泥浆体与骨料间的界面区由于富集了 $Ca(OH)_2$ 晶体而成为砂浆和混凝土性能的薄弱环节。矿渣微粉掺入砂浆和混凝土中能吸收部分 $Ca(OH)_2$ 产生二次水化反应，从而改善了界面区 $Ca(OH)_2$ 的取向度，降低了 $Ca(OH)_2$ 的含量，还减小了 $Ca(OH)_2$ 晶体的尺寸。不仅有利于砂浆和混凝土力学性能的提高，对某些耐久性也能得到改善。

4）减少水泥初期水化产物的相互搭接

在水泥水化初期，矿渣微粉分布并包裹在水泥颗粒的表面，起到了延缓和减少水泥初期水化产物相互搭接的隔离作用。因此，也具有一些减水作用而增大砂浆和混凝土的坍落度，并且使坍落度经时损失也有所改善。矿渣微粉还具有一定的保水性，能改善砂浆和混凝土的黏聚性和泌水性。因此，矿渣微粉砂浆和混凝土具有良好的和易性。

高炉矿渣因为既有胶凝性，又存在良好的火山灰活性，是理想的活性矿物细掺合料。因此，近年来矿渣微粉在水泥与混凝土中的应用取得了很大的进展，利用率非常高。

3. 高炉矿渣的应用体系

为研究矿渣粉在砂浆中的作用及合理掺量，本项目组进行了大量的基础试验，分别从熟石灰-石膏-矿渣体系、熟石灰-硫酸钠-矿渣体系和熟石灰-石膏-硫酸钠-矿渣体系对矿渣在砂浆中的作用进行了研究，并采用正交实验的方法确定了矿渣胶凝材料的优化配方。

1）熟石灰-石膏-矿渣体系

通过查阅相关资料，熟石灰、石膏是矿渣的活性激发剂，采用萘系减水剂调整砂浆的施工性，以熟石灰、石膏和萘系减水剂为影响因素，设计了四因素、三水平、正交试验研究熟石灰-石膏-矿渣体系胶砂的抗压强度和抗折强度。试验结果见表 7-9。

熟石灰-石膏-矿渣体系正交试验试验结果　　**表 7-9**

编号	配方			抗压强度(MPa)			抗折强度(MPa)		
	熟石灰	石　膏	减水剂	1d	3d	28d	1d	3d	28d
1	1	1	1	6.69	18.23	30.71	1.00	3.48	5.20
2	1	2	2	6.80	18.27	33.10	1.20	4.03	5.47
3	1	3	3	7.27	18.67	32.73	1.23	4.33	5.87

续表

编号	配方			抗压强度(MPa)			抗折强度(MPa)		
	熟石灰	石膏	减水剂	1d	3d	28d	1d	3d	28d
4	2	1	2	10.56	17.97	40.48	1.60	4.87	7.58
5	2	2	3	12.90	20.48	46.81	1.92	5.55	8.22
6	2	3	1	13.75	22.96	49.31	2.65	5.68	8.40
7	3	1	3	11.71	18.83	32.60	2.50	4.47	6.63
8	3	2	1	13.04	18.94	35.35	3.60	4.68	6.32
9	3	3	2	14.40	20.17	37.63	3.90	4.72	6.20

由表7-10和表7-11分析结果可知，以养护28d胶砂的抗压强度为检验指标，最优条件为熟石灰：2，石膏：3，减水剂：1，分析极差得到，对抗压强度的影响程度：熟石灰>石膏>减水剂，其中减水剂的极差小于空白列的极差，可以认为在实验研究选取的范围内减水剂对抗压强度没有影响。以养护28d胶砂的抗压强度为检验指标，最优条件为熟石灰：2，石膏：3，减水剂：3，分析极差得到，对抗折强度的影响程度熟石灰>减水剂>石膏，其中石膏的极差与空白列的极差相差不多，可以认为在实验研究选取的范围内石膏对抗折强度没有影响。

熟石灰-石膏-矿渣体系正交试验结果 **表7-10**

编号	配方				抗压强度(MPa)
	熟石灰	石膏	减水剂	空白	28d
1	1	1	1	1	30.71
2	1	2	2	2	33.10
3	1	3	3	3	32.73
4	2	1	2	3	40.48
5	2	2	3	1	46.81
6	2	3	1	2	49.31
7	3	1	3	2	32.60
8	3	2	1	3	35.35
9	3	3	2	1	37.63
K(1，j)	32.18	34.60	38.46	38.38	
K(2，j)	45.53	38.42	37.07	38.34	
K(3，j)	35.19	39.89	37.38	30.19	
极差	13.35	5.29	1.39	2.20	
优化	2	3	1		

熟石灰-石膏-矿渣体系正交分析结果 **表7-11**

编号	配方				抗折强度(MPa)
	熟石灰	石膏	减水剂	空白	28d
1	1	1	1	1	5.20
2	1	2	2	2	5.47
3	1	3	3	3	5.87
4	2	1	2	3	7.58

续表

编号	配方				抗折强度(MPa)
	熟石灰	石　膏	减水剂	空　白	28d
5	2	2	3	1	8.22
6	2	3	1	2	8.40
7	3	1	3	2	6.63
8	3	2	1	3	6.32
9	3	3	2	1	6.20
K(1，j)	5.51	6.47	6.64	6.54	
K(2，j)	8.07	6.67	6.42	6.83	
K(3，j)	6.38	6.82	6.91	6.59	
极差	2.55	0.35	0.49	0.29	
优化	2	3	3		

2）熟石灰-硫酸钠-矿渣体系

通过查阅相关资料，熟石灰、硫酸钠也是矿渣的活性激发剂，采用萘系减水剂调整砂浆的施工性，以熟石灰、硫酸钠和萘系减水剂为影响因素，设计了四因素、三水平、正交试验，研究熟石灰-硫酸钠-矿渣体系胶砂的抗压强度和抗折强度。试验结果见表 7-12。

熟石灰-硫酸钠-矿渣体系正交试验试验结果　　**表 7-12**

编号	配方			抗压强度(MPa)			抗折强度(MPa)			压折比		
	熟石灰	硫酸钠	减水剂	1d	3d	28d	1d	3d	28d	1d	3d	28d
1	1	1	1	3.90	6.52	11.33	1.40	2.68	3.95	2.79	2.43	2.87
2	1	2	2	7.79	13.48	20.06	2.53	5.02	5.97	3.08	2.69	3.36
3	1	3	3	11.19	19.08	26.65	3.13	6.30	7.75	3.58	3.03	3.44
4	2	1	2	6.25	10.21	19.73	1.95	4.30	5.32	3.21	2.37	3.71
5	2	2	3	8.33	11.81	17.94	2.97	5.35	5.15	2.80	2.21	3.48
6	2	3	1	9.56	14.08	21.38	3.55	5.55	6.33	2.69	2.54	3.38
7	3	1	3	9.17	16.38	23.94	2.67	6.02	5.70	3.43	2.72	4.20
8	3	2	1	9.04	12.94	18.88	3.60	4.68	6.07	2.51	2.76	3.11
9	3	3	2	10.40	15.17	22.92	3.90	6.42	7.35	2.67	2.36	3.12

由表 7-12 的试验结果可知，熟石灰-硫酸钠-矿渣体系砂浆的早期的抗压强度和抗折强度较高，1d 强度达到 28d 强度的 50％以上，3d 强度达到 28d 强度的 70％以上，另外体系砂浆的压折比较低，1d 和 3d 的压折比均小于 3.0，28d 的压折比稍大于 3.0。可见熟石灰-硫酸钠-矿渣体系砂浆是一种柔性砂浆。

由表 7-13 和表 7-14 分析结果可知，以养护 28d 胶砂的抗压强度为检验指标，最优条件为熟石灰：3，硫酸钠：3，减水剂：3，分析极差得到，对抗压强度的影响程度：减水剂＞硫酸钠＞熟石灰，其中熟石灰的极差小于空白列的极差，可以认为在实验研究选取的范围内熟石灰对抗压强度没有影响。以养护 28d 胶砂的抗折强度为检验指标，最优条件为熟石灰：3，硫酸钠：3，减水剂：2，分析极差得到，对抗折强度的影响程度：硫酸钠＞熟石灰＞减水剂，其中熟石灰和减水剂的极差小于空白列的极差，可以认为：在实验研究选取的范围内，熟石灰和减水剂对抗折强度没有影响。

熟石灰-硫酸钠-矿渣体系正交试验分析结果(*a*) 表 7-13

编号	配方				抗压强度(MPa)
	熟石灰	硫酸钠	减水剂	空白	28d
1	1	1	1	1	11.33
2	1	2	2	2	20.06
3	1	3	3	3	26.65
4	2	1	2	3	19.73
5	2	2	3	1	17.94
6	2	3	1	2	21.38
7	3	1	3	2	23.94
8	3	2	1	3	18.88
9	3	3	2	1	22.92
K(1, j)	19.35	18.33	17.20	17.40	
K(2, j)	19.68	18.96	20.90	21.79	
K(3, j)	21.91	23.65	22.84	21.75	
极差	2.57	5.32	5.65	4.40	
优化	3	3	3		

熟石灰-硫酸钠-矿渣体系正交试验分析结果(*b*) 表 7-14

编号	配方				抗折强度(MPa)
	熟石灰	硫酸钠	减水剂	空白	28d
1	1	1	1	1	3.95
2	1	2	2	2	5.97
3	1	3	3	3	7.75
4	2	1	2	3	5.32
5	2	2	3	1	5.15
6	2	3	1	2	6.33
7	3	1	3	2	5.70
8	3	2	1	3	6.07
9	3	3	2	1	7.35
K(1, j)	5.89	4.99	5.45	5.48	
K(2, j)	5.60	5.73	6.21	6.00	
K(3, j)	6.37	7.14	6.20	6.38	
极差	0.77	2.15	0.76	0.90	
优化	3	3	2		

3）熟石灰-石膏-硫酸钠-矿渣体系

在对熟石灰-石膏-矿渣体系和熟石灰-硫酸钠-矿渣体系研究的基础上，进一步对熟石灰-石膏-硫酸钠-矿渣体系进行了研究。熟石灰-石膏-矿渣体系的砂浆具有较高的抗压强度，熟石灰-硫酸钠-矿渣体系的砂浆具有较高的抗折强度，分别以熟石灰、石膏和硫酸钠为影响因素，设计了四因素、三水平试验，研究熟石灰-石膏-硫酸钠-矿渣体系的抗压强度和抗折强度。试验结果见表 7-15。

熟石灰-石膏-硫酸钠-矿渣体系正交试验试验结果 表 7-15

编号	配方			抗压强度(MPa)			抗折强度(MPa)		
	熟石灰	石膏	硫酸钠	1d	3d	28d	1d	3d	28d
1	1	1	1	11.06	19.59	28.16	1.41	3.79	5.46
2	1	2	2	11.19	19.37	30.55	1.61	4.34	5.73
3	1	3	3	7.66	20.03	30.18	1.64	4.64	6.13
4	2	1	2	10.95	19.33	37.93	2.01	5.18	7.84
5	2	2	3	13.29	21.84	44.26	2.33	5.86	8.48
6	2	3	1	14.14	22.69	45.76	3.06	5.99	8.66
7	3	1	3	12.10	20.19	30.05	2.91	4.78	6.89
8	3	2	1	13.43	20.30	32.80	4.01	4.99	6.58
9	3	3	2	14.79	21.53	35.08	4.31	5.03	6.46

由表 7-15 熟石灰-石膏-硫酸钠-矿渣体系正交试验试验结果可知，熟石灰-石膏-硫酸钠-矿渣体系砂浆的抗压强度和抗折强度都较高。由表 7-16 和表 7-17 分析结果可知，以养护 28d 胶砂的抗压强度为检验指标，最优条件为熟石灰：2，石膏：3，硫酸钠：1，分析极差得到，对抗压强度的影响程度：熟石灰＞石膏＞硫酸钠，其中硫酸钠的极差小于空白列的极差，可以认为在试验研究选取的范围内硫酸钠对抗压强度没有影响。以养护 28d 胶砂的抗折强度为检验指标，最优条件为熟石灰：2，石膏：3，硫酸钠：3，分析极差得到，对抗折强度的影响程度：熟石灰＞硫酸钠＞石膏，其中石膏的极差与空白列的极差相差不多，可以认为在实验研究选取的范围内石膏对抗折强度没有影响。

熟石灰-石膏-硫酸钠-矿渣体系正交试验分析结果(*a*) 表 7-16

编号	配方				抗压强度(MPa)
	熟石灰	石膏	硫酸钠	空白	28d
1	1	1	1	1	28.16
2	1	2	2	2	30.55
3	1	3	3	3	30.18
4	2	1	2	3	37.93
5	2	2	3	1	44.26
6	2	3	1	2	45.76
7	3	1	3	2	30.05
8	3	2	1	3	32.8
9	3	3	2	1	35.08
K(1，j)	29.63	32.05	35.57	35.83	
K(2，j)	42.65	35.87	34.52	35.45	
K(3，j)	32.64	37.01	34.83	33.64	
极差	13.02	4.96	1.05	2.20	
优化	2	3	1		

熟石灰-石膏-硫酸钠-矿渣体系正交试验分析结果(*b*) 表 7-17

编号	配方				抗折强度(MPa)
	熟石灰	石膏	硫酸钠	空白	28d
1	1	1	1	1	5.46
2	1	2	2	2	5.73
3	1	3	3	3	6.13

续表

编号	配 方				抗折强度(MPa)
	熟石灰	石 膏	硫酸钠	空 白	28d
4	2	1	2	3	7.84
5	2	2	3	1	8.48
6	2	3	1	2	8.66
7	3	1	3	2	6.89
8	3	2	1	3	6.58
9	3	3	2	1	6.46
K(1，j)	5.77	6.73	6.90	6.80	
K(2，j)	8.33	6.93	6.68	7.09	
K(3，j)	6.64	7.08	7.17	6.85	
极差	2.55	0.35	0.49	0.29	
优化	2	3	3		

综上所述，在熟石灰-石膏-硫酸钠-矿渣体系中，石膏的加入提高体系的抗压强度，硫酸钠的加入提高体系的抗折强度，合理的选择体系熟石灰、石膏和硫酸钠的比例可以得到不同压折比的砂浆。

7.6.1.3 尾矿砂

1. 尾矿砂的概念

尾矿砂是采矿企业在一定技术经济条件下排出的“废弃物”，但同时又是潜在的二次资源，当技术、经济条件允许时，可再次进行有效开发。据统计，2000 年以前，我国矿山产出的尾矿砂总量为 50.26 亿 t，其中，铁矿尾矿石量为 26.14 亿 t，主要有色金属的尾矿石量为 21.09 亿 t，黄金尾矿石量为 2.72 亿 t，其他 0.31 亿 t。2000 年我国矿山年排放尾矿石达到 6 亿 t，按此推算，到 2006 年，尾矿石的总量 80 亿 t 左右。由于我国矿业起步晚，技术发展不平衡，不同时期的选冶技术差距很大，大量有价值资源存留于尾矿石之中。专家预计，金矿中的含金一般 0. 2～0.6 克/t；铁矿山尾矿石的全铁品位 8%～12%左右；铜矿尾矿石含铜 0.02%～0.1%左右；铅锌矿尾矿石含铅锌 0.2%～0.5%左右。尾矿石中赋存的资源可观，利用价值很大。

尾矿石占全国固体废料的 1/3 左右，而尾矿石综合利用率仅为 8.2%左右，尾矿石排入河道、沟谷、低地，污染水土大气，破坏环境，乃至造成灾害。矿山尾矿石堆存场所还占用了大量农田、林地，对环境也有一定污染。中国现在较大规模的尾矿石库 400 多座。尾矿石的治理和利用是十分紧迫的事情。

尾矿石含有大量可以利用的非金属矿物，可以作为建筑材料、玻璃原料进行利用。随着国家加强环境保护土地管理，尾矿石占地成为必须解决的迫切问题，只回收有价尾矿石仍然处理不了剩下的大量尾矿石，只有将尾矿石作为建筑材料利用才是最根本的出路。矿山废石及选厂尾矿石可作为铁路、公路道渣、混凝土粗骨料；多种矿山尾矿石可作为建筑用砂、免烧尾矿石砖、砌块、广场砖、铺路砖及新型墙体材料原料；许多矿山尾矿石可以成为良好的水泥材料；高硅尾矿石可作玻璃。

我国铁矿尾矿石产生量很大，占我国矿山尾矿石总量的一半以上。铁矿尾矿石砂化学性质稳定，颗粒级配合理，可以作为建筑用砂。本项目所用尾矿石砂为首钢水厂选矿厂的铁矿尾矿石砂。首钢水厂选矿厂隶属于首钢集团总公司首钢矿业公司，位于河北省迁安市和迁西县交界处，年处理铁矿石 1100 万 t 左右，铁精矿产量 330 万 t 左右，产生废弃物 800 余万 t，其中有大量的尾矿石砂。

试验所用尾矿砂是首钢水厂选矿厂的铁矿尾矿砂，经过烘干、筛分后得到不同级配的尾矿烘干砂，共有 10～20 目、20～40 目、40～70 目、70～110 目四种不同细度。本项目组分别对以上四种细度的尾矿砂按国家标准《建筑用砂》(GB/T 14684—2001)，进行了尾矿砂的颗粒级配、含泥量和泥块含量、松散堆积密度和压实堆积密度、坚固性、骨料碱活性的测试，并将尾矿砂和普通水洗河砂进行了对比研究，包括水泥胶砂强度试验、物相分析和显微结构分析等。

1）颗粒级配

按国家标准《建筑用砂》（GB/T 14684—2001）中 6.3 提供的方法对尾矿砂的颗粒级配进行了测定。测定结果见表 7-18。表 7-18 的结果表明，不同细度的尾矿砂通过级配可以得到符合国家标准《建筑用砂》（GB/T 14684—2001）中 5.1 规定的颗粒级配要求的产品，适合作为建筑砂浆用砂。

尾矿砂的颗粒级配 **表 7-18**

累计筛余 级配区 / 方筛孔	10～20 目	20～40 目	40～70 目	70～110 目
9.50mm	0	0	0	0
4.75mm	0	0	0	0
2.36mm	0	0	0	0
1.18mm	30	0	0	0
600μm	100	25	0	0
300μm	100	100	73	0
150μm	100	100	100	100

2）含泥量和泥块含量

按国家标准《建筑用砂》（GB/T 14684—2001）中 6.4 和 6.6 提供的方法对尾矿砂的含泥量和泥块含量进行了测定。测定结果见表 7-19。由表 7-19 结果可知，尾矿砂的含泥量和泥块含量都很低，符合国家标准《建筑用砂》（GB/T 14684—2001）中 5.2.1 规定的Ⅰ类指标的要求。

尾矿砂的含泥量和泥块含量 **表 7-19**

项 目	指 标			
	10～20 目	20～40 目	40～70 目	70～110 目
含泥量（按质量计），%	0.0	0.1	0.2	0.5
泥块含量（按质量计），%	0.0	0.0	0.0	0.0

3）松散堆积密度和压实堆积密度

按国家标准《建筑用砂》（GB/T 14684—2001）中 6.14 提供的方法对尾矿砂的松散堆积密度和压实堆积密度进行了测定。测定结果见表 7-20。表 7-20 结果表明尾矿砂的松散堆积密度和压实堆积密度符合国家标准《建筑用砂》（GB/T 14684—2001）中 5.5 规定的要求。

尾矿砂的松散堆积密度和压实堆积密度 **表 7-20**

项 目	指 标			
	10～20 目	20～40 目	40～70 目	70～110 目
松散堆积密度（kg/m^3）	1364	1380	1452	1528
压实堆积密度（kg/m^3）	1568	1588	1668	1720

4）坚固性

按国家标准《建筑用砂》（GB/T 14684—2001）中 6.12.1 提供的方法对尾矿砂的坚固性进行了测定。测定结果见表 7-21。表 7-21 的结果表明：尾矿砂符合国家标准《建筑用砂》（GB/T 14684—2001）中 5.4.1 规定的Ⅰ类指标的要求。

尾矿砂的坚固性 **表 7-21**

项 目	指 标			
	10～20 目	20～40 目	40～70 目	70～110 目
质量损失，%，＜	2.5	3.3	3.8	4.2

5）骨料碱活性检验（岩相法）

按国家标准《建筑用砂》（GB/T 14684—2001）中附录A中提供的方法对尾矿砂的碱活性骨料进行了检验。采用偏光显微镜对尾矿砂的物相进行了分析，尾矿砂的矿物相主要为石英，没有发现碱活性骨料物相。偏光显微镜照片见图7-20和图7-21。

图7-20　尾矿砂正交偏光显微照片

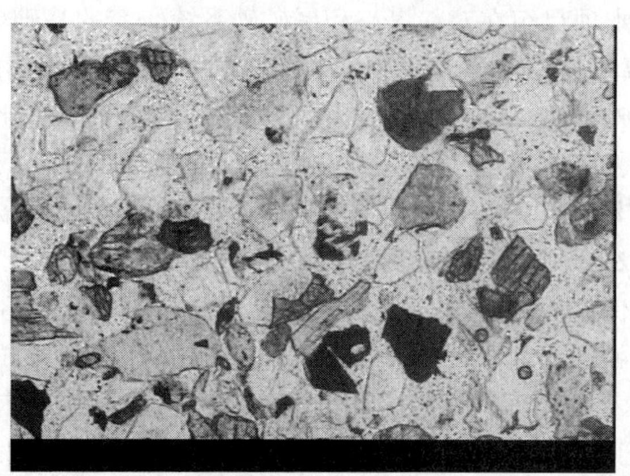

图7-21　尾矿砂单偏光显微照片

6）水泥-胶砂强度

按国家标准《水泥胶砂强度检验方法（ISO法）》（GB/T 17671—1999）的方法，对尾矿砂和水洗河砂进行了对比试验，水泥胶砂强度的试验结果见表7-22。由表7-22的结果可知，尾矿砂的抗压强度比水洗河砂高3MPa左右，抗折强度高0.5MPa左右。

尾矿砂的水泥胶砂强度　　**表7-22**

项　目	抗压强度（MPa）				抗折强度（MPa）			
	3d	7d	14d	28d	3d	7d	14d	28d
水洗河砂	30.5	44.5	56.0	62.0	5.0	6.6	7.8	8.2
尾矿砂1	35.5	49.5	61.0	66.0	6.0	7.2	8.3	8.8
尾矿砂2	34.0	48.5	60.0	65.0	5.8	7.0	8.2	8.7
尾矿砂3	34.5	50.0	59.5	64.5	5.7	6.9	8.2	8.5

7）尾矿砂与水洗河砂显微结构

采用偏光显微镜分别对尾矿砂和水洗河砂进行了分析，尾矿砂形态为不规则多棱角，物相主要为石英；水洗河砂形态规则椭圆形，物相主要为石英和长石，其中含有微晶石英，是碱活性骨料。偏光显微镜照片见图7-22和图7-23。

图7-22　尾矿砂正交偏光照片

图7-23　河砂正交偏光照片

综上所述，尾矿砂比水洗河砂具有供应量稳定、化学成分稳定、含泥量低、有害成分含量少等优点，是优良的干拌砂浆骨料。

7.6.2 外保温体系干拌砂浆产品开发试验研究

本项目组在对粉煤灰和尾矿砂系统研究的基础上，相继开发出大量利用粉煤灰和尾矿砂固体废弃物的ZL保温胶粉(外)、ZL保温胶粉(内)、ZL屋顶保温胶粉、ZL粘接找平胶粉、ZL干拌抗裂砂浆Ⅰ、ZL干拌抗裂砂浆Ⅲ、ZL干拌面砖粘接砂浆、ZL面砖勾缝胶粉、ZL干拌建筑基层界面砂浆、ZL干拌聚苯板粘接砂浆、ZL抗裂砂浆Ⅰ(双组分)、ZL抗裂砂浆Ⅲ(双组分)、ZL柔性耐水腻子(灰色)、ZL界面剂、ZL模塑聚苯板界面剂、ZL挤塑聚苯板界面剂和ZL聚氨酯界面剂等17种外墙外保温体系干拌砂浆产品。

7.6.2.1 保温胶粉系列产品的开发

保温胶粉类材料需要在施工现场与聚苯颗粒轻骨料加水混合制成保温浆料，现场批抹成形。要求配制成的保温材料导热系数低，抗裂性能好，现场成形施工性好。保温胶粉的基础配方由胶凝材料、细填料、木质纤维、聚丙烯纤维和一些有机聚合物粉末添加剂组成，没有粗骨料。以新型大掺量粉煤灰胶凝材料为基础，经过大量的试验，开发了以水泥为胶凝材料、粉煤灰为细填料，废纸纤维替代木质纤维，粉煤灰掺量为30%以上的ZL保温胶粉(外)、ZL保温胶粉(内)、ZL屋顶保温胶粉和ZL粘接找平胶粉四种具有不同用途的新产品。

1. ZL保温胶粉(外)的试验研究

ZL保温胶粉(外)是ZL胶粉聚苯颗粒外墙外保温系统的主要组成材料，现场加水搅拌，与聚苯颗粒轻骨料混合制成保温浆料，批抹于基层墙体构成胶粉聚苯颗粒保温材料。保温浆料要求现场施工性好，厚抹不滑坠；成形后保温材料要求导热系数低，抗压强度和压剪粘接强度高，线性收缩率低，软化系数高。保温胶粉的基础配方由胶凝材料、细填料、纤维和有机聚合物粉末助剂组成，结合粉煤灰基础试验研究的结果，确立水泥-粉煤灰体系胶凝材料，细填料由粉煤灰组成，用废纸纤维替代木质纤维，研究保水剂、增稠剂、憎水剂、引气剂和可再分散乳胶粉等助剂对产品性能的影响。

1）废纸纤维的掺量对ZL保温胶粉(外)性能的影响

废纸纤维是由废纸经粉碎制得，具有吸水性，可以替代砂浆中的价格昂贵的木质纤维，起到保水、抗裂和改善砂浆施工性的作用。ZL保温胶粉(外)中掺加木质纤维可以改善施工性，降低导热系数，但是掺加量过多会影响抗压强度。对木质纤维和废纸的纤维进行了对比研究，分别选取掺加量为0.1%，0.3%和0.5%，测定了保温浆料的施工性，保温材料的导热系数和抗压强度。试验结果见表7-23。优选废纸纤维的掺量为3%。

不同纤维掺量ZL保温胶粉(外)试验结果　　表7-23

项目	掺量%	施工性	湿表观密度(kg/m³)	干表观密度(kg/m³)	抗压强度(kPa)	导热系数[W/(m·K)]
木质纤维	0.1	好	400	215	240	0.058
	0.3	好	390	208	220	0.056
	0.5	好	375	185	195	0.051
废纸纤维	0.1	好	405	217	240	0.058
	0.3	好	396	210	226	0.057
	0.5	好	385	195	203	0.054

2）纤维素醚对ZL保温胶粉(外)性能的影响

纤维素醚具有保水和增稠作用，在保温胶粉中起增加湿粘度，提高抗滑坠性的作用，同时纤维素醚又具有引气和缓凝的作用，优选了3种纤维素醚进行试验，研究保温浆料的抗滑坠性。试验结果见表7-24，优选2号纤维素醚，掺量为1.5%。

不同纤维素醚掺量 ZL 保温胶粉(外)试验结果 表 7-24

纤维素醚	掺量%	滑坠性	湿表观密度(kg/m³)	干表观密度(kg/m³)	抗压强度(kPa)	导热系数[W/(m·K)]
1号	0.5	滑坠	430	230	270	0.060
	1.5	滑坠	390	205	230	0.057
	2.0	合格	370	190	205	0.054
2号	0.5	滑坠	425	225	250	0.059
	1.5	合格	396	210	235	0.057
	2.0	合格	378	195	215	0.055
3号	0.5	滑坠	420	225	255	0.058
	1.5	合格	390	205	235	0.056
	2.0	合格	375	175	190	0.051

3) 引气剂对 ZL 保温胶粉(外)性能的影响

引气剂可以在砂浆中引入大量均匀微小的气泡，改善保温浆料的施工性，降低保温浆料的密度和抗压强度。优选 2 种引气剂进行试验，研究保温浆料的密度和抗压强度。试验结果见表 7-25。优选 1 号引气剂，掺量为 0.10%。

不同引气剂掺量 ZL 保温胶粉(外)试验结果 表 7-25

引气剂	掺量%	施工性	湿表观密度(kg/m³)	干表观密度(kg/m³)	抗压强度(kPa)	导热系数[W/(m·K)]
1号	0.05	一般	410	215	240	0.058
	0.10	好	390	208	220	0.056
	0.20	好	385	185	195	0.052
2号	0.03	一般	405	213	240	0.058
	0.06	好	387	205	215	0.056
	0.10	好	370	180	190	0.052

4) 可再分散乳胶粉对 ZL 保温胶粉(外)性能的影响

可再分散乳胶粉可以改善砂浆的施工性，提高内聚力，在保温胶粉中可以提高其耐磨性，增加粘接力。优选 2 种可再分散乳胶粉进行试验，研究保温胶粉的压剪粘接强度。试验结果见表 7-26，优选 1 号可再分散乳胶粉，掺量为 2%。

不同可再分散乳胶粉掺量 ZL 保温胶粉(外)试验结果 表 7-26

可再分散乳胶粉	掺量%	湿表观密度(kg/m³)	干表观密度(kg/m³)	抗压强度(kPa)	压剪粘接强度(kPa)	导热系数[W/(m·K)]
1号	1.5	394	210	235	55	0.056
	2.0	390	208	230	70	0.056
	2.5	386	200	220	75	0.056
2号	1.5	393	205	220	50	0.055
	2.0	387	201	215	65	0.055
	2.5	380	198	215	70	0.055

5) 憎水剂对 ZL 保温胶粉(外)性能的影响

憎水剂可以降低砂浆的吸水性，在保温胶粉中可以提高其软化系数。优选了 2 中憎水剂进行试验，研究保温胶粉的软化系数。试验结果见表 7-27，优选 1 号憎水剂，掺量 0.30%。

不同憎水剂掺量 ZL 保温胶粉(外)试验结果 表 7-27

憎水剂	掺量	湿表观密度 (kg/m^3)	干表观密度 (kg/m^3)	抗压强度 (kPa)	软化系数	导热系数 [W/(m·K)]
1号	0.20%	400	215	240	0.55	0.058
	0.30%	395	210	235	0.65	0.058
	0.50%	390	205	235	0.70	0.057
2号	0.10%	410	218	250	0.57	0.058
	0.20%	390	205	230	0.65	0.057
	0.30%	375	180	200	0.75	0.052

在优化配方下对保温胶粉的各项指标进行了测试，产品的性能指标要求和优化配方产品试验测试指标见表 7-28。

ZL 保温胶粉(外)产品性能指标 表 7-28

项　目		单　位	指　标	测试结果
湿表观密度		kg/m^3	≤420	390
干表观密度		kg/m^3	180～250	205
导热系数		W/(m·K)	≤0.060	0.057
蓄热系数		$W/(m^2·K)$	≥0.95	1.05
抗压强度		kPa	≥200	230
压剪粘接强度		kPa	≥50	75
线性收缩率		%	≤0.3	0.25
软化系数		—	≥0.5	0.67
火反应性	热释放峰值	kW/m^2	≤100	—
	900s 总放热量	MJ/m^2	≤25	—

2. ZL 保温胶粉(内)的试验研究

ZL 保温胶粉(内)主要用于楼道、楼梯间的保温。ZL 保温胶粉(内)是在 ZL 保温胶粉(外)的基础上开发的，通过调整引气剂、可再分散乳胶粉、憎水剂的掺量，经过大量的试验研究得到优化产品配方。产品的性能指标要求和优化配方产品试验测试指标见表 7-29。

ZL 保温胶粉(内)产品性能指标 表 7-29

项　目		单　位	指　标	测试结果
湿表观密度		kg/m^3	≤450	400
干表观密度		kg/m^3	≤250	210
导热系数		W/(m·K)	≤0.060	0.058
抗压强度		kPa	≥200	250
线性收缩率		%	≤0.3	0.28
火反应性	热释放峰值	kW/m^2	≤100	—
	900s 总放热量	MJ/m^2	≤25	—

3. ZL 屋顶保温胶粉的试验研究

ZL 屋顶保温胶粉是用于房屋顶部内侧的保温。ZL 屋顶保温胶粉是在 ZL 保温胶粉(外)的基础上开发的，但是 ZL 屋顶保温胶粉比 ZL 保温胶粉(外)对抗滑坠性有更高的要求。通过调整纤维素醚、可再分散乳胶粉、废纸纤维的掺量，经过大量的试验研究得到优化产品配方。产品的性能指标要求和优化配方产品试验测试指标见表 7-30。

ZL 屋顶保温胶粉产品性能指标 **表 7-30**

项 目		单 位	指 标	测试结果
湿表观密度		kg/m³	≤420	395
干表观密度		kg/m³	180～250	208
导热系数		W/(m·K)	≤0.060	0.057
蓄热系数		W/(m²·K)	≥0.95	1.10
抗压强度		kPa	≥200	225
压剪粘接强度		kPa	≥50	80
线性收缩率		%	≤0.3	0.26
软化系数			≥0.5	0.6
火反应性	热释放峰值	kW/m²	≤100	—
	900s 总放热量	MJ/m²	≤25	

4. ZL 粘接找平胶粉的试验研究

ZL 粘接找平胶粉是 ZL 胶粉聚苯颗粒贴砌聚苯板外墙外保温系统中聚苯板的粘接层和找平层材料，同时也是 ZL 喷涂硬泡聚氨酯外墙外保温系统、ZL 现浇无网聚苯板外墙外保温系统和 ZL 现浇有网聚苯板外墙外保温系统的找平层材料。ZL 粘接找平胶粉是在 ZL 保温胶粉(外)的基础上开发的，通过调整可再分散性乳胶粉、憎水剂的掺量，改用复合聚苯颗粒轻骨料，使其具有更优良的粘接力、耐候性和防火性。产品的性能指标要求和优化配方产品试验测试指标见表 7-31*a*。

ZL 粘接找平胶粉产品性能指标 **表 7-31*a***

项 目		单 位	指 标	测试结果
湿密度		kg/m³	≤520	450
干表观密度		kg/m³	≤300	285
压缩强度		MPa	≥0.30	0.45
导热系数		W/(m·K)	≤0.070	0.067
拉伸粘接强度	与带界面剂的水泥砂浆块	MPa	≥0.12	0.14
	与带界面剂的 EPS 板		≥0.10 或 EPS 板破坏	EPS 板破坏

为了增强外墙保温系统的防火性能，项目组新近开发了胶粉聚苯颗粒防火浆料，胶粉聚苯颗粒防火浆料由 ZL 粘接找平胶粉与复合聚苯颗粒防火轻骨料组成。胶粉聚苯颗粒防火浆料用于 ZL 胶粉聚苯颗粒贴砌聚苯板外墙外保温系统、ZL 喷涂硬泡聚氨酯外墙外保温系统、ZL 现浇无网聚苯板外墙外保温系统和 ZL 现浇有网聚苯板外墙外保温系统的找平层材料，具有更加优良的防火性能，具体性能指标见表 7-31*b*。

胶粉聚苯颗粒防火浆料的性能指标 **表 7-31*b***

项 目		单 位	性 能 指 标
湿表观密度		kg/m³	≤600
干表观密度		kg/m³	≤350
导热系数		W/(m·K)	≤0.075
抗压强度(56d)		MPa	≥0.30
火反应性	热释放峰值	kW/m²	≤100
	900s 总放热量	MJ/m²	≤25
拉伸粘接强度(标准状态 56d)	与水泥砂浆试块	MPa	≥0.12
	与带界面砂浆的 18kg/m³ 膨胀聚苯板试块	MPa	≥0.10

7.6.2.2　抗裂砂浆系列产品的开发

抗裂砂浆类产品是用于外墙外保温系统中保温面层的防护砂浆产品，分为涂料饰面和面砖饰面两种类型的产品。抗裂砂浆的基本要求施工性能好，开放时间长，粘接强度高，柔韧好，抗裂性能优异。抗裂砂浆的基础配方由胶凝材料、细填料、粗骨料和一些有机聚合物粉末添加剂组成。以新型大掺量粉煤灰胶凝材料为基础，经过大量的试验，开发了以水泥-粉煤灰体系胶凝材料、粉煤灰为细填料，尾矿砂为粗骨料复合可再分散乳胶粉和憎水保水添加剂，粉煤灰和尾矿砂的含量为30%以上的抗裂砂浆产品，分别为用于涂料饰面的ZL干拌抗裂砂浆Ⅰ、ZL抗裂砂浆Ⅰ(双组分)和用于面砖饰面的ZL干拌抗裂砂浆Ⅲ和ZL抗裂砂浆Ⅲ(双组分)。

1. ZL干拌抗裂砂浆Ⅰ的试验研究

ZL干拌抗裂砂浆Ⅰ用于外墙外保温涂料饰面系统的抗裂防护层。要求施工性好，粘接强度高，耐水性好，收缩率小。以水泥-粉煤灰体系胶凝材料，尾矿砂为骨料，优选可再分散乳胶粉、纤维素醚、憎水剂和流变助剂得到ZL干拌抗裂砂浆Ⅰ的优化配方。可再分散乳胶粉对干拌抗裂砂浆Ⅰ性能的影响见表7-32，优选1号可再分散乳胶粉，掺量为2.5%。憎水剂对干拌抗裂砂浆Ⅰ性能的影响见表7-33，优选憎水剂的掺量0.2%。

不同可再分散乳胶粉掺量ZL干拌抗裂砂浆Ⅰ试验结果　　　　**表7-32**

可再分散乳胶粉	掺量	压折比		与水泥块的粘接强度(MPa)		与EPS板的粘接强度(MPa)	
		14d	28d	初始	1.5h后	初始	1.5h后
1号	2.0%	2.02	2.21	1.42	1.20	0.103	0.097
	2.5%	1.87	2.01	1.46	1.40	0.104	0.104
	3.0%	1.76	2.16	1.01	1.20	0.119	0.117
2号	2.0%	2.34	2.70	0.97	1.40	0.100	0.080
	2.5%	2.11	2.54	1.13	1.40	0.090	0.096
	3.0%	2.03	2.40	1.37	1.40	0.103	0.085

不同憎水剂掺量ZL干拌抗裂砂浆Ⅰ试验结果　　　　**表7-33**

憎水剂掺量	压折比		与水泥块的粘接强度(MPa)		与EPS板的粘接强度(MPa)	
	14d	28d	初始	浸水后	初始	1.5h后
0.15%	1.99	2.23	1.40	1.50	0.110	0.100
0.20%	2.13	2.43	1.33	1.38	0.110	0.123
0.25%	2.05	2.42	1.37	1.39	0.093	0.110

在优化配方下对ZL干拌抗裂砂浆Ⅰ的各项指标进行了测试，产品的性能指标要求和优化配方产品试验测试指标见表7-34。

ZL干拌抗裂砂浆Ⅰ产品性能指标　　　　**表7-34**

项　目		性能指标	测试结果
可操作时间/h		≥1.5	2.5
拉伸粘接强度/MPa(与水泥砂浆试块)	原强度(常温28d)	≥0.70	1.05
	耐水(常温28d，浸水7d)	≥0.50	1.15
压折比		≤3.0	2.85

2. ZL干拌抗裂砂浆Ⅲ的试验研究

ZL干拌抗裂砂浆Ⅲ用于外墙外保温面砖饰面系统的抗裂防护层。要求施工性好，粘接强度高，耐水性好，收缩率小，厚抹不裂。本项目以水泥-粉煤灰体系胶凝材料，尾矿砂骨料，优选可再分散乳胶粉、纤维素醚、憎水剂、流变助剂得到ZL干拌抗裂砂浆Ⅲ的优化配方，其中为了解决其要求的厚抹不裂指标，试验中采用了废橡胶颗粒替代了部分尾矿砂，增加砂浆的柔韧性，提高其抗裂性。

废橡胶颗粒是由废旧橡胶轮胎粉碎制得。废旧轮胎难以降解，容易燃烧，大量堆积占用大量的土地，形成安全隐患，造成了严重的环境污染。据统计，全世界旧轮胎已积存30亿条，并以每年10亿条的数字增长。我国是世界轮胎生产大国和消费大国，2004年中国轮胎产量达2.39亿条，居世界第2位，废旧轮胎的产生量约1.2亿条也居世界第2位，并以每年12%的速度增长。如何有效利用废旧轮胎已经成为一个世界性的难题。研究表明，废橡胶颗粒代替砂石骨料应用于水泥基材料后，水泥基材料的强度下降，工作性，变形性能，抗裂性、抗冻性能得到改善。同时，还具有防滑、消声、隔热等一系列优异的性能。用废橡胶颗粒等质量替代部分尾矿砂进行了试验，试验结果见表7-35。从试验结果可知，随着废橡胶颗粒掺量的增加，ZL干拌抗裂砂浆Ⅲ的压折比降低，砂浆柔韧性提高，但是同时砂浆的粘接强度也降低，最后优选废橡胶颗粒的掺量为5%。产品的性能指标要求和优化配方产品试验测试指标见表7-36。

不同废橡胶颗粒掺量ZL干拌抗裂砂浆Ⅲ试验结果　　**表7-35**

废橡胶颗粒掺量(%)	粘接强度(MPa)	抗压强度(MPa)	抗折强度(MPa)	压折比
1	0.98	20.8	6.3	3.30
3	0.84	18.6	5.9	3.15
5	0.81	15.4	5.6	2.75
7	0.74	12.3	4.3	2.86

ZL干拌抗裂砂浆Ⅲ产品性能指标　　**表7-36**

项　目		单　位	指　标	测试结果
使用时间		h	≥1.5	2.25
与水泥砂浆粘接强度	原强度	MPa	≥0.7	1.20
	浸水后	MPa	≥0.5	1.35
压折比		—	≤3.0	2.8

3. ZL抗裂砂浆Ⅰ(双组分)的试验研究

ZL抗裂砂浆Ⅰ(双组分)用于外墙外保温涂料饰面系统的抗裂防护层，由A、B两组分现场按比例混合而成。A组分主要为聚合物乳液和憎水剂、保水剂等助剂组成。B组分由水泥、粉煤灰和尾矿砂按比例混合而成，替代工地现场加水泥和砂子，使配比严格，称量准确。本项目组优选有机聚合物乳液和憎水剂、保水剂等助剂得到ZL抗裂砂浆Ⅰ(A组分)的优化配方，通过大量试验得到B组分的优化配方。产品的性能指标要求和优化配方产品试验测试指标见表7-37。

ZL抗裂砂浆Ⅰ(双组分)产品性能指标　　**表7-37**

项　目		单　位	指　标	测试结果
抗裂剂	不挥发物含量	%	≥20	22
	贮存稳定性(20℃±5℃)	—	6个月，试样无结块凝聚及发霉现象，且拉伸粘接强度满足抗裂砂浆指标要求	合格
抗裂砂浆	可操作时间	h	≥1.5	2.0
	拉伸粘接强度(常温28d)	MPa	≥0.7	1.2
	浸水拉伸粘接强度(常温28d，浸水7d)	MPa	≥0.5	1.0
	压折比	—	≤3.0	2.5

配料比例：A组分：B组分＝1：4.0(重量比)

4. ZL抗裂砂浆Ⅲ(双组分)的试验研究

ZL抗裂砂浆Ⅲ(双组分)用于外墙外保温面砖饰面系统的抗裂防护层，由A、B两组分现场按比例混合而成。A组分主要为聚合物乳液和憎水剂、保水剂等助剂组成。B组分由水泥、粉煤灰和尾矿砂按比例混合而成，替代工地现场加水泥和砂子，使配比严格，称量准确。优选有机聚合物乳液和憎水剂、保水剂等助剂得到ZL抗裂砂浆Ⅲ(A组分)的优化配方，通过大量试验得到B组分的优化配方。产品的性能指标要求和优化配方产品试验测试指标见表7-38。

ZL抗裂砂浆Ⅲ(双组分)产品性能指标 表7-38

项目		单位	指标	测试结果
抗裂剂	不挥发物含量	%	≥20	24
	贮存稳定性(20℃±5℃)	—	6个月，试样无结块凝聚及发霉现象，且拉伸粘接强度满足抗裂砂浆指标要求。	合格
抗裂砂浆	可操作时间	h	≥1.5	2.0
	拉伸粘接强度(常温28d)	MPa	≥0.7	1.3
	浸水拉伸粘接强度(常温28d，浸水7d)	MPa	≥0.5	1.2
	压折比	—	≤3.0	2.9

配料比例：A组分：B组分=1：3.6(重量比)

7.6.2.3 粘接砂浆系列产品的开发

粘接砂浆系列产品包括聚苯板粘接砂浆和面砖粘接砂浆。聚苯板粘接砂浆的基本要求施工性好，抗滑坠性能优异，粘接力强，耐水性好，聚苯板粘接砂浆的基础配方由胶凝材料、细填料、粗骨料和有机聚合物粉末添加剂组成。干拌面砖粘接砂浆的基本要求施工性好，抗滑坠性能优异，粘接强度高，耐水、耐温、耐冻融性能好，干拌面砖粘接砂浆的基础配方由胶凝材料、细填料、粗骨料和有机聚合物粉末添加剂组成。本项目组以新型大掺量粉煤灰胶凝材料为基础，经过大量的试验，开发了以水泥为胶凝材料、粉煤灰为细填料，尾矿砂为粗骨料复合有机聚合物粉末添加剂，粉煤灰和尾矿砂的含量为30%以上的ZL干拌面砖粘接砂浆和ZL干拌聚苯板粘接砂浆。

1. ZL干拌面砖粘接砂浆的试验研究

ZL干拌面砖粘接砂浆专门用于外墙外保温面砖饰面系统中面砖的粘接。要求施工性好，开放时间长，抗滑坠性好，粘接强度高，柔韧性好，并且具有良好的耐水、耐温、耐冻融性能。以水泥-粉煤灰体系胶凝材料，尾矿砂骨料，优选可再分散性乳胶粉、纤维素醚、憎水剂、流变助剂得到ZL干拌面砖粘接砂浆产品的优化配方。产品的性能指标要求和优化配方产品试验测试指标见表7-39。

ZL干拌面砖粘接砂浆产品性能指标 表7-39

项目		单位	指标	测试结果
拉伸粘接强度		MPa	≥0.60	1.00
压折比		—	≤3.0	2.9
压剪胶接强度	原强度	MPa	≥0.6	1.2
	耐温7d	MPa	≥0.5	0.8
	耐水7d	MPa	≥0.5	1.3
	耐冻融30次	MPa	≥0.5	0.7
线性收缩率		%	≤0.3	0.25

2. ZL干拌聚苯板粘接砂浆的试验研究

ZL干拌聚苯板粘接砂浆专用于模塑聚苯板薄抹灰外墙外保温系统基层墙体与模塑聚苯板的粘贴。要求施工性好，抗滑坠性优异，粘接力强，耐水性好。以水泥-粉煤灰体系胶凝材料，尾矿砂为骨料，优选可再分散性乳胶粉、纤维素醚、憎水剂、流变助剂得到ZL干拌聚苯板粘接砂浆产品的优化配方。产品的性能指标要求和优化配方产品试验测试指标见表7-40。

ZL 干拌聚苯板粘接砂浆产品性能指标 表 7-40

项目		性能指标	测试结果
外观		灰色均匀粉末	合格
拉伸粘接强度/MPa（与水泥砂浆）	原强度	≥0.60	1.15
	耐水	≥0.40	1.05
拉伸粘接强度/MPa（与聚苯板）	原强度	≥0.10，破坏界面在聚苯板上	聚苯板破坏
	耐水	≥0.10，破坏界面在聚苯板上	聚苯板破坏
可操作时间(h)		1.5～4.0	3.5

7.6.2.4 界面处理系列产品的开发

界面处理剂产品，包括建筑基层界面剂、模塑聚苯板界面剂、挤塑聚苯板界面剂和聚氨酯界面剂，分为剂类和粉类两类产品。界面剂产品的基本要求施工性好，抗流挂性好，粘接力强。剂类界面处理产品的基础配方由聚合物乳液、细填料和悬浮稳定剂组成，粉类界面处理的基础配方由胶凝材料、细填料、粗骨料和有机聚合物粉体添加剂组成。以新型大掺量粉煤灰胶凝材料为基础，经过大量的试验，开发了以水泥为胶凝材料、粉煤灰为细填料，尾矿砂为粗骨料复合有机聚合物粉末添加剂的 ZL 干拌建筑基层界面砂浆和以粉煤灰为细填料，复合有机聚合物乳液、增稠剂和防水剂的 ZL 模塑聚苯板界面剂、ZL 挤塑聚苯板界面剂、ZL 聚氨酯界面剂和 ZL 界面剂产品。

1. ZL 模塑聚苯板界面剂的试验研究

ZL 模塑聚苯板界面剂与水泥、砂子按一定的比例混合后，涂刷在模塑聚苯板的两侧，可以改善聚苯板吸水性低和附着困难的问题，提高聚苯板与粘接和找平材料的粘接力，还可以保护聚苯板，提高聚苯板的耐候性。界面剂要求具有良好的施工性、粘接力和耐水性。以粉煤灰为细填料，经过优选有机聚合物乳液、增稠剂、防水剂得到模塑聚苯板产品的优化配方。产品的性能指标要求和优化配方产品试验测试指标，见表 7-41。

ZL 模塑聚苯板界面剂产品性能指标 表 7-41

项目		性能指标	测试结果
外观		灰色粘稠液体	合格
拉伸粘接强度/MPa（与胶粉聚苯颗粒浆料）	原强度	≥0.10（破坏界面在聚苯颗粒上）	聚苯颗粒破坏
拉伸粘接强度/MPa（与聚苯板）	原强度	≥0.10，破坏界面在聚苯板上	聚苯板破坏
	耐水	≥0.10，破坏界面在聚苯板上	聚苯板破坏

2. ZL 挤塑聚苯板界面剂的试验研究

ZL 挤塑聚苯板界面剂与水泥、砂子按一定的比例混合后涂刷在挤塑聚苯板的两侧，可以提高挤塑聚苯板粘接和找平材料的粘接力，改善因挤塑聚苯板表观密度大、光洁致密度高、吸水率低而造成的外墙外保温系统容易产生空鼓、脱落、开裂问题。它要求具有良好的施工性、柔韧性、粘接力和耐水性。以粉煤灰为细填料，经过优选柔性乳液、增稠剂、防水剂得到挤塑聚苯板产品的优化配方。产品的性能指标要求和优化配方产品试验测试指标，见表 7-42。

ZL 挤塑聚苯板界面剂产品性能指标 表 7-42

项目		性能指标	测试结果
拉伸粘接强度(MPa)（与胶粉聚苯颗粒浆料）	原强度	≥0.10，破坏部位不得在界面层上	聚苯颗粒破坏
拉伸粘接强度(MPa)（与挤塑板）	原强度	≥0.15，破坏界面在挤塑板上	挤塑聚苯板破坏
	耐水	≥0.15，破坏界面在挤塑板上	挤塑聚苯板破坏

3. ZL 干拌建筑基层界面砂浆的试验研究

ZL 干拌建筑基层界面砂浆主要用于处理混凝土、加气混凝土、灰砂砖及粉煤灰砖等表面，解决由于表面吸水过强或光滑引起界面不易粘接、灰层空鼓、开裂、剥落等问题。要求施工性好，粘接力强，耐水、耐冻融性能好。以水泥-粉煤灰体系胶凝材料、尾矿砂为骨料，经过优选可再分散乳胶粉、纤维素醚和憎水剂，得到 ZL 干拌建筑基层界面砂浆的优化配方。产品的性能指标要求和优化配方产品试验测试指标，见表 7-43。

ZL 干拌建筑基层界面砂浆产品性能指标 表 7-43

项目		性能指标	测试结果
外观		灰色均匀粉末	合格
压剪粘接强度(MPa)	原强度	≥0.70	1.2
	耐水	≥0.50	1.0
	耐冻融	≥0.50	0.8

4. ZL 聚氨酯界面剂

ZL 聚氨酯界面剂涂覆或喷涂于聚氨酯保温材料表面，能有效提高聚氨酯泡沫保温材料与找平层材料之间的粘接强度，保证有机聚氨酯材料与无机找平层的粘接强度，提高保温体系的稳定性。要求施工性好、粘接力强、耐水和耐冻融性能好。本项目组以尾矿砂为填料，优选聚合物乳液、增稠剂和防水剂等各种助剂，得到 ZL 聚氨酯界面剂的优化配方。产品的性能指标要求和优化配方产品试验测试指标，见表 7-44。

ZL 聚氨酯界面剂产品性能指标 表 7-44

项目		性能指标	测试结果
拉伸粘接强度(MPa)(与胶粉聚苯颗粒浆料)	原强度	≥0.10(破坏部位不得在界面层上)	0.10
拉伸粘接强度(MPa)(与聚氨酯)	常温常态	≥0.15 且聚氨酯破坏	0.16
	耐水	≥0.15 且聚氨酯破坏	0.16

5. ZL 界面剂

ZL 界面剂主要用于处理混凝土、加气混凝土、灰砂砖及粉煤灰砖等表面，解决由于表面吸水过强或光滑引起界面不易粘接、灰层空鼓、开裂、剥落等问题。要求施工性好，粘接力强，耐水、耐冻融性能好。以粉煤灰为细填料，优选有机聚合物乳液、防水剂、增稠剂得到 ZL 界面剂的优化配方。产品的性能指标要求和优化配方产品试验测试指标，见表 7-45。

ZL 界面剂产品性能指标 表 7-45

项目		性能指标	测试结果
界面砂浆压剪粘接强度(MPa)	原强度	≥0.70	1.10
	耐水	≥0.50	1.00
	耐冻融	≥0.50	0.70

注：水泥应采用强度等级 42.5 的普通硅酸盐水泥，并应符合 GB 175—1999 的要求；
砂应符合 JGJ 52—1992 的规定，筛除大于 2.5mm 颗粒，含泥量少于 3%。

7.6.2.5 其他产品的开发

1. ZL 面砖勾缝胶粉的试验研究

ZL 面砖勾缝胶粉在外墙外保温面砖饰面系统中用于面砖的勾缝。要求柔韧性好，粘接力强，吸水率低，耐温、耐冻融和耐老化性能好。以水泥-粉煤灰体系胶凝材料、尾矿砂为骨料，优选可再分散乳胶粉、憎水剂、保水剂得到 ZL 面砖勾缝胶粉的优化配方。产品的性能指标要求和优化配方产品试验测试指标，见表 7-46。

ZL 面砖勾缝胶粉产品性能指标 **表 7-46**

项目		单位	指标	测试结果
外观		—	均匀一致	合格
颜色		—	与标准样一致	合格
凝结时间		h	大于 2h，小于 24h	6h
拉伸粘接强度	常温常态 14d	MPa	≥0.60	0.95
	耐水（常温常态 14d，浸水 48h，放置 24h）	MPa	≥0.50	0.70
压折比		—	≤3	2.86
透水性(24h)		ml	≤3.0	2.0

2. ZL 柔性耐水腻子(灰色)的试验研究

ZL 柔性耐水腻子，用于外墙外保温涂料饰面系统涂料施工前抗裂防护层表面的批抹找平。要求施工性好、柔韧性好、粘接力高、耐水耐碱性好。以粉煤灰为细填料，优选有机聚合物弹性乳液、分散剂、消泡剂，得到 ZL 柔性耐水腻子的优化配方。产品的性能指标要求和优化配方产品试验测试指标，见表 7-47。

ZL 柔性耐水腻子(灰色)产品性能指标 **表 7-47**

项目		单位	指标	测试结果
容器中状态		—	无结块，均匀	合格
施工性		—	刮涂无障	合格
干燥时间(表干)		h	≤5	3.5
耐水性(96h)		—	无异常	合格
耐碱性(48h)		—	无异常	合格
粘接强度	标准状态	MPa	≥0.60	0.80
	冻融循环(5 次)	MPa	≥0.40	0.50
低温贮存稳定性		—	−5℃冷冻 4h 无变化，刮涂无困难	合格
打磨性		—	手工可打磨	合格
柔韧性		—	直径 50mm，无裂纹	合格

7.7 外保温体系和砂浆产品中固体废弃物含量

7.7.1 砂浆产品中固体废弃物含量

本节对 18 种外墙外保温体系砂浆产品中固体废弃物的含量归纳总结，具体结果见表 7-48 和表 7-49。由此可以看出：外墙外保温体系砂浆产品中粉煤灰的综合利用率在 30%以上，尾矿砂的综合利用率在 40%～65%之间，固体废弃物的综合率大部分在 60%左右，最高达到了 80.25%。

外墙外保温体系干拌砂浆产品中固体废弃物的含量 **表 7-48**

产品名称	固体废弃物含量(%)			
	粉煤灰	尾矿砂	其他	合计
ZL 保温胶粉(外)	34	0	0.3	34.3
ZL 保温胶粉(内)	34	0	0.35	34.35
ZL 屋顶保温胶粉(ZL 保温胶粉)	40	0	0.30	40.3

续表

产品名称	固体废弃物含量(%)			
	粉煤灰	尾矿砂	其他	合计
ZL粘接找平胶粉(ZL保温胶粉)	39	0	0.50	39.5
ZL干拌抗裂砂浆Ⅰ(ZL水泥砂浆抗裂剂)	23	57	0.25	80.25
ZL干拌抗裂砂浆Ⅲ(ZL水泥砂浆抗裂剂)	15	42.5	5	62.5
ZL干拌面砖粘接砂浆(ZL保温墙面砖专用胶)	16	47	0.25	63.25
ZL面砖勾缝胶粉	25	57	0	81
ZL干拌建筑基层界面砂浆(ZL界面剂)	39	27	0.40	66.4
ZL干拌聚苯板粘接砂浆(ZL界面剂)	30.5	38.5	0.30	69.3
ZL抗裂砂浆Ⅰ(双组分)(ZL水泥砂浆抗裂剂)	17	55	0	72
ZL抗裂砂浆Ⅲ(双组分)(ZL水泥砂浆抗裂剂)	12.5	55	0	67.5

外墙外保温体系剂类产品中固体废弃物的含量 **表7-49**

产品名称	固体废弃物含量(%)			
	粉煤灰	尾矿砂	其他	合计
ZL界面剂	32	0	0	32
ZL柔性耐水腻子(灰色)	40	0	0	40
ZL模塑聚苯板界面剂(ZL界面剂)	33	0	0	33
ZL挤塑聚苯板界面剂(ZL界面剂)	31	0	0	31
ZL聚氨酯界面剂	0	34	0	34

7.7.2 外保温体系中固体废弃物含量

北京振利高新技术有限公司立足于建筑节能和资源综合利用，以“减少垃圾生成量，减少能源消耗量”为企业使命，相继开发出了大量利用固体废弃物的ZL胶粉聚苯颗粒外墙外保温系统(涂料饰面)、ZL胶粉聚苯颗粒外墙外保温系统(面砖饰面)、ZL喷涂硬泡聚氨酯外墙外保温系统(涂料饰面)、ZL喷涂硬泡聚氨酯外墙外保温系统(面砖饰面)、ZL胶粉聚苯颗粒贴砌聚苯板外墙外保温系统(涂料饰面)、ZL胶粉聚苯颗粒贴砌聚苯板外墙外保温系统(面砖饰面)、ZL现浇无网聚苯板外墙外保温系统(涂料饰面)、ZL现浇无网聚苯板外墙外保温系统(面砖饰面)、ZL现浇有网聚苯板外墙外保温系统(涂料饰面)和ZL现浇有网聚苯板外墙外保温系统(面砖饰面)等10种外墙外保温体系。表7-50是各种外墙外保温体系中固体废弃物的含量。表7-51～表7-60是各种外墙外保温体系各构造层固体废弃物含量的明细表。由表7-50可知这10种外墙外保温体系中，粉煤灰、尾矿砂和废聚苯颗粒的综合利用率在50%以上。

外墙外保温体系中固体废弃物的含量 **表7-50**

体系名称	固体废弃物的含量(%)			
	粉煤灰	尾矿砂	废聚苯颗粒	合计
ZL胶粉聚苯颗粒外墙外保温系统(涂料饰面)	30.48	19.47	3.68	53.63
ZL胶粉聚苯颗粒外墙外保温系统(面砖饰面)	21.49	32.45	2.01	55.95
ZL喷涂硬泡聚氨酯外墙外保温系统(涂料饰面)	22.72	25.05	5.91	53.68
ZL喷涂硬泡聚氨酯外墙外保温系统(面砖饰面)	16.36	37.17	0.47	56.34
ZL胶粉聚苯颗粒贴砌聚苯板外墙外保温系统(涂料饰面)	30.03	20.15	1.90	52.09
ZL胶粉聚苯颗粒贴砌聚苯板外墙外保温系统(面砖饰面)	21.08	33.06	1.03	55.16
ZL现浇无网聚苯板外墙外保温系统(涂料饰面)	27.03	25.40	1.07	53.50

续表

体系名称	固体废弃物的含量(%)			
	粉煤灰	尾矿砂	废聚苯颗粒	合 计
ZL 现浇无网聚苯板外墙外保温系统(面砖饰面)	18.07	37.80	0.49	56.36
ZL 现浇有网聚苯板外墙外保温系统(涂料饰面)	25.66	24.11	1.02	50.79
ZL 现浇有网聚苯板外墙外保温系统(面砖饰面)	17.65	36.91	0.47	55.03

ZL 胶粉聚苯颗粒外墙外保温系统(涂料饰面)固体废弃物含量明细表 **表 7-51**

产品名称	耗量(m^2/kg)	固体废弃物含量(kg)			
		粉煤灰	尾矿砂	废聚苯颗粒	合 计
ZL 干拌建筑基层界面砂浆	1.2	0.468	0.324	0	0.792
ZL 保温胶粉(外)	7.5	2.55	0	0	2.55
ZL 聚苯颗粒	0.6	0	0	0.6	0.6
ZL 干拌抗裂砂浆Ⅰ	5	1.15	2.85	0	4
ZL 柔性耐水腻子(灰色)	2	0.8	0	0	0.8
合 计	16.3	4.968	3.174	0.6	8.742
百分含量(%)	100	30.48	19.47	3.68	53.63

注:保温层厚度为 5cm。

ZL 胶粉聚苯颗粒外墙外保温系统(面砖饰面)固体废弃物含量明细表 **表 7-52**

产品名称	耗量(m^2/kg)	固体废弃物含量(kg)			
		粉煤灰	尾矿砂	废聚苯颗粒	合 计
ZL 干拌建筑基层界面砂浆	1.2	0.468	0.324	0	0.792
ZL 保温胶粉(外)	7.5	2.55	0	0	2.55
ZL 聚苯颗粒	0.6	0	0	0.6	0.6
ZL 干拌抗裂砂浆Ⅲ	12	1.8	5.1	0	6.9
ZL 干拌面砖粘接砂浆	6	0.96	2.82	0	3.78
ZL 面砖勾缝胶粉	2.5	0.625	1.425	0	2.05
合 计	29.8	6.403	9.669	0.6	16.672
百分含量(%)	100	21.49	32.45	2.01	55.95

注:保温层厚度为 5cm。

ZL 喷涂硬泡聚氨酯外墙外保温系统(涂料饰面)固体废弃物含量明细表 **表 7-53**

产品名称	耗量(m^2/kg)	固体废弃物含量(kg)			
		粉煤灰	尾矿砂	废聚苯颗粒	合 计
ZL 聚氨酯防潮底漆	0.07	0	0	0	0
ZL 硬泡聚氨酯组合料	2	0	0	0.6*	0.6
ZL 聚氨酯预制件	0.15	0	0	0	0
ZL 聚酯界面剂	0.6	0	0.204	0	0.204
ZL 聚氨酯预制件胶粘剂	0.15	0	0	0	0
ZL 粘接找平胶粉	2.1	0.819	0	0	0.819
ZL 聚苯颗粒	0.12	0	0	0.12	0.12
ZL 干拌抗裂砂浆Ⅰ	5	1.15	2.85	0	4
ZL 柔性耐水腻子(灰色)	2	0.8	0	0	0.8
合 计	12.19	2.769	3.054	0.72	6.543
百分含量(%)	100	22.72	25.05	5.91	53.68

注:保温层厚度为 5cm,找平层厚度为 1cm。*代表废聚酯塑料。

ZL 喷涂硬泡聚氨酯外墙外保温系统(面砖饰面)固体废弃物含量明细表 **表 7-54**

产品名称	耗量(m^2/kg)	固体废弃物含量(kg)			
		粉煤灰	尾矿砂	废聚苯颗粒	合 计
ZL 聚氨酯防潮底漆	0.07	0	0	0	0
ZL 硬泡聚氨酯组合料	2	0	0	0.6*	0.6
ZL 聚氨酯预制件	0.15	0	0	0	0
ZL 聚酯界面剂	0.6	0	0.204	0	0.204
ZL 聚氨酯预制件胶粘剂	0.15	0	0	0	0
ZL 粘接找平胶粉	2.1	0.819	0	0	0.819
ZL 聚苯颗粒	0.12	0	0	0.12	0.12
ZL 干拌抗裂砂浆Ⅲ	12	1.8	5.1	0	6.9
ZL 干拌面砖粘接砂浆	6	0.96	2.82	0	3.78
ZL 面砖勾缝胶粉	2.5	0.625	1.425	0	2.05
合 计	25.69	4.204	9.549	0.12	14.473
百分含量(%)	100	16.36	37.17	0.47	56.34

注：保温层厚度为 5cm，找平层厚度为 1cm。*代表废聚酯塑料。

ZL 胶粉聚苯颗粒贴砌聚苯板外墙外保温系统(涂料饰面)固体废弃物含量明细表 **表 7-55**

产品名称	耗量(m^2/kg)	固体废弃物含量(kg)			
		粉煤灰	尾矿砂	废聚苯颗粒	合 计
ZL 干拌建筑基层界面砂浆	1.2	0.468	0.324	0	0.792
ZL 粘接找平胶粉	5.25	2.048	0	0	2.048
ZL 聚苯颗粒	0.3	0	0	0.3	0.3
ZL 模塑聚苯板界面剂	0.8	0.264	0	0	0.264
ZL 模塑聚苯板	1.2	0	0	0	0
ZL 干拌抗裂砂浆Ⅰ	5	1.15	2.85	0	4
ZL 柔性耐水腻子(灰色)	2	0.8	0	0	0.8
合 计	15.75	4.73	3.174	0.3	8.204
百分含量(%)	100	30.03	20.15	1.90	52.09

注：聚苯板厚度为 6cm，粘接层厚度为 1.5cm，找平层厚度为 1cm。

ZL 胶粉聚苯颗粒贴砌聚苯板外墙外保温系统(面砖饰面)固体废弃物含量明细表 **表 7-56**

产品名称	耗量(m^2/kg)	固体废弃物含量(kg)			
		粉煤灰	尾矿砂	废聚苯颗粒	合 计
ZL 干拌建筑基层界面砂浆	1.2	0.468	0.324	0	0.792
ZL 粘接找平胶粉	5.25	2.048	0	0	2.048
ZL 聚苯颗粒	0.3	0	0	0.3	0.3
ZL 模塑聚苯板界面剂	0.8	0.264	0	0	0.264
ZL 模塑聚苯板	1.2	0	0	0	0
ZL 干拌抗裂砂浆Ⅲ	12	1.8	5.1	0	6.9
ZL 干拌面砖粘接砂浆	6	0.96	2.82	0	3.78
ZL 面砖勾缝胶粉	2.5	0.625	1.425	0	2.05
合 计	29.25	6.165	9.669	0.3	16.134
百分含量(%)	100	21.08	33.06	1.03	55.16

注：聚苯板厚度为 6cm，粘接层厚度为 1.5cm，找平层厚度为 1cm。

ZL 现浇无网聚苯板外墙外保温系统(涂料饰面)固体废弃物含量明细表 **表 7-57**

产品名称	耗量(m²/kg)	固体废弃物含量(kg)			
		粉煤灰	尾矿砂	废聚苯颗粒	合计
ZL 模塑聚苯板界面剂	0.8	0.264	0	0	0.264
ZL 模塑聚苯板	1.2	0	0	0	0
ZL 粘接找平胶粉	2.1	0.819	0	0	0.819
ZL 聚苯颗粒	0.12	0	0	0.12	0.12
ZL 干拌抗裂砂浆Ⅰ	5	1.15	2.85	0	4
ZL 柔性耐水腻子(灰色)	2	0.8	0	0	0.8
合计	11.22	3.033	2.85	0.12	6.003
百分含量(%)	100	27.03	25.40	1.07	53.50

注：聚苯板厚度为 6cm，找平层厚度为 1cm。

ZL 现浇无网聚苯板外墙外保温系统(面砖饰面)固体废弃物含量明细表 **表 7-58**

产品名称	耗量(m²/kg)	固体废弃物含量(kg)			
		粉煤灰	尾矿砂	废聚苯颗粒	合计
ZL 模塑聚苯板界面剂	0.8	0.264	0	0	0.264
ZL 模塑聚苯板	1.2	0	0	0	0
ZL 粘接找平胶粉	2.1	0.819	0	0	0.819
ZL 聚苯颗粒	0.12	0	0	0.12	0.12
ZL 干拌抗裂砂浆Ⅲ	12	1.8	5.1	0	6.9
ZL 干拌面砖粘接砂浆	6	0.96	2.82	0	3.78
ZL 面砖勾缝胶粉	2.5	0.625	1.425	0	2.05
合计	24.72	4.468	9.345	0.12	13.933
百分含量(%)	100	18.07	37.80	0.49	56.36

注：聚苯板厚度为 6cm，找平层厚度为 1cm。

ZL 现浇有网聚苯板外墙外保温系统(涂料饰面)固体废弃物含量明细表 **表 7-59**

产品名称	耗量(m²/kg)	固体废弃物含量(kg)			
		粉煤灰	尾矿砂	废聚苯颗粒	合计
ZL 模塑聚苯板界面剂	0.8	0.264	0	0	0.264
ZL 有网模塑聚苯板	1.8	0	0	0	0
ZL 粘接找平胶粉	2.1	0.819	0	0	0.819
ZL 聚苯颗粒	0.12	0	0	0.12	0.12
ZL 干拌抗裂砂浆Ⅰ	5	1.15	2.85	0	4
ZL 柔性耐水腻子(灰色)	2	0.8	0	0	0.8
合计	11.82	3.033	2.85	0.12	6.003
百分含量(%)	100	25.66	24.11	1.02	50.79

注：聚苯板厚度为 6cm，找平层厚度为 1cm。

ZL 现浇有网聚苯板外墙外保温系统(面砖饰面)固体废弃物含量明细表 **表 7-60**

产品名称	耗量(m²/kg)	固体废弃物含量(kg)			
		粉煤灰	尾矿砂	废聚苯颗粒	合计
ZL 模塑聚苯板界面剂	0.8	0.264	0	0	0.264
ZL 有网模塑聚苯板	1.8	0	0	0	0
ZL 粘接找平胶粉	2.1	0.819	0	0	0.819

续表

产品名称	耗量(m^2/kg)	固体废弃物含量(kg)			
		粉煤灰	尾矿砂	废聚苯颗粒	合　计
ZL 聚苯颗粒	0.12	0	0	0.12	0.12
ZL 干拌抗裂砂浆Ⅲ	12	1.8	5.1	0	6.9
ZL 干拌面砖粘接砂浆	6	0.96	2.82	0	3.78
ZL 面砖勾缝胶粉	2.5	0.625	1.425	0	2.05
合　计	25.32	4.468	9.345	0.12	13.933
百分含量(%)	100	17.65	36.91	0.47	55.03

注：聚苯板厚度为 6cm，找平层厚度为 1cm。

聚苯颗粒性能指标 **表 7-61**

项　目	单　位	指　标
堆积密度	kg/m^3	8.0～21.0
粒度(5mm 筛孔筛余)	%	≤5

7.8　外保温系统中固体废弃物性能要求及质量标准制定

近几年，优于传统外保温系统产品消耗大量的能源和资源，原材料日益短缺，价格昂贵，这就要求外保温领域寻找价格低廉，供应稳定的替代原材料。固体废弃物此时作为外保温系统产品原材料就应运而生，既废物利用，又保护环境。但是相比于传统外保温系统原材料，固体废弃物外保温系统原材料性能不够稳定，质量波动幅度很大，如果没有规范的性能指标和质量控制标准，无法保证固体废弃物的质量，也就无法保证外保温系统的产品质量，进而影响到外保温建筑施工工程的安全性。

北京振利高新技术有限公司从 2001 年就开始对固体废弃物在外保温产品中的应用进行了系统研究，积累了大量的实验数据和经验。据此，公司结合自己产品研发的成果，又广泛地和国内各科研院所，专向研究单位和企事业单位共同合作，对固体废弃物的性能指标和质量标准进行严格地控制，确定了适合外保温系统产品性能指标的固体废弃物的质量标准。

7.8.1　废聚苯颗粒

废聚苯颗粒是由废弃聚苯乙烯泡沫塑料粉碎而成，它在外墙外保温系统中具有非常优良的应用价值。控制废聚苯颗粒的粒度和表观密度，使其符合《胶粉聚苯颗粒外墙外保温系统》对聚苯颗粒性能指标的要求，可以替代原发聚苯颗粒作为胶粉颗粒外墙外保温材料的轻骨料，占胶粉聚苯颗粒保温材料体积德 80%以上。

检验和试验方法：凡国标或行标中已有规定的均按有关规定进行。标准试验室环境为空气温度(23±2)℃，相对湿度(50±10)%，在非标准环境下试验时，应记录温度和相对湿度。

7.8.2　废橡胶颗粒

废橡胶颗粒是由废旧汽车轮胎粉碎而成的，由废旧轮胎粉碎得到废橡胶颗粒，用其代替粗砂骨料应用于水泥基材料后，水泥基材料的强度下降，工作性、变形性能、抗裂性、抗冻性能得到改善，同时还具有防滑、消声、隔热等一系列优异的性能。

控制废橡胶颗粒的细度，对外保温产品的质量和施工性具有非常大的影响。

废橡胶颗粒细度要求如下：

1）外观：黑色颗粒；

2）细度(%)：20～30 目≥90%。

7.8.3 废纸纤维

废纸纤维是由废旧报纸、书刊、包装用纸等废纸破碎而成。它具有吸水性，可以起保水作用，在砂浆产品中可以替代价格昂贵的木质纤维。对于废纸纤维的质量控制点主要是含水率和松散密度。具体要求如下：

1. 外观：灰色纤维；
2. 含水率%：4～8；
3. 松散密度：30～70(g/L)。

7.8.4 粉煤灰

粉煤灰是从煤粉炉烟道气体中收集的粉末，在外保温产品中的用量非常大，而其本身质量极其不稳定。因此，如何控制粉煤灰的性能指标，直接关系到外保温产品的质量稳定性。在外保温系统中，按照执行标准 GB 1596—91，粉煤灰必须达到Ⅰ、Ⅱ级。具体技术要求，见表 7-62。

粉煤灰技术指标 表 7-62

名　　称	技术要求	检验仪器
外　　观	灰色粉末	目测
细度(%)(0.045mm 筛筛余)	≤12(Ⅰ)	SF-150 水泥细度负压筛析仪、电子天平
	≤20(Ⅱ)	
含水量(%)	≤1.0	烘箱、电子天平、表面皿

7.8.5 尾矿砂

尾矿砂是矿石经选矿流程后的废弃物，其成分不能一概而论，视矿石的情况，多数含有尚未完全回收的矿物。具体技术指标见尾矿砂相关标准。

7.9 外保温系统固体废弃物综合利用评价

根据国家发展循环经济，建设节约型社会的要求，对粉煤灰、尾矿砂、废橡胶颗粒和废纸纤维进行了系统的研究，开发出大量利用固体废弃物的外墙外保温体系产品，不仅有效解决了我国建筑节能外墙外保温行业快速发展带来的原材料紧缺的问题，而且处理了大量的固体废弃物，净化了环境，实现了废弃物的变废为宝，高效综合利用。

北京振利高新技术有限公司开发的外墙外保温体系产品，由于大量采用了粉煤灰和尾矿砂等固体废弃物，使成本降低。又由于采用粉煤灰活性激发剂复掺技术，充分发挥粉煤灰的活性，使砂浆产品的性能提高。因此，在外墙外保温市场中具有广阔的发展前景。外墙外保温体系产品大量利用对环境有害的固体废弃物，使其变废为宝，符合国家提出的发展利废建材，发展循环经济的要求，对我国外墙外保温领域实现资源的综合利用提供了有力的技术支持。

参考文献

1. 黄振利，张盼. 固体废弃物在建筑外墙外保温中的利用. 北京：建设科技(建设部)，2007 年 6 期
2. 谢尧生. 固体废弃物在新型墙体材料中的应用. 固体废弃物在城镇房屋建筑材料的应用研究. 中国硅酸盐学会房建材料分会 2006 年学术年会
3. 赵霄龙，张仁瑜. 建筑材料行业消纳固体废弃物的潜力分析. 固体废弃物在城镇房屋建筑材料的应用研究. 中国硅酸盐学会房建材料分会 2006 年学术年会

4. 王肇嘉等．烟气脱硫石膏资源化利用技术发展综述．房建材料与绿色建筑．中国硅酸盐学会房建材料分会 2008 年学术年会
5. 王惠琴．磷石膏原料特性对熟石膏粉产品强度的影响研究．房建材料与绿色建筑．中国硅酸盐学会房建材料分会 2008 年学术年会
6. 周炫．污泥制砖发展浅谈．房建材料与绿色建筑．中国硅酸盐学会房建材料分会 2008 年学术年会
7. 何少明．建筑节能中对保温材料的常见认识误区．商业价值中国网，2008
8. 周继承．废弃聚苯乙烯泡沫塑料的回收利用．化学世界，1995(2)
9. 李金毅，李凤兰．废聚苯乙烯塑料的利用．化工环保，1995(1)